王岩　隋思涟　编著

数理统计与
MATLAB
数据分析（第2版）

清华大学出版社

北京

内 容 简 介

本书介绍了数理统计的基本原理及其 MATLAB 编程实现和应用范例。内容包括概率论基础、描述性统计分析、参数估计、假设检验、方差分析、回归分析、正交试验设计、判别分析等。本书附有一张光盘,内含书中所有 MATLAB 程序代码、例题数据和可执行文件(.exe 程序)等。

本书着重基础、强化应用、便于教学与自学,可以作为研究生、本科生的基础教材或实验教材,也可作为科研人员、技术人员进行数据分析的工具书或理论参考书,对从事 MATLAB 开发应用的人员也具有一定的参考价值。

图书在版编目(CIP)数据

数理统计与 MATLAB 数据分析/王岩,隋思涟编著. —2 版. —北京:清华大学出版社,2014(2022.12 重印)
ISBN 978-7-302-35881-7

Ⅰ. ①数… Ⅱ. ①王… ②隋… Ⅲ. ①数理统计 ②Matlab 软件 Ⅳ. ①O212 ②TP317

中国版本图书馆 CIP 数据核字(2014)第 060947 号

责任编辑:石 磊 赵从棉
封面设计:常雪影
责任校对:刘玉霞
责任印制:朱雨萌

出版发行:清华大学出版社
      网 址:http://www.tup.com.cn,http://www.wqbook.com
      地 址:北京清华大学学研大厦 A 座   邮 编:100084
      社 总 机:010-83470000   邮 购:010-62786544
      投稿与读者服务:010-62776969,c-service@tup.tsinghua.edu.cn
      质 量 反 馈:010-62772015,zhiliang@tup.tsinghua.edu.cn
印 装 者:涿州市般润文化传播有限公司
经 销:全国新华书店
开 本:185mm×260mm   印 张:23.5   字 数:567 千字
      (附光盘 1 张)
版 次:2006 年 10 月第 1 版   2014 年 5 月第 2 版   印 次:2022 年 12 月第 6 次印刷
定 价:66.00 元

产品编号:052460-03

前　言

随着计算机的发展与普及,数理统计已成为处理信息、进行决策的重要理论和方法。在科学研究中,用数理统计方法从数据中获取信息和判别初步规律,往往成为重大科学发现的先导。数理统计是数学方法与实际相结合应用最为广泛、最为重要的方式之一。因此,现代科研人员和工程技术人员应该具备数理统计的基础知识。而 MATLAB 则是一套高性能的数值计算和可视化软件,它集矩阵运算、数值分析、信号处理和图形显示于一体,构成了一个界面友好、使用方便的用户环境,是实现数据分析与处理的有效工具。

本书介绍了数理统计的基本原理、典型应用,以及使用作者开发的 MATLAB 程序代码进行实际数据分析的具体方法和步骤。全书共分 9 章,第 1 章概述了概率论基础;第 2～9 章依次介绍了描述性统计分析、参数估计、假设检验、方差分析、线性回归分析、曲线拟合分析、正交试验设计和判别分析的原理,同时给出了 MATLAB 程序源代码、.exe 程序应用实例。

本书是作者根据广大学生、科研人员、工程技术人员进行数据处理的需求而编写的,凝聚了作者近二十年来从事工科研究生、本科生数理统计和试验设计方法教学的经验以及参与工程研究项目和指导数学建模竞赛过程中的体会,是作者进行数理统计课程教学改革的研究成果。本教材具有以下特点:第一,注重数理统计的思想方法介绍。在阐述某一统计概念方法时,一般是从具体实例开始引出相关内容的客观背景,让学生带着实际问题去学习和思考。第二,注重应用性,数理统计是一门应用性很强的学科,其应用几乎遍及各个领域,成为解决实际问题的重要工具。因此,本教材充实了许多应用性内容,以适应读者解决实际问题的需要。第三,重视 MATLAB 应用对统计方法的简单性、实用性和可操作性。实际中,数据处理工作往往是庞大而繁琐的,使很多学生、科研人员、工程技术人员对此望而兴叹,感到无助。本书对每一章节的方法、例题都编制了 MATLAB 例题代码程序,并给出了源代码,对于想学习 MATLAB 语言编程的读者,可以通过本书学习、模仿、改写程序的源代码,提高自己的编程能力。对没有安装 MATLAB 的计算机,我们还提供了.exe 可执行程序,读者可按照使用说明在任何 Windows 操作系统中进行计算,操作方法简单、快捷,信息提示详尽。因此,本书不仅为教师教学提供了方便,为需要数据处理的读者(即便是对MATLAB 知之甚少,或者对统计方法掌握得不够全面的读者)提供了可直接使用的平台,对从事程序开发的人员也具有重要的参考价值。本书配有一张程序光盘,并有独立发行的多媒体课件。程序盘中包含书中所有 MATLAB 例题源代码程序、可执行文件及其使用说明;多媒体课件涵盖理论教学课件、统计试验课件和.exe 案例分析,供读者选用。

本书不仅可作为本科生和工科研究生数理统计课程的基础教材、本科生相关专业的专业基础教材或选修教材及实验教材,也可作为科研人员、工程技术人员的工具书或参考读物。

本书是 2006 年版《数理统计与 MATLAB 工程数据分析》的全新修改。一是对教材内容进行了适度的增删与调整、重构编排,使段落层次更加清楚分明。如,增加了第 2 章"描述性统计分析";删除了 2006 版第 4 章"非参数假设检验";新编了第 4 章"假设检验",详略有致地阐述了双边检验与单边检验、χ^2 拟合优度检验和独立性检验,增补了 p 值检验、误差统计分析；增添了第 5 章"方差分析"中的多重比较 LSD 法、重复数不等的单因素方差分析及多重比较 S 法；调理了第 6 章"线性回归分析"的内容层次，扩展了逐步回归分析、因素主次判断；将曲线拟合分析内容单列为第 7 章，并补充了多项式回归分析；重组了第 8 章"正交试验设计"的内容结构，增加了重复试验与重复抽样的方差分析；去掉了 2006 版第 9 章"MATLAB 中的数理统计"内容。二是更新了 MATLAB 程序，并对 MATLAB 工具箱的一些函数实施了编写、改写和扩充，同时给出全部程序源代码，便于读者进行数据分析的同时学习 MATLAB 语言和使用 MATLAB 工具箱。如，编写了计算数字特征和分位数的函数；扩编了一个正态总体均值和方差区间估计函数、两个正态总体均值差和方差比的区间估计函数；增编了一个正态总体均值、方差假设检验程序和两个总体均值比较和方差齐性的假设检验的程序代码；改写了单总体方差分析函数和双正态总体方差分析函数；改编了多元线性回归函数，增加了用方差分析表进行显著性检验以及进行点预测和区间预测功能；增写了正交试验中进行极差分析和方差分析的函数，扩充了 MATLAB 工具箱；编写了对多正态总体进行判别分析的函数。三是给出并完善了各章节的.exe 平台，以利于不同层次人员的学习和使用。四是研制了多媒体课件，方便教学。

　　本书在改编过程中，清华大学出版社石磊主任对本书提出了宝贵的修订建议，在此表示感谢。另外，对 2006 版提出宝贵意见和错误指正的读者给予衷心的谢意！

　　由于作者水平有限，本书虽然是经多年使用和不断修改整理编写的，但书中一定还存在很多缺点和不足，恳请读者批评指正。

　　作者的联系方式：

王　岩：15966845253　wang1231yan@126.com

隋思涟：0532-82707951　suisilian@126.com

作　者
2014 年 1 月

目　　录

第1章 概率论基础

数理统计是研究随机现象规律性的一门学科。它是以概率论为基础,研究如何以有效的方式获得、整理和分析受到随机性影响的数据,并以这些数据为依据,建立有效的数学模型,去揭示所研究问题的统计规律性。

数理统计的理论和方法已广泛应用于自然科学、技术科学、社会科学和人文科学等各个领域。随着计算机的发展和普及,数理统计已成为处理信息、进行决策的重要理论和方法。

数理统计研究的内容概括起来可分为两大类:其一是研究如何对随机现象进行观察、试验,以便更合理、更有效地获取观察资料的方法,即试验的设计和研究;其二是研究如何对所获得的有限数据进行整理、加工,并对所讨论的问题做出尽可能可靠、精确的判断,这就是统计推断问题。

1.1 概率的基本概念和性质

概率论是数理统计的基础,为此,我们先简要复习概率论的基本概念、性质与公式。

1.1.1 频率与概率

1. 随机事件与概率

自然界和人类社会中所发生的现象是多种多样的,但大致可分为两类:一类是确定性现象,即在一定条件下必然发生的现象,比如在标准大气压下"水加热至100℃时沸腾"等;另一类是随机现象,即在相同条件下重复进行某种试验,有多种可能的结果发生,而在试验或观察之前不能预知确切的结果。例如,投掷一枚均匀硬币,结果可能出现"正面",也可能出现"反面",掷前无法确定哪个结果会出现;远射一个目标可能击中也可能击不中,射前无法确定哪个结果会出现;从一袋小麦种子中任取10粒做发芽试验,试验的结果可能是有10,9,…,1发芽或全部不发芽,而试验前无法知道有几粒小麦种子会发芽,等等,这些都是随机现象。随机现象有两个特点:①在一次观察中,现象可能发生也可能不发生,即结果呈现不确定性;②在重复观察中,其结果具有统计规律性,例如,多次重复投掷硬币,出现"正"、"反"面的次数大致相同。概率论就是研究随机现象统计规律性的学科。

我们把具有以下几个特点的试验叫随机试验:①在相同的条件下可以重复进行;②试验的结果不止一个,所有结果事先明确知道;③进行一次试验前不能确定哪个结果会出现。随机试验通常以字母 E 表示。

随机试验中,可能出现也可能不出现的事情叫随机事件,用 $A, B, C, \cdots$ 表示;每一个可能出现的结果,称为基本事件。例如随机试验"掷一只骰子,观察出现的点数"中"点数大于

3"、"点数为偶数"等都是随机事件,而"点数为 1"、"点数为 2"、…、"点数为 6"都是基本事件。

样本空间是概率论中的重要概念。在随机试验中,每一个基本事件称为样本点;样本点的全体称为样本空间,即必然事件,记作 Ω。空集 $\varnothing$ 不包含任何样本点,它也作为样本空间的子集,它在每次试验中都不发生,$\varnothing$ 称为不可能事件。由此,随机事件是样本空间的子集合。

在一个随机试验中,随机事件是否发生是很重要的,但更重要的是事件发生的可能性的大小,它是随机事件的客观属性,是可以度量的,于是,我们就把刻画随机事件 A 发生可能性大小的量 p 叫做事件 A 的概率,记作

$$P(A) = p$$

在一个随机试验下,怎样确定事件 A 的概率呢?这就涉及频率的概念。

首先说明什么是频率。设 A 为某一试验可能出现的随机事件,在同样的条件下,这种试验重复 n 次,在这 n 次试验中,事件 A 出现了 m 次($0 \leqslant m \leqslant n$),则称 m 为 A 在这 n 次试验中出现的频数,称 m/n 为 A 在这 n 次试验中出现的频率。例如,在食品抽样检查中,每次抽一件,共抽了 10 件,其中正品 7 件,那么"出现正品"这一事件 A 在这 10 次试验中的频数为 7,频率为 $7/10 = 0.7$。进一步试验结果见表 1.1.1。

表 1.1.1　抽样试验结果

抽样件数 n	10	60	150	600	900	1200	1800
正品件数 m	7	53	131	548	820	1091	1631
正品频率	0.7	0.883	0.873	0.913	0.911	0.909	0.906

从表 1.1.1 可见,试验次数较少时,A 出现的频率差异会很大,但是随着试验次数的增多,事件 A 出现的频率虽然不是一个确定的数,但波动却减少,且稳定在 0.9 附近。

上例说明,频率 m/n 本身是不确定的,但随试验次数的增加,频率总是在某一常数附近摆动,而且 n 越大,频率与这个常数的偏差往往越小,这种性质叫频率的稳定性。这个常数是客观存在的,与所做的若干次具体试验无关,它反映了事件本身所蕴含的规律性,反映了事件出现的可能性大小。这个常数就是事件 A 的概率,即事件 A 的概率就是事件 A 发生的频率的稳定值。

明确了概率与频率的关系后,我们就可以利用频率来估计概率了。

(1) 对任意事件 A 有 $0 \leqslant P(A) \leqslant 1$;

(2) 必然事件的概率为 1,即 $P(\Omega) = 1$;

(3) 不可能事件的概率为 0,即 $P(\varnothing) = 0$。

2. 事件的独立性

设 A, B 是两个随机事件,若 $P(AB) = P(A)P(B)$,则称事件 A, B 相互独立(简称独立)。设 $A_1, A_2, \cdots, A_n$ 是 n 个事件,若对任意的 k ($2 \leqslant k \leqslant n$)和任意一组 $1 \leqslant i_1 < i_2 < \cdots < i_k \leqslant n$ 都有

$$P(A_{i_1} A_{i_2} \cdots A_{i_k}) = P(A_{i_1}) P(A_{i_2}) \cdots P(A_{i_k})$$

成立,则称 n 个事件 $A_1, A_2, \cdots, A_n$ 相互独立。

1.1.2　随机变量及其分布

随机变量是概率论中另一个重要概念。引进随机变量的概念后,我们可把对事件的研究转化为对随机变量的研究。由于随机变量是以数量的形式来描述随机现象,因此它给理论研究和数学运算都带来了极大方便。

设随机试验 E 的样本空间为 Ω,如果对于每一个样本点 e,都有一个实数 X 与之对应,则称 X 为随机变量。

随机变量分为离散型随机变量和连续型随机变量。

1. 离散型随机变量

若随机变量 X 所有可能的取值只有有限多个或可列无限多个,通常将这类随机变量称为离散型随机变量,离散型随机变量的取值规律称为分布律。设离散型随机变量 X 所有可能的取值为 $x_k(k=1,2,3,\cdots)$,取这些值的概率为 $p_k(k=1,2,3,\cdots)$,称式

$$P(X = x_k) = p_k, \quad k = 1,2,\cdots$$

为随机变量 X 的分布律(或分布列或概率分布)。

分布律也可用下表列出。

X	x_1	x_2	$\cdots$	x_k	$\cdots$
p	p_1	p_2	$\cdots$	p_k	$\cdots$

离散型随机变量概率分布图如图 1.1.1 所示。图中点的横坐标表示随机变量所取的值,纵坐标的平行线表示随机变量取该值的概率。

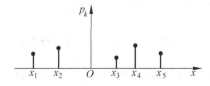

图 1.1.1　离散型随机变量概率分布图

根据概率的基本性质,随机变量的概率分布必须满足:

(1) $p_k \geqslant 0, k=1,2,3,\cdots$;

(2) $\sum\limits_{k=1}^{\infty} p_k = 1$。

2. 连续型随机变量

对于随机变量 X,若存在非负可积函数 $f(x)$ $(-\infty < x < +\infty)$,使对任意实数 a,b $(a<b)$ 均有

$$P(a < X \leqslant b) = \int_a^b f(x)\mathrm{d}x$$

则称 X 为连续型随机变量,称 $f(x)$ 为 X 的分布密度或概率密度。分布密度 $f(x)$ 的图形如图 1.1.2 所示。

由定义知道,概率密度 $f(x)$ 具有以下性质:

(1) $f(x) \geqslant 0$;

(2) $\int_{-\infty}^{+\infty} f(x)\mathrm{d}x = 1$;

(3) $P(a < X \leqslant b) = \int_a^b f(x)\mathrm{d}x$。

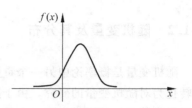

图 1.1.2　连续型随机变量分布密度曲线

3. 随机变量的分布函数

设 X 为随机变量,x 为任意实数,称函数

$$F(x) = P(X \leqslant x)$$

为随机变量 X 的分布函数。

若 X 是一离散型随机变量,则

$$F(x) = P(X \leqslant x) = \sum_{x_k < x} p_k$$

离散型随机变量的分布函数特征(以二项分布为例)如图 1.1.3 所示。

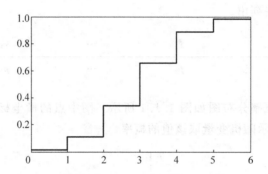

图 1.1.3　参数 $n=6$,$p=0.5$ 的累积分布函数图像

若 X 为连续型随机变量,$f(x)$ 为其分布密度,则分布函数

$$F(x) = P(X \leqslant x) = \int_{-\infty}^{x} f(t)\mathrm{d}t, \quad -\infty < x < +\infty$$

连续型随机变量的分布函数(以正态分布为例)图形如图 1.1.4 所示。

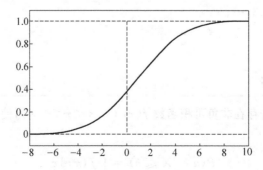

图 1.1.4　$\mu=1$,$\sigma=3$ 的正态分布累积分布函数图像

分布函数有如下的性质：

(1) $0 \leqslant F(x) \leqslant 1$ 且 $F(+\infty)=1, F(-\infty)=0$；

(2) $F(x)$ 单调不减，即对任意 $x_1 < x_2$，有 $F(x_1) \leqslant F(x_2)$；

(3) $F(x)$ 右连续，即对任意 x_0，有 $\lim\limits_{x \to x_0^+} F(x) = F(x_0)$；

(4) $P(a < X \leqslant b) = P(X \leqslant b) - P(X \leqslant a) = F(b) - F(a)$。

1.1.3　正态分布

随机变量的分布形式有多种，但最重要的、在生产实践中最常用的是正态分布。自然界中许多随机变量的分布都服从正态分布。此外，还有很大一类随机变量近似地服从正态分布。

1. 正态分布的定义

若随机变量 X 的概率密度为

$$f(x) = \frac{1}{\sigma\sqrt{2\pi}} \exp\left\{-\frac{(x-\mu)^2}{2\sigma^2}\right\}, \quad -\infty < x < +\infty$$

其中 μ, σ^2 为常数，则称 X 服从参数为 μ, σ^2 的正态分布，记为 $X \sim N(\mu, \sigma^2)$。

由于

$$P(X \leqslant x) = \int_{-\infty}^{x} f(t)\,\mathrm{d}t = \int_{-\infty}^{x} \frac{1}{\sigma\sqrt{2\pi}} \mathrm{e}^{-\frac{(t-\mu)^2}{2\sigma^2}}\,\mathrm{d}t$$

所以正态分布函数为

$$F(x) = \int_{-\infty}^{x} \frac{1}{\sigma\sqrt{2\pi}} \mathrm{e}^{-\frac{(t-\mu)^2}{2\sigma^2}}\,\mathrm{d}t, \quad -\infty < x < +\infty$$

特别地，当 $\mu=0, \sigma=1$ 时，称 X 服从标准正态分布，记为 $X \sim N(0,1)$。此时，其概率密度用 $\varphi(x)$ 表示

$$\varphi(x) = \frac{1}{\sqrt{2\pi}} \mathrm{e}^{-\frac{x^2}{2}}, \quad -\infty < x < +\infty$$

相应地，分布函数用 $\Phi(x)$ 表示

$$\Phi(x) = \int_{-\infty}^{x} \frac{1}{\sqrt{2\pi}} \mathrm{e}^{-\frac{t^2}{2}}\,\mathrm{d}t, \quad -\infty < x < +\infty$$

2. 正态分布密度函数图形的特点

正态分布密度 $f(x)$ 的图形是一条"钟形"曲线，又称高斯曲线。图 1.1.5 所示是 σ^2 固定、μ 不同的正态分布密度图像；图 1.1.6 所示为 μ 固定、σ^2 不同的正态分布密度图像。

通过图像我们看到：

(1) $f(x)$ 处处大于 0，曲线是位于 x 轴上方的连续曲线；

(2) $f(x)$ 以 $x=\mu$ 为中心左右对称，即 $f(\mu-x)=f(\mu+x)$；

(3) $f(x)$ 在 $(-\infty, \mu)$ 内单调递增，在 $(\mu, +\infty)$ 内单调递减，在 $x=\mu$ 处有极大值 $\frac{1}{\sigma\sqrt{2\pi}}$；

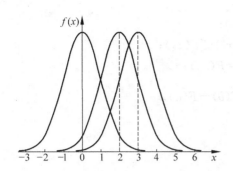 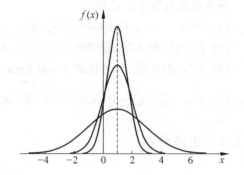

图 1.1.5　σ^2 固定、μ 不同的正态分布密度函数　　　图 1.1.6　μ 固定、σ^2 不同的正态分布密度函数

(4) $f(x)$ 在 $x=\mu\pm\sigma$ 处有拐点;

(5) x 轴为水平渐近线。

μ 和 σ 是正态分布的两个重要参数,决定着正态分布密度曲线的位置和形状。若 σ 不变,仅改变 μ 的大小,由图 1.1.5 可见图形形状不变,仅沿 x 轴平移,故图形的位置完全由 μ 确定,称 μ 为位置参数;若 μ 不变,仅改变 σ,由图 1.1.6 可见,σ 越小图形越细高;σ 越大图形越平坦,σ 反映了随机变量取值的离散程度。

3. 正态分布的概率计算

标准正态分布函数 $\Phi(x)=\int_{-\infty}^{x}\dfrac{1}{\sqrt{2\pi}}\mathrm{e}^{-\frac{t^2}{2}}\mathrm{d}t$ 在实际工作中应用十分广泛。由于被积函数的原函数不能用初等函数的形式表示出来,而需借助于级数展开,为了使用方便,人们已经编制了标准正态分布函数 $\Phi(x)$ 的数值表,见附表 1。表中给出了自变量为非负值的函数值,自变量为负值时,可用 $\Phi(-x)=1-\Phi(x)$ 的关系计算。

若 $X\sim N(0,1)$,对任意 $a<b$,有

$$P(a<X\leqslant b)=\int_{a}^{b}\frac{1}{\sqrt{2\pi}}\mathrm{e}^{-\frac{t^2}{2}}\mathrm{d}t=\Phi(b)-\Phi(a)$$

$$P(|X|\leqslant x)=\Phi(x)-\Phi(-x)=2\Phi(x)-1$$

例 1.1.1　设 $X\sim N(0,1)$,求 $P(0.5<X<1.5)$。

解　$P(0.5<X<1.5)=\Phi(1.5)-\Phi(0.5)=0.9332-0.6915=0.2417$。

若 $X\sim N(\mu,\sigma^2)$,对任意 $a<b$,有

$$P(a<X\leqslant b)=\Phi\left(\frac{b-\mu}{\sigma}\right)-\Phi\left(\frac{a-\mu}{\sigma}\right)$$

例 1.1.2　已知 $X\sim N(2,2^2)$,求 $P(1<X\leqslant 4)$。

解　$P(1<X\leqslant 4)=\Phi\left(\dfrac{4-2}{2}\right)-\Phi\left(\dfrac{1-2}{2}\right)=\Phi(1)-\Phi(-0.5)=0.8413-0.3085=0.5328$。

由此知

$$P(\mu-k\sigma\leqslant X\leqslant\mu+k\sigma)=\Phi\left(\frac{\mu+k\sigma-\mu}{\sigma}\right)-\Phi\left(\frac{\mu-k\sigma-\mu}{\sigma}\right)$$

$$=\Phi(k)-\Phi(-k)=2\Phi(k)-1$$

亦即
$$P(\mid X-\mu\mid\leqslant k\sigma)=2\varPhi(k)-1$$

这说明,正态分布 X 在区间 $[\mu-k\sigma,\mu+k\sigma]$ 上取值的概率与 μ,σ 的大小无关,只与 k 的值有关,由此得出

$$P(\mid X-\mu\mid\leqslant\sigma)=2\varPhi(1)-1\approx0.6826$$
$$P(\mid X-\mu\mid\leqslant2\sigma)=2\varPhi(2)-1\approx0.9544$$
$$P(\mid X-\mu\mid\leqslant3\sigma)=2\varPhi(3)-1\approx0.9974$$

最后一个数值说明 X 落在 $[\mu-3\sigma,\mu+3\sigma]$ 上的概率达到 99.74%,也就是 X 落在区间 $[\mu-3\sigma,\mu+3\sigma]$ 之外的概率已不足 0.3%,可以认为 X 几乎不在该区间之外取值,这个结果通常称为"3σ 规则"。

在许多自然界中的随机变量,如测量的误差,人群的身高和体重,产品的直径、长度、重量,电源电压等都服从或近似服从正态分布。

1.1.4　n 维随机变量及其分布

有些随机试验的结果同时涉及若干个随机变量,这就是多维随机变量问题。多维随机变量的性质不仅与各个随机变量有关,而且还与各随机变量之间的相互联系有关。

设随机试验 E 的样本空间为 $S=\{e\}$,$X_1,X_2,\cdots,X_n$ 是定义在 $S=\{e\}$ 上的 n 个随机变量,它们构成的随机向量 $(X_1,X_2,\cdots,X_n)$ 叫 n 维随机变量。

1. 联合分布律与边缘分布律

若随机变量 (X,Y) 的取值只有有限多个或可列无限多个,则称 (X,Y) 为离散型随机变量。设 (X,Y) 所有可能的取值为 $(x_i,y_j)(i,j=1,2,\cdots)$,取这些值的概率为 $p_{ij}(i,j=1,2,\cdots)$,称式 $P(X=x_i,Y=y_j)=p_{ij}(i,j=1,2,\cdots)$ 为随机变量 (X,Y) 的联合分布律(或分布列或概率分布)。它具有性质

$$p_{ij}\geqslant0,\quad\sum_i\sum_j p_{ij}=1$$

若 (X,Y) 是离散型随机变量,其联合分布律为

$$P(X=x_i,Y=y_j)=p_{ij},\quad i,j=1,2,\cdots$$

则

$$P(X=x_i)=\sum_{j=1}^{\infty}p_{ij}=p_{i\cdot},\quad i=1,2,\cdots$$

$$P(Y=y_j)=\sum_{i=1}^{\infty}p_{ij}=p_{\cdot j},\quad j=1,2,\cdots$$

分别称为 (X,Y) 关于 X,Y 的边缘分布律。

2. 随机变量的相互独立性

随机事件的独立性具有重要的意义和广泛的应用,下面讨论的随机变量的独立性,也是一个很重要的问题。

若 (X,Y) 是离散型随机变量,其联合分布律和边缘分布律分别为 $p_{ij},p_i.\,,p._j$ 则 X,Y 相互独立的充要条件是对任意 i,j 有 $p_{ij}=p_i.\,p._j,i,j=1,2,\cdots$。

若 (X,Y) 是连续型随机变量,其联合密度函数和边缘密度函数分别为 $f(x,y),f_X(x,y),f_Y(x,y)$,则 X,Y 相互独立的充要条件是对任意 x,y 有 $f(x,y)=f_X(x,y)f_Y(x,y)$。

推论:$(X_1,X_2,\cdots,X_n)$ 是离散型随机变量,则 $X_1,X_2,\cdots,X_n$ 相互独立的充要条件是

$$P(X_1=x_1,X_2=x_2,\cdots,X_n=x_n)=P(X_1=x_1)P(X_2=x_2)\cdots P(X_n=x_n)$$

$(X_1,X_2,\cdots,X_n)$ 是连续型随机变量,则 $X_1,X_2,\cdots,X_n$ 相互独立的充要条件是

$$f(x_1,x_2,\cdots,x_n)=f(x_1)f(x_2)\cdots f(x_n)$$

几乎处处成立。

1.2 随机变量的数字特征

随机变量的概率分布完整地描述了随机变量的取值规律,但很多实际问题中,我们仅需要知道随机变量的某些特征就够了。随机变量的数字特征,就是刻画随机变量某些特征(如平均值、偏差程度)的量,它在理论和实践上都具有重要意义。

1.2.1 数学期望(又称均值)

首先看一个例子。设对某食品的水分进行了 n 次测量,有 m_1 次测得结果为 x_1;m_2 次测得结果为 x_2;$\cdots$;m_k 次测得结果为 x_k,则测定结果的平均值为

$$\overline{X}=\frac{1}{n}(x_1m_1+x_2m_2+\cdots+x_km_k)=\sum_{i=1}^{k}x_i\frac{m_i}{n}$$

其中,$m_1+m_2+\cdots+m_k=n,m_i$ 为 x_i 出现的频数,$\frac{m_i}{n}$ 为 x_i 出现的频率。因此,所求平均值就是随机变量所取值与对应的频率乘积之和。由于频率具有偶然性,所以我们用频率的稳定值——概率代替频率,就消除了偶然性,从本质上反映了随机变量的平均值,习惯上,我们把这个平均结果叫做数学期望或均值。数学期望的意思是通过大量观察,可以期望这个随机变量取这个值。

1. 离散型随机变量的数学期望

设离散型随机变量 X 的分布律为 $P(X=x_k)=p_k(k=1,2,\cdots)$,若 $\sum_{k=1}^{\infty}|x_k|p_k<\infty$,则称 $\sum_{k=1}^{\infty}x_kp_k$ 为随机变量 X 的数学期望,记作 $EX=\sum_{k=1}^{\infty}x_kp_k$。

数学期望是算术平均值概念的拓广,说得明确些,就是概率意义下的平均,因而也称数学期望为均值。

2. 连续型随机变量的数学期望

设 X 为连续型随机变量,其概率密度为 $f(x)$,若 $\int_{-\infty}^{+\infty}|x|f(x)\mathrm{d}x<\infty$,则称

$\int_{-\infty}^{+\infty} x f(x) \mathrm{d}x$ 为随机变量 X 的数学期望,记作 EX 或 $E(X)$,即 $EX = E(X) = \int_{-\infty}^{+\infty} x f(x) \mathrm{d}x$。

例 1.2.1 设 $X \sim N(\mu, \sigma^2)$,求 EX。

解 $X \sim N(\mu, \sigma^2)$,$f(x) = \dfrac{1}{\sqrt{2\pi}\sigma} \exp\left\{ -\dfrac{(x-\mu)^2}{2\sigma^2} \right\}$, $\quad -\infty < x < +\infty$。

由定义

$$EX = \int_{-\infty}^{+\infty} x \frac{1}{\sqrt{2\pi}\sigma} \mathrm{e}^{-\frac{1}{2}\left(\frac{x-\mu}{\sigma}\right)^2} \mathrm{d}x \xrightarrow{\,\diamondsuit \frac{x-\mu}{\sigma}=t\,} \int_{-\infty}^{+\infty} \frac{\sigma t + \mu}{\sqrt{2\pi}} \mathrm{e}^{-\frac{t^2}{2}} \mathrm{d}t$$

$$= \int_{-\infty}^{+\infty} \frac{\sigma t}{\sqrt{2\pi}} \mathrm{e}^{-\frac{t^2}{2}} \mathrm{d}t + \mu \int_{-\infty}^{+\infty} \frac{1}{\sqrt{2\pi}} \mathrm{e}^{-\frac{t^2}{2}} \mathrm{d}t = 0 + \mu = \mu$$

可见,正态分布 $N(\mu, \sigma^2)$ 中的参数 μ 就是 X 的数学期望。

3. 随机变量函数的数学期望

设有随机变量 X 的连续函数 $Y = g(X)$,$E(g(X))$ 存在,则:

(1) 对离散型随机变量 X,若 $P(X = x_k) = p_k (k = 1, 2, \cdots)$,则

$$E(g(X)) = \sum_{k=1}^{\infty} g(x_k) p_k$$

(2) 对连续型随机变量 X,若有密度函数 $f(x)$,则

$$E(g(X)) = \int_{-\infty}^{+\infty} g(x) f(x) \mathrm{d}x$$

4. 数学期望的性质

(1) 设 C 为常数,则 $E(C) = C$;

(2) 设 X 是一个随机变量,C 为常数,则有 $E(CX) = CE(X)$;

(3) 设 X, Y 是两个随机变量,则有 $E(X+Y) = E(X) + E(Y)$;

(4) 设 X, Y 是两个相互独立的随机变量,则有 $E(XY) = E(X)E(Y)$。

1.2.2 方差

数学期望是描述随机变量取值的集中位置的一个数字特征,在实际问题中,有时只知道数学期望是不够的。例如,有一批灯泡,知其平均寿命是 $EX = 1000(\mathrm{h})$。仅由这一指标我们还不能断定这批灯泡质量的好坏。实际上,有可能其中绝大部分灯泡的寿命都在 $950 \sim 1050\mathrm{h}$;也有可能其中约有一半是高质量的,它们的寿命大约有 $1300\mathrm{h}$,另一半却是质量很差的,其寿命大约只有 $700\mathrm{h}$。为评定这批灯泡质量的好坏,还需进一步考察灯泡寿命 X 与其均值 $EX = 1000$ 的偏离程度。若偏离程度较小,表示质量比较稳定。从这个意义上来说,我们认为质量较好。由此可见,研究随机变量与其均值的偏离程度是十分必要的。

设 X 是随机变量,若 $E(X - EX)^2$ 存在,定义 $E(X - EX)^2$ 为 X 的方差,记为 DX,$D(X)$ 或 $\mathrm{var}(X)$。称 $\sqrt{DX}$ 或 $\sqrt{\mathrm{var}(X)}$ 为随机变量 X 的均方差或标准差。

方差表达了随机变量 X 的取值与均值 EX 的偏离程度。X 的取值越集中,则 DX 越

小。反之,若 X 的取值比较分散,则 DX 较大。因此,方差 DX 是刻画 X 取值分散程度的量,是衡量 X 取值分散程度的尺度。

由定义

$$D(X) = E(X - EX)^2 = E(X^2 - 2XE(X) + E^2(X))^2$$
$$= E(X^2) - 2E^2(X) + E^2(X)$$

得方差的计算公式为

$$D(X) = E(X^2) - E^2(X)$$

方差还具有下列性质(设以下出现的随机变量的方差都存在):

(1) 设 C 为常数,则 $D(C) = 0$;

(2) 设 X 是随机变量,C 为常数,则有 $D(CX) = C^2 D(X)$;

(3) 若 X,Y 是两个随机变量,则

$$D(X + Y) = D(X) + D(Y) + 2E\{(X - E(X))(Y - E(Y))\}.$$

特别地,当 X,Y 相互独立时,则有 $D(X+Y) = DX + DY$。

例 1.2.2 设 $X \sim N(\mu, \sigma^2)$,求 $D(X)$。

解 由例 1.2.1 知 $E(X) = \mu$,下面计算 $E(X^2)$。

$$E(X^2) = \int_{-\infty}^{+\infty} x^2 \frac{1}{\sqrt{2\pi}\sigma} e^{-\frac{1}{2}(\frac{x-\mu}{\sigma})^2} dx$$

$$\xLeftarrow{\diamondsuit \frac{x-\mu}{\sigma} = t} \frac{1}{\sqrt{2\pi}} \int_{-\infty}^{+\infty} (\sigma^2 t^2 + 2\sigma\mu t + \mu^2) e^{-\frac{t^2}{2}} dt$$

$$= \int_{-\infty}^{+\infty} \frac{\sigma^2 t^2}{\sqrt{2\pi}} e^{-\frac{t^2}{2}} dt + \int_{-\infty}^{+\infty} \frac{2\sigma\mu}{\sqrt{2\pi}} t e^{-\frac{t^2}{2}} dt + \int_{-\infty}^{+\infty} \frac{\mu^2}{\sqrt{2\pi}} e^{-\frac{t^2}{2}} dt$$

$$= \sigma^2 \int_{-\infty}^{+\infty} \frac{t^2}{\sqrt{2\pi}} e^{-\frac{t^2}{2}} dt + 0 + \mu^2 \int_{-\infty}^{+\infty} \frac{1}{\sqrt{2\pi}} e^{-\frac{t^2}{2}} dt$$

因为 $\int_{-\infty}^{+\infty} \frac{t^2}{\sqrt{2\pi}} e^{-\frac{t^2}{2}} dt = \int_{-\infty}^{+\infty} \frac{1}{\sqrt{2\pi}} e^{-\frac{t^2}{2}} dt = 1$,上式 $= \sigma^2 \cdot 1 + \mu^2 \cdot 1$,所以 $E(X^2) = \sigma^2 + \mu^2$,于是

$$D(X) = E(X^2) - E^2(X) = \sigma^2$$

现将常用分布的数学期望和方差列于表 1.2.1。

表 1.2.1　常用分布的数学期望和方差

名称与记号	分布律或概率密度	数 学 期 望	方　　差
二项分布 $B(n,p)$	$P(X=k) = C_n^k p^k (1-p)^{n-k}$ $0 < p < 1, k = 0,1,2,\cdots,n$	np	$np(1-p)$
泊松分布 $P(\lambda)$	$p(k,\lambda) = P(X=k) = \frac{\lambda^k}{k!} e^{-\lambda}$ $\lambda > 0, k = 0,1,2,\cdots$	λ	λ
指数分布 $E(\lambda)$	$f(x) = \begin{cases} \lambda e^{-\lambda x}, & x > 0 \\ 0, & \text{其他} \end{cases}, \quad \lambda > 0$	$\frac{1}{\lambda}$	$\frac{1}{\lambda^2}$
正态分布 $N(\mu, \sigma^2)$	$f(x) = \frac{1}{\sqrt{2\pi}\sigma} \exp\left\{ -\frac{(x-\mu)^2}{2\sigma^2} \right\}$ $(\sigma > 0, -\infty < x < +\infty)$	μ	σ^2

1.2.3　变异系数

方差(或标准差)反映了随机变量取值的波动程度,但在比较两个随机变量的波动大小时,如果仅看方差(或标准差)的大小有时会产生不合理现象。这有两个原因:①随机变量取值有量纲,不同量纲的随机变量用其方差(或标准差)去比较它们的波动大小不太合理。②在取值的量纲相同的情况下,取值的大小有一个相对性问题,取值较大的随机变量的方差(或标准差)也允许大一些。

设随机变量 X 的数学期望、方差存在,称

$$\gamma(X) = \frac{\sqrt{\mathrm{var}(X)}}{E(X)} = \frac{\sigma(X)}{E(X)}$$

为 X 的变异系数,它是一个无量纲的量。

例 1.2.3　用 X 表示某种同龄树的高度,其量纲是米,用 Y 表示某年龄段儿童的身高,其量纲也是米。设 $E(X)=10, \mathrm{var}(X)=1, E(Y)=1, \mathrm{var}(X)=0.04$,可否认为 Y 的波动小?

解　$\gamma(X) = \frac{\sigma(X)}{E(X)} = \frac{1}{10} = 0.1, \gamma(Y) = \frac{\sigma(X)}{E(X)} = \frac{\sqrt{0.04}}{1} = 0.2$

说明 Y 的波动比 X 大。

1.2.4　相关系数

对二维随机变量 (X,Y),我们除了讨论 X,Y 的数学期望和方差外,还需讨论描述 X 与 Y 之间关系的数字特征。

设二维随机变量 $(X,Y), E(X), E(Y)$ 存在,定义 $\mathrm{cov}(X,Y) = E[(X-EX)(Y-EY)]$ 为随机变量 X,Y 的协方差;又设 $D(X), D(Y)$ 均不为零,则称 $\frac{\mathrm{cov}(X,Y)}{\sqrt{DX}\sqrt{DY}}$ 为随机变量 X,Y 的相关系数,记作 ρ_{XY},即 $\rho_{XY} = \frac{\mathrm{cov}(X,Y)}{\sqrt{DX}\sqrt{DY}}$。

对随机变量 X,Y 分别进行标准化得到

$$X^* = \frac{X-E(X)}{\sqrt{DX}}, \quad Y^* = \frac{Y-E(Y)}{\sqrt{DY}}$$

$$\mathrm{cov}(X^*, Y^*) = E(X^* Y^*) - E(X^*)E(Y^*)$$
$$= E\left(\frac{X-E(X)}{\sqrt{DX}} \cdot \frac{Y-E(Y)}{\sqrt{DY}}\right) - 0 = \frac{E[X-E(X)][Y-E(Y)]}{\sqrt{DX}\sqrt{DY}}$$

由定义则有 $\mathrm{cov}(X^*, Y^*) = \rho_{XY}$。

通常称 $\mathrm{cov}(X^*, Y^*)$ 为标准协方差。由上式知道,X^*, Y^* 的协方差就是 X,Y 的相关系数,所以,相关系数又叫标准协方差。

相关系数 ρ_{XY} 具有如下的性质:

(1) $|\rho_{XY}| \leqslant 1$;

(2) $|\rho_{XY}|=1\Leftrightarrow P(Y=aX+b)=1$,即表示 X,Y 几乎线性相关。

相关系数 ρ_{XY} 是描述 X,Y 之间线性关系紧密程度的量。$|\rho_{XY}|$ 越接近于 $1,X,Y$ 取值的线性近似程度越高;反之 $|\rho_{XY}|$ 越接近于 $0,X,Y$ 取值的线性近似程度越低。

$\rho_{XY}=0$ 时,称 X,Y 不相关;$|\rho_{XY}|=1$ 时,称 X,Y 完全线性相关。

1.2.5　矩

矩的概念是从力学上引进的,在这里它是随机变量的各种数字特征的抽象。有了矩的概念,期望、方差、协方差可以统一归结为矩。矩,实际上就是随机变量及其各种函数的期望值。

设 X 为随机变量,$k\geqslant 1$,称 $\mu_k=E((X-EX)^k)$ 为 X 的 k 阶中心矩;称 $a_k=EX^k$ 为 X 的 k 阶原点矩。显然,数学期望 $E(X)$ 为 X 的一阶原点矩;方差 $D(X)$ 为 X 的二阶中心矩。

设 X,Y 是随机变量,若 $E(X^kY^l)(k,l=1,2,\cdots)$ 存在,称它为 X 和 Y 的 $k+l$ 阶中心矩;若 $E((X-EX)^k(Y-EY)^l)(k,l=1,2,\cdots)$ 存在,称它为 X 和 Y 的 $k+l$ 阶混合中心矩。

设随机变量 $X_1,X_2,\cdots,X_n$ 的二阶混合中心矩

$$c_{ij}=\mathrm{cov}(X_i,X_j)=E[(X_i-EX_i)(X_j-EX_j)]$$

存在,称

$$C=\begin{pmatrix} c_{11} & c_{12} & \cdots & c_{1n} \\ c_{21} & c_{22} & \cdots & c_{2n} \\ \vdots & \vdots & & \vdots \\ c_{n1} & c_{n2} & \cdots & c_{nn} \end{pmatrix}$$

为协方差矩阵,这里 $c_{ij}=c_{ji}$,即 $C^{\mathrm{T}}=C,c_{ii}=\sigma_i^2(i=1,2,\cdots,n)$。

1.2.6　偏度系数

设随机变量 X 的三阶矩存在,称

$$G_1=\frac{E(X-E(X))^3}{[E(X-E(X))^2]^{\frac{3}{2}}}=\frac{\mu_3}{\sigma^3}$$

为 X 的分布的偏度系数,简称偏度。

总体偏度是度量总体分布是否偏向某一侧的指标。对于对称分布,偏度 $G_1=0$。例如,对于正态分布,因 $\mu_3=0$,故 $G_1=0$。若总体分布在右侧更为扩展,偏度为正($G_1>0$);若总体分布在左侧更为扩展,偏度为负($G_1<0$)。如图 1.2.1 所示。

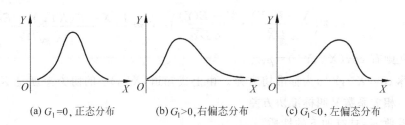

(a) $G_1=0$,正态分布　　　　(b) $G_1>0$,右偏态分布　　　　(c) $G_1<0$,左偏态分布

图 1.2.1　总体的偏度

1.2.7　峰度系数

设随机变量 X 的四阶矩存在,称

$$G_2 = \frac{E(X-E(X))^4}{[E(X-E(X))^2]^2} - 3 = \frac{\mu_4}{\sigma^4} - 3$$

为 X 的分布的峰度系数,简称峰度。

　　总体峰度是以同方差的正态分布为标准、比较总体分布尾部分散性的指标。当总体分布是正态分布时,因 $\mu_4 = 3\sigma^4$,故总体峰度 $G_2 = 0$;当 $G_2 > 0$ 时,总体分布中极端数值分布范围较广,此种分布称为粗尾的;当 $G_2 < 0$ 时,总体分布中极端数据较少,此种分布称为细尾的。如图 1.2.2 所示。

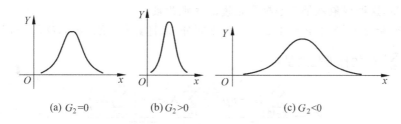

(a) $G_2=0$　　　　(b) $G_2>0$　　　　(c) $G_2<0$

图 1.2.2　总体的峰度

1.3　大数定律与中心极限定理

1.3.1　大数定律

　　前面我们提到过事件发生的频率具有稳定性,即随着试验次数的增加,事件发生的频率逐渐稳定于某个常数。如何从数学上描述呢,这就是伯努利大数定律。

　　设随机变量 $X_1, X_2, \cdots, X_n$ 相互独立,并都服从参数为 p 的 0-1 分布,则对任意给定的 $\varepsilon > 0$,都有

$$\lim_{n \to \infty} P\left\{ \left| \frac{1}{n} \sum X_i - p \right| < \varepsilon \right\} = 1$$

　　如果用 n_A 表示 n 次独立重复试验中事件 A 发生的次数,$p(0 < p < 1)$ 是事件 A 在每次试验中发生的概率,则 $\forall \varepsilon > 0$,有

$$\lim_{n \to \infty} P\left\{ \left| \frac{n_A}{n} - p \right| < \varepsilon \right\} = 1$$

即

$$\frac{n_A}{n} \xrightarrow{P} p$$

说明频率是以概率 1 收敛于概率的,即频率是概率的反映。

　　在实践中人们还认识到大量测量值的算术平均值也具有稳定性。

设随机变量序列 $\{X_n\}(n=1,2,\cdots)$ 独立同分布,且具有 $E(X_n)=\mu$,则 $\forall \varepsilon>0$,都有

$$\lim_{n\to\infty} P\left\{\left|\frac{1}{n}\sum_{i=1}^{n}X_i-\mu\right|<\varepsilon\right\}=1$$

即

$$\frac{1}{n}\sum_{i=1}^{n}X_i \xrightarrow{P} \mu$$

这是辛钦大数定律所描述的。

1.3.2　中心极限定理

在客观实际中有许多随机变量,它们是由大量的相互独立的随机因素的综合影响所形成的,而其中每一个因素在总的影响中所起的作用都是微小的。这种随机变量往往近似地服从正态分布,这种现象就是中心极限定理的客观背景。

设随机变量序列 $\{X_n\}(n=1,2,\cdots)$ 独立同分布,且具有 $EX_n=\mu$,$DX_n=\sigma^2>0$,则随机变量之和 $\sum\limits_{i=1}^{n}X_i$ 的标准化变量:

$$Y_n=\frac{\sum\limits_{i=1}^{n}X_i-n\mu}{\sqrt{n}\sigma}=\frac{\sum\limits_{i=1}^{n}X_i-E\left(\sum\limits_{i=1}^{n}X_i\right)}{\sqrt{D\left(\sum\limits_{i=1}^{n}X_i\right)}}$$

的分布函数 $F_n(x)$,对于任意 x 满足

$$\lim_{n\to\infty}F_n(x)=\lim_{n\to\infty}P\left\{\frac{\sum\limits_{i=1}^{n}X_i-n\mu}{\sqrt{n}\sigma}\leqslant x\right\}=\int_{-\infty}^{x}\frac{1}{\sqrt{2\pi}}e^{-\frac{t^2}{2}}dt=\Phi(x)$$

这就是说,均值为 μ、方差为 $\sigma^2>0$ 的独立同分布的随机变量 $X_1,X_2,\cdots,X_n$ 之和 $\sum\limits_{i=1}^{n}X_i$ 的标准化变量,当 n 充分大时,有

$$Y_n=\frac{\sum\limits_{i=1}^{n}X_i-n\mu}{\sqrt{n}\sigma}\approx^{①} N(0,1)$$

即 n 充分大($n=45$)时,有

$$\sum_{i=1}^{n}X_i\approx(n\mu,n\sigma^2)$$

习题 1

1.1　设 $X\sim N(3,2^2)$,求:

(1) $P(2<X\leqslant5)$,$P(-4<X\leqslant10)$,$P(|X|>2)$,$P(X>3)$;

---

① 此处用 $\approx$ 表示渐近服从。

(2) 确定 c 使得 $P(X>c)=P(X\leqslant c)$；

(3) 设 d 满足 $P(X>d)=0.9$，问 d 至多为多少？

1.2　某地区 18 岁的女青年的血压(收缩压，以 mmHg 计)服从 $N(110,12^2)$。在该地区任选一 18 岁的女青年，测量她的血压 X：

(1) 求 $P(X\leqslant 105)$，$P(100<X\leqslant 120)$；

(2) 确定最小的 x，使 $P(X>x)\leqslant 0.05$。

1.3　一工厂生产的某种元件的寿命 X(以小时计)服从参数为 $\mu=160$ 的正态分布，若要求 $P(120<X\leqslant 200)\geqslant 0.80$，允许样本均方差值 s 最大为多少？

1.4　公共汽车车门的高度是按男子与车门顶碰头机会在 0.01 以下来设计的。设男子身高 $X\sim N(170,6^2)$，问车门高度应如何确定？

1.5　设随机变量 X 服从正态分布 $N(0,1)$，对给定的 $\alpha(0<\alpha<1)$，数 u_α 满足 $P(X>u_\alpha)=\alpha$，若 $P(|X|<x)=\alpha$，求 x。

1.6　设 $X\sim N(\mu,\sigma^2)(\sigma>0)$，且二次方程 $y^2+4y+X=0$ 无实根的概率为 $\frac{1}{2}$，求 μ。

1.7　设随机变量 X 服从均值为 10、均方差为 0.02 的正态分布，已知 $\Phi(x)=\int_{-\infty}^{x}\frac{1}{\sqrt{2\pi}}e^{-\frac{u^2}{2}}\mathrm{d}u$，$\Phi(2.5)=0.9938$，求 X 落在区间 $(9.95,10.05)$ 内的概率。

第 2 章　描述性统计分析

第 1 章我们讨论了事件的概率和随机变量。而要弄清楚一个随机变量的规律性,就必须知道它的概率分布,或者至少知道它的数字特征,如数学期望、方差等。怎样才能知道一个随机变量的概率分布或数字特征呢? 这就需要充分地取得反映该随机变量全面情况的观测值(数据)。然而,对于各种随机变量,往往只能得到部分观测值,但是局部和整体有着密切内在联系,只要观察到的局部数据有充分的代表性,就可以利用这些局部数据通过分析和推断,了解观察对象整体的规律性。例如,我们想要了解某工厂生产的 10000 只灯泡的质量问题,则需要对灯泡的寿命进行测试,由于测试具有破坏性,因此不可能对 10000 只灯泡一一进行检验,所以我们只能按一定的抽样方式,从所有产品中抽取一部分(如 100 只)有代表性的样品进行寿命测试,根据这 100 只灯泡的质量情况,估计或推断这批灯泡的质量情况。那么,如何根据取得的局部数据,去估计或推断整体的规律性呢? 这就是本节以及后面要讨论的问题。

2.1　总体与样本

2.1.1　总体与个体

在数理统计中,我们把研究对象的全体称为总体,而把组成总体的每个基本单元称为个体。比如上述工厂生产的整批灯泡就组成一个总体,其中每个灯泡就是一个个体。

在实际问题中,我们关心的往往不是研究对象的全部情况,而是它的某一个或某几个数量指标。比如,对灯泡我们主要关心其使用寿命,而该批灯泡的使用寿命 X 取值的全体,就构成了研究对象的全体,即总体;再如,学生的身高、橘子的甜度等。显然 X 是一个随机变量,而每一个灯泡的使用寿命、每一个学生的身高和每一个橘子的甜度,即个体,也是一个随机变量。今后我们把总体与随机变量 X 等同起来,即总体就是某随机变量 X 或随机变量的分布 $F(x)$,因此"从总体中抽样"与"某分布抽样"是同一个意思。

总体分一维总体和多维总体、有限总体和无限总体,本书将以无限总体作为主要研究对象。

例 2.1.1　考察某厂的产品质量,将其产品只分为合格品与不合格品,并以 0 记合格品,以 1 记不合格品,则总体 ={该厂生产的全部合格品与不合格品},以 p 表示这堆数中 1 的比例(不合格品率),则该总体 $X \sim$ (0-1)——二点分布:

X	0	1
p	$1-p$	p

实际中,分布中的不合格品率 p 是未知的,如何对之进行估计是统计学要研究的。

2.1.2　样本与样本值

要了解总体的规律性,必须对其中的个体进行统计、观测,而统计观测的方法一般可分为两类:一类是全面观测,即全部个体逐个进行观测,这样做当然可以对全部个体有更全面深入的了解,但实际上这种方法往往行不通,有时也很不经济;二是抽样观测,即从总体中抽取 n 个个体进行观测,然后由 n 个个体的性质来推断总体性质或规律性,这是在实际中常用的方法。我们把被抽到的 n 个个体的集合称为总体的一个样本,n 称为该样本的容量。

样本具有二重性:一方面,由于样本是从总体中随机抽取的,抽取前无法预知它们的数值,因此,样本是随机变量,用大写字母 $X_1,X_2,\cdots,X_n$ 表示;另一方面,样本在抽取以后经观测就有确定的观测值,因此,样本又是一组数值,此时用小写字母 $x_1,x_2,\cdots,x_n$ 表示。

例 2.1.2　啤酒厂生产的瓶装啤酒规定净含量为 640g,由于随机性,事实上不可能使得所有的啤酒净含量均为 640g,现从某厂生产的啤酒中随机抽取 10 瓶测定其净含量,得到如下结果:

$$641,635,640,637,642,638,645,643,639,640$$

这是一个容量为 10 的样本观测值,对应的总体为该厂生产的瓶装啤酒的净含量。

例 2.1.3（分组样本）　考察某厂生产的某种电子元件的寿命,该厂生产的以及将要生产的所有元件是总体,其中选了 100 只进行寿命试验,由于一些原因,不可能每时每刻对试验进行观测,只能定期(比如每隔 24h)进行观测,于是,对每个元件,我们只观察到其寿命落在某个范围内,这就产生了表 2.1.1 所示的一组样本。

表 2.1.1　10 只元件的寿命数据

寿命范围	元　件　数	寿命范围	元　件　数	寿命范围	元　件　数
(0,24]	4	(192,216]	6	(384,408]	4
(24,48]	8	(216,240]	3	(408,432]	4
(48,72]	6	(240,264]	3	(432,456]	1
(72,96]	5	(264,288]	5	(456,480]	2
(96,120]	3	(288,312]	5	(480,504]	2
(120,144]	4	(312,336]	3	(504,528]	3
(144,168]	5	(336,360]	5	(528,552]	1
(168,192]	4	(360,384]	1	>552	13

表 2.1.1 中的样本观测值没有具体的数值,只有一个范围,这样的样本称为分组样本,相应的例 2.1.2 中的 10 个啤酒净含量称为完全样本,分组样本与完全样本相比在信息上总有损失,这是分组样本的缺点,为了获得更多信息,应尽量设法获得完全样本,在不得已场合可使用分组样本。但在实际中,在样本量特别大时(如 $n \geqslant 100$),又常用分组样本来代替完全样本,这时需要对样本进行分组整理,它能简明扼要地表示样本,使人们能更好地认识总体,这是分组样本的优点。

抽样观测的实质是利用局部来推断整体,为此从总体中抽取样本时,应当满足:

(1) 每个个体 $X_i(i=1,2,\cdots,n)$ 与总体 X 同分布;

(2) 各个体之间相互独立。

这种抽取样本的方法称为简单随机抽样,由此得到的样本称为简单随机样本,简称样本。

对一次具体的抽取,得到 n 个数值 $x_1,x_2,\cdots,x_n$,通常称之为样本观测值,简称样本值。

由简单随机样本的定义可知,来自总体 X 的一个样本 $X_1,X_2,\cdots,X_n$ 就是一组相互独立并且与总体同分布的随机变量。因此,若总体 X 的分布函数为 $F(x)$,密度函数为 $f(x)$,则样本 $(X_1,X_2,\cdots,X_n)$ 的联合分布函数及联合密度函数分别为

$$F(x_1,x_2,\cdots,x_n) = \prod_{i=1}^{n} F(x_i); \quad f(x_1,x_2,\cdots,x_n) = \prod_{i=1}^{n} f(x_i)$$

例 2.1.4 设总体 $X \sim f(x) = \begin{cases} \theta x^{\theta-1}, & 0<x<1 \\ 0, & \text{其他} \end{cases}$,$(X_1,X_2,\cdots,X_n)$ 为 X 的样本,则样本的分布为

$$f(x_1,x_2,\cdots x_n,\theta) = \prod_{i=1}^{n} \theta x_i^{\theta-1} = \theta^n \left(\prod_{i=1}^{n} x_i \right)^{\theta-1}, \quad 0<x_i<1, 1 \leqslant i \leqslant n$$

当总体为离散型随机变量时,总体 X 的分布律为 $P(X=x_k)=p_k$,则样本 $(X_1,X_2,\cdots,X_n)$ 的联合分布为

$$p(x_1,x_2,\cdots,x_n) = \prod_{i=1}^{n} p(x_i)$$

例 2.1.5 设总体 $X \sim$ (0-1)二点分布,$(X_1,X_2,\cdots,X_n)$ 为 X 的样本,求样本的分布。

解 因为 $P(X=1)=p, P(X=0)=1-p, 0<p<1$,连续化可表示为

$$p(x) = P(X=x) = p^x(1-p)^{1-x}, \quad x=0,1$$

则样本的联合分布为

$$P(x_1,x_2,\cdots,x_n;p) = \prod_{i=1}^{n} p(x_i) = \prod_{i=1}^{n} p^{x_i}(1-p)^{1-x_i}, \quad x_i=0,1$$

例 2.1.6 设总体 X 服从泊松分布,$X \sim \pi(\lambda)$,λ 未知,$(X_1,X_2,\cdots,X_n)$ 为 X 的样本,求样本的分布。

解 因为泊松分布的分布律为

$$P\{X=k\} = \frac{\lambda^k e^{-\lambda}}{k!}, \quad k=0,1,2,\cdots$$

连续化为

$$p(x) = P\{X=x\} = \frac{\lambda^x e^{-\lambda}}{x!}, \quad x=0,1,2,\cdots$$

所以样本的联合分布

$$p(x_1,x_2,\cdots,x_n;\lambda) = \prod_{i=1}^{n} \frac{\lambda^{x_i} e^{-\lambda}}{x_i!} = \frac{e^{-n\lambda} \lambda^{\sum_{i=1}^{n} x_i}}{\prod_{i=1}^{n} (x_i)!}$$

2.1.3 统计量

我们知道样本是总体的代表和反映,是对总体进行统计分析和推断的依据,但在样本抽取后,样本所含的信息不能直接用于解决我们所要研究的问题,尚需进行"加工"、"提炼",而

这个过程就是针对不同的问题,构造不同的函数,为此引进统计量的概念。

设 $g(X_1, X_2, \cdots, X_n)$ 是样本 $X_1, X_2, \cdots, X_n$ 的函数,若 g 中不含有任何未知参数,则称 $g(X_1, X_2, \cdots, X_n)$ 为统计量,它是完全由样本确定的量。

例如,设 $X_1, X_2, \cdots, X_n$ 是来自总体 X 的样本,则 $\sum_{i=1}^{n} X_i$、$\dfrac{1}{n} \sum_{i=1}^{n} X_i$、$\sum_{i=1}^{n} X_i^2$、$\dfrac{1}{n-1} \sum_{i=1}^{n} (X_i - \bar{X})^2$、$\dfrac{1}{n} \sum_{i=1}^{n} X_i^k (k = 1, 2, 3, \cdots)$、$\max(x_1, x_2, \cdots, x_n) - \min(x_1, x_2, \cdots, x_n)$、$X_1$ 等均为统计量。

再如,总体 $X \sim N(\mu, \sigma^2)$,当 μ, σ^2 已知时,$X_1 - \mu$、$\dfrac{X_1}{\sigma}$ 为统计量,当 μ, σ^2 未知时,则 $X_1 - \mu$、$\dfrac{X_1}{\sigma}$ 非统计量。

下面介绍几个常用的统计量,即样本的数字特征,假设 $X_1, X_2, \cdots, X_n$ 是来自总体 X 的样本,通过研究数据的数字特征,分析推断总体的相关信息,进而描述总体。

2.2 用样本的数字特征描述总体

2.2.1 常见的样本数字特征

设 n 个样本为
$$X_1, X_2, \cdots, X_n$$
观测值为
$$x_1, x_2, \cdots, x_n$$
其中 n 称为样本容量。

1. 样本均值

样本的算术平均值称为样本均值:
$$\bar{X} = \frac{1}{n}(X_1 + X_2 + \cdots + X_n) = \frac{1}{n} \sum_{i=1}^{n} X_i \tag{2.2.1}$$
观察值为
$$\bar{x} = \frac{1}{n}(x_1 + x_2 + \cdots + x_n) = \frac{1}{n} \sum_{i=1}^{n} x_i$$

在分组样本场合,样本均值的近似公式为
$$\bar{x} = \frac{1}{n}(x_1 f_1 + x_2 f_2 + \cdots + x_k f_k) = \frac{1}{n} \sum_{i=1}^{k} x_i f_i$$
其中,k 为组数;x_i 为第 i 组的组中值;f_i 为第 i 组的频数。

样本均值是描述数据的平均状态或集中位置的量,是位置的度量参数。

2. 样本方差与均方差

称
$$S^2 = \frac{1}{n-1} \sum_{i=1}^{n} (X_i - \bar{X})^2 \tag{2.2.2}$$

为样本方差；称

$$S = \sqrt{S^2} = \sqrt{\frac{1}{n-1}\sum_{i=1}^{n}(X_i - \overline{X})^2} \qquad (2.2.3)$$

为样本标准差(均方差)。

对应的观察值为

$$s^2 = \frac{1}{n-1}\sum_{i=1}^{n}(x_i - \overline{x})^2$$

$$s = \sqrt{s^2} = \sqrt{\frac{1}{n-1}\sum_{i=1}^{n}(x_i - \overline{x})^2}$$

3. 二阶中心距

称

$$S_n^2 = \frac{1}{n}\sum_{i=1}^{n}(X_i - \overline{X})^2 \qquad (2.2.4)$$

为二阶中心距。

方差、均方差、二阶中心距都是用来刻画数据的变异的度量值，是尺度参数。通常理论上采用样本方差 S^2 或样本标准差 S 来描述数据的变异度，因为 $E(S^2) = \sigma^2$，即样本方差 S^2 是总体方差 σ^2 的无偏估计量，而二阶中心距 S_n^2 与总体方差 σ^2 是有偏离的：$E(S_n^2) = \frac{n-1}{n}\sigma^2$。

4. 变异系数

样本方差的量纲与数据的量纲不一致，它是数据量纲的平方，而标准差的量纲与数据量纲一致。比较两个样本的变异度，由于单位不同或均数不同，不能单纯用标准差比较，而是用一个相对的百分数变异度来比较，这就是变异系数：

$$CV = 100 \times \frac{S}{\overline{x}}(\%) \qquad (2.2.5)$$

用它可以对同一样本中的不同指标或不同样本中的同一指标进行比较，据 CV 的大小可以对指标的变异程度排序。

5. 样本矩

称

$$v_k = \frac{1}{n}\sum_{i=1}^{n}x_i^k, \quad k = 1,2,3,\cdots$$

为样本 k 阶原点矩；称

$$u_k = \frac{1}{n}\sum_{i=1}^{n}(x_i - \overline{x})^k, \quad k = 1,2,3,\cdots$$

为样本 k 阶中心矩。

2.2.2 描述形态的样本特征值

刻画数据的偏态、尾重程度的度量值常用偏度与峰度。

1. 偏度

偏度的计算公式为

$$g_1 = \frac{n}{(n-1)(n-2)s^3}\sum_{i=1}^{n}(x_i-\bar{x})^3 = \frac{n^2 u_3}{(n-1)(n-2)s^3} \tag{2.2.6}$$

其中，s 是标准差；$u_k = \frac{1}{n}\sum_{i=1}^{n}(x_i-\bar{x})^k$ 为样本 k 阶中心矩。偏度是刻画数据对称性的指标。关于均值对称的数据，其偏度 $g_1 = 0$；右侧更分散的数据（即右边长）偏度为正（$g_1 > 0$）；左侧更分散的数据（左边长）偏度为负（$g_1 < 0$）。如图 2.2.1 所示。

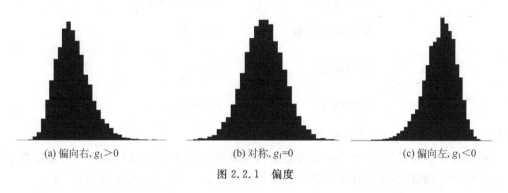

(a) 偏向右，$g_1 > 0$ 　　　　(b) 对称，$g_1 = 0$ 　　　　(c) 偏向左，$g_1 < 0$

图 2.2.1　偏度

2. 峰度

峰度的计算公式是

$$\begin{aligned}
g_2 &= \frac{n(n+1)}{(n-1)(n-2)(n-3)s^4}\sum_{i=1}^{n}(x_i-\bar{x})^4 - 3\frac{(n-1)^2}{(n-2)(n-3)}\\
&= \frac{n^2(n+1)u_4}{(n-1)(n-2)(n-3)s^4} - 3\frac{(n-1)^2}{(n-2)(n-3)}
\end{aligned} \tag{2.2.7}$$

当数据的总体分布为正态分布时，峰度 g_2 近似为 0；当分布较为正态分布的尾部更分散时，峰度为正（$g_2 > 0$），否则峰度为负（$g_2 < 0$）。当峰度为正（$g_2 > 0$）时，两侧极端数据较多（粗尾）；当峰度为负（$g_2 < 0$）时，两侧极端数据较少（细尾）。如图 2.2.2 所示。

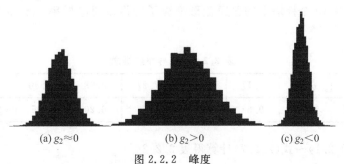

(a) $g_2 \approx 0$ 　　　　(b) $g_2 > 0$ 　　　　(c) $g_2 < 0$

图 2.2.2　峰度

设观测数据是由总体 X 中取出的样本,总体分布函数是 $F(x)$,当 X 为离散分布时,总体分布可由概率分布列刻画:

$$p_i = P(X = x_i), \quad i = 1, 2, \cdots$$

总体分布为连续时,总体分布可由概率密度 $f(x)$ 刻画,连续分布中最重要的是正态分布,它的概率密度 $\varphi(x)$ 及分布函数 $\Phi(x)$ 分别为

$$\varphi(x) = \frac{1}{\sqrt{2\pi}\sigma} e^{-\frac{(x-\mu)^2}{2\sigma^2}}, -\infty < x < +\infty; \quad \Phi(x) = \int_{-\infty}^{x} \varphi(t)\,dt$$

具有正态分布的总体称为正态总体。

上述数据的数字特征即为样本的数字特征,与样本数字特征对应的是总体的数字特征,它们分别是:

总体均值	$\mu = E(X)$
总体方差	$\sigma^2 = \mathrm{var}(X)$
总体均方差	$\sigma = \sqrt{\mathrm{var}(X)}$
总体变异系数	$\gamma = \dfrac{\sigma}{\mu}$
总体偏度	$G_1 = \dfrac{\mu_3}{\sigma^3}$
总体峰度	$G_2 = \dfrac{\mu_4}{\sigma^4} - 3$

这里 $\mu_k = E(X - \mu)^k$ 为总体 k 阶中心矩。

根据统计学的结果,样本的数字特征是相应的总体数字特征的矩估计。当总体数字特征存在时,相应的样本数字特征是总体数字特征的相合估计,从而当 n 较大时,有

$$\mu \approx \overline{X}, \quad \sigma^2 \approx S^2, \quad \sigma \approx S, \quad \gamma \approx \mathrm{CV}, \quad G_1 \approx g_1, \quad G_2 \approx g_2$$

这里,特别要强调下列情况:当观测数据 $x_1, x_2, \cdots, x_n$ 是所要研究对象的全体时,数据的分布即总体分布。我们认为取得每一个观测数据 x_i 是等可能性的,即为 $\dfrac{1}{n}$,总体分布为离散均匀分布

$$P(X = x_i) = \frac{1}{n}, \quad i = 1, 2, \cdots, n$$

对这种情况,数据数字特征即总体数字特征。许多实际数据属于这种情况,它更能体现数据分析的特点——让数据本身说话。实际上,我们也可以把这种情况看作取自定型模型的数据,而上述数字特征仍有相应的统计意义。

例 2.2.1　从 19 个杆塔上的普通盘形绝缘子测得该层电导率(μS)的数据如表 2.2.1所示。

表 2.2.1　电导率数据表

8.98	8.00	6.40	6.17	5.39	7.27	9.08	10.40	11.20	8.57
6.45	11.90	10.30	9.58	9.24	7.75	6.20	8.95	8.33	

解　由式(2.2.1)~式(2.2.7)计算得表 2.2.2。

表 2.2.2　电导率特征值

均值	方差	标准差	极差	变异系数	偏度	峰度
8.4295	3.3029	1.8174	6.51	21.5598	0.11524	−0.69683

从运算结果看出,集中取值 $\bar x = 8.4295$,分散度 $s^2 = 3.3029$,$g_1 = 0.1152$ 向右微偏,g_1, g_2 的绝对值较小,可以认为是来自正态总体的数据。

例 2.2.2　某电瓷厂的某种悬式绝缘子机电破坏负荷试验数据(单位:t)分组表示如表 2.2.3 所示。计算这批分组数据的均值、方差、变异系数、偏度、峰度。

表 2.2.3　绝缘子机电破坏负荷试验数据

组　段	组　中　值	组　频　数
5.5～6.0	5.75	4
6.0～6.5	6.25	3
6.5～7.0	6.75	15
7.0～7.5	7.25	42
7.5～8.0	7.75	49
8.0～8.5	8.25	78
8.5～9.0	8.75	50
9.0～9.5	9.25	31
9.5～10.0	9.75	5

解　对于分组数据,我们是将组中值当成各组段中实际数据的代表(它不一定是实际数据),因此算得的各数字特征是原始数据的数字特征的近似,这里 $n = 277$。由式(2.2.1)～式(2.2.7)计算得表 2.2.4。

表 2.2.4　绝缘子机电破坏负荷特征值

均值	方差	标准差	极差	变异系数	偏度	峰度
8.1002	0.62874	0.79293	4	9.7891	−0.38211	0.057169

从计算结果知,绝缘子机电破坏负荷集中取值 $\bar x = 8.1002$,分散度 $s^2 = 0.62874$,最大幅度 $R = 4$,$g_1 = -0.38211$ 向左微偏,g_1,g_2 的绝对值较小,可以认为是来自正态总体的数据。

2.2.3　样本的其他特征值描述

上述数据的均值、方差、均方差等数字特征是总体相应特征值的一种矩估计,它更适合于来自正态分布的数据的分析。若总体的分布未知,或者数据严重偏态,有若干异常数据(极端值),上述分析数据的方法不甚合适,而应计算中位数、分位数、三均值、极差等数据数字特征,计算上述特征值需要用到次序统计量。

设 $x_1, x_2, \cdots, x_n$ 是 n 个观测值,它可以理解为来自某总体的样本,将它们按数值由小到大记为

$$x_{(1)}, x_{(2)}, \cdots, x_{(n)}$$

这就是次序统计量。显然,最小次序统计量 $x_{(1)}$ 与最大次序统计量 $x_{(n)}$ 分别为

$$x_{(1)} = \min_{1 \leqslant i \leqslant n} x_i, \quad x_{(n)} = \max_{1 \leqslant i \leqslant n} x_i$$

1. 中位数

中位数的计算公式为

$$M = \begin{cases} x_{\left(\frac{n+1}{2}\right)}, & n \text{ 为奇数} \\ \frac{1}{2}\left(x_{\left(\frac{n}{2}\right)} + x_{\left(\frac{n}{2}+1\right)}\right), & n \text{ 为偶数} \end{cases} \tag{2.2.8}$$

中位数是描述数据中心位置的数字特征,大体上比中位数大或小的数据个数为整个数据个数的一半。对于对称分布的数据,均值与中位数较接近;对于偏态分布的数据,均值与中位数不同。中位数的另一显著特点是不受个别极端数据变化的影响,具有稳健性,因此它是数据分析中相当重要的统计量。

2. 分位数

对 $0 \leqslant p < 1$ 和容量为 n 的样本 $x_1, x_2, \cdots, x_n$,它的 p 分位数是

$$M_p = \begin{cases} x_{[np+1]}, & np \text{ 不是整数} \\ \frac{1}{2}(x_{(np)} + x_{(np+1)}), & np \text{ 是整数} \end{cases}$$

其中 $[np]$ 表示 np 的整数部分。当 $p=1$ 时,定义 $M_1 = x_{(n)}$。

p 分位数又称 $100p$ 百分数。大体上整个样本的 $100p\%$ 的观测值不超过 p 分位数。0.5 分位数 $M_{0.5}$(第 50 百分位数)就是中位数。在实际应用中,0.75 分位数与 0.25 分位数(第 75 百分位数与第 25 百分位数)比较重要,分别称为上、下四分位数,记

$$Q_3 = M_{0.75}, \quad Q_1 = M_{0.25} \tag{2.2.9}$$

上、下四分位数之差称为四分位极差(或半极差):

$$R_1 = Q_3 - Q_1 \tag{2.2.10}$$

它也是度量样本分散性的重要数字特征,尤其对于具有异常值的数据,它作为分散性的度量具有稳健性,因此在稳健型数据分析中具有重要作用。

当样本 $x_1, x_2, \cdots, x_n$ 是来自正态总体 $N(\mu, \sigma^2)$ 时,其总体上、下四分位数为

$$\xi_{0.75} = \mu + 0.6745\sigma \tag{2.2.11}$$

$$\xi_{0.25} = \mu - 0.6745\sigma \tag{2.2.12}$$

故总体四分位极差为

$$r_1 = \xi_{0.75} - \xi_{0.25} = 1.349\sigma \tag{2.2.13}$$

即

$$\sigma = \frac{r_1}{1.349}$$

当样本存在异常值时,标准差 S 缺乏稳健性。根据上面的讨论,可以得到总体标准差 S 的一个具有稳健性的估计:

$$\hat{\sigma} = \frac{R_1}{1.349}$$

它称为四分位标准差。对于任意观测数据 $x_1, x_2, \cdots, x_n$，$\hat{\sigma}$ 可以作为数据分散性的稳健度量。

我们知道，均值 $\bar{x}$ 与中位数 M 皆是描述数据集中位置的数字特征。计算 $\bar{x}$ 时，用了样本 $x_1, x_2, \cdots, x_n$ 的全部信息，而 M 仅用了数据分布中的部分信息。因此，在正常情况下，用 $\bar{x}$ 比用 M 描述数据的集中位置为优，当存在异常值时，$\bar{x}$ 缺乏稳健性，可用三均值 $\hat{M}$ 作为数据集中位置的数字特征。三均值 $\hat{M}$ 的计算公式

$$\hat{M} = \frac{1}{4}Q_1 + \frac{1}{2}M + \frac{1}{4}Q_3 \tag{2.2.14}$$

在探索性数据分析中，有一种判断数据为异常值的简便方法。称

$$Q_1 - 1.5R_1, \quad Q_3 + 1.5R_1 \tag{2.2.15}$$

为数据的下、上截断点。大于上截断点的数据为特大值，小于下截断点的时间为特小值。两者皆为异常值。

当总体为正态分布 $N(\mu, \sigma^2)$ 时，理论下、上截断点分别为

$$\xi_{0.75} - 0.15r_1 = \mu - 2.698\sigma \tag{2.2.16}$$

$$\xi_{0.25} + 0.15r_1 = \mu + 2.698\sigma \tag{2.2.17}$$

数据落在上、下截断点之外的概率为 0.00698，即对于容量 n 较大的样本，其异常值的比率约为 0.00698。由模拟研究，对容量为 n 的正态样本，异常值的平均比率近似为 $0.00698 + \dfrac{0.4}{n}$。

3. 极差

样本极差 R 等于样本中最大值减去最小值，即

$$R = x_{\max} - x_{\min} = x_{(n)} - x_{(1)}$$

它是表示数据波动程度的最简单方法。

例 2.2.3　某自动机床加工套筒，假如所加工套筒的直径服从正态分布，现抽验 5 个套筒，其直径为

$$2.066 \quad 2.063 \quad 6.068 \quad 2.060 \quad 2.067$$

则

$$R = 2.068 - 2.060 = 0.008$$

极差可以刻画数据散布范围大小，但它不能刻画数据在这个范围内散布的集中或离散程度。极差对测定值数目不多和测定值分布较对称情况特别适用，但极差只利用了这一组测定值两端的数据，未能涉及内部频数分布情况，因此，极差的数易受样品中异常测定值的影响；样本容量对极差的影响也很大，当容本量越大时，极差的数值可能越大，极差主要用于判断粗差（离群值），估计标准差和置信区间。

例 2.2.4　1952—1997 年我国人均国内生产总值数据如表 2.2.5（单位：元）所示。计算这批数据的数字特征。

表 2.2.5 1952—1997 年我国人均国内总产值

年　　份	人均生产总值	年　　份	人均生产总值
1952	119	1975	327
1953	142	1976	316
1954	144	1977	339
1955	150	1978	379
1956	165	1979	417
1957	168	1980	460
1958	200	1981	489
1959	216	1982	525
1960	218	1983	580
1961	185	1984	692
1962	173	1985	853
1963	181	1986	956
1964	208	1987	1104
1965	240	1988	1355
1966	254	1989	1512
1967	235	1990	1634
1968	222	1991	1879
1969	243	1992	2287
1970	275	1993	2939
1971	288	1994	3923
1972	292	1995	4854
1973	309	1996	5576
1974	310	1997	6079

解　从表 2.2.5 的数据看,2287,2939,3923,4854,5575 与 6079 是异常值(特大值)。由改革开放的形势具体分析,这些特大值的出现是好事。由此可见,实际问题中必须结合问题背景对数据进行具体分析。异常值又称离群值,它们远离了 1952—1991 年人均国内生产总值数据的主要群体。

由式(2.2.8)~式(2.2.17)计算得表 2.2.6 和表 2.2.7。

表 2.2.6 1952—1997 年我国人均国内总产值其他特征值

中位数	下四分位点	上四分位点	四分位极差	三均值	下截断点	上截断点
313	216	956	740	449	−894	2066

表 2.2.7 1952—1997 年我国人均国内总产值特征值

均值	方差	标准差	极差	变异系数	偏度	峰度
965.48	2099532	1448.9764	5960	150.08	2.4149	5.248

从运算结果分析,由于偏度为 2.4149,数据分布的图形显著右偏;峰度为 5.248,数据分布的右端有许多极端值。又数据的标准差为 1448.9764,其数据甚至超过了均值 965.48,

且 $\bar{x}=965.48, M=313, \hat{M}=449.5$ 三者的区别较大,说明数据的分散性相当大。由于改革开放以来,特别是近 20 年来,我国人均生产总值增长很快,因此出现了上述数据分布特点。此批数据是一批有严重偏态且有较多异常值的数据。

2.3 用样本的分布描述总体

试验数据的数字特征刻画了数据的主要特征,而要对数据的总体情况作全面的描述,就要研究试验数据的分布。对试验数据分布的主要描述方法是频数或频率分布表、直方图、经验分布函数、QQ 图、茎叶图、箱线图等,下面分别给予介绍。

2.3.1 频数或频率分布表

整理数据的最常用的方法之一是给出其数据频数分布表或频率分布表。

1. 试验指标为离散型

试验指标为离散型即所给试验数据是计数性的或称为间断性的变量,取值为自然数。设 $x_1, x_2, \cdots, x_n$ 是样本观测值,将 $x_1, x_2, \cdots, x_n$ 按由小到大的顺序排列,得到 $x_{(1)} < x_{(2)} < \cdots < x_{(l)}, \sum_{i=1}^{l} m_i = n$,并把相同的数合并,得到表 2.3.1 所示的频数分布和频率分布表。

表 2.3.1 频数分布和频率分布表

x	$x_{(1)}$	$x_{(2)}$	$\cdots$	$x_{(l)}$
频数 m_i	m_1	m_2	$\cdots$	m_l
频率(m_i/n)	m_1/n	m_2/n	$\cdots$	m_l/n

例 2.3.1 从某小麦品种大田中,随机抽取了 100 个麦穗,计数每穗小穗数,未加整理的资料如表 2.3.2 所示。

表 2.3.2 100 个麦穗的每穗小穗数

18	15	17	19	16	15	20	18	19	17
17	18	17	16	18	20	19	17	16	18
17	16	17	19	18	18	17	17	17	18
18	15	16	18	18	18	17	20	19	18
17	19	15	17	17	17	16	17	18	18
17	19	19	17	19	17	18	16	18	17
17	19	16	16	17	17	17	16	17	16
18	19	18	18	19	19	20	15	16	19
18	17	18	20	19	17	18	17	17	16
15	16	18	17	18	16	17	19	19	17

解 资料为计数性的,每穗小穗数在 15～20 的范围内变动。把资料按小穗数加以归类,共分为 6 组,组与组相差为 1 小穗,称为组距 $\triangle x = 1$。将资料归组整理就得到表 2.3.3 所示的频率分布表。

表 2.3.3　100 个麦穗每穗小穗数的频率分布表

每穗小穗数 x	15	16	17	18	19	20	总计
频数 m_i	6	15	32	25	17	5	100
频率 $f_i = \dfrac{m_i}{n}$	0.06	0.15	0.32	0.25	0.17	0.05	1

2. 试验指标为连续型

数据取值为一有限区间 $[a,b]$,通常将 $[a,b]$ 分成 $l(l<n)$ 个区间(一般是等间隔的),每个区间的长度 $\dfrac{b-a}{l}$ 称为组距,则

$$a = a_0 < a_1 < a_2 < \cdots < a_{l-1} < a_l = b$$

通常组数可以考虑取

$$l \approx 1.87 (n-1)^{\frac{2}{5}}$$

表 2.3.4 给出了一些 l 值以供参考。

表 2.3.4　数据分组数的参考值

n	40～60	100	150	200	400	600	800	1000	1500	2000	5000	10000
l	6～8	7～9	10～15	16	20	24	27	30	35	39	56	74

组距 $\triangle x = $(样本最大观测值-样本最小观测值)/组数,各组区间端点为

$$a_0, a_0 + \triangle x = a_1, a_0 + 2\triangle x = a_2, \cdots, a_0 + l\triangle x = a_l$$

区间为

$$[a_0, a_1), [a_1, a_2), \cdots, [a_{l-1}, a_l)$$

其中 a_0 可略小于最小观测值,a_l 可略大于最大观测值。

通常可用每组的组中值来代表该组的变量取值,组中值=(组上限+组下限)/2。

统计样本数据落入每个区间的个数——频数,并列出其频数频率分布表。

例 2.3.2 某炼钢厂生产 25MnSi 钢,由于各种随机因素的影响,各炉钢的含硅量 X 是有差异的。现在希望推断 X 的概率密度 $p(x)$。记录了 120 炉正常生产的 25MnSi 钢的含硅量(单位:%)如表 2.3.5 所示。

解 样本观测值的最大值和最小值分别为 $x_{(n)} = 0.95, x_{(1)} = 0.64, n = 120$。取 $a = 0.635$(略小于 $x_{(1)}$),$b = 0.955$(略大于 $x_{(n)}$);取 $l = 16$,得组距 $\triangle x = \dfrac{b-a}{l} = 0.02$,频数频率分布表见表 2.3.6。

表 2.3.5　25MnSi 钢的含硅量

0.86	0.83	0.77	0.81	0.81	0.80	0.79	0.82	0.82	0.81
0.82	0.78	0.80	0.81	0.87	0.87	0.77	0.78	0.77	0.78
0.77	0.71	0.95	0.78	0.81	0.79	0.80	0.77	0.76	0.82
0.84	0.79	0.90	0.82	0.79	0.82	0.79	0.86	0.81	0.78
0.82	0.78	0.73	0.83	0.81	0.81	0.83	0.89	0.78	0.86
0.78	0.84	0.84	0.84	0.81	0.81	0.74	0.78	0.76	0.80
0.75	0.79	0.85	0.75	0.74	0.71	0.88	0.82	0.76	0.85
0.81	0.79	0.77	0.78	0.81	0.87	0.83	0.65	0.64	0.78
0.80	0.80	0.77	0.81	0.75	0.83	0.90	0.80	0.85	0.81
0.82	0.84	0.85	0.84	0.82	0.85	0.84	0.82	0.85	0.84
0.81	0.77	0.82	0.83	0.82	0.74	0.73	0.75	0.77	0.78
0.87	0.77	0.80	0.75	0.82	0.78	0.78	0.82	0.78	0.78

表 2.3.6　频数频率分布表

序号	小区间 $[a_i, a_{i+1})$	组中值	频数 m_i	频率 $f_i = \dfrac{m_i}{n}$
1	$[0.635, 0.655)$	0.645	2	0.016667
2	$[0.655, 0.675)$	0.665	0	0
3	$[0.675, 0.695)$	0.685	0	0
4	$[0.695, 0.715)$	0.705	2	0.016667
5	$[0.715, 0.735)$	0.725	2	0.016667
6	$[0.735, 0.755)$	0.745	8	0.066667
7	$[0.755, 0.775)$	0.765	13	0.108333
8	$[0.775, 0.795)$	0.785	23	0.191667
9	$[0.795, 0.815)$	0.805	24	0.2
10	$[0.815, 0.835)$	0.825	21	0.175
11	$[0.835, 0.855)$	0.845	14	0.116667
12	$[0.855, 0.875)$	0.865	6	0.05
13	$[0.875, 0.895)$	0.885	2	0.016667
14	$[0.895, 0.915)$	0.905	2	0.016667
15	$[0.915, 0.935)$	0.925	0	0
16	$[0.935, 0.955)$	0.945	1	0.008333

2.3.2　直方图

前面我们介绍了频数与频率分布的表格形式,用其图形表示,即直方图。

在组距相等场合,常用宽度(Δx)相等的长条矩形表示,矩形的高低表示频数的大小。在图形上,横坐标表示所关心变量的取值区间,纵坐标表示频数,这样就得到频数直方图,若把纵坐标改为频率就得到频率直方图。

为使诸矩形面积和为 1,通常将纵坐标取为频率/组距 $\left(\dfrac{f_i}{\Delta x}\right)$,如此得到的直方图称为单位频率直方图,或简称频率直方图。

在单位直方图中,每一矩形的面积恰是数据落入区间的频率,用这种直方图可以估计总体的概率密度。

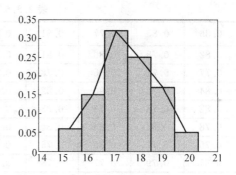

图 2.3.1　频率直方图

例 2.3.3　续例 2.3.1。由表 2.3.3 知,组距 $\Delta x = 1$,纵坐标 $\dfrac{f_i}{\Delta x} =$ 频率 f_i。

(1) 以组距 $\Delta x = 1$ 为底、$\dfrac{f_i}{\Delta x}$ 为高画出频率直方图(图 2.3.1);

(2) 将频率直方图上各组中点连接成一折线,即为频率多边形;

(3) 由直方图及频率多边形和 $f_i = \int_{x'_i}^{x'_{i+1}} p(x) \mathrm{d}x = p_i = P(x'_i < X \leqslant x'_{i+1})$ 的原理,可粗略给出修匀曲线(光滑曲线),也即是所要求的分布密度曲线。

2.3.3　经验分布函数

直方图的制作较适合于总体为连续型分布的场合。对于一般总体分布,若要估计它的总体分布函数 $F(x)$,可以用经验分布函数作估计。设 $x_1, x_2, \cdots, x_n$ 是来自总体分布为 $F(x)$ 的样本观测值,将 $x_1, x_2, \cdots, x_n$ 按由小到大的顺序排列,得到 $x_{(1)} \leqslant x_{(2)} \leqslant \cdots \leqslant x_{(n)}$,经验分布函数或样本分布函数是

$$F_n(x) = \begin{cases} 0, & x < x_{(1)} \\ \dfrac{k}{n}, & x_{(i)} \leqslant x < x_{(i+1)} \\ 1, & x \geqslant x_{(n)} \end{cases}$$

经验分布函数 $F_n(x)$ 是非降的阶梯函数,在 $x_{(i)}$ 处的跳跃度是 $\dfrac{1}{n}$,$x_{(i)}$ 重复取值 k 次,则跳跃度为 k/n。经验分布函数 $F_n(x)$ 是总体分布函数的相合估计。因此当 n 充分大时

$$F(x) \approx F_n(x)$$

例 2.3.4　续例 2.3.1。由表 2.3.3 得经验分布函数为

$$F_n(x) = \begin{cases} 0, & x < 15 \\ 0.06, & 15 \leqslant x < 16 \\ 0.21, & 16 \leqslant x < 17 \\ 0.53, & 17 \leqslant x < 18 \\ 0.78, & 18 \leqslant x < 19 \\ 0.95, & 19 \leqslant x < 20 \\ 1, & x \geqslant 20 \end{cases}$$

经验分布函数图如图 2.3.2 所示。

经验分布函数具备与分布函数相同的性质:

(1) $0 \leqslant F_n(x) \leqslant 1$,且 $F_n(-\infty) = 0, F_n(+\infty) = 1$;

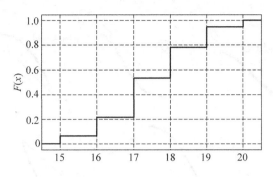

图 2.3.2　经验分布函数图

(2) $F_n(x)$ 是单调不减函数；

(3) $F_n(x)$ 右连续。

对于任意实数 x，$F_n(x)$ 的值等于样本的 n 个观测值中不超过 x 的个数除以样本容量 n，它正是 n 次独立观察中事件 $(X \leqslant x)$ 出现的频率，而事件的概率为 $F(x)$，依据伯努利大数定律知，当 $n \to \infty$ 时，$F_n(x)$ 依概率收敛于 $F(x)$，即对任意 $\varepsilon > 0$，有

$$\lim_{n \to \infty} P\{ |F_n(x) - F(x)| < \varepsilon \} = 1$$

这说明当样本容量 n 足够大时，对所有 x，经验分布函数 $F_n(x)$ 充分接近总体的分布函数 $F(x)$，这也是我们之所以用样本推断总体的理论依据。

2.3.4　QQ 图

不论是直方图还是经验分布图，要从图上鉴别样本是否近似于某种类型的分布是困难的。QQ 图可以帮助我们鉴别样本的分布是否近似于某种类型的分布。

现假定总体分布为正态分布 $N(\mu, \sigma^2)$。对于样本 $x_1, x_2, \cdots, x_n$，按其顺序统计量是 $x_{(1)} < x_{(2)} < \cdots < x_{(n)}$。设 $\Phi(x)$ 是标准正态分布 $N(0,1)$ 的分布函数，$\Phi^{-1}(x)$ 是其反函数，对应正态分布的 QQ 图是由以下的点构成的散点图：

$$\left(\Phi^{-1}\left(\frac{i - 0.375}{n + 0.25} \right), x_{(i)} \right), \quad 1 \leqslant i \leqslant n$$

若样本数据近似于正态分布，在 QQ 图上这些点近似地在直线

$$y = \sigma x + \mu$$

附近。此直线的斜率是标准差 σ，截距是均值 μ。所以，利用正态 QQ 图可以做直观的正态性检验。若正态 QQ 图上的点近似地在一条直线附近，可以认为样本数据来自正态分布总体。

用 QQ 图还可以获得样本偏度和峰度的有关信息。当样本数据不是来自正态分布时，QQ 图的散点图形是弯曲的，并可根据图像弯曲的某些特点判断偏度或峰度的正负，见图 2.3.3。

例 2.3.5　续例 2.3.1。100 个麦穗的每穗小穗数的 QQ 图如图 2.3.4 所示。

由 QQ 图不难看出，100 个麦穗的每穗小穗数近似于正态分布。

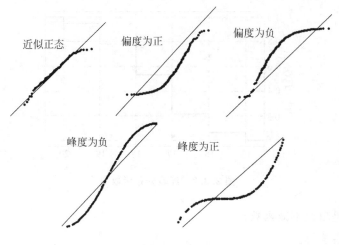

图　2.3.3

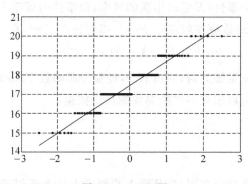

图 2.3.4　QQ 图

2.3.5　茎叶图

除直方图、经验分布函数、QQ 图外,数据分布描述的另一种方法是茎叶图,下面通过例 2.3.6 说明茎叶图的作法。

例 2.3.6　根据调查,某集团公司的中层管理人员的年薪数据如表 2.3.7 所示(单位:千元)。

表 2.3.7　数据表

40.6	39.6	37.8	36.2	38.8
38.6	39.6	40.0	34.7	41.7
38.9	37.9	37.0	35.1	36.7
37.1	37.7	39.2	36.9	38.3

先将数字顺序化得表 2.3.8。

表 2.3.8　顺序化数据表

34.7	35.1	36.2	36.7	36.9
37	37.1	37.7	37.8	37.9
38.3	38.6	38.8	38.9	39.2
39.6	39.6	40	40.6	41.7

用表 2.3.8 数据给出一个茎叶图。把每一个数值分为两部分,前面一部分(百位和十位)称为茎,后面部分(个位)称为叶,如

数值		分开		茎	和	叶
34.7	→	34/7	→	34	和	7

然后用一条竖线,在竖线的左侧写上茎,右侧写上叶,就形成了茎叶图。管理人员年薪的茎叶图见图 2.3.5。

34	7			
35	1			
36	2	7	9	
37	0	1	7	8	9
38	3	6	8	9
39	2	6	6	
40	0	6		
41	7			

图 2.3.5　茎叶图

茎叶图的外观很像横放的直方图,但茎叶图中叶增加了具体的数值,使我们对数据的具体取值一目了然,从而保留了数据中全部的信息。

2.3.6　箱线图

茎叶图是探索性数据分析所采用的重要方法,而箱线图也能直观简洁地展现数据分布的主要特征。

箱线图的构造如下:

(1)画一个箱子,其两侧恰为下四分位数 Q_1 和上四分位数 Q_3,中间有一道线,是中位数 M 的位置。这个箱子包含了样本中 50% 的数据。

(2)在箱子上下两侧各引出一条竖直线,分别至异常值截断点,异常值用"+"画出来。

例 2.3.7　续例 2.3.6。由 MATLAB 运算得均值 $\bar{x}=38.12$,下四分位数 $Q_1=36.95$,上四分位数 $Q_3=39.4$,中位数 $M=38.1$,下截断点 33.275,上截断点 43.075,四分位极差 2.45,三均值 38.1375。画出其箱线图如图 2.3.6 所示。

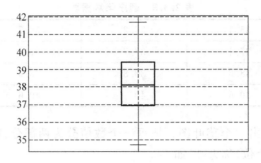

图 2.3.6   箱线图

2.4   描述性统计分析的 MATLAB 编程实现

2.4.1   数字特征的 MATLAB 程序代码与分析实例

1. 均值、方差、标准差、极差、变异系数、偏度、峰度的 MATLAB 程序代码

```
function dts(x)
a = x(:);
nans = isnan(a);
ind = find(nans);
a(ind) = [];
xbar = mean(a);
disp(['均值: ',num2str(xbar)])
S2 = var(a);
disp(['方差: ',num2str(S2)])
S = std(a);
disp(['标准差: ',num2str(S)])
R = range(a);
disp(['极差: ',num2str(R)])
CV = 100 * S./xbar;
disp(['变异系数: ',num2str(CV)])
g1 = skewness(a,0);
disp(['偏度: ',num2str(g1)])
g2 = kurtosis(a,0);
disp(['峰度: ',num2str(g2)])
```

例 2.4.1   解例 2.2.1。

解   在 MATLAB 命令窗口中输入:

```
>> x = [8.98,8.00,6.40,6.17,5.39,7.27,9.08,10.40,11.20,8.57 6.45,11.90,10.30,9.58,9.24,
7.75,6.20,8.95,8.33];
>> dts(x)
```

运行后在命令窗口中显示:

均值: 8.4295

方差：3.3029
标准差：1.8174
极差：6.51
变异系数：21.5598
偏度：0.11524
峰度：－0.69683

例 2.4.2　解例 2.2.2。

在 MATLAB 命令窗口中输入：

```
>> x = [5.75,5.75,5.75,5.75,6.25,6.25,6.25,6.75,6.75,6.75,6.75,6.75,6.75,6.75,6.75,6.75,
6.75,6.75,6.75,6.75,6.75,6.75,7.25,7.25,7.25,7.25,7.25,7.25,7.25,7.25,7.25,7.25,7.25,
7.25,7.25,7.25,7.25,7.25,7.25,7.25,7.25,7.25,7.25,7.25,7.25,7.25,7.25,7.25,7.25,7.25,
7.25,7.25,7.25,7.25,7.25,7.25,7.25,7.25,7.25,7.25,7.25,7.25,7.25,7.75,7.75,7.75,
7.75,7.75,7.75,7.75,7.75,7.75,7.75,7.75,7.75,7.75,7.75,7.75,7.75,7.75,7.75,7.75,7.75,
7.75,7.75,7.75,7.75,7.75,7.75,7.75,7.75,7.75,7.75,7.75,7.75,7.75,7.75,7.75,7.75,
7.75,7.75,7.75,7.75,7.75,7.75,7.75,7.75,7.75,7.75,7.75,8.25,8.25,8.25,8.25,8.25,
8.25,8.25,8.25,8.25,8.25,8.25,8.25,8.25,8.25,8.25,8.25,8.25,8.25,8.25,8.25,8.25,
8.25,8.25,8.25,8.25,8.25,8.25,8.25,8.25,8.25,8.25,8.25,8.25,8.25,8.25,8.25,8.25,
8.25,8.25,8.25,8.25,8.25,8.25,8.25,8.25,8.25,8.25,8.25,8.25,8.25,8.25,8.25,8.25,
8.25,8.25,8.25,8.25,8.25,8.75,8.75,8.75,8.75,8.75,8.75,8.75,8.75,8.75,8.75,8.75,
8.75,8.75,8.75,8.75,8.75,8.75,8.75,8.75,8.75,8.75,8.75,8.75,8.75,8.75,8.75,8.75,
8.75,8.75,8.75,8.75,9.25,9.25,9.25,9.25,9.25,9.25,9.25,9.25,9.25,9.25,9.25,9.25,
9.25,9.25,9.25,9.25,9.25,9.25,9.25,9.25,9.25,9.25,9.25,9.25,9.25,9.25,9.25,9.25,
9.25,9.75,9.75,9.75,9.75,9.75];
>> dts(x)
```

运行后显示：

均值：8.1002
方差：0.62874
标准差：0.79293
极差：4
变异系数：9.7891
偏度：－0.38211
峰度：0.057169

2. 中位数、上下四分位点、四分位极差、三均值、上下截断点 MATLAB 程序

```
function fws(x)
a = x(:);
a(isnan(a)) = [];
ss50 = prctile(x,50);
disp(['中位数：',num2str(ss50)]);
ss25 = prctile(x,25);
disp(['下四分位数：',num2str(ss25)]);
ss75 = prctile(x,75);
disp(['上四分位数：',num2str(ss75)]);
RS = ss75 - ss25;
```

```
disp(['四分位极差: ',num2str(RS)]);
sss = 0.25 * ss25 + 0.5 * ss50 + 0.25 * ss75;
disp(['三均值: ',num2str(sss)]);
xjie = ss25 - 1.5 * RS;
disp(['下截断点: ',num2str(xjie)]);
sjie = ss75 + 1.5 * RS;
disp(['上截断点: ',num2str(sjie)]);
```

例 2.4.3 解例 2.2.4。

解 在 MATLAB 命令窗口中输入：

```
>> x = [119  142  144  150  165  168  200  216  218  185  173  181  208  240  254  235
222  243  275  288  292  309  310  327  316  339  379  417  460  489  525  580  692
853  956  1104  1355  1512  1634  1879  2287  2939  3923  4854  5576  6079];
>> fws(x)
```

运行后显示：

```
中位数: 313
下四分位数: 216
上四分位数: 956
四分位极差: 740
三均值: 449.5
下截断点: -894
上截断点: 2066
```

在 MATLAB 命令窗口中继续输入：

```
>> dts(x)
```

运行后显示：

```
均值: 965.4783
方差: 2099532.4773
标准差: 1448.9764
极差: 5960
变异系数: 150.0786
偏度: 2.4149
峰度: 5.248
```

2.4.2　用样本的分布描述总体的 MATLAB 编程实现

1. 直方图 MATLAB 程序代码

```
function sfpin(y)
y = y(:);
N = length(y);
L = floor(1.87 * (N - 1)^0.4);
[Y,X] = hist(y,L);
X = X(:)';
Y = Y(:)';
```

```
ind = find(Y == 0);
X(ind) = [];
Y(ind) = [];
xt1 = 1.5 * X(1) - X(2) * 0.5;
xtt = X(1:end - 1) * 0.5 + X(2:end) * 0.5;
xt2 = 1.5 * X(end) - X(end - 1) * 0.5;
X = [xt1,xtt,xt2];
n = sum(Y);
Y = Y/n;
xx = [X;X];yy = [Y;Y];
Xt = xx(:);Yt = [0;yy(:);0];
fill(Xt,Yt,'c')
hold on
x1 = (X(2:end) + X(1:end - 1))/2;
XX = [Xt';Xt'];
YY = [Yt';zeros(1,length(Yt))];
plot(x1,Y,'-k',Xt,Yt,'-k',XX,YY,'-k')
hold off
title('频率直方图')
```

2. 经验分布函数图形的 MATLAB 程序代码

```
function scdfplot(X)
X = X(:)';
X = sort(X);
n = length(X);
xsui = ones(size(X));
B = cumsum(xsui);
B = B/n;
xl = min(X) - (max(X) - min(X)) * 0.1;
xr = max(X) + (max(X) - min(X)) * 0.1;
x = [xl,X,xr];
y = [0,B,1];
h = stairs(x,y);
set(h,'linewidth',2,'color','k')
xlabel('x')
ylabel('F(x)')
grid on
axis([xl,xr, - 0.05,1.05])
title('经验分布函数')
```

3. QQ 图 MATLAB 程序代码

```
function qqs(y)
y = y(:)';
y = sort(y);
NNS = length(y);
x = norminv(((1:NNS) - 0.375)./(NNS + 0.25),0,1);
sigma = std(y);mu = mean(y);
xx = [min(x),max(x)];
yy = mu + sigma * xx;
```

```
plot(x,y,'.k',xx,yy)
grid on
title('QQ 图')
```

4. 茎叶图 MATLAB 程序代码

```
function jyt(x,mtp)
if nargin < 2
    mtp = 1;
end
a = x(:) * mtp;
a(isnan(a)) = [ ];
b = a - mod(a,10);
b = unique(b);
b = sort(b);
N = length(b);
for k = 1:N
    tmp = b(k);
    TT = sort(a');
    TT(TT < tmp) = [ ];
    TT(TT >= tmp + 10) = [ ];
    ts = mat2str(mod(TT,10));
    ts(ts == '[') = [ ];
    ts(ts == ']') = [ ];
    disp([int2str(tmp/mtp),'  :  ',ts]);
end
```

5. 箱线图的 MATLAB 程序代码

利用 MATLAB 中绘制箱线图的函数 boxplot,可以很简单地编写函数。

```
function xxt(x)
x = x(:);
boxplot(x,0,'x');
xlabel('')
ylabel('数据值')
title('箱线图')
```

例 2.4.4　续例 2.3.1。

解　在命令窗口中输入:

```
>> x = [18  15  17  19  16  15  20  18  19  17  17  18  17  16  18  20  19 17  16  18
17  16  17  19  18  18  17  17  17  18  18  15  16  18  18  17  20  19  18  17  19
15  17  17  17  16  17  18  18  17  19  19  17  19  17  18  16  18  17  17  19  16
16  17  17  17  16  17  16  18  19  18  18  19  19  20  15  16  19  18  17  18  20
19  17  18  17  17  16  15  16  18  17  18  16  17  19  19  17];
>> sfpin(x)
```

运行后在命令窗口中显示频率直方图,如图 2.4.1 所示。

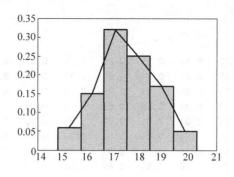

图 2.4.1　频率直方图

在命令窗口中输入：

```
>> scdfplot(x)
```

运行后显示经验分布函数图，如图 2.4.2 所示。

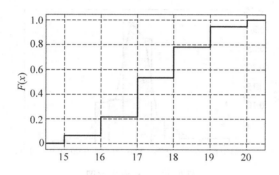

图 2.4.2　经验分布函数图

在 MATLAB 中，可以做出 $F_n(x)$ 与拟合的正态分布函数 $F(x)$ 的图形，并从直观上看出拟合程度的好坏。

在命令窗口中输入：

```
>> qqs(x)
```

运行后显示 QQ 图，如图 2.4.3 所示。

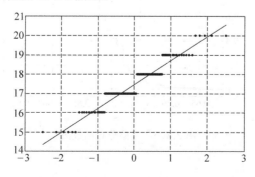

图 2.4.3　QQ 图

例 2.4.5 续例 2.3.2。

在命令窗口中输入：

```
>> x = [0.86   0.83   0.77   0.81   0.81   0.80   0.79   0.82   0.82   0.81
        0.82   0.78   0.80   0.81   0.87   0.87   0.77   0.78   0.77   0.78
        0.77   0.71   0.95   0.78   0.81   0.79   0.80   0.77   0.76   0.82
        0.84   0.79   0.90   0.82   0.79   0.82   0.79   0.86   0.81   0.78
        0.82   0.78   0.73   0.83   0.81   0.81   0.83   0.89   0.78   0.86
        0.78   0.84   0.84   0.84   0.81   0.81   0.74   0.78   0.76   0.80
        0.75   0.79   0.85   0.75   0.74   0.71   0.88   0.82   0.76   0.85
        0.81   0.79   0.77   0.78   0.81   0.87   0.83   0.65   0.64   0.78
        0.80   0.80   0.77   0.81   0.75   0.83   0.90   0.80   0.85   0.81
        0.82   0.84   0.85   0.84   0.82   0.85   0.84   0.82   0.85   0.84
        0.81   0.77   0.82   0.83   0.82   0.74   0.73   0.75   0.77   0.78
        0.87   0.77   0.80   0.75   0.82   0.78   0.78   0.82   0.78   0.78];
>> sfpin(x)
```

运行后显示频率直方图，如图 2.4.4 所示。

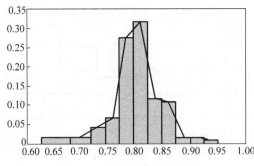

图 2.4.4　频率直方图

继续输入：

```
>> scdfplot(x)
```

运行后显示经验分布函数图，如图 2.4.5 所示。

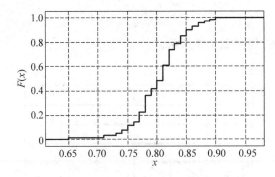

图 2.4.5　经验分布函数图

继续输入：

```
>> qqs(x)
```

运行后显示 QQ 图,如图 2.4.6 所示。

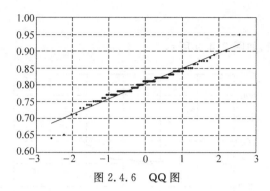

图 2.4.6 QQ 图

例 2.4.6 解例 2.2.4。

解 在命令窗口中输入:

```
>> x = [119,142,144,150,165,168,200,216,218,185,173,181,208,240,254,235,222,243,275,288,
292,309,310,327,316,339,379,417,460,489,525,580,692,853,956,1104,1355,1512,1634,1879,
2287,2939,3923,4854,5576,6079];
>> sfpin(x)
```

运行后显示频率直方图,如图 2.4.7 所示。

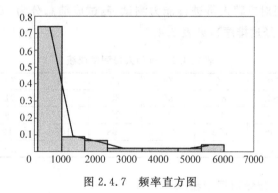

图 2.4.7 频率直方图

输入:

```
>> scdfplot(x)
```

运行后显示经验分布函数图,如图 2.4.8 所示。

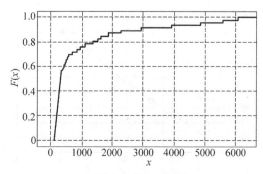

图 2.4.8 经验分布函数图

继续输入：

```
>> qqs(x)
```

运行后显示 QQ 图,如图 2.4.9 所示。

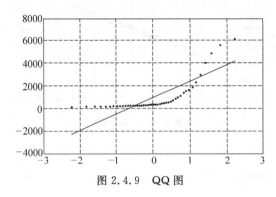

图 2.4.9　QQ 图

这与前面分析的结果一致。

2.4.3　MATLAB 代码综合分析实例

例 2.4.7　某公司对应聘人员进行能力测试,测试成绩总分为 150 分,下面是 50 位应聘人员的测试成绩(已经过排序),见表 2.4.1。

表 2.4.1　应聘人员测试成绩

64	67	70	72	74	76	76	79	80	81
82	82	83	85	86	88	91	91	92	93
93	93	95	95	95	97	97	99	100	100
102	104	106	106	107	108	108	112	112	114
116	118	119	119	122	123	125	126	128	133

解　在 MATLAB 命令窗口中输入：

```
>> x = [64,67,70,72,74,76,76,79,80,81,82,82,83,85,86,88,91,91,92,93,93,93,95,95,95,97,99,
100,100,102,104,106,106,107,108,108,112,112,114,116,118,119,119,122,123,126,128,133];
>> qqs(x)
```

运行后显示 QQ 图,如图 2.4.10 所示。

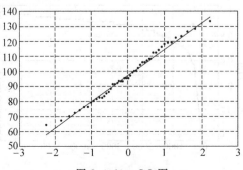

图 2.4.10　QQ 图

继续输入：

```
>> scdfplot(x)
```

运行后显示经验分布函数图，如图 2.4.11 所示。

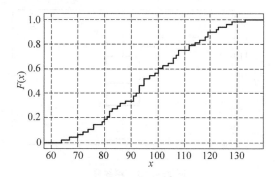

图 2.4.11　经验分布函数图

在命令窗口中输入：

```
>> sfpin(x)
```

运行后显示频率直方图，如图 2.4.12 所示。

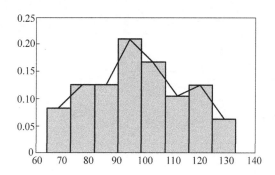

图 2.4.12　频率直方图

在命令窗口中输入：

```
>> jyt(x)
```

运行后显示：

```
60  :  4 7
70  :  0 2 4 6 6 9
80  :  0 1 2 2 3 5 6 8
90  :  1 1 2 3 3 3 5 5 5 7 9
100 :  0 0 2 4 6 6 7 8 8
110 :  2 2 4 6 8 9 9
120 :  2 3 6 8
130 :  3
```

在命令窗口中输入：

>> xxt(x)

运行后显示箱线图,如图 2.4.13 所示。

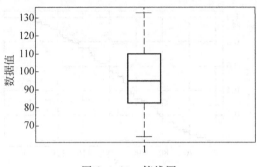

图 2.4.13　箱线图

在命令窗口中输入：

>> dts(x)

运行后显示：

均值: 97.125
方差: 303.8138
标准差: 17.4303
极差: 69
变异系数: 17.9462
偏度: 0.10725
峰度: - 0.79081

在命令窗口中输入：

>> fws(x)

运行后显示：

中位数: 95
下四分位数: 82.5
上四分位数: 110
四分位极差: 27.5
三均值: 95.625
下截断点: 41.25
上截断点: 151.25

2.5　用配书盘中应用程序(.exe 平台)进行数据分析实例

例 2.5.1　续例 2.4.7。
(1) 创建数据矩阵文件
文件类型为文本文件;文件内容：

64	67	70	72	74	76	76	79	80	81
82	82	83	85	86	88	91	91	92	93
93	93	95	95	95	97	97	99	100	100
102	104	106	106	107	108	108	112	112	114
116	118	119	119	122	123	125	126	128	133

把文件存为文件名:"数据描述性分析.txt"。

(2) 启动应用程序

"描述性统计分析"应用程序启动后,生成两个窗口,后面的窗口形式如图 2.5.1 所示。

图 2.5.1 后面的窗口

前面的窗口形式如图 2.5.2 所示。

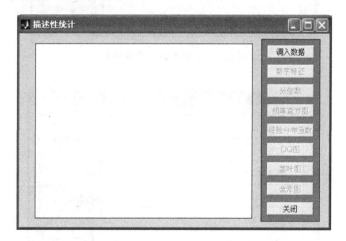

图 2.5.2 前面的窗口

此时各个选项按钮都不可用。

(3) 调入数据

单击"调入数据"按钮,打开"调入数据"对话框(图 2.5.3),再查找到"数据描述性分析.txt"文件。

单击"打开"按钮。这时,各选项按钮变为可用,如图 2.5.4 所示。

(4) 进行数据分析

单击"数字特征"按钮,生成图 2.5.5。

单击"分位数"按钮,生成图 2.5.6。

图 2.5.3 "调入数据"对话框

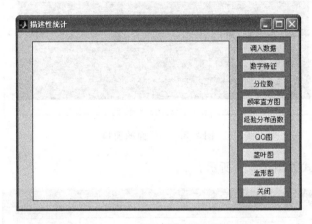

图 2.5.4 调入数据后的窗口

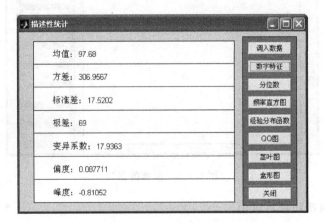

图 2.5.5 数字特征窗口

单击"频率直方图"按钮,生成图 2.5.7。

单击"经验分布函数"按钮,生成图 2.5.8。

单击"QQ 图"按钮,生成图 2.5.9。

单击"茎叶图"按钮,生成图 2.5.10。

单击"盒形图"按钮,生成图 2.5.11。

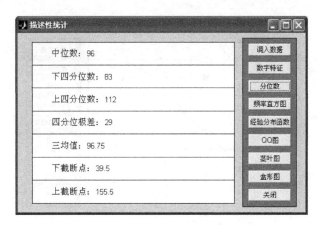

图 2.5.6　分位数窗口

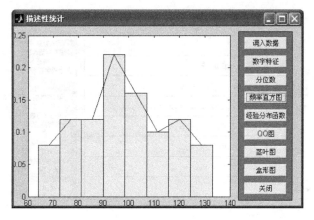

图 2.5.7　频率直方图窗口

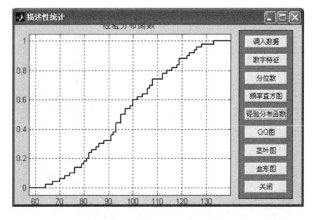

图 2.5.8　经验分布函数窗口

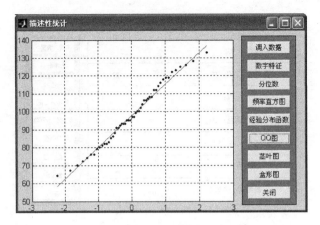

图 2.5.9　QQ 图窗口

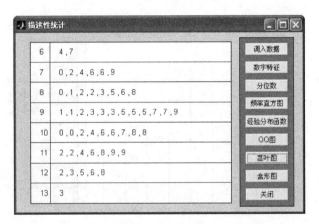

图 2.5.10　茎叶图窗口

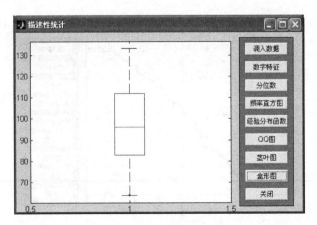

图 2.5.11　盒形图窗口

2.6　抽样分布

有很多统计推断是基于正态分布的假设的,以标准正态变量为基石而构造的统计量在实际中有广泛的应用,利用统计量时,需要知道它的分布。下面我们给出几种常用正态总体样本的均值和方差的分布,限于篇幅,不作理论上的推导。

2.6.1　U 分布(样本均值分布)

设 $X_1,X_2,\cdots,X_n$ 是来自总体 $N(\mu,\sigma^2)$ 的样本,则

$$\overline{X} = \frac{1}{n}\sum_{i=1}^{n} X_i \sim N\left(\mu,\frac{\sigma^2}{n}\right)$$

$$U = \frac{\overline{X}-\mu}{\sigma/\sqrt{n}} \sim N(0,1) \tag{2.6.1}$$

标准正态分布的密度函数图形如图 2.6.1 所示。

下面介绍标准正态分布的分位点。

对于给定的 $\alpha(0<\alpha<1)$,称满足条件

$$P(U \geqslant u_\alpha) = \alpha$$

的点 u_α 为标准正态分布的上 α 分位点(也叫上侧分位点),如图 2.6.2 所示。

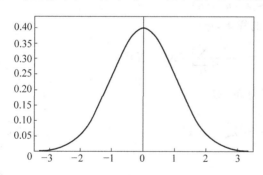

图 2.6.1　标准正态分布的密度函数

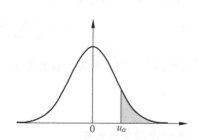

图 2.6.2　标准正态分布上侧分位点

满足条件

$$P(U \leqslant -u_\alpha) = \alpha$$

的点 $-u_\alpha$ 为标准正态分布的下 α 分位点(也叫下侧分位点),如图 2.6.3 所示。

满足条件

$$P(|U| \geqslant u_{\frac{\alpha}{2}}) = \alpha$$

的点 $-u_{\frac{\alpha}{2}}$ 和 $u_{\frac{\alpha}{2}}$ 为标准正态分布的双侧 α 分位点(也叫双侧分位点),如图 2.6.4 所示。

对于标准正态分布的上 α 分位点 u_α,由定义 $P(U \geqslant u_\alpha)=\alpha$ 知,对给定的 α,反查标准正态分布表 $\Phi(u_\alpha)=1-\alpha$ 可得。见附表 1。

常用的 u_α 值如表 2.6.1 所示。

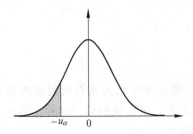
图 2.6.3　标准正态分布下侧分位点

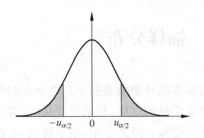
图 2.6.4　标准正态分布双侧分位点

表 2.6.1　常用的 u_α 值

α	0.001	0.005	0.01	0.025	0.05	0.10
u_α	3.090	2.576	2.327	1.960	1.645	1.282

2.6.2　χ^2 分布(卡方分布)

设 $X_1, X_2, \cdots, X_n$ 是 n 个相互独立的标准正态分布随机变量,则它们的平方和

$$\chi^2 = X_1^2 + X_2^2 + \cdots + X_n^2$$

叫做自由度为 n 的 χ^2 分布,记作 $\chi^2 \sim \chi^2(n)$。

χ^2 分布的可加性:若 $X \sim \chi^2(m)$,$Y \sim \chi^2(n)$,且 X 与 Y 相互独立,则

$$X + Y \sim \chi^2(m+n)$$

设 $X_1, X_2, \cdots, X_n$ 是来自总体 $N(\mu, \sigma^2)$ 的样本,记

$$\overline{X} = \frac{1}{n}\sum_{i=1}^{n}X_i, \quad S^2 = \frac{1}{n-1}\sum_{i=1}^{n}(X_i - \overline{X})^2$$

则统计量 $\dfrac{(n-1)S^2}{\sigma^2}$ 服从自由度为 $n-1$ 的 χ^2 分布,即

$$\frac{(n-1)S^2}{\sigma^2} \sim \chi^2(n-1) \tag{2.6.2}$$

χ^2 分布的分布密度为

$$f(x; n) = \begin{cases} \dfrac{1}{2^{\frac{n}{2}}\Gamma\left(\dfrac{n}{2}\right)}x^{\frac{n-2}{2}}\mathrm{e}^{-\frac{x}{2}}, & x \geqslant 0 \\ 0, & x < 0 \end{cases}$$

式中 $\Gamma(x)$ 为伽玛函数,其定义为

$$\Gamma(x) = \int_0^{+\infty} t^{x-1}\mathrm{e}^{-t}\mathrm{d}t, \quad x > 0$$

χ^2 分布的分布密度图形如图 2.6.5 所示。

χ^2 分布的分位点:对于给定的 $\alpha(0 < \alpha < 1)$,称满足条件

$$P\{\chi^2 \geqslant \chi_\alpha^2(n)\} = \alpha$$

的点 $\chi_\alpha^2(n)$ 为 χ^2 分布的上 α 分位点,如图 2.6.6 所示。

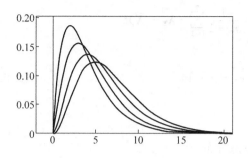

图 2.6.5　χ^2 分布的分布密度图形

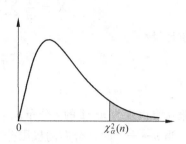

图 2.6.6　χ^2 分布的上侧分位点

满足条件

$$P\{\chi^2 \leqslant \chi^2_{1-\alpha}(n)\} = \alpha$$

的点 $\chi^2_{1-\alpha}(n)$ 为 χ^2 分布的下 α 分位点，如图 2.6.7 所示。

满足条件

$$P\{\chi^2 \geqslant \chi^2_{\frac{\alpha}{2}}(n)\} = \frac{\alpha}{2} \quad 或 \quad P\{\chi^2 \leqslant \chi^2_{1-\frac{\alpha}{2}}(n)\} = \frac{\alpha}{2}$$

的点 $\chi^2_{\frac{\alpha}{2}}(n)$ 和 $\chi^2_{1-\frac{\alpha}{2}}(n)$ 为 χ^2 分布的双侧 α 分位点，如图 2.6.8 所示。

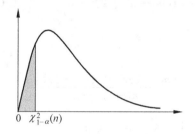

图 2.6.7　χ^2 分布的下侧分位点

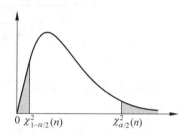

图 2.6.8　χ^2 分布的双侧分位点

χ^2 值可通过 χ^2 分布表（附表 3）查得。例如 $\alpha=0.1$，$n=25$，查得 $\chi^2_{0.1}(25)=34.382$。但该表只详列到 $n=45$，当 $n>45$ 时，可按下列近似公式求分位点：

$$\chi^2_\alpha(n) \approx \frac{1}{2}(u_\alpha + \sqrt{2n-1})$$

这里 u_α 是 $N(0,1)$ 的上 α 分位点。

2.6.3　t 分布——学生氏（student）分布

设 $X\sim N(0,1)$，$Y\sim\chi^2(n)$，且 X 与 Y 相互独立，则

$$t = \frac{X}{\sqrt{\dfrac{Y}{n}}}$$

叫做自由度为 n 的 t 分布，记作 $t\sim t(n)$。

设 $X_1,X_2,\cdots,X_n$ 是来自总体 $X\sim N(\mu,\sigma^2)$ 的样本，记

$$\overline{X} = \frac{1}{n} \sum_{i=1}^{n} X_i, \quad S^2 = \frac{1}{n-1} \sum_{i=1}^{n} (X_i - \overline{X})^2$$

则统计量

$$T = \frac{\overline{X} - \mu}{\frac{S}{\sqrt{n}}} \sim t(n-1) \tag{2.6.3}$$

为服从自由度为 $n-1$ 的 t 分布。

当 $n \to +\infty$ 时，t 分布的极限分布是标准正态分布。

t 分布的分布密度为

$$f(x;n) = \frac{\Gamma\left(\dfrac{n+1}{2}\right)}{\Gamma\left(\dfrac{n}{2}\right)\sqrt{n\pi}} \left(1 + \frac{x^2}{n}\right)^{-\frac{n+1}{2}}, \quad -\infty < x < +\infty$$

t 分布的概率密度图形如图 2.6.9 所示。

设 $X \sim N(\mu_1, \sigma^2)$，$Y \sim N(\mu_2, \sigma^2)$，且 X 与 Y 独立，其样本分别是 $X_1, X_2, \cdots, X_{n_1}$ 和 Y_1, $Y_2, \cdots, Y_{n_2}$，$\overline{X}$ 和 $\overline{Y}$ 分别是这两个样本的样本均值，S_1^2 和 S_2^2 分别是这两个样本的样本方差，则统计量

$$T = \frac{(\overline{X} - \overline{Y}) - (\mu_1 - \mu_2)}{S_W \sqrt{\dfrac{1}{n_1} + \dfrac{1}{n_2}}} \sim t(n_1 + n_2 - 2) \tag{2.6.4}$$

式中：

$$\overline{X} = \frac{1}{n_1} \sum_{i=1}^{n_1} X_i, \quad \overline{Y} = \frac{1}{n_2} \sum_{i=1}^{n_2} Y_i, \quad S_W^2 = \frac{(n_1-1)S_1^2 + (n_2-1)S_2^2}{n_1 + n_2 - 2}$$

$$S_1^2 = \frac{1}{n_1 - 1} \sum_{i=1}^{n_1} (X_i - \overline{X})^2, \quad S_2^2 = \frac{1}{n_2 - 1} \sum_{i=1}^{n_2} (Y_i - \overline{Y})^2$$

t 分布的分位点：对于给定的 $\alpha(0 < \alpha < 1)$，称满足条件

$$P\{T \geqslant t_\alpha(n)\} = \alpha$$

的点 $t_\alpha(n)$ 为 t 分布的上 α 分位点，如图 2.6.10 所示。

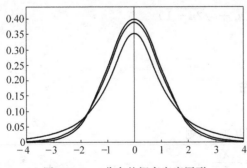

图 2.6.9　t 分布的概率密度图形

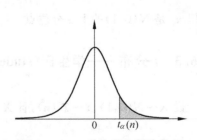

图 2.6.10　t 分布的上侧分位点

满足条件

$$P\{T \leqslant -t_\alpha(n)\} = \alpha$$

的点$-t_\alpha(n)$为 t 分布的下 α 分位点,如图 2.6.11 所示。

满足条件

$$P\{\,|\,T\,|\geqslant t_{\frac{\alpha}{2}}(n)\} = \alpha$$

的点$-t_{\frac{\alpha}{2}}(n)$和 $t_{\frac{\alpha}{2}}(n)$为 t 分布的双侧 α 分位点,如图 2.6.12 所示。

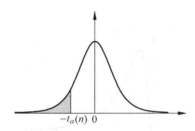 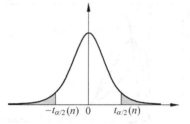

图 2.6.11 t 分布的下侧分位点   图 2.6.12 t 分布的双侧分位点

由 t 分布密度函数图形的对称性,知 $t_{1-\alpha}(n) = -t_\alpha(n)$。

$t_\alpha(n)$值可由附表 2 查得,当 $n>45$ 时,可用 $N(0,1)$分布近似

$$t_\alpha(n) \approx u_\alpha$$

这里 u_α 是 $N(0,1)$的上 α 分位点。

2.6.4 F 分布

设 $X\sim\chi^2(n_1)$,$Y\sim\chi^2(n_2)$,且 X 与 Y 相互独立,则

$$F \sim \frac{X/n_1}{Y/n_2}$$

叫做自由度为 n_1,n_2 的 F 分布,记作 $F\sim F(n_1,n_2)$。其中 n_1 叫做第一自由度;n_2 叫做第二自由度。

设 $X\sim N(\mu_1,\sigma_1^2)$,$Y\sim N(\mu_2,\sigma_2^2)$,且 X 与 Y 独立,其样本分别是 $X_1,X_2,\cdots,X_{n_1}$ 和 Y_1,$Y_2,\cdots,Y_{n_2}$,S_1^2 和 S_2^2 分别是这两个样本的样本方差,则

$$\frac{S_1^2/\sigma_1^2}{S_2^2/\sigma_2^2} \sim F(n_1-1,n_2-1) \tag{2.6.5}$$

服从自由度为(n_1-1),(n_2-1)的 F 分布,其中

$$S_1^2 = \frac{1}{n_1-1}\sum_{i=1}^{n_1}(X_i-\overline{X})^2, \quad S_2^2 = \frac{1}{n_2-1}\sum_{i=1}^{n_2}(Y_i-\overline{Y})^2$$

特别地,若 $\sigma_1^2=\sigma_2^2$,则有

$$\frac{S_1^2}{S_2^2} \sim F(n_1-1,n_2-1) \tag{2.6.6}$$

F 分布的分布密度为

$$f(x;n_1,n_2) = \begin{cases} \dfrac{\Gamma\left(\dfrac{n_1+n_2}{2}\right)}{\Gamma\left(\dfrac{n_1}{2}\right)\Gamma\left(\dfrac{n_2}{2}\right)}\left(\dfrac{n_1}{n_2}\right)^{\frac{n_1}{2}}(x)^{\frac{n_1-2}{2}}\left(1+\dfrac{n_1}{n_2}x\right)^{-\frac{n_1+n_2}{2}}, & x\geqslant 0 \\[4mm] 0, & x<0 \end{cases}$$

F 分布的分布密度图形如图 2.6.13 所示。

F 分布的分位点：对于给定的 $\alpha(0<\alpha<1)$，称满足条件

$$P\{F \geqslant F_\alpha(n_1,n_2)\}=\alpha$$

的点 $F_\alpha(n_1,n_2)$ 为 F 分布的上 α 分位点，如图 2.6.14 所示。

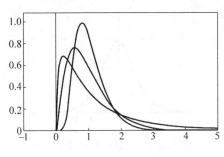
图 2.6.13　F 分布密度图

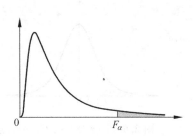
图 2.6.14　F 分布的上侧分位点

满足条件

$$P\{F < F_{1-\alpha}(n_1,n_2)\}=\alpha$$

的点 $F_{1-\alpha}(n_1,n_2)$ 为 F 分布的下 α 分位点，如图 2.6.15 所示。

满足条件

$$P\{F < F_{1-\frac{\alpha}{2}}(n_1,n_2)\}=\frac{\alpha}{2}\quad 或\quad P\{F \geqslant F_{\frac{\alpha}{2}}(n_1,n_2)\}=\frac{\alpha}{2}$$

的点 $F_{1-\frac{\alpha}{2}}(n_1,n_2)$ 和 $F_{\frac{\alpha}{2}}(n_1,n_2)$ 为 F 分布的双侧 α 分位点，如图 2.6.16 所示。

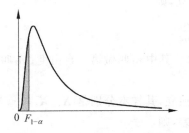
图 2.6.15　F 分布的下侧分位点

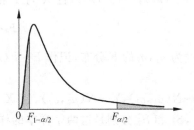
图 2.6.16　F 分布的双侧分位点

$F_\alpha(n_1,n_2)$ 值可通过附表 4 查得。

F 分布的分位点有如下的重要性质：

$$F_{1-\alpha}(n_1,n_2)=\frac{1}{F_\alpha(n_2,n_1)}$$

如 $F_{0.95}(20,15)=\dfrac{1}{F_{0.05}(15,20)}=\dfrac{1}{2.20}=0.455$。

习题 2

2.1　某地电视台想了解某电视栏目(如：每日九点到九点半的体育节目)在该地区的收视率情况，于是委托一家市场咨询公司进行一次电话访查。

(1) 该项目研究的总体是什么?

(2) 该项研究的样本是什么?

2.2 为了了解统计学专业本科毕业生的就业情况,我们调查了某地区 30 名 2013 年毕业的统计学专业本科生实习期满后的月薪情况。

(1) 什么是总体?

(2) 什么是样本?

(3) 样本量是多少?

2.3 设某厂大量生产某种产品,其不合格率 p 未知,每 m 件产品包装为一盒。为了检查产品的质量,任意抽取 n 盒,查其中的不合格品数。试说明什么是总体,什么是样本,并指出样本的分布。

2.4 设总体 $X \sim N(\mu, \sigma^2)$,$x_1 = 0, x_2 = 0.2, x_3 = 0.25, x_4 = -0.3, x_5 = -0.1, x_6 = 2,$ $x_7 = 0.15, x_8 = 1, x_9 = -0.7, x_{10} = -1$ 为来自总体 X 的一组样本值,试求样本的经验分布函数。

2.5 以下是某工厂通过抽样调查得到的 10 名工人一周内生产的产品数,试由这批数据构造经验分布函数并作图。

$$149, 156, 160, 138, 149, 153, 169, 156, 156$$

2.6 调查两个小麦品种的每穗小穗数,每品种计数 10 个麦穗,经整理后的数据如下。

甲:13,14,15,17,18,18,19,21,22,23

乙:16,16,17,18,18,18,18,19,20,20

分别计算两个品种的 $\bar{x}, R, s^2, s, CV\%$,并解释所得结果。

2.7 假若某地区 30 名 2005 年某专业毕业生实习期满后的月薪(单位:元)数据如表 2.1 所示。

表 2.1 数据表

909	1086	1120	999	1320	1091	1071	1081	1130	1336
967	1572	825	914	992	1232	950	775	1203	1025
1096	808	1224	1044	871	1164	971	950	866	738

(1) 求该批数据的数字特征;

(2) 构造频率分布表(分 6 组);

(3) 画出直方图。

2.8 40 种刊物的月发行量如表 2.2 所示(单位:百册)。

表 2.2 数据表

5954	5022	14667	6582	6870	1840	2662	4508	1208	3852
618	3008	1268	1978	7963	2048	3077	993	353	14263
1714	11127	6926	2047	714	5923	6006	14267	1697	13876
4001	2280	1223	12579	13588	7315	4538	13304	1615	8612

(1) 求该批数据的数字特征;

(2) 构造该批数据的频率分布表(取组距为 1700 百册);

(3) 画出直方图。

2.9 从某车间生产的大批铆钉中随机抽取 200 个,测其直径(单位：mm)并把这些直径读数分组,则得分组频数分布表见表 2.3。

表 2.3　频数分布表

直径分组,组距 0.04mm$[x_i', x_{i+1}']$	组中值 x_i	频数 f_i
13.12～13.16	13.14	2
13.16～13.20	13.18	5
13.20～13.24	13.22	10
13.24～13.28	13.26	14
13.28～13.32	13.30	23
13.32～13.36	13.34	22
13.36～13.40	13.38	33
13.40～13.44	13.42	30
13.44～13.48	13.46	19
13.48～13.52	13.50	19
13.52～13.56	13.54	11
13.56～13.60	13.58	7
13.60～13.64	13.62	4
13.64～13.68	13.66	1
总计		200

(1) 求该批数据的数字特征;

(2) 构造该批数据的频率分布表;

(3) 画出直方图。

2.10 对表 2.4 的数据构造茎叶图。

表 2.4　数据表

472	425	447	377	341	369	412	399
400	382	366	425	399	398	423	384
418	392	372	418	374	385	439	408
429	428	430	413	405	381	403	479
381	443	441	433	399	379	386	387

2.11 学校随机抽取 100 名学生,测得身高与体重,所得数据如表 2.5 所示。

表 2.5　100 名学生身高(cm)和体重(千克)

身高	体重	身高	体重	身高	体重	身高	体重	身高	体重
172	75	169	55	169	64	171	65	167	47
171	62	168	67	165	52	169	62	168	65
166	62	168	65	164	59	170	58	165	64
160	55	175	67	173	74	172	64	168	57
155	57	176	64	172	64	169	58	176	57
173	58	168	50	169	52	167	72	170	57
166	55	161	49	173	59	175	76	158	51
170	63	169	63	173	61	164	59	165	62

续表

身高	体重	身高	体重	身高	体重	身高	体重	身高	体重
167	53	171	61	166	70	166	63	172	53
173	60	178	64	163	57	169	54	169	66
178	60	177	66	170	56	167	54	169	58
173	73	170	58	160	65	179	62	172	50
163	47	173	67	165	58	176	63	162	52
165	66	172	59	177	66	182	69	175	75
170	60	170	62	169	63	186	77	174	66
163	50	172	69	176	60	166	76	167	63
172	57	177	58	177	67	169	72	166	50
182	63	176	68	172	56	173	59	174	64
171	59	175	68	165	56	169	65	168	62
177	64	184	70	166	49	171	71	170	59

对这些数据给出直观的图形描述。

2.12　设总体 $X \sim N(80, 20^2)$，从中抽取一个容量为 100 的样本，求 $P(|\overline{X} - 80| > 3)$。

2.13　设 $X_1, X_2, \cdots, X_{10}$ 为 $N(0, 0.3^2)$ 的一个样本，求 $P\left(\sum_{i=1}^{10} X_i^2 > 1.44 \right)$。

2.14　设 $X_1, X_2, \cdots, X_n$ 是总体 $X \sim \chi^2(n)$ 的一个样本，试求样本均值 X 的期望和方差。

2.15　设 $X_1, X_2, \cdots, X_n$ 是 $N(\mu, \sigma^2)$ 的一个样本，$Y = \frac{1}{n} \sum_{i=1}^{n} |X_i - \mu|$，试证：$EY = \sqrt{\frac{2}{\pi}} \sigma, DY = \left(1 - \frac{2}{\pi}\right) \frac{\sigma^2}{n}$。

2.16　设总体 $X \sim N(\mu, \sigma^2)$，$X_1, X_2, \cdots, X_n$ 是 X 的一个样本。

(1) 证明 $E\left[\sum_{i=1}^{n} (X_i - \overline{X})^2 \right]^2 = (n^2 - 1)\sigma^4$；

(2) 已知 $Y = \frac{1}{\sqrt{k}} \sum_{i=1}^{n} (X_i - \overline{X})^2$，试决定 k，使得 $DY = 2\sigma^4$。

2.17　设在总体 $N(\mu, \sigma^2)$ 中抽取一容量 16 的样本，这里 μ, σ^2 均为未知，求：

(1) $P\left(\frac{S^2}{\sigma^2} \leqslant 2.041 \right)$；

(2) $D(S^2)$。

2.18　求总体 $N(20, 3)$ 的容量分别为 10, 15 的两独立样本均值差的绝对值大于 0.3 的概率。

第3章　参　数　估　计

根据样本推断总体的分布或分布的数字特征称为统计推断,它是数理统计学的核心。统计推断的基本问题可以分为两大类:一类是估计问题,另一类是假设检验问题。很多实际问题中,总体的分布类型已知但它包含一个或多个参数,总体的分布完全由所含的参数决定,这样就需要对未知的参数作出估计。例如纺织厂细纱机上的断头次数服从泊松分布 $P(\lambda)$,但 λ 不确定,如果要知道每只纱锭在某一时间间隔内断头次数为 k 次的概率,就要估计出 λ 的值。再例如某厂生产的灯泡,由经验可知使用寿命服从正态分布 $N(\mu,\sigma^2)$,为了判断这批灯泡的质量,自然要求知道这批灯泡的平均寿命以及寿命长短的差异程度,这就需要估计参数 μ 及 σ^2。这种知道总体分布类型,而对分布的未知参数进行估计的问题,称为参数估计;如总体的分布类型未知,则称对总体的估计为非参数估计。本章简单讨论参数估计问题,它是数理统计的重要内容之一。

参数估计包括两类估计:一类是点估计,就是以某个适当的统计量的观测值作为未知参数的估计值;另一类是区间估计,就是用两个统计量的观测值所确定的区间来估计未知参数的大致范围。

3.1　参数的点估计

点估计的中心任务是通过样本构造参数的估计量,有了估计量便有了估计值。本节概述两个问题:一是介绍两种常用的构造统计量的方法,二是建立估计量优良性的评判标准。

设总体 X 的分布类型 $F(x;\theta)$ 已知,θ 是待估计参数。所谓参数的点估计就是从该总体中抽取样本 $X_1,X_2,\cdots,X_n$,由样本提供的信息对未知参数作出估计,一般是建立适当的统计量 $\hat{\theta}(X_1,X_2,\cdots,X_n)$,当样本观测值为 $x_1,x_2,\cdots,x_n$ 时,以 $\hat{\theta}(x_1,x_2,\cdots,x_n)$ 作为 θ 的估计值,这种用统计量来估计总体未知参数的方法称为参数的点估计法。称 $\hat{\theta}(X_1,X_2,\cdots,X_n)$ 为 θ 的估计量。若总体中有 t 个未知参数,则要建立 t 个未知参数的估计量。在不强调估计量和估计值的区别时,通常用“估计”这个笼统的称呼。

构造估计量的方法有很多:矩估计法、极大似然估计法、最小二乘法、贝叶斯方法等,本章只介绍常用的矩估计法和极大似然估计法。

3.1.1　矩估计法

由辛钦大数定律与科尔莫戈罗夫强大数定理知:如果总体 X 的 k 阶矩 $E(X^k)$ 存在,则样本 $X_1,X_2,\cdots,X_n$ 的 k 阶矩 $A_k=\dfrac{1}{n}\sum\limits_{i=1}^{n}X_i^k$ 依概率收敛于总体的 k 阶矩 $E(X^k)$;样本矩的

连续函数依概率收敛到总体矩的连续函数.这就启发我们可以用样本矩作为总体矩的估计量.这种用相应的样本矩去估计总体矩的估计方法就称为矩估计法.

设总体的分布函数中含有 k 个未知参数 $\theta_1,\cdots,\theta_k$,假定总体的 k 阶矩 $E(X^k)$ 存在,则总体的 l 阶矩 $E(X^l)(1\leqslant l\leqslant k)$ 是 $\theta_1,\cdots,\theta_k$ 的函数.用样本的 l 阶矩作为总体的 l 阶矩的估计,则得 k 个方程(称为矩方程组)

$$\hat{a}_l(\theta_1,\cdots,\theta_k) = \frac{1}{n}\sum_{i=1}^{n} X_i^l, \quad l=1,2,\cdots,k$$

解此方程组得到 $\theta_1,\cdots,\theta_k$ 的解 $\hat{\theta}_1(X_1,\cdots,X_n),\cdots,\hat{\theta}_k(X_1,\cdots,X_n)$,分别称

$$\hat{\theta}_1(X_1,\cdots,X_n),\cdots,\hat{\theta}_k(X_1,\cdots,X_n)$$

为 $\theta_1,\cdots,\theta_k$ 的矩估计量,相应的估计量的观测值 $\hat{\theta}_1(x_1,\cdots,x_n),\cdots,\hat{\theta}_k(x_1,\cdots,x_n)$ 称为 $\theta_1,\cdots,\theta_k$ 的矩估计值.

例 3.1.1 设总体 $X\sim P(\lambda)$,$X_1,X_2,\cdots,X_n$ 为来自 X 的样本,求 λ 的矩估计量.

解 因 $E(X)=\lambda,D(X)=\lambda$,所以 λ 的矩估计量为 $\hat{\lambda}=\overline{X}$ 或 $\hat{\lambda}=S_n^2$.

例 3.1.2 设总体 X 的概率密度函数为 $f(x,\theta)=\begin{cases}\theta x^{\theta-1}, & 0<x<1 \\ 0, & \text{其他}\end{cases}$,其中 $\theta>0$ 为未知参数,$X_1,X_2,\cdots,X_n$ 为来自 X 的样本,试求 θ 的矩估计.

解 因为

$$EX = \int_{-\infty}^{+\infty} xf(x)\,\mathrm{d}x = \int_0^1 x\theta x^{\theta-1}\,\mathrm{d}x = \int_0^1 \theta x^{\theta}\,\mathrm{d}x = \frac{\theta}{1+\theta}$$

令 $\overline{X}=EX=\dfrac{\theta}{1+\theta}$,解得 θ 的矩估计量为 $\hat{\theta}=\dfrac{\overline{X}}{1-\overline{X}}$.

求矩估计的步骤为:

(1) 建立总体矩与待估参数的关系;

(2) 列出矩估计式;

(3) 解估计量方程组.

这里应注意,总体中有几个待估参数,就要列几个矩估计式.

例 3.1.3 设总体 $X\sim f(x,\lambda)=\begin{cases}\lambda\mathrm{e}^{-\lambda x}, & x>0 \\ 0, & x\leqslant 0\end{cases}$,其中 $\lambda>0$ 为未知参数,$X_1,X_2,\cdots,X_n$ 为来自 X 的样本,求 λ 的矩估计量.

解 因为 $E(X)=\dfrac{1}{\lambda}$,令 $\overline{X}=\dfrac{1}{\lambda}$,所以 λ 的矩估计量为 $\hat{\lambda}=\dfrac{1}{\overline{X}}$.

例 3.1.4 设总体 $X\sim f(x;\mu,\theta)=\begin{cases}\dfrac{1}{\theta}\mathrm{e}^{-\frac{(x-\mu)}{\theta}}, & x>\mu \\ 0, & \text{其他}\end{cases}$,$\theta,\mu$ 为未知参数,其中 $\theta>0$,求 θ,μ 的矩估计.

解 由密度函数知,$X-\mu$ 具有均值为 θ 的指数分布,故

$$E(X-\mu) = \theta,\text{即 } EX = \mu+\theta$$
$$D(X-\mu) = \theta^2,\text{即 } DX = \theta^2$$

令

$$\begin{cases} \mu + \theta = \overline{X} \\ \theta^2 = \dfrac{1}{n} \sum_{i=1}^{n} (X_i - \overline{X})^2 \end{cases}$$

解方程得 θ, μ 的矩估计为

$$\begin{cases} \hat{\mu} = \overline{X} - \sqrt{\dfrac{1}{n} \sum_{i=1}^{n} (X_i - \overline{X})^2} \\ \hat{\theta} = \sqrt{\dfrac{1}{n} \sum_{i=1}^{n} (X_i - \overline{X})^2} \end{cases}$$

点估计的矩估计法是由皮尔孙(Pearson)提出的,它直观、简便,特别对总体数学期望和方差进行估计时不需要知道总体的分布。但是它要求总体原点矩存在,而有些随机变量(如柯西分布)的原点矩不存在,因此就不能用此法进行参数估计。此外,一般情况下,矩估计量不具有唯一性(如泊松分布中参数 λ 的矩估计),原因在于建立矩法方程时,选取哪些总体矩用相应样本矩代替带有一定的随意性。再者,它常常没有利用总体分布函数所提供的信息,因此很难保证它有优良的性质。

3.1.2　极大似然估计法

极大似然估计法即最大概率法。它是建立在极大似然原理基础上的一种统计方法。先看下面例子:某同学与一位猎人一起外出打猎,一只野兔从前方窜过,只听一声枪响,野兔应声倒下,是谁打中的呢? 你肯定想,只发一枪便打中,猎人命中的概率一般大于这位同学命中的概率,所以断定这一枪是猎人射中的。一个随机试验,如果有若干个可能的结果 A, $B, C, \cdots$,若在一次试验中,结果 A 出现,则认为 $A, B, C, \cdots$ 这些结果中 A 出现的概率最大;一个事件发生的概率,已知只可能是 0.2 或 0.8,在一次试验中这个事件发生了,自然就认为它发生的概率应是 0.8,等等,这些都是极大似然原理的基本思想。

设总体 X 的概率函数的形式 $p(x; \theta)$ 为已知(当 X 为离散型时,$p(x; \theta)$ 为 X 的概率函数,即 $p(x; \theta) = P(X = x)$;当 X 为连续型时,$p(x; \theta)$ 为 X 的密度函数)。其中 θ 是待估参数。又设 $X_1, X_2, \cdots, X_n$ 为来自 X 的样本,$x_1, x_2, \cdots, x_n$ 为其观测值。

当 X 为离散型时,$X_1, X_2, \cdots, X_n$ 取到 $x_1, x_2, \cdots, x_n$ 的概率,亦即事件($X_1 = x_1, X_2 = x_2, \cdots, X_n = x_n$)发生的概率为

$$L(\theta) = L(x_1, x_2, \cdots, x_n; \theta) = \prod_{i=1}^{n} p(x; \theta) \tag{3.1.1}$$

既然在一次抽样中 $X_1, X_2, \cdots, X_n$ 取到了观测值 $x_1, x_2, \cdots, x_n$,当然可以认为样本 X_1, $X_2, \cdots, X_n$ 取值为 $x_1, x_2, \cdots, x_n$ 的概率最大,所以只要选取参数 θ 的估计值 $\hat{\theta}(x_1, x_2, \cdots, x_n)$,使得

$$L(\hat{\theta}) = L(x_1, x_2, \cdots, x_n; \hat{\theta}) = \max_{\theta} \prod_{i=1}^{n} p(x_i; \theta)$$

成立。

若总体 X 属连续型,$p(x; \theta)$ 是其密度函数,则 $X_1, X_2, \cdots, X_n$ 的联合密度为

$$\prod_{i=1}^{n} p(x_i ; \theta)$$

则随机点 $(X_1, X_2, \cdots, X_n)$ 落在点 $(x_1, x_2, \cdots, x_n)$ 的邻域内的概率为 $\prod\limits_{i=1}^{n} p(x_i ; \theta) \Delta x_i$。由于 Δx_i 与 θ 无关，所以只要选取参数 θ 的估计值 $\hat{\theta}(x_1, x_2, \cdots, x_n)$，使得

$$L(\hat{\theta}) = L(x_1, x_2, \cdots, x_n ; \hat{\theta}) = \max_{\theta} \prod_{i=1}^{n} p(x_i ; \theta)$$

成立。

称 $\hat{\theta}(x_1, x_2, \cdots, x_n)$ 为 θ 的极大似然估计值，相应的统计量 $\hat{\theta}(X_1, X_2, \cdots, X_n)$ 为 θ 的极大似然估计量（MLE）；称式（3.1.1）中的函数 $L(\theta) = \prod\limits_{i=1}^{n} p(x_i ; \theta)$ 为极大似然函数。

例 3.1.5　设一批产品，其废品率为 p $(0 < p < 1)$，p 未知，今从中随机地取 100 个，其中有 10 个废品，试估计 p 的数值。

解　设 X 为任一废品数，$X \sim (0\text{-}1)$ 分布，则

$$P\{X = x\} = p^x (1-p)^{1-x}, \quad x = 0, 1$$

设 $(x_1, x_2, \cdots, x_{100})$ 为一子样，则

$$L(x_1, x_2, \cdots, x_{100} ; p) = \prod_{i=1}^{100} p(x_i ; p) = \prod_{i=1}^{100} p^{x_i} (1-p)^{1-x_i}$$

$$= p^{\sum\limits_{i=1}^{100} x_i} (1-p)^{100 - \sum\limits_{i=1}^{100} x_i} = p^{10} (1-p)^{90}, \quad x_i = 0, 1$$

令 $\dfrac{\mathrm{d}L(p)}{\mathrm{d}p} = 10p^9 (1-p)^{90} - 90p^{10} (1-p)^{89} = 0$，得 $\hat{p} = \dfrac{10}{100}$。

根据数学分析的知识，在 $\ln L(\theta)$ 有极值的条件下，$L(\theta)$ 与 $\ln L(\theta)$ 在同一个 θ 处取得极值，因此极大似然估计 $\hat{\theta}$ 由对数似然函数方程

$$\frac{\mathrm{d} \ln L(\theta)}{\mathrm{d}\theta} = 0$$

求出更简便些。

如例 3.1.5，对似然函数 $L(x_1, x_2, \cdots, x_{100} ; p) = p^{10}(1-p)^{90}$ 两边取对数得

$$\ln L(p) = 10 \ln p + 90 \ln(1-p)$$

令

$$\frac{\mathrm{d} \ln L(p)}{\mathrm{d}p} = \frac{10}{p} - \frac{90}{1-p} = 0$$

得 $\hat{p} = \dfrac{10}{100}$。

求极大似然估计（MLE）的步骤为：

（1）由总体的概率密度写出似然函数 $L(\theta) = L(x_1, x_2, \cdots, x_n ; \theta) = \prod\limits_{i=1}^{n} p(x_i ; \theta)$；

（2）求出对数似然函数 $\ln L(\theta)$；

（3）求解方程 $\dfrac{\mathrm{d} \ln L(\theta)}{\mathrm{d}\theta} = 0$ 得 $\hat{\theta}$。

例 3.1.6　求例 3.1.1 中 λ 的极大似然估计。

解　$X \sim P(\lambda)$,其分布律为

$$P(X = x) = \frac{\lambda^x \mathrm{e}^{-\lambda}}{x!}, \quad x = 0, 1, 2, \cdots$$

设 $x_1, x_2, \cdots, x_n$ 为样本观测值,则似然函数为

$$L(x_1, x_2, \cdots, x_n; \lambda) = \prod_{i=1}^{n} \frac{\lambda^{x_i} \mathrm{e}^{-\lambda}}{x_i!} = \frac{\mathrm{e}^{-n\lambda} \lambda^{\sum_{i=1}^{n} x_i}}{\prod_{i=1}^{n} (x_i!)}$$

$$\ln L = -n\lambda + \left(\sum_{i=1}^{n} x_i \right) \ln\lambda - \sum_{i=1}^{n} \ln(x_i!)$$

令 $\dfrac{\mathrm{d}\ln L}{\mathrm{d}\lambda} = -n + \dfrac{\sum_{i=1}^{n} x_i}{\lambda} = 0$,解得 λ 的极大似然估计为 $\hat{\lambda} = \dfrac{1}{n} \sum_{i=1}^{n} x_i = \bar{x}$。

例 3.1.7　求例 3.1.2 中 θ 的极大似然估计。

解　设 $x_1, x_2, \cdots, x_n$ 为样本观测值,则似然函数为

$$L(x_1, x_2, \cdots, x_n; \theta) = \prod_{i=1}^{n} \theta x_i^{\theta-1} = \theta^n \left(\prod_{i=1}^{n} x_i \right)^{\theta-1}$$

$$\ln L = n\ln\theta + (\theta - 1) \sum_{i=1}^{n} \ln x_i$$

令 $\dfrac{\mathrm{d}\ln L}{\mathrm{d}\theta} = \dfrac{n}{\theta} + \sum_{i=1}^{n} \ln x_i = 0$,解得 θ 的极大似然估计为 $\hat{\theta} = -\dfrac{n}{\sum_{i=1}^{n} \ln x_i}$。

我们看到,θ 的矩估计量和极大似然估计量是不相同的。

例 3.1.8　求例 3.1.3 中 θ 的极大似然估计。

解　设 $x_1, x_2, \cdots, x_n$ 为样本观测值,则似然函数为

$$L(x_1, x_2, \cdots, x_n; \theta) = \prod_{i=1}^{n} \lambda \mathrm{e}^{-\lambda x_i} = \lambda^n \prod_{i=1}^{n} \mathrm{e}^{-\lambda x_i} = \lambda^n \mathrm{e}^{-\lambda \sum_{i=1}^{n} x_i}$$

取对数:

$$\ln L = n\ln\lambda - \left(\sum_{i=1}^{n} x_i \right) \lambda$$

令 $\dfrac{\mathrm{d}\ln L}{\mathrm{d}\lambda} = \dfrac{n}{\lambda} - \sum_{i=1}^{n} x_i = 0$,解得 λ 的极大似然估计为 $\hat{\lambda} = \dfrac{1}{\bar{X}}$。

例 3.1.9　设 $X \sim (\mu, \sigma^2)$,$X_1, X_2, \cdots, X_n$ 为来自 X 的样本,求参数 μ, σ^2 的极大似然估计。

解　似然函数为

$$L(x_1, x_2, \cdots, x_n; \mu, \sigma^2) = \prod_{i=1}^{n} \frac{1}{\sqrt{2\pi}\sigma} \mathrm{e}^{-\frac{(x_i-\mu)^2}{2\sigma^2}} = \frac{1}{(\sqrt{2\pi}\sigma)^n} \exp\left(-\frac{1}{2\sigma^2} \sum_{i=1}^{n} (x_i - \mu)^2 \right)$$

$$\ln L = -\frac{n}{2} \ln(2\pi\sigma^2) - \frac{1}{2\sigma^2} \sum_{i=1}^{n} (x_i - \mu)^2$$

分别对 μ, σ^2 求偏导数,并令其为 0,即

$$\begin{cases} \dfrac{\partial \ln L}{\partial \mu} = \dfrac{1}{\sigma^2} \sum_{i=1}^{n} (x_i - \mu) = 0 \\[3mm] \dfrac{\partial \ln L}{\partial \sigma^2} = -\dfrac{n}{2} \dfrac{1}{\sigma^2} + \dfrac{1}{2\sigma^2} \sum_{i=1}^{n} (x_i - \mu)^2 = 0 \end{cases}$$

解出 μ, σ^2 的极大似然估计为 $\hat{\mu} = \dfrac{1}{n} \sum_{i=1}^{n} x_i = \bar{x}, \hat{\sigma}^2 = \dfrac{1}{n} \sum_{i=1}^{n} (x_i - \bar{x})^2$。

显然,正态分布期望和方差的矩估计与极大似然估计是相同的。

参数的极大似然估计法是英国统计学家 R. A. Fisher 于 1912 年提出来的,它克服了矩估计的一些缺点,利用总体的样本和分布函数表达式所提供的信息建立未知参数的估计量,同时它也不要求总体原点矩存在,因此极大似然估计量有着比较良好的性质。但求极大似然估计量一般要解似然方程,而有时解似然方程很困难,只能用数值方法求近似解。

3.1.3 估计量的评选标准

3.1.2 节我们讨论了构造估计量的两种方法,而且看到用矩法和用极大似然估计法确定的总体参数的估计量一般是不同的,我们自然会问哪个估计量更好呢? 这里首先要回答"好"的标准是什么。下面介绍几个常用的判别标准。

在介绍估计量优良性的准则之前,我们必须强调指出:评价一个估计量的好坏,不能仅仅依据一次试验的结果,而必须由多次试验结果来衡量。这是因为估计量是样本的函数,是随机变量。不同的观测结果,就会求得不同的参数估计值,因此一个好的估计,应在多次试验中体现出其优良性。

1. 无偏性

未知参数 θ 的估计量 $\hat{\theta}(X_1, X_2, \cdots, X_n)$ 是样本的函数,是一个随机变量,当样本观测值为 $x_1, x_2, \cdots, x_n$ 时,以 $\hat{\theta}(x_1, x_2, \cdots, x_n)$ 作为 θ 的一个估计值,它与参数的真值 θ 一般都会有偏差。在多次取样下就得到 θ 的许多估计值,它们虽然与 θ 的偏差有大有小,但当我们大量重复使用这个估计量时,就希望这些估计值的平均值等于未知参数 θ 的真值。由于估计量 $\hat{\theta}(X_1, X_2, \cdots, X_n)$ 是随机变量,因此希望有 $E\hat{\theta}(X_1, X_2, \cdots, X_n) = \theta$,这就是下面给出的无偏性的直观想法。

设 $\hat{\theta}$ 是 θ 的估计量,若 $E(\hat{\theta}) = \theta$,则称 $\hat{\theta}$ 是 θ 的无偏估计量(或称 $\hat{\theta}$ 具有无偏性),否则称为有偏估计。

例 3.1.10 试证明 $\bar{X} = \dfrac{1}{n} \sum_{i=1}^{n} X_i$ 是 EX 的无偏估计量。

证明 因为

$$E(\hat{\mu}) = E(\bar{X}) = \frac{1}{n} \sum_{i=1}^{n} E(X_i) = \frac{1}{n} \sum_{i=1}^{n} \mu = \mu$$

所以 $\bar{X} = \dfrac{1}{n} \sum_{i=1}^{n} E(X_i)$ 是 μ 的无偏估计量。

例 3.1.11　试证明 $S_n^2 = \dfrac{1}{n-1}\sum\limits_{i=1}^{n}(X_i - \overline{X})^2$ 是 DX 的无偏估计量,而 $S_n^2 = \dfrac{1}{n}\sum\limits_{i=1}^{n}(X_i - \overline{X})^2$ 不是 DX 的无偏估计。

证明　$S^2 = \dfrac{1}{n-1}\sum\limits_{i=1}^{n}(X_i - \overline{X})^2 = \dfrac{1}{n-1}\sum\limits_{i=1}^{n}(X_i^2 - 2X_i\overline{X} + \overline{X}^2) = \dfrac{1}{n-1}\left(\sum\limits_{i=1}^{n}X_i^2 - n\overline{X}^2\right)$

又 $E(X_i^2) = D(X_i) + E^2(X_i) = \sigma^2 + \mu^2$,$E(\overline{X}^2) = D(\overline{X}) + E^2(\overline{X}) = \dfrac{\sigma^2}{n} + \mu^2$,故

$$E(\hat{\sigma}^2) = E(S^2) = \frac{1}{n-1}\sum_{i=1}^{n}E(X_i^2) - \frac{n}{n-1}E(\overline{X}^2)$$

$$= \frac{n}{n-1}(\sigma^2 + \mu^2) - \frac{n}{n-1}\left(\frac{\sigma^2}{n} + \mu^2\right) = \sigma^2$$

所以 S^2 是 σ^2 的无偏估计量。

因为 $S_n^2 = \dfrac{n-1}{n}S^2$,所以 $E(S_n^2) = \dfrac{n-1}{n}E(S^2) = \dfrac{n-1}{n}\sigma^2 \neq \sigma^2$,说明 S_n^2 不是 σ^2 的无偏估计量(通常叫作有偏估计量)。

由此可知用 S^2 比用 S_n^2 估计总体方差 σ^2 更好些。

在工程技术中,称 $E(\hat{\theta}) - \theta$ 为系统误差。所以无偏性的实际意义是指没有系统性的偏差。

2. 有效性及最优性

一个未知参数 θ 的估计量 $\hat{\theta}$ 仅有无偏性是不够的。因为一方面,无偏性仅反映估计量在参数真值周围波动,而没有反映出"集中"的程度;另一方面,一个参数的无偏估计量可能不止一个,对于数学期望 μ,样本均值 $\overline{X}$ 是它的无偏估计量,样本的第一个观测值 X_1 也是它的无偏估计量(因 $E(X_1) = \mu$),那么哪个更好呢? 仅有无偏性一个标准是不能确定的。一个自然的想法是进一步比较它们的方差,方差越小,表示 $\hat{\theta}$ 越集中在 θ 的附近,从这个意义上讲方差越小的无偏估计量越好。

设 $\hat{\theta}_1$,$\hat{\theta}_2$ 都是 θ 的无偏估计量,若 $D(\hat{\theta}_1) < D(\hat{\theta}_2)$,则称 $\hat{\theta}_1$ 比 $\hat{\theta}_2$ 有效。

例 3.1.12　试比较总体期望 μ 的两个无偏估计量 $\overline{X} = \dfrac{1}{n}\sum\limits_{i=1}^{n}X_i$ 及 $\hat{\alpha} = X_1$ 的有效性。

解　设总体方差为 σ^2,则 $D\overline{X} = \dfrac{1}{n}\sigma^2$,$D\hat{\alpha} = DX_1 = \sigma^2$。显然 $D\overline{X} < D\hat{\alpha}$,故 $\overline{X}$ 较 $\hat{\alpha}$ 有效。

可以证明,无偏估计 $\hat{\theta}$ 的方差 $D(\hat{\theta})$ 有一个非 0 的下界,即最小方差 $D_0(\hat{\theta})$,

$$D(\hat{\theta}) \geqslant \frac{1}{nE\left[\left(\dfrac{\partial \ln f(X;\theta)}{\partial \theta}\right)^2\right]} = D_0(\hat{\theta})$$

其中 $f(x,\theta)$ 为总体分布的概率密度函数。如果 $\ln f(x,\theta)$ 存在关于 θ 的二阶偏导数,则可证

$$D(\hat{\theta}) \geqslant \frac{1}{-nE\left[\left(\dfrac{\partial^2 \ln f(X;\theta)}{\partial \theta^2}\right)\right]} = D_0(\hat{\theta})$$

若 $\hat{\theta}$ 满足 $E(\hat{\theta}) = \theta, D(\hat{\theta}) = D_0(\theta)$，则称 $\hat{\theta}$ 为 θ 的方差一致最小无偏估计量。缩写为 UMVUE 估计。

可以证明 $\overline{X}$ 和 S^2 是总体均值 μ 和方差 σ^2 的 UMVUE 估计，$\overline{X}$ 和 S^2 使用率很高，一是由于 μ 和 σ^2 是很重要且常用的总体参数，二是 μ 和 σ^2 有很好的统计性质。

3. 一致性（相合性）

在样本容量 n 一定的条件下，我们讨论了估计量的无偏性、有效性。当样本容量 n 无限增大时，估计量接近待估计参数真值的可能性会更大，估计也就越精确，这就是估计量的一致性。

设 $\hat{\theta}(X_1, X_2, \cdots, X_n)$ 是参数 θ 的估计量，如果对任意给定的 $\varepsilon > 0$ 均有

$$\lim_{n \to \infty} P(|\hat{\theta} - \theta| < \varepsilon) = 1$$

则称 $\hat{\theta}(X_1, X_2, \cdots, X_n)$ 是参数 θ 的一致估计量（或相合估计量）。

以上讨论了三种估计量的评选标准。从统计方法来看，自然要求一个估计量具有一致性，然而用一致性来衡量估计量好坏时，要求样本容量适当地大，但在实际中往往很难做到；无偏性在直观上比较合理，有效性无论在直观上还是理论上都比较合理，所以它们是用得比较多的标准。

3.2 区间估计

点估计给出了总体参数 θ 的估计值 $\hat{\theta}(x_1, x_2, \cdots, x_n)$，虽然简单明确，但我们并不满足，因它是 θ 的一个近似值，与 θ 总有偏差。在点估计中既没有反映近似值的精确度，又不知道它的偏差范围，这是点估计的缺陷。因此需要寻求另一种方法，希望这种方法能估计出一个范围，并知道这个范围包含参数真值的可信度。这种形式的估计称为区间估计。

本节先介绍区间估计的方法，再给出正态总体参数的区间估计。

3.2.1 区间估计的基本思想

1. 区间估计的含义

区间估计就是根据样本来确定统计量 $\underline{\theta}(X_1, X_2, \cdots, X_n)$ 和 $\bar{\theta}(X_1, X_2, \cdots, X_n)$ 使

$$P(\underline{\theta}(X_1, X_2, \cdots, X_n) < \theta < \bar{\theta}(X_1, X_2, \cdots, X_n)) = 1 - \alpha \qquad (3.2.1)$$

其中，$(\underline{\theta}, \bar{\theta})$ 为 θ 的置信区间，$1 - \alpha$ 叫此置信区间的置信度或置信水平，$\underline{\theta}$ 和 $\bar{\theta}$ 分别称为置信下限和置信上限。

显然，置信区间是一个随机区间，式(3.2.1)的含义是：若反复抽样多次（每次取样本容

量都是 n),在每次取样下,对样本的观测值 $x_1,x_2,\cdots,x_n$,就得到一个区间 $(\underline{\theta}(x_1,x_2,\cdots,x_n),\bar{\theta}(x_1,x_2,\cdots,x_n))$,每个这样的区间要么包含 θ 的真值,要么不包含 θ 的真值,按伯努利大数定理,在这样多的区间中,大约有 $100(1-\alpha)\%$ 的区间包含未知参数 θ,而不包含 θ 的区间约占 $100\alpha\%$。例如,若 $\alpha=0.01$,反复抽样 1000 次,则得到的 1000 个区间中不包含 θ 真值的约仅有 10 个。通常 α 给得较小,这样式(3.2.1)的概率就较大。因此,置信区间的长度的平均 $E(\bar{\theta}-\underline{\theta})$ 表达了区间估计的精确性;置信度 $1-\alpha$ 表达了区间估计的可靠性,它是区间估计的可靠概率,而显著性水平 α 表达了区间估计的不可靠概率。

置信度 $1-\alpha$ 一般要根据具体问题的要求来选定,并要注意:α 越小,$1-\alpha$ 越大,即区间 $(\underline{\theta},\bar{\theta})$ 包含 θ 真值的可信度越大,但区间也越长,亦即估计的精确度就越差;反之,提高估计的精确度则会增大误判风险 α,即 $(\underline{\theta},\bar{\theta})$ 不包含 θ 真值的概率会增大。从后面推出的置信区间公式可看出,若其他条件不变,增大样本容量 n,可以缩短置信区间的长度,从而提高精确度,但增大样本容量往往不现实。因此,通常是根据不同类型的问题,先确定一个较大的置信概率 $1-\alpha$,在这一前提下,寻找精度尽可能高的区间估计。如对 $\alpha=0.05$,

$$P\left[-1.96<\frac{\bar{X}-\mu}{\frac{\sigma}{\sqrt{n}}}<1.96\right]=0.95,\quad P\left[-1.75<\frac{\bar{X}-\mu}{\frac{\sigma}{\sqrt{n}}}<2.33\right]=0.95$$

比较两个置信区间 $\left(\bar{X}-\frac{\sigma}{\sqrt{n}}u_{0.025},\bar{X}+\frac{\sigma}{\sqrt{n}}u_{0.025}\right)$ 和 $\left(\bar{X}-\frac{\sigma}{\sqrt{n}}u_{0.01},\bar{X}+\frac{\sigma}{\sqrt{n}}u_{0.04}\right)$,前者的区间长度 $2u_{0.025}\times\frac{\sigma}{\sqrt{n}}=3.92\times\frac{\sigma}{\sqrt{n}}$ 比后者的区间长度 $(u_{0.04}+u_{0.01})\times\frac{\sigma}{\sqrt{n}}=4.08\times\frac{\sigma}{\sqrt{n}}$ 短,置信区间越短表示估计的精度越高。由经验知,当 n 固定时,在给定的 $1-\alpha$ 下,对称区间的长度为最短。

2. 基本思想

对于给定值 $\alpha(0<\alpha<1)$,为得到满足 $P(\underline{\theta}<\theta<\bar{\theta})=1-\alpha$ 的统计量 $\underline{\theta}(X_1,X_2,\cdots,X_n)$ 和 $\bar{\theta}(X_1,X_2,\cdots,X_n)$,我们将随机区间 $(\underline{\theta},\bar{\theta})$ 套住 θ 的概率 $P(\underline{\theta}<\theta<\bar{\theta})=1-\alpha$,转化成某随机变量 $W(X_1,X_2,\cdots,X_n,\theta)$ 落在区间 (a,b) 上的概率

$$P(a<W(X_1,X_2,\cdots,X_n;\theta)<b)=1-\alpha$$

然后通过解不等式 $a<W(X_1,X_2,\cdots,X_n;\theta)<b$ 得到

$$\underline{\theta}(X_1,X_2,\cdots,X_n)<\theta<\bar{\theta}(X_1,X_2,\cdots,X_n)$$

为实现这个目的,我们所要找的函数 $W(X_1,X_2,\cdots,X_n;\theta)$ 必须满足两个条件:

(1) 仅是样本 $(X_1,X_2,\cdots,X_n)$ 和待估参数 θ 的函数,而不再含有其他未知参数;

(2) (a,b) 必须是确定的,为此要求 $W(X_1,X_2,\cdots,X_n;\theta)$ 的分布已知。

3. 基本方法

按上述分析思路我们归纳出求未知参数 θ 的置信区间的一般步骤如下:

(1) 选择一个函数 $W(X_1,X_2,\cdots,X_n;\theta)$,它仅是样本 $(X_1,X_2,\cdots,X_n)$ 和 θ 的函数,而不再含有其他未知参数,且其分布已知(称 $W(X_1,X_2,\cdots,X_n;\theta)$ 为枢轴量);

(2) 对给定的置信水平 $1-\alpha$,确定常数 a,b,使得

$$P(a < W(X_1, X_2, \cdots, X_n; \theta) < b) = 1 - \alpha$$

（3）由不等式 $a < W(X_1, X_2, \cdots, X_n) < b$ 得到等价不等式

$$\underline{\theta}(X_1, X_2, \cdots, X_n) < \theta < \bar{\theta}(X_1, X_2, \cdots, X_n)$$

其中 $\underline{\theta}(X_1, X_2, \cdots, X_n)$ 和 $\bar{\theta}(X_1, X_2, \cdots, X_n)$ 都是统计量,那么 $(\underline{\theta}, \bar{\theta})$ 就是 θ 的置信度为 $1 - \alpha$ 的置信区间。

3.2.2　单正态总体参数的区间估计

设总体 $X \sim N(\mu, \sigma^2)$,$X_1, X_2, \cdots, X_n$ 是 X 的样本,$1 - \alpha$ 为给定的置信水平,我们来确定总体均值 μ 和总体方差 σ^2 的置信区间。

1. 单正态总体均值的区间估计

1）σ^2 为已知,均值 μ 的置信区间

以样本均值 $\bar{X}$ 作为 μ 的一个区间估计,由式(2.6.1)知

$$U = \frac{\bar{X} - \mu}{\frac{\sigma}{\sqrt{n}}} \sim N(0, 1)$$

由正态分布的分位点知

$$P(|U| < u_{\frac{\alpha}{2}}) = 1 - \alpha$$

即

$$P\left(\left| \frac{\bar{X} - \mu}{\frac{\sigma}{\sqrt{n}}} \right| < u_{\frac{\alpha}{2}} \right) = 1 - \alpha$$

或

$$P\left(\bar{X} - \frac{\sigma}{\sqrt{n}} u_{\frac{\alpha}{2}} < \mu < \bar{X} + \frac{\sigma}{\sqrt{n}} u_{\frac{\alpha}{2}} \right) = 1 - \alpha$$

故

$$\left(\bar{X} - \frac{\sigma}{\sqrt{n}} u_{\frac{\alpha}{2}}, \bar{X} + \frac{\sigma}{\sqrt{n}} u_{\frac{\alpha}{2}} \right) \tag{3.2.2}$$

为 μ 的置信度为 $1 - \alpha$ 的置信区间。

例 3.2.1　一车间生产的滚珠直径服从正态分布,从某天的产品里随机抽取 6 个,测得直径为(单位：mm)：

$$14.6, 15.1, 14.9, 14.8, 15.2, 15.1$$

若该天产品直径的方差 $\sigma^2 = 0.06$,求该天生产的滚珠平均直径 μ 的置信区间($\alpha = 0.01$; $\alpha = 0.05$)。

解　因为 $\sigma^2 = 0.06$,由式(3.2.2)知 μ 的置信度为 $1 - \alpha$ 的置信区间为 $\left(\bar{X} - \frac{\sigma}{\sqrt{n}} u_{\frac{\alpha}{2}}, \bar{X} + \frac{\sigma}{\sqrt{n}} u_{\frac{\alpha}{2}} \right)$。

当 $\alpha = 0.01$ 时,查附表 1 得 $u_{\frac{\alpha}{2}} = 2.58$,计算得 $\bar{x} = 14.95$,将 $\bar{x} = 14.95$, $\sigma^2 = 0.06$, $n = 9$,

$u_{0.005}=2.58$ 代入上述置信区间,得 μ 的置信度为 99% 的置信区间为

$$\left(14.95-2.58\sqrt{\frac{0.06}{6}},14.95+2.58\sqrt{\frac{0.06}{6}}\right)=(14.69,15.21)$$

当 $\alpha=0.05$ 时,查附表 1 得 $u_{\frac{\alpha}{2}}=1.96$,类似求得 μ 的置信度为 95% 的置信区间为 $(14.75,15.15)$。

2) σ^2 为未知时,均值 μ 的置信区间

这时,自然地会想到以样本标准差 S 代替总体均方差 σ,由式(2.6.3)选取枢轴量

$$T=\frac{\overline{X}-\mu}{\frac{S}{\sqrt{n}}}\sim t(n-1)$$

对给定的数 α,由

$$P(\mid T\mid<t_{\frac{\alpha}{2}}(n-1))=1-\alpha$$

查 t 分布表,得 $t_{\frac{\alpha}{2}}(n-1)$,解不等式得 $\overline{X}-\frac{S}{\sqrt{n}}t_{\frac{\alpha}{2}}(n-1)<\mu<\overline{X}+\frac{S}{\sqrt{n}}t_{\frac{\alpha}{2}}(n-1)$,即 μ 的置信度为 $1-\alpha$ 的置信区间为 $\left(\overline{X}-\frac{S}{\sqrt{n}}t_{\frac{\alpha}{2}}(n-1),\overline{X}+\frac{S}{\sqrt{n}}t_{\frac{\alpha}{2}}(n-1)\right)$。

简记为

$$\overline{X}\pm\frac{S}{\sqrt{n}}t_{\frac{\alpha}{2}}(n-1) \tag{3.2.3}$$

在实际问题中,很难找到一种情况,其总体均值未知、但方差已知。通常情况下,均值和方差都要通过样本进行估计,故式(3.2.3)比式(3.2.2)更实用。

例 3.2.2　水体中的工业污水,会通过减少水中被溶解的氧气而影响水体的水质,生物的生长与生存有赖于水中氧气。两个月内,从污水处理厂下游 1km 处的一条小河里取得 8 个水样。检测水样里溶解的氧气含量数据列表 3.2.1。

表 3.2.1　数据表

水样	1	2	3	4	5	6	7	8	n
氧气/10^{-6}	5.1	4.9	5.6	4.2	4.8	4.5	5.3	5.2	8

根据最近的研究,为了保证鱼的生存,水中溶解的氧气的平均含量需达到百万分之五,即 5.0×10^{-6}。试求两个月期间平均氧气含量的 95% 的置信区间(假定样本来自正态总体)。

解　σ^2 未知,所以由式(3.2.3)知 μ 的 $1-\alpha$ 置信区间为

$$\left(\overline{X}-\frac{S}{\sqrt{n}}t_{\frac{\alpha}{2}}(n-1),\overline{X}+\frac{S}{\sqrt{n}}t_{\frac{\alpha}{2}}(n-1)\right)$$

由已知 $n=8,1-\alpha=0.95$,查附表 2 得 $t_{0.025}(7)=2.3646$,由样本计算得 $\overline{x}=4.95,s=0.45$,故 μ 的 $1-\alpha$ 的置信区间为 $(4.57,5.33)$。

2. 单正态总体方差的区间估计

设总体 $X\sim N(\mu,\sigma^2)$,$X_1,X_2,\cdots,X_n$ 是 X 的样本,求 σ^2 的 $1-\alpha$ 置信区间。由式(2.6.2)选取枢轴量

$$\chi^2 = \frac{(n-1)S^2}{\sigma^2} \sim \chi^2(n-1)$$

对给定的 α,我们取 χ^2 分布分位点 $\chi^2_{\frac{\alpha}{2}}(n)$ 和 $\chi^2_{1-\frac{\alpha}{2}}(n)$,使

$$P\left(\chi^2_{1-\frac{\alpha}{2}}(n-1) < \frac{(n-1)S^2}{\sigma^2} < \chi^2_{\frac{\alpha}{2}}(n-1)\right) = 1-\alpha$$

从而得 σ^2 的 $1-\alpha$ 置信区间

$$\left(\frac{(n-1)S^2}{\chi^2_{\frac{\alpha}{2}}}, \frac{(n-1)S^2}{\chi^2_{1-\frac{\alpha}{2}}}\right) \tag{3.2.4}$$

例 3.2.3 从自动机床加工的同类零件中随机地抽取 10 件,测得其长度值为(单位:mm)。

12.15,12.12,12.10,12.28,12.09,12.16,12.03,12.01,12.06,12.11

假定样本来自正态总体,试求方差 σ^2 的 95% 的置信区间。

解 已知 $\alpha=0.05$,查附表 3 得

$$\chi^2_{1-\frac{\alpha}{2}}(n-1) = \chi^2_{0.975}(9) = 2.7, \quad \chi^2_{\frac{\alpha}{2}}(n-1) = \chi^2_{0.025}(9) = 19.023$$

又由已知数据算得 $s=0.076$,于是

$$\frac{(n-1)s^2}{\chi^2_{\frac{\alpha}{2}}(n-1)} = \frac{9 \times 0.076^2}{19.023} = 0.003, \quad \frac{(n-1)s^2}{\chi^2_{1-\frac{\alpha}{2}}(n-1)} = \frac{9 \times 0.076^2}{2.7} = 0.019$$

所以,方差 σ^2 的 95% 的置信区间是 $\left(\frac{(n-1)s^2}{\chi^2_{\frac{\alpha}{2}}}, \frac{(n-1)s^2}{\chi^2_{1-\frac{\alpha}{2}}}\right) = (0.003, 0.019)$。

下面我们把单正态总体的均值、方差以及双正态总体均值差、方差比的区间估计汇表如表 3.2.2 所示。

表 3.2.2 正态总体参数的置信区间

待估参数	条件	枢轴量及其分布	置信区间
μ	σ^2 已知	$U = \dfrac{(\overline{X}-\mu)\sqrt{n}}{\sigma} \sim N(0,1)$	$\left(\overline{X} \pm \dfrac{\sigma}{\sqrt{n}}u_{\frac{\alpha}{2}}\right)$
	σ^2 未知	$T = \dfrac{(\overline{X}-\mu)\sqrt{n}}{S} \sim t(n-1)$	$\left(\overline{X} \pm \dfrac{S}{\sqrt{n}}t_{\frac{\alpha}{2}}(n-1)\right)$
σ^2		$\chi^2 = \dfrac{(n-1)S^2}{\sigma^2} \sim \chi(n-1)$	$\left(\dfrac{(n-1)S^2}{\chi^2_{\frac{\alpha}{2}}(n-1)}, \dfrac{(n-1)S^2}{\chi^2_{1-\frac{\alpha}{2}}(n-1)}\right)$
$\mu_1 - \mu_2$	σ_1^2, σ_2^2 已知	$U = \dfrac{(\overline{X}-\overline{Y})-(\mu_1-\mu_2)}{\sqrt{\dfrac{\sigma_1^2}{n_1}+\dfrac{\sigma_2^2}{n_2}}} \sim N(0,1)$	$\left(\overline{X}-\overline{Y} \pm \sqrt{\dfrac{\sigma_1^2}{n_1}+\dfrac{\sigma_2^2}{n_2}}\, u_{\frac{\alpha}{2}}\right)$
	σ_1^2, σ_2^2 未知	$T = \dfrac{(\overline{X}-\overline{Y})-(\mu_1-\mu_2)}{S_w\sqrt{\dfrac{1}{n_1}+\dfrac{1}{n_2}}} \sim t(n_1+n_2-2)$	$\left(\overline{X}-\overline{Y} \pm S_w\sqrt{\dfrac{1}{n_1}+\dfrac{1}{n_2}}\, t_{\frac{\alpha}{2}}(n_1+n_2-2)\right)$
$\dfrac{\sigma_1^2}{\sigma_2^2}$		$F = \dfrac{S_1^2\sigma_2^2}{S_2^2\sigma_1^2} \sim F(n_1-1, n_2-1)$	$\left(\dfrac{S_1^2}{S_2^2}F_{1-\frac{\alpha}{2}}(n_2-1, n_1-1),\right.$ $\left.\dfrac{S_1^2}{S_2^2}F_{\frac{\alpha}{2}}(n_2-1, n_1-1)\right)$

3.2.3 双正态总体参数的区间估计

设有两个独立的正态总体 $X \sim N(\mu_1, \sigma_1^2)$, $Y \sim N(\mu_2, \sigma_2^2)$, $X_1, X_2, \cdots, X_{n_1}$ 与 $Y_1, Y_2, \cdots, Y_{n_2}$ 分别是 X 和 Y 的样本, $\overline{X}, \overline{Y}$ 和 S_1^2, S_2^2 是相应的样本均值和样本方差。下面讨论两个均值差和两个方差比的置信区间。

1. $\mu_1 - \mu_2$ 的置信区间

这是历史上著名的 Behrens-Fisher 问题, 它是 Behrens 在 1929 年从实际应用中提出的问题, 它的几种特殊情况已获得圆满解决, 但其一般情况至今尚有学者在讨论。下面我们介绍几种常见情况。

1) σ_1^2, σ_2^2 已知时

当 σ_1^2, σ_2^2 已知时, 有 $\overline{X} - \overline{Y} \sim N\left(\mu_1 - \mu_2, \dfrac{\sigma_1^2}{n_1} + \dfrac{\sigma_2^2}{n_2}\right)$, 取枢轴量为

$$U = \frac{(\overline{X} - \overline{Y}) - (\mu_1 - \mu_2)}{\sqrt{\dfrac{\sigma_1^2}{n_1} + \dfrac{\sigma_2^2}{n_2}}} \sim N(0, 1)$$

沿用前面的方法可得到 $\mu_1 - \mu_2$ 的 $1 - \alpha$ 的置信区间为

$$\left(\overline{X} - \overline{Y} - U_{\frac{\alpha}{2}}\sqrt{\frac{\sigma_1^2}{n_1} + \frac{\sigma_2^2}{n_2}}, \ \overline{X} - \overline{Y} + U_{\frac{\alpha}{2}}\sqrt{\frac{\sigma_1^2}{n_1} + \frac{\sigma_2^2}{n_2}}\right)$$

2) $\sigma_1^2 = \sigma_2^2 = \sigma^2$ 未知时

$\sigma_1^2 = \sigma_2^2 = \sigma^2$ 未知时, 由式(2.6.4)知

$$T = \frac{(\overline{X} - \overline{Y}) - (\mu_1 - \mu_2)}{S_w \sqrt{\dfrac{1}{n_1} + \dfrac{1}{n_2}}} \sim t(n_1 + n_2 - 2)$$

其中 $S_w^2 = \dfrac{(n_1 - 1)S_1^2 + (n_2 - 1)S_2^2}{n_1 + n_2 - 2}$, $S_1^2 = \dfrac{1}{n_1 - 1}\sum\limits_{i=1}^{n_1}(X_i - \overline{X})^2$, $S_2^2 = \dfrac{1}{n_2 - 1}\sum\limits_{i=1}^{n_2}(Y_i - \overline{Y})^2$, 则 $\mu_1 - \mu_2$ 的 $1 - \alpha$ 的置信区间为

$$\left(\overline{X} - \overline{Y} - t_{\frac{\alpha}{2}}(n_1 + n_2 - 2) \cdot S_w \sqrt{\frac{1}{n_1} + \frac{1}{n_2}}, \ \overline{X} - \overline{Y} + t_{\frac{\alpha}{2}}(n_1 + n_2 - 2) \cdot S_w \sqrt{\frac{1}{n_1} + \frac{1}{n_2}}\right)$$

例 3.2.4 为比较两个小麦品种的产量, 选择 18 块条件相似的试验田, 采用相同的耕作方法做试验, 结果播种甲品种的 8 块试验田的单位面积产量和播种乙品种的 10 块试验田的单位面积产量(单位: kg)分别为:

甲: 628, 583, 510, 554, 612, 523, 530, 615

乙: 535, 433, 398, 470, 567, 480, 498, 560, 503, 426

假定每个品种的单位面积产量均服从正态分布且 $\sigma_1^2 = \sigma_2^2$, 试求这两个品种平均单位面积产量差的置信区间($\alpha = 0.05$)。

解 以 $X_1, X_2, \cdots, X_8$ 记甲品种的单位面积产量, $Y_1, Y_2, \cdots, Y_{10}$ 为乙品种的单位面积产量, 由样本数据可计算得到

$$\bar{x} = 569.38, s_1^2 = 2140.55, n_1 = 8$$

$$\bar{y} = 487.00, s_2^2 = 3256.22, n_2 = 10$$

$$s_w = \sqrt{\frac{(n_1-1)s_1^2 + (n_2-1)s_2^2}{n_1 + n_2 - 2}} = \sqrt{\frac{7 \times 2110.55 + 9 \times 3256.22}{16}} = 52.4880$$

查附表 2 得

$$t_{\frac{\alpha}{2}}(n_1 + n_2 - 2) = t_{0.025}(16) = 2.1199$$

$$t_{\alpha/2}(n_1 + n_2 - 2) \cdot S_w \sqrt{\frac{1}{n_1} + \frac{1}{n_2}} = 2.1199 \times 52.4880 \times \sqrt{\frac{1}{8} + \frac{1}{10}} = 52.78$$

故 $\mu_1 - \mu_2$ 的 0.95 的置信区间为

$$(569.38 - 487 \pm 52.78) = (29.60, 135.16)$$

2. $\dfrac{\sigma_1^2}{\sigma_2^2}$ 的置信区间

由式(2.6.5)知

$$F = \frac{S_1^2/\sigma_1^2}{S_2^2/\sigma_2^2} \sim F(n_1 - 1, n_2 - 1)$$

对给定的置信水平 $1-\alpha$,由

$$P(F_{1-\frac{\alpha}{2}}(n_1 - 1, n_2 - 1) < F < F_{\frac{\alpha}{2}}(n_1 - 1, n_2 - 1)) = 1 - \alpha$$

解括号不等式得 $\dfrac{\sigma_1^2}{\sigma_2^2}$ 的 $1-\alpha$ 的置信区间为

$$\left(\frac{S_1^2}{S_2^2} \frac{1}{F_{\frac{\alpha}{2}}(n_1-1, n_2-1)}, \frac{S_1^2}{S_2^2} \frac{1}{F_{1-\frac{\alpha}{2}}(n_1-1, n_2-1)} \right)$$

例 3.2.5　某车间有两台自动机床加工同一套筒,假设套筒直径服从正态分布,现在从两个班次的产品中分别检查了 5 个和 6 个套筒,得其直径数据如下(单位：cm)：

$$甲：5.06, 5.08, 5.03, 5.00, 5.07$$
$$乙：4.98, 5.03, 4.97, 4.99, 5.02, 4.95$$

试求两班加工套筒直径的方差比 $\dfrac{\sigma_甲^2}{\sigma_乙^2}$ 的置信度为 95% 的置信区间。

解　此处,$n_1 = 5, n_2 = 6$,若取 $1-\alpha = 0.95$,则查附表 4 知

$$F_{0.025}(4, 5) = 7.39, \quad F_{0.985}(4, 5) = \frac{1}{F_{0.025}(5, 4)} = \frac{1}{9.36} = 0.1068$$

由数据算得

$$s_甲^2 = 0.00107, \quad s_乙^2 = 0.00092$$

$$\left(\frac{s_甲^2}{s_乙^2} \frac{1}{F_{0.025}(4, 5)}, \frac{s_甲^2}{s_乙^2} \frac{1}{F_{0.975}(4, 5)} \right) = \left(\frac{0.00037}{0.00092} \times \frac{1}{7.39}, \frac{0.00037}{0.00092} \times \frac{1}{0.1068} \right)$$

故 $\dfrac{\sigma_甲^2}{\sigma_乙^2}$ 的 95% 的置信区间为 $(0.157, 10.89)$。

3.2.4　单侧置信区间

上面的讨论中,对于未知参数 θ,我们给出两个统计量 $\underline{\theta}$ 和 $\bar{\theta}$,得到 θ 的置信区间为 $(\underline{\theta}, \bar{\theta})$

的形式。但在有些实际应用中,我们常常只关心参数的上限或下限。例如,对于设备、元件的寿命来说,我们只关心平均寿命 θ 至少是多少(θ 的"下限")? 与之相反,在考虑化学药品中杂质含量时,我们关心的却是平均杂质含量 θ 最多是多少(θ 的"上限")? 这就引出了单侧置信区间的概念。

对于给定值 $\alpha(0<\alpha<1)$,若由样本 $X_1,X_2,\cdots,X_n$ 确定的统计量 $\underline{\theta}(X_1,X_2,\cdots,X_n)$ 满足:对任意 θ 有

$$P(\theta>\underline{\theta})=1-\alpha$$

称随机区间 $(\underline{\theta}(X_1,X_2,\cdots,X_n),+\infty)$ 是 θ 的置信水平为 $1-\alpha$ 的下侧置信区间,称 $\underline{\theta}(X_1,X_2,\cdots,X_n)$ 为置信水平为 $1-\alpha$ 的置信下限。

又若统计量 $\bar{\theta}(X_1,X_2,\cdots,X_n)$ 满足:对任意 θ 有

$$P(\theta<\bar{\theta})=1-\alpha$$

称随机区间 $(-\infty,\bar{\theta}(X_1,X_2,\cdots,X_n))$ 是 θ 的置信水平为 $1-\alpha$ 的上侧置信区间,称 $\bar{\theta}(X_1,X_2,\cdots,X_n)$ 为置信水平为 $1-\alpha$ 的单侧置信上限。

例 3.2.6 已知某地区农户人均生产蔬菜为 $X\sim N(\mu,\sigma^2)$(单位:kg),现随机抽取 9 户,得人均生产蔬菜量为:

$$75,143,156,340,400,287,256,244,249$$

问该地区农户人均生产蔬菜最多为多少($\alpha=0.05$)?

解 这是总体方差未知、求均值的置信上限。选取枢轴量

$$T=\frac{\bar{X}-\mu}{\dfrac{S}{\sqrt{n}}}\sim t(n-1)$$

对给定的 α,由

$$P\left(\frac{\bar{X}-\mu}{\dfrac{S}{\sqrt{n}}}>-t_\alpha(n-1)\right)=1-\alpha$$

即

$$P\left(\mu<\bar{X}+\frac{S}{\sqrt{n}}t_\alpha(n-1)\right)=1-\alpha$$

容易得到 μ 的置信上限为 $\bar{\mu}=\bar{X}+\dfrac{S}{\sqrt{n}}t_\alpha(n-1)$。

由样本算得 $\bar{x}=239\mathrm{kg}$,$s=101\mathrm{kg}$,查 t 分布表得 $t_\alpha(n-1)=t_{0.05}(n-1)=1.86$,于是 μ 的置信水平为 0.95 的置信上限为 $\bar{\mu}=\bar{x}+\dfrac{s}{\sqrt{n}}t_\alpha(n-1)=239+\dfrac{101}{\sqrt{9}}\times1.86=302$。

结果表明,该地区农户人均生产蔬菜最多是 302kg,这一估计的可信度为 95%。

3.3 参数估计的 MATLAB 编程实现

3.3.1 参数点估计的 MATLAB 程序代码

在 MATLAB 中用函数 mle 进行最大似然估计,在不同版本中函数的调用格式是不一

样的。

在 MATLAB 6.5 中，函数 mle 的调用格式如下。

phat＝mle(dist,data)：返回由 dist 指定分布的最大似然估计，数据 data 是向量。dist 取'norm'，是正态分布；dist 取'poiss'，是泊松分布；dist 取'exp'，是指数分布。

在 MATLAB 7.x 以及以后的版本中，函数 mle 的调用格式如下。

(1) phat＝mle(data)：返回正态分布的最大似然估计。

(2) phat＝mle(data,'distribution',dist)：计算由 dist 指定分布的最大似然估计。

3.3.2　参数区间估计的 MATLAB 程序代码

1. 单正态分布方差已知时，均值的区间估计

```
function   yout = s1uc(x,sigma2,P,tail)
if (nargin < 3)||(~isnumeric(P))
    P = 0.95;
end
if (nargin < 4)
    tail = 0;
end
if (P <= 0.0)||(P >= 1)
    error('置信度应该在(0,1)之间')
end
x1 = mean(x);
n = length(x);
if sigma2 <= 0
    error('总体方差应该是正数')
end
s = sqrt(sigma2);
switch tail
    case 1
        yout = [x1 - s * norminv(P)/sqrt(n),inf];
    case - 1
        yout = [ - inf,x1 + s * norminv(P)/sqrt(n)];
    otherwise
        yout = x1 + [ - 1,1]. * s * norminv((1 + P)/2)/sqrt(n);
end
```

函数 s1uc 的调用格式是：

yout＝s1uc(x,sigma2,P,tail)：第一个输入参数 x 是样本的观测值；第二个输入参数 sigma2 是总体的方差；第三个输入参数 P 为置信度，默认值取 0.95；第四个输入参数 tail 表示检验的侧，默认值为 0，双边置信区间；tail 取 -1 时，置信区间是$(-\infty,b)$形式；tail 取 1 时，置信区间为$(a,+\infty)$形式。

2. 单正态分布方差未知时，均值的区间估计

```
function yout = s1tc(x,P,tail)
if (nargin < 2)||(~isnumeric(P))
```

```
        P = 0.95;
end
if (nargin < 3)
        tail = 0;
end
if (P < = 0.0)|(P > = 1)
        error('置信度应该在(0,1)之间')
end
n = length(x);
s = std(x);
xbar = mean(x);
switch tail
        case 1
                yout = [xbar - s * tinv(P,n - 1)/sqrt(n),inf];
        case - 1
                yout = [ - inf,xbar + s * tinv(P,n - 1)/sqrt(n)];
        otherwise
                yout = xbar + [ - 1,1] * s * tinv((1 + P)/2,n - 1)/sqrt(n);
end
```

函数 s1tc 的调用格式是:

yout＝s1tc(x,P,tail):第一个输入参数 x 是样本的观测值;第二个输入参数 P 为置信度;第三个输入参数 tail 表示检验的侧,默认值为 0,双边置信区间;tail 取 −1 时,置信区间是(−∞,b)形式;tail 取 1 时,置信区间为(a,+∞)形式。

3. 单正态分布方差的区间估计

```
function yout = s1cc(x,P,tail)
if (nargin < 2)||(~isnumeric(P))
        P = 0.95;
end
if (nargin < 3)
        tail = 0;
end
if (P < = 0.0)|(P > = 1)
        error('置信度应该在(0,1)之间')
end
n = length(x);
s2 = var(x);
switch   tail
        case 1
                yout = [(n - 1) * s2/chi2inv(1 - P,n - 1),inf];
        case - 1
                yout = [0,(n - 1) * s2/chi2inv(P,n - 1)];
        otherwise
                yout = [(n - 1) * s2/chi2inv((1 + P)/2,n - 1),(n - 1) * s2/chi2inv((1 - P)/2,n - 1)];
end
```

函数 s1cc 的调用格式是:

yout＝s1cc(x,P,tail):第一个输入参数 x 是样本的观测值;第二个输入参数 P 为置信度,默认值是 0.95;第三个输入参数 tail 表示侧,默认值为 0,双边区间估计;tail 取−1 时,置信区间是(0,b)形式;tail 取 1 时,置区间是(a,+∞)形式。

4. 两正态分布方差已知时,均值差的区间估计

```
function   yout = s2uc(x,xsigma2,y,ysigma2,P,tail)
if (nargin<5)||(~isnumeric(P))
    P = 0.95;
end
if (nargin<6)||(~isnumeric(tail))
    tail = 0;
end
if (P<= 0.0)||(P>= 1)
    error('置信度应该在(0,1)之间')
end
xm = mean(x);
nx = length(x);
ym = mean(y);
ny = length(y);
if xsigma2<= 0
    error('总体 X 的方差应该是正数')
end
if ysigma2<= 0
    error('总体 Y 的方差应该是正数')
end
s = sqrt(xsigma2/nx + ysigma2/ny);
switch tail
    case 1
        yout = [xm−ym−s * norminv(P),inf];
    case−1
        yout = [−inf,xm−ym + s * norminv(P)];
    otherwise
        yout = xm−ym + [−1,1].* s * norminv((1 + P)/2);
end
```

函数 s2uc 的调用格式是:

yout=s2uc(x,xsigma2,y,ysigma2,P,tail):第一个输入参数 x 是样本 x 的观测值;第二个输入参数 xsigam2 是总体 X 的方差 xsigma2;第三个输入参数 y 是样本 y 的观测值;第四个输入参数 ysigam2 是总体 Y 的方差 ysigma2;第五个输入参数 P 为置信度,默认值取 0.95;第六个输入参数 tail 表示检验的侧,默认值为 0,双边区间估计;tail 取−1,得到的置信区间是(−∞,b)形式;tail 取 1,得到的置信区间是(a,+∞)形式。输出参数是计算所得的置信区间。

5. 两正态分布方差未知、但方差相等时,均值差的区间估计

```
function yout = s2tc(x,y,P,tail)
if (nargin<3)||(~isnumeric(P))
    P = 0.95;
end
if (nargin<4)
```

```
        tail = 0;
    end
    if (P < = 0.0)|(P > = 1)
        error('置信度应该在(0,1)之间')
    end
    xm = mean(x);
    nx = length(x);
    ym = mean(y);
    ny = length(y);
    Sw2 = ((nx - 1) * var(x) + (ny - 1) * var(y))/(nx + ny - 2);
    s = sqrt(Sw2) * sqrt(1/nx + 1/ny);
    switch tail
        case 1
            yout = [xm - ym - s * tinv(P, nx + ny - 2), inf];
        case - 1
            yout = [ - inf, xm - ym + s * tinv(P, nx + ny - 2)];
        otherwise
            yout = xm - ym + [ - 1, 1]. * s * tinv((1 + P)/2, nx + ny - 2);
    end
```

函数 s2tc 的调用格式是:

yout＝s2tc(x, y, P, tail):第一个输入参数 x 是样本 x 的观测值;第二个输入参数 y 是样本 y 的观测值;第三个输入参数 P 为置信度;第四个输入参数 tail 表示检验的侧,默认值为 0,得到双侧置信区间;tail 取 -1,得到 $(-\infty, b)$ 形式的置信区间;tail 取 1,得到 $(a, +\infty)$ 形式的置信区间。输出参数为置信区间。

6. 两正态分布方差比的区间估计

```
function    yout = s2fc(x, y, P, tail)
if (nargin < 3)||(~isnumeric(P))
    P = 0.95;
end
if (nargin < 4)
    tail = 0;
end
if (P < = 0.0)|(P > = 1)
    error('置信度应该在(0,1)之间')
end
Sx = var(x);
nx = length(x);
Sy = var(y);
ny = length(y);
SS = Sx/Sy;
switch  tail
    case 1
        yout = [SS * finv(P, ny - 1, nx - 1), inf];
    case - 1
        yout = [0, SS * finv(1 - P, ny - 1, nx - 1)];
    otherwise
        yout = [SS * finv((1 - P)/2, ny - 1, nx - 1), SS * finv((1 + P)/2, ny - 1, nx - 1)];
```

```
end
```

函数 s2fc 的调用格式：

yout＝s2fc(x,y,P,tail)：第一个输入参数 x 是样本的观测值；第二个输入参数 y 是样本的观测值；第三个输入参数为置信度 P,默认值是 0.95；第四个输入参数 tail 表示侧,默认值为 0,得到双侧置信区间；tail 取 −1,得到（−∞,b）形式的置信区间；tail 取 1,得到（a,＋∞）形式的置信区间。输出参数为置信区间。

7. 分析实例

例 3.3.1　续例 3.2.1。一车间生产的滚珠直径服从正态分布,从某天的产品里随机抽取 6 个,测得直径为（单位：mm）：

$$14.6,15.1,14.9,14.8,15.2,15.1$$

若该天产品直径的方差 $\sigma^2＝0.06$,求该天生产的滚珠平均直径 μ 的置信区间（$\alpha＝0.01;\alpha＝0.05$）。

解　在命令窗口中输入：

```
>> x = [14.6,15.1,14.9,14.8,15.2,15.1];
>> sigma2 = 0.06 * 0.06;
>> alpha1 = 0.01;
>> yout1 = s1uc(x,sigma2,1 - alpha1)
```

运行后显示：

```
yout1 =
       14.692        15.208
```

因此知当 $\alpha＝0.01$ 时,滚珠平均直径 μ 的置信区间是（14.692,15.208）。

继续在命令窗口中输入：

```
>> alpha2 = 0.05;
>> yout2 = s1uc(x,sigma2,1 - alpha2,0)
```

运行后显示：

```
yout2 =
       14.754        15.146
```

因此知当 $\alpha＝0.05$ 时,滚珠平均直径 μ 的置信区间是（14.754,15.146）。

例 3.3.2　续例 3.2.2。水体中的工业的污水,会通过减少水中被溶解的氧气而影响水体的水质,生物的生长与生存有赖于水中氧气。两个月内,从污水处理厂下游 1km 处的一条小河里取得 8 个水样。检测水样里溶解的氧气含量,数据列于表 3.2.1。

表 3.2.1　数据表

水样	1	2	3	4	5	6	7	8	n
氧/10^{-6}	5.1	4.9	5.6	4.2	4.8	4.5	5.3	5.2	8

根据最近的研究,为了保证鱼的生存,水中溶解的氧气的平均含量需达到百万分之五,即 $5.0×10^{-6}$。试求两个月期间平均氧气含量的 95% 的置信区间（假定样本来自正态总体）。

解 在命令窗口中输入：

```
>> x = [5.1,4.9,5.6,4.2,4.8,4.5,5.3,5.2];
>> P = 0.95;
>> yout = s1tc(x,P)
```

运行后显示：

```
yout =
        4.5735        5.3265
```

两个月期间平均氧气含量的 95% 的置信区间是(4.5735,5.3265)。

例 3.3.3 续例 3.2.3。从自动机床加工的同类零件中随机地抽取 10 件,测得其长度值为(单位：mm)：

12.15,12.12,12.10,12.28,12.09,12.16,12.03,12.01,12.06,12.11

假定样本来自正态总体,试求方差 σ^2 的置信度为 95% 的置信区间。

解 在命令窗口中输入：

```
>> x = [12.15,12.12,12.10,12.28,12.09,12.16,12.03,12.01,12.06,12.11];
>> P = 0.95;
>> yout = s1cc(x,P)
```

运行后显示：

```
yout =
     0.0027593     0.019438
```

方差 σ^2 的置信度为 95% 的置信区间是(0.0027593,0.019438)。

例 3.3.4 续例 3.2.4。为比较两个小麦品种的产量,选择 18 块条件相似的试验田,采用相同的耕作方法做试验,结果播种甲品种的 8 块试验田的单位面积产量和播种乙品种的 10 块试验田的单位面积产量(单位：kg)分别为：

甲：628,583,510,554,612,523,530,615

乙：535,433,398,470,567,480,498,560,503,426

假定每个品种的单位面积产量均服从正态分布且 $\sigma_1^2 = \sigma_2^2$,试求这两个品种平均单位面积产量差的置信区间($\alpha = 0.05$)。

解 在命令窗口中输入：

```
>> x = [628,583,510,554,612,523,530,615];
>> y = [535,433,398,470,567,480,498,560,503,426];
>> alpha = 0.05;
>> yout = s2tc(x,y,1 - alpha)
```

运行后显示：

```
yout =
        29.47        135.28
```

两个品种平均单位面积产量差的置信区间是(29.47,135.28)。

例 3.3.5 续例 3.2.5。某车间有两台自动机床加工同一套筒,假设套筒直径服从正态

分布,现在从两个班次的产品中分别检查了 5 个和 6 个套筒,得其直径数据如下(单位: cm):

甲班: 5.06,5.08,5.03,5.00,5.07

乙班: 4.98,5.03,4.97,4.99,5.02,4.95

试求两班加工套筒直径的方差比 $\frac{\sigma_甲^2}{\sigma_乙^2}$ 的置信度为 95% 的置信区间。

解　在命令窗口中输入:

```
>> x = [5.06,5.08,5.03,5.00,5.07];
>> y = [4.98,5.03,4.97,4.99,5.02,4.95];
>> P = 0.95;
>> yout = s2fc(x,y,P)
```

运行后显示:

```
yout =
        0.15743        10.891
```

两班加工套筒直径的方差比 $\frac{\sigma_甲^2}{\sigma_乙^2}$ 的置信度为 95% 的置信区间是(0.15743,10.891)。

例 3.3.6　续例 3.2.6。已知某地区农户人均生产蔬菜为 $X \sim N(\mu, \sigma^2)$(单位: kg),现随机抽取 9 户,得人均生产蔬菜量为:

75,143,156,340,400,287,256,244,249

问该地区农户人均生产蔬菜最多为多少($\alpha = 0.05$)?

解　在命令命令窗口中输入:

```
>> x = [75,143,156,340,400,287,256,244,249];
>> alpha = 0.05;
>> yout = s1tc(x,1 - alpha, - 1)
```

运行后显示:

```
yout =
        - Inf        301.58
```

该地区农户人均生产蔬菜最多为 301.6kg。

3.4　用配书盘中应用程序(.exe 平台)进行区间估计实例

1. 创建数据矩阵文件

数据文件类型为文本文件。

例 3.2.1 是方差已知,对均值进行区间估计。创建文本文件,内容如下:

14.6,15.1,14.9,14.8,15.2,15.1,0.06

注意:文件的最后一个数据是方差。把文件存为"一个总体方差已知的区间估计.txt"。

若例 3.2.1 方差未知时,对均值进行区间估计。创建文本文件内容如下:

5.1,4.9,5.6,4.2,4.8,4.5,5.3,5.2,nan

注意：方差未知时，最后一个数据用 nan 表示。把文件存为"一个总体方差未知的区间估计. txt"。

如果是两个总体，则把总体 X 的数据放在一个文件中，把总体 Y 的数据放在另一个文件中。如对例 3.2.4 创建两个数据文件。总体 X 的数据文件内容如下：

　　　　628,583,510,554,612,523,530,615,nan

注意：文件最后一个是 nan，表示方差未知。文件存为"两个总体方差未知数据 X. txt"。

总体 Y 的数据文件内容如下：

　　　　535,433,398,470,567,480,498,560,503,426,nan

注意：文件最后一个是 nan，表示方差未知。文件存为"两个总体方差未知数据 Y. txt"。

2. 启动应用程序

启动应用程序，生成两窗口。后面的窗口如图 3.4.1 所示。

图 3.4.1　后面的窗口

前面的窗口如图 3.4.2 所示。

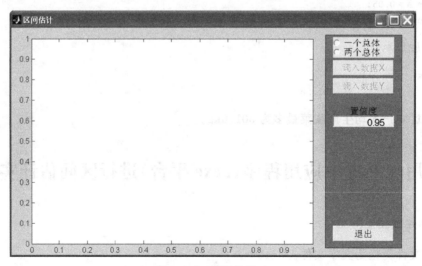

图 3.4.2　前面的窗口

3. 选择区间估计的方式

可以选择"一个总体"或"两个总体"单选按钮进行区间估计，比如，要进行两总体的区间估计时，选择"两个总体"单选按钮，如图 3.4.3 所示。

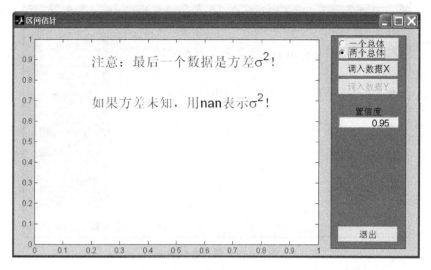

图 3.4.3　选择"两个总体"

4. 调入数据

此时,"调入数据 X"按钮可用,"调入数据 Y"按钮不可用。单击"调入数据 X"按钮,打开"调入数据"对话框,如图 3.4.4 所示。选择其中"两个总体方差未知数据 X"文件,单击"打开"按钮,就调入了 X 的数据。

图 3.4.4　"调入数据"对话框

此时,"调入数据 X"按钮变为不可用,而"调入数据 Y"按钮变为可用,如图 3.4.5 所示。单击"调入数据 Y"按钮,打开"调入数据"对话框,如图 3.4.4 所示。选择其中"两个总体方差未知数据 Y"文件,单击"打开"按钮,就调入了 Y 的数据。

5. 显示结果

调入数据后,按钮"调入数据 X"和"调入数据 Y"都变为不可用,在窗口底部现出"显示"按钮,如图 3.4.6 所示。

单击"显示"按钮,显示运算结果,如图 3.4.7 所示。

结果的左一栏是两个总体均值差的置信区间,右一栏是两个总体方差比的置信区间。包括双侧置信区间和单侧置信区间。

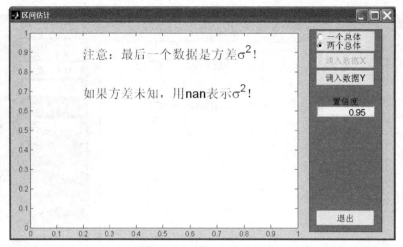

图 3.4.5　调入数据 X 后

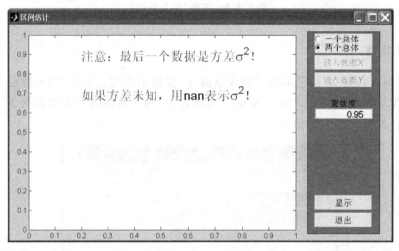

图 3.4.6　调入数据后

图 3.4.7　运算结果

习题 3

3.1　从一批电子元件中抽取 8 个进行寿命测验,得到如下数据(单位:h):

$$1050,1100,1130,1040,1250,1300,1200,1080$$

试对这批元件的平均寿命以及寿命分布的标准差给出矩估计。

3.2　设总体 $X \sim U(0,\theta)$,现从该总体中抽取容量为 10 的样本,样本值为:

$$0.5,1.3,0.6,1.7,2.2,1.2,0.8,1.5,2.0,1.6$$

试对参数给出矩估计。

3.3　设总体 X 服从二项分布 $B(n,p)$,n 是正整数,n,p 是未知参数,$X_1,X_2,\cdots,X_n$ 是 X 的一个样本,试求 n 和 p 的矩估计。

3.4　设 $X_1,X_2,\cdots,X_n$ 是容量为 n 的样本,试分别求总体未知参数的矩估计量与极大似然估计量。已知总体的分布密度如下:

(1) $p(x;\alpha) = \begin{cases} \dfrac{4x^2}{\alpha^3\sqrt{\pi}}\mathrm{e}^{-\frac{x^2}{\alpha^2}}, & x>0 \\ 0, & x\leqslant 0 \end{cases}$,其中 $\alpha>0$ 为未知参数;

(2) $p(x;\theta) = \begin{cases} \sqrt{\theta}x^{\sqrt{\theta}-1}, & 0\leqslant x\leqslant 1 \\ 0, & 其他 \end{cases}$,其中 $\theta>0$ 为未知参数;

(3) $p(x;\mu,\theta) = \dfrac{1}{\theta}\mathrm{e}^{-\frac{x-\mu}{\theta}}$,$-\infty<\mu\leqslant x<+\infty$,其中 μ,θ 为未知参数;

(4) $p(x;\alpha) = (\alpha+1)x^\alpha$,$0<x<1$,其中 α 是未知参数。

3.5　设 X_1,X_2,X_3 是取自某总体容量为 3 的样本,试证下列统计量都是该总体均值的无偏估计,在方差存在时指出哪一个估计的有效性最差。

(1) $\hat{\mu}_1 = \dfrac{1}{2}X_1 + \dfrac{1}{3}X_2 + \dfrac{1}{6}X_3$;

(2) $\hat{\mu}_2 = \dfrac{1}{3}X_1 + \dfrac{1}{3}X_2 + \dfrac{1}{3}X_3$;

(3) $\hat{\mu}_3 = \dfrac{1}{6}X_1 + \dfrac{1}{6}X_2 + \dfrac{2}{3}X_3$。

3.6　设 $\hat{\theta}$ 是参数 θ 的无偏估计,且有 $\mathrm{var}(\hat{\theta})>0$,试证 $(\hat{\theta})^2$ 不是 θ^2 的无偏估计。

3.7　设总体为 $X \sim P(\lambda)$,$x_1,\cdots,x_n$ 为样本,试求 λ^2 的无偏估计。

3.8　设 $x_1,\cdots,x_n$ 是来自正态总体 $N(\mu,\sigma^2)$ 的一个样本,对 σ^2 考虑如下三个估计

$$\hat{\sigma}_1^2 = \frac{1}{n-1}\sum_{i=1}^{n}(x_i-\bar{x})^2, \quad \hat{\sigma}_2^2 = \frac{1}{n}\sum_{i=1}^{n}(x_i-\bar{x})^2, \quad \hat{\sigma}_3^2 = \frac{1}{n+1}\sum_{i=1}^{n}(x_i-\bar{x})^2$$

哪一个是 σ^2 的无偏估计?

3.9　某乡农民在联产承包责任制前,人均纯收入 $X \sim N(300,25^2)$(单位:元),推行联产承包责任制后,在该乡抽得 $n=16$ 的样本得 $\bar{x}=325$ 元,假设 $\sigma^2=25^2$ 没有变化,试确定 μ 的 95% 的置信区间。

3.10　1990 年在某市调查 14 户城镇居民,得平均户人均购买食用植物油为 $\bar{x}=8.7\mathrm{kg}$,

标准差为 $s=1.67$kg。假设人均食用植物油量 $X \sim N(\mu, \sigma^2)$,求:

(1) 总体均值 μ 的置信度为 95% 的置信区间;(2) 总体方差 σ^2 的置信度为 90% 的置信区间。

3.11 某航空公司欲评价 50 岁以上的飞行员的判断能力。随机抽取 14 名 50 岁以上的飞行员,要求他们判断两个放置在实验室两端相距 20 英尺的标记之间的距离。下列样本数据是指飞行员的判断误差(以英尺计):

$$2.7, 2.4, 1.9, 2.6, 2.4, 1.9, 2.3, 2.2, 2.5, 2.3, 1.8, 2.5, 2.0, 2.2$$

利用样本数据确定 50 岁以上的飞行员对距离的平均判断误差 μ 的置信度为 95% 的置信区间(假定样本来自正态总体)。

3.12 为了估计一分钟一次广告的平均费用,抽取了 15 个电台作为一个简单随机样本,算得样本均值 $\bar{x}=806$ 元,样本标准差 $s=416$。假定一分钟一次的广告费 $X \sim N(\mu, \sigma^2)$,试求 μ 的置信度为 95% 的置信区间。

3.13 某卷烟厂生产的两种卷烟,现分别对两种卷烟的尼古丁含量作 6 次试验,结果是:

$$甲:25, 28, 23, 26, 29, 22$$
$$乙:28, 23, 30, 35, 21, 27$$

若香烟的尼古丁含量服从正态分布,且方差相等,试求两种香烟的尼古丁平均含量差 $\mu_1 - \mu_2$ 的置信度为 95% 的置信区间。

3.14 随机地从 A 种导线中抽取 4 根,随机地从 B 种导线中抽取 5 根。测得其电阻(单位:Ω)为:

$$A 种导线:0.143, 0.142, 0.143, 0.137;$$
$$B 种导线:0.140, 0.142, 0.136, 0.138, 0.140。$$

设测试数据分别服从正态分布 $N(\mu_1, \sigma^2)$ 和 $N(\mu_2, \sigma^2)$,且它们相互独立,又 μ_1, μ_2 及 σ^2 均为未知,求:

(1) $\mu_1 - \mu_2$ 的置信度为 95% 的置信区间;

(2) $\mu_1 - \mu_2$ 的置信度为 95% 的置信下限。

3.15 在玉米施用矮壮素的试验中,得其株高绝对降低值(单位:cm)为:

$$10, 110, -20, 90, 70, 120, 120, 20$$

求株高绝对降低值的置信度为 95% 的置信下限(设样本来自正态总体)。

3.16 两化验员甲、乙各自独立地用相同的方法对某种聚合物的含氯量各做 10 次测量,分别求得测定值的样本方差为 $s_1^2=0.5419$,$s_2^2=0.6065$,设测定值总体分别服从正态分布 $N(\mu_1, \sigma_1^2)$ 和 $N(\mu_2, \sigma_2^2)$,试求方差比 $\dfrac{\sigma_1^2}{\sigma_2^2}$ 的置信度为 95% 的双侧置信区间。

3.17 一个外科专家让两组合资企业的经理进行肌肉耐力测试。第一组由 16 人组成,产生的耐力方差 $s_1^2=4685.4$;第二组由 25 人组成,产生的耐力方差 $s_2^2=1193.7$。假定两组独立样本均来自正态分布。试构造总体方差比的置信度为 95% 的置信区间。

3.18 恩格尔系数:食品支出占生活消费支出的比重。这一指标可反映人民生活水平的高低。1986 年在天津市郊调查了 100 户农民家庭,得恩格尔系数为 49.03%,求 1986 年在天津市郊农民家庭恩格尔系数的置信度为 95% 的置信区间。

3.19 从一大批产品中,随机抽样 100 件,其中有 60 件一级品,试确定这批产品的一级品率的置信度为 95% 的置信区间。

第4章 假设检验

统计推断的另一类重要问题是假设检验问题。先对总体的某个未知参数或总体的分布形式作某种假设,然后由所抽取的样本提供的信息,构造合适的统计量,对所提出的假设进行检验,以做出统计判断:是接受假设还是拒绝假设,这类统计推断问题称为假设检验问题,前者称为参数假设检验,后者称为非参数假设检验。

假设检验与参数估计一样,在数理统计的理论研究和实际应用中占有重要地位。

4.1 假设检验的基本概念

4.1.1 统计假设与检验

统计估计与统计假设检验的基本任务是相同的,但它们对问题的提法与解决问题的途径不同。什么是假设检验问题? 我们先看下面的例子。

例 4.1.1 某车间用一台包装机包装精盐,额定标准每袋净重 500g。设包装机包装出的盐每袋重 $X \sim N(\mu, 15^2)$,某天随机地抽取 9 袋,称得净重(单位:g)为:
$$497, 506, 518, 524, 488, 511, 510, 515, 512$$
问包装机工作是否正常?

本例是希望通过样本检验包装机包装的盐,其平均重量 μ 是否为 500g.

例 4.1.2 某厂生产的"耐用"牌电池,其寿命 X 长期以来服从正态分布 $N(\mu, \sigma^2)$,其方差按以往资料为 $\sigma^2 = 5000$,今有一批这样的电池,随机抽取 26 只,测出其寿命的样本方差 $S^2 = 7200(h^2)$,问据此能否认为这批电池寿命的波动性较以往有显著的变化?

本例是希望通过样本检验灯泡寿命 X 的方差 σ^2 是否是 5000。

例 4.1.3 某种建筑材料的抗断强度 X 以往一直是服从正态分布,现在改变了配料方案,希望确定其抗断强度 X 的分布是否仍是正态分布。

本例是检验抗断强度的分布是否是正态分布。

以上三例都是假设检验问题。前两例是总体的分布类型已知,仅有一个或几个参数未知,只要对这些参数做出统计检验,就可以完全确定总体的分布。这种检验称为参数假设检验。例 4.1.3 是对总体的分布函数的形式进行假设检验,这种检验是非参数假设检验。我们把任何一个在总体的未知分布上所做的假设称为统计假设。判断给定的统计假设的方法称为统计假设检验,简称为统计检验。

4.1.2 假设检验的基本方法

1. 假设检验的基本思想

无论是怎样的假设,假设检验的思想是一样的,就是所谓概率性质的反证法。其依据是

小概率事件原理(也称实际推断原理):小概率事件在一次试验中是几乎不可能发生的。进一步讲,要检验某假设 H_0,先假设 H_0 正确,在此假设下构造某一事件 A,它在 H_0 为正确的条件下的概率很小,例如 $P(A|H_0)=\alpha(0.05)$,现在进行一次试验,如果事件 A 发生了,也就是说小概率事件在一次试验中居然发生了,这与小概率事件原理相"矛盾",这表明"假定 H_0 为正确"是错误的,因而拒绝 H_0;反之,如果小概率事件 A 没有出现,我们就没有理由拒绝 H_0,通常就接受 H_0。

通常称"结论"成立的假设为原假设(又称零假设),记为 H_0;与之对立的假设为备择假设(又称对立假设),记为 H_1。如例 4.1.1 中,$H_0:\mu=500$,$H_1:\mu\neq500$;例 4.1.2 中,$H_0:\sigma^2=5000$,$H_1:\sigma^2\neq5000$;例 4.1.3 中,$H_0:X\sim N(\mu,\sigma^2)$,$H_1:X\nsim N(\mu,\sigma^2)$。

值得注意的是:小概率事件在一次试验中发生与小概率事件原理相"矛盾",这种"矛盾"并不是形式逻辑中的绝对矛盾,因为"小概率事件在一次试验中几乎是不会发生的",并不意味着"小概率事件在一次试验中绝对不会发生"。因此,根据概率性质的反证法得出的接受 H_0 或拒绝 H_0 的决策,并不等于我们证明了原假设 H_0 正确或错误,而只是根据样本所提供的信息以一定的可靠程度认为 H_0 正确或错误。

2. 两类错误

从主观上讲,我们总希望经过假设检验,能作出正确的判断,即若 H_0 确实为真,则接受 H_0;若 H_0 确实为假,则拒绝 H_0。但在客观上,我们是根据样本所确定的统计量之值来作推断的,由于样本的随机性,在推断时就不免要犯错误。因为当 H_0 正确时,小概率事件也有可能发生而非绝对不发生,这时我们却错误地否定了 H_0。这种"弃真"的错误称为第一类错误。由上所述犯第一类错误的概率为 $P($拒绝 $H_0|H_0$ 为真$)=\alpha$。还有可能犯"取伪"的错误,称为第二类错误。就是当 H_0 不真,但我们却接受了 H_0。犯第二类错误的概率为 $P($接受 $H_0|H_0$ 不真$)=\beta$。

我们当然希望犯两类错误的概率都很小,但是在样本容量固定时是办不到的。通常把解决这一问题的原则简化成只对犯第一类错误的最大概率 α 加以限制,而不考虑犯第二类错误的概率 β。这种统计假设检验问题称为显著性检验,并将犯第一类错误的最大概率 α 称为假设检验的显著性水平。

3. 检验步骤

先介绍接受域、拒绝域的概念。

当检验统计量 W 取某区域 C 中的值时,我们拒绝原假设 H_0,则称区域 C 为 H_0 关于统计量 W 的拒绝域。拒绝域的边界点称为临界点(或临界值)。当检验统计量 W 取某区域 C 中的值时,我们接受原假设 H_0,则称区域 C 为 H_0 关于统计量 W 的接受域。

由以上的讨论,我们归纳得到假设检验的主要步骤:

(1) 提出原假设 H_0 与备择假设 H_1;

(2) 确定适当的检验统计量并确定其分布;

(3) 在给定的显著性水平 α 下,确定 H_0 关于统计量的拒绝域;

(4) 算出样本点对应的检验统计量的值;

(5) 作出统计决策:若统计量的值落在拒绝域内,则拒绝 H_0,否则接受 H_0。

4.2　一个正态总体的参数检验

对于单正态总体的参数检验方法有很多,本书主要介绍参数的显著性双边检验、显著性单尾检验和 p 检验。

4.2.1　一个正态总体参数的双边检验

一个正态总体的双边检验包括: 总体方差已知时的均值双边 U 检验、总体方差未知时的均值双边 t 检验和总体方差的双边 χ^2 检验。当统计量值落入接受域时,则接受假设 H_0; 否则拒绝 H_0,如图 4.2.1 所示。

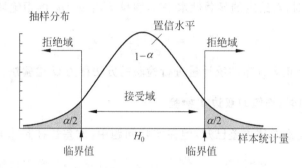

图 4.2.1　双边检验图

1. 方差 σ^2 已知时,均值的双边 U 检验

设 $X_1, X_2, \cdots, X_n$ 是来自正态总体 $N(\mu, \sigma^2)$ 的样本,σ^2 已知,$H_0: \mu = \mu_0$; $H_1: \mu \neq \mu_0$,使用 U 统计量 $U = \dfrac{\overline{X} - \mu_0}{\sigma/\sqrt{n}} \sim N(0,1)$,称为双边 U 检验。

我们以例 4.1.1 来说明。这个问题是已知装袋量服从 $N(\mu, \sigma^2)$,且 $\sigma = 15\text{g}$,在显著性水平 $\alpha = 0.05$ 下,检验假设 $H_0: \mu = 500$,$H_1: \mu \neq 500$。

通过样本观测值来检验原假设 H_0 是否成立,若 H_0 成立,则认为包装机工作正常;若 H_0 不成立,则认为包装机工作不正常,需要停机调整。

要检验的是关于总体均值的假设 $H_0: \mu = 500$。检验的关键是寻找适合的统计量。首先想到借助于样本均值 $\overline{X}$,因为 $\overline{X}$ 是 μ 的无偏估计,其观测值 $\overline{x}$ 的大小一定程度上反映 μ 的大小。因此,若 $H_0: \mu = 500$ 为真,则观测值 $\overline{x}$ 与 500 的偏差 $|\overline{x} - 500|$ 一般不应太大,若过大,我们就怀疑 H_0 的正确性而拒绝它。临界值应取多大呢?考虑到 H_0 为真时 $U = \dfrac{\overline{X} - \mu_0}{\sigma/\sqrt{n}} \sim$ $N(0,1)$,故 $|U|$ 的观测值 $|U_0|$ 应集中在零附近,如果 $|U_0|$ 过大,即偏差 $|\overline{x} - 500|$ 过大,就认为样本不是来自于 H_0 的总体,这时就有理由拒绝原假设 H_0。对显著性水平 $\alpha = 0.05$,查标准正态分布表,得临界值 $u_{\frac{\alpha}{2}} = u_{0.025} = 1.96$(见图 4.2.2)。即

$P(|U|{\geqslant}1.96)=0.05$。这就是说,如果 H_0 是正确的,那么事件 $|U|{\geqslant}1.96$ 是概率为 0.05 的小概率事件,在抽取样本 20 次中,大约只有 1 次 $|U_0|$ 的值在区间 $(-1.96,1.96)$ 之外,实际上可以认为是不太可能发生的事件。如果发生了,则与小概率事件原理相"矛盾",这表明"假定 H_0 为正确"是错误的,因而拒绝 H_0。本题中由样本算得 $\bar{x}=509\mathrm{g}$,又 $\sigma=15,n=9$ 代入统计量得其观测值 $|U_0|=1.8<u_{0.025}=1.96$,即小概率事件在一次试验中没发生,故接受原假设:认为包装机工作正常。

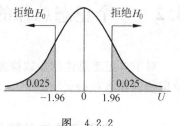

图 4.2.2

由于 $P(|U|{\geqslant}u_{\frac{\alpha}{2}})=\alpha$ 中的事件 $\{|U|{\geqslant}u_{\frac{\alpha}{2}}\}$ 是小概率事件,为使否定原假设具有较强的说服力,一般 α 应该取得很小。通常取 $\alpha=0.1$、0.05 或 0.01 等。

归纳上述例题中的数学模型得出:

当方差 σ^2 已知时,对给定的显著性水平 α,假设 $H_0:\mu=\mu_0$ 的拒绝域为

$$|U_0|=\left|\frac{\bar{x}-\mu_0}{\sigma/\sqrt{n}}\right|\geqslant u_{\frac{\alpha}{2}} \tag{4.2.1}$$

这种用服从标准正态分布的统计量进行检验的方法称为 U 检验法。

2. 方差 σ^2 未知时,均值的双边 T 检验

U 检验法要求正态总体方差已知,但在实际问题中,方差往往是未知的。要讨论假设: $H_0:\mu=\mu_0$;$H_1:\mu\neq\mu_0$。这时 $U=\dfrac{\overline{X}-\mu_0}{\sigma/\sqrt{n}}$ 已不再是统计量了,自然地会想到以样本标准差 S 代替总体均方差 σ,为此选取检验统计量

$$T=\frac{\overline{X}-\mu_0}{S/\sqrt{n}}\sim t(n-1)$$

同样地,对给定的显著性水平 α,查 t 分布表得 $P\left\{\left|\dfrac{\overline{X}-\mu}{S/\sqrt{n}}\right|\geqslant t_{\frac{\alpha}{2}}(n-1)\right\}=\alpha$,从而得 H_0 的拒绝域为

$$|T_0|=\left|\frac{\bar{x}-\mu_0}{\sigma/\sqrt{n}}\right|\geqslant t_{\frac{\alpha}{2}}(n-1) \tag{4.2.2}$$

这种用服从 t 分布的统计量进行检验的方法称为 T 检验法。

例 4.2.1 正常人的脉搏平均每分钟 72 次,某医生测得 10 例四乙基铅中毒患者的脉搏数(单位:次/分)如下:

$$54,67,68,78,70,66,67,65,69,70$$

已知人的脉搏次数服从正态分布,试问四乙基铅中毒患者的脉搏和正常人的脉搏有无显著差异?($\alpha=0.05$)

解 以 X 表示每分钟脉搏次数,依题意设 $X\sim N(\mu,\sigma^2)$(σ^2 未知),要检验假设 $H_0:\mu=72,H_1:\mu\neq72$。

由式(4.2.2)知 H_0 的拒绝域为 $|T_0|=\left|\dfrac{\bar{x}-\mu_0}{\sigma/\sqrt{n}}\right|\geqslant t_{\frac{\alpha}{2}}(n-1)$。

由样本算得 $\bar{x}=67.4$，$S=5.929$，查附表 2 得

$t_{\frac{a}{2}}(n-1)=t_{0.025}(9)=2.2622$，$|T_0|=\left|\dfrac{\bar{x}-\mu_0}{\sigma/\sqrt{n}}\right|=$

$\left|\dfrac{67.4-72}{5.929/\sqrt{10}}\right|=2.453>2.2622$，故拒绝 H_0，认为四乙基

铅中毒患者的脉搏和正常人的脉搏有显著差异(图 4.2.3)。

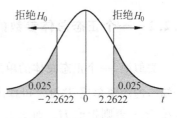

图　4.2.3

3. 总体方差的双边 χ^2 检验

设 $X_1,X_2,\cdots,X_n$ 是来自正态总体 $N(\mu,\sigma^2)$ 的样本，检验假设

$$H_0:\sigma^2=\sigma_0^2,\quad H_1:\sigma^2\neq\sigma_0^2$$

可选取检验统计量 $\chi^2=\dfrac{(n-1)S^2}{\sigma^2}\sim\chi^2(n-1)$，对给定的显著性水平 α，查 χ^2 分布表，取临界

值 $\chi_{1-\frac{a}{2}}^2(n-1)$ 和 $\chi_{\frac{a}{2}}^2(n-1)$ 使

$$P\left\{\left(\dfrac{(n-1)S^2}{\sigma^2}\leqslant\chi_{1-\frac{a}{2}}^2(n-1)\right)\bigcup\left(\dfrac{(n-1)S^2}{\sigma^2}\geqslant\chi_{\frac{a}{2}}^2(n-1)\right)\right\}=\alpha$$

于是得 H_0 的拒绝域为

$$\chi_0^2\leqslant\chi_{1-\frac{a}{2}}^2(n-1) \text{ 或 } \chi_0^2\geqslant\chi_{\frac{a}{2}}^2(n-1) \tag{4.2.3}$$

例 4.2.2　在显著性水平 $\alpha=0.05$ 下，讨论例 4.1.2 的假设检验问题.

解　本题欲检验假设 $H_0:\sigma^2=5000,H_1:\sigma^2\neq5000$。

由式(4.2.3)知 H_0 的拒绝域为

$$\chi_0^2\leqslant\chi_{1-\frac{a}{2}}^2(n-1) \text{ 或 } \chi_0^2\geqslant\chi_{\frac{a}{2}}^2(n-1)$$

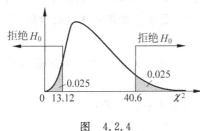

图　4.2.4

由样本算得 $\chi_0^2=\dfrac{(n-1)s^2}{\sigma_0^2}=36$，查附表 3 得

$\chi_{\frac{a}{2}}^2(n-1)=\chi_{0.025}^2(25)=40.6$，$\chi_{1-\frac{a}{2}}^2(n-1)=$

$\chi_{0.975}^2(25)=13.12$，由于 $\chi_{0.975}^2<\chi_0^2<\chi_{0.025}^2$，故接受

H_0，即认为这批电池的寿命的波动性较以往没有显

著的变化(图 4.2.4)。

这种用服从 χ^2 分布的统计量进行检验的方法

称为 χ^2 检验法。

例 4.2.3　某工厂生产的保健饮料中游离氨基酸含量(单位：mg/100ml)在正常情况下服从正态分布 $N(200,25^2)$。某生产日抽测了 6 个样品，得数据如下：

$$205,170,185,210,230,190$$

试问这一天生产的产品游离氨基酸含量的总方差是否正常($\alpha=0.05$)。

解　建立原假设 $H_0:\sigma^2=\sigma_0^2=25^2$。

由 $\alpha=0.05,n=6$，查附表 3 得 $\chi_{0.025}^2(5)=12.833,\chi_{0.975}^2(5)=0.831$，由样本均值算得

$\bar{x}=198.33,s^2=446.67$，所以 $\chi_0^2=\dfrac{(n-1)S^2}{\sigma_0^2}=\dfrac{5\times446.67}{25^2}=3.573$，由于 $\chi_{0.975}^2<\chi_0^2<\chi_{0.025}^2$，

故接受 H_0，即这一天生产的产品中游离氨基酸含量的总体方差正常。

4.2.2　一个正态总体参数的单尾检验

类似地,一个正态总体的单尾检验分为总体方差已知时的均值单尾 U 检验、总体方差未知时的均值单尾 T 检验和总体方差的单尾 χ^2 检验。当统计量值落入接受域时,则接受假设 H_0;否则拒绝 H_0,如图 4.2.5 和图 4.2.6 所示。

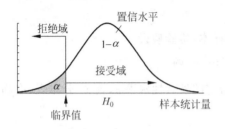

图 4.2.5　左边检验示意图

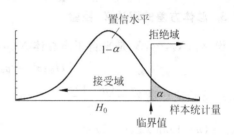

图 4.2.6　右边检验示意图

双边检验是将所要研究的问题作为原假设 H_0,H_1 可略而不写。而单尾检验通常情况下是将所研究的假设作为备择假设 H_1,将认为研究结果是无效的说法或理论作为原假设 H_0,或者说,把希望(想要)证明的假设作为备择假设,应先确立备择假设 H_1。例如,采用新技术生产后,是否会使产品的使用寿命延长到 1500h 以上? 此时 $H_0:\mu\leqslant 1500$,$H_1:\mu>$ 1500;再如,改进生产工艺后,可否将产品的废品率降低到 2% 以下? 此时 $H_0:\mu\geqslant 2\%$,$H_1:\mu<2\%$。若检验内容是某项声明的有效性时,则需将所做出的说明(声明)作为原假设 H_0,对该说明的质疑作为备择假设 H_1。此时先确立原假设 H_0。例如,某灯泡制造商声称,该企业所生产的灯泡的平均使用寿命在 10000h 以上。这是属于检验声明的有效性问题,先提出原假设 $H_0:\mu\geqslant 10000$,$H_1:\mu<10000$。

设 $X_1,X_2,\cdots,X_n$ 是来自正态总体 $N(\mu,\sigma^2)$ 的样本,常见的关于均值的单尾假设检验如下:

$H_0:\mu=\mu_0$;$H_1:\mu>\mu_0$ 或 $H_0:\mu\leqslant\mu_0$;$H_1:\mu>\mu_0$　　(称为右边检验)

$H_0:\mu=\mu_0$;$H_1:\mu<\mu_0$ 或 $H_0:\mu\geqslant\mu_0$;$H_1:\mu<\mu_0$　　(称为左边检验)

1. 方差 σ^2 已知时,均值的单尾 U 检验

设 $X_1,X_2,\cdots,X_n$ 是来自正态总体 $N(\mu,\sigma^2)$ 的样本,σ^2 已知,对均值 μ 检验时,选取检验统计量

$$U=\frac{\overline{X}-\mu_0}{\sigma/\sqrt{n}}\sim N(0,1)$$

对给定的显著性水平 α,右边检验时,取临界值 U_α 使

$$P\{U\geqslant U_\alpha\}=\alpha$$

得到 H_0 的拒绝域为

$$U_0\geqslant U_\alpha \tag{4.2.4}$$

左边检验时,取临界值 $-U_\alpha$ 使

$$P\{U \leqslant -U_\alpha\} = \alpha$$

得到 H_0 的拒绝域为

$$U_0 \leqslant -U_\alpha \qquad (4.2.5)$$

例 4.2.4　根据过去大量资料,某厂生产的灯泡的使用寿命服从正态分布 $N(1020,100^2)$。现从最近生产的一批产品中随机抽取 16 只,测得样本平均寿命为 1080h。试在 $\alpha = 0.05$ 的显著性水平下判断这批产品的使用寿命是否有显著提高?

解　以 X 表示灯泡的使用寿命,依题意设 $X \sim N(\mu, \sigma^2)$,$\sigma^2 = 100^2$,$n = 16$,要检验假设 $H_0: \mu \leqslant 1020$,$H_1: \mu > 1020$,属于右边检验。示意图见图 4.2.7。

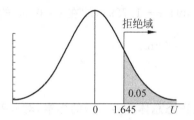

图 4.2.7　例 4.2.4 右边检验图

选统计量 $U = \dfrac{\overline{X} - \mu_0}{\sigma/\sqrt{n}} \sim N(0,1)$,拒绝域为 $U_0 \geqslant U_\alpha = U_{0.05} = 1.645$,此时,$U_0 = \dfrac{1080 - 1020}{100/\sqrt{14}} = 2.4 \geqslant 1.645$,故在 $\alpha = 0.05$ 的水平上拒绝 H_0,即有证据表明这批灯泡的使用寿命有显著提高。

2. 方差 σ^2 未知时,均值的单尾 T 检验

设 $X_1, X_2, \cdots, X_n$ 是来自正态总体 $N(\mu, \sigma^2)$ 的样本,对均值 μ 检验时,选取检验统计量

$$T = \frac{\overline{X} - \mu_0}{S/\sqrt{n}} \sim t(n-1)$$

对给定的显著性水平 α,右边检验时,取临界值 $t_\alpha(n-1)$ 使

$$P\{T \geqslant t_\alpha(n-1)\} = \alpha$$

得到 H_0 的拒绝域为

$$T_0 \geqslant t_\alpha(n-1) \qquad (4.2.6)$$

左边检验时,取临界值 $-t_\alpha(n-1)$ 使

$$P\{T \leqslant -t_\alpha(n-1)\} = \alpha$$

得到 H_0 的拒绝域为

$$T_0 \leqslant -t_\alpha(n-1) \qquad (4.2.7)$$

例 4.2.5　一个汽车轮胎制造商声称,某一等级的轮胎的平均寿命在一定的汽车重量和正常行驶条件下大于 40000km,对一个由 20 个轮胎组成的随机样本做了试验,测得平均值为 41000km,标准差为 5000km。已知轮胎寿命的公里数服从正态分布,我们能否根据这些数据作出结论,该制造商的产品同他所说的标准相符($\alpha = 0.05$)?

解　此题属于检验声明有效性的假设。以 X 表示轮胎寿命的公里数,依题意设

$X \sim N(\mu, \sigma^2)$, $\bar{x} = 41000$, $s = 5000$, $n = 20$, 要检验假设 $H_0: \mu \geq 40000$, $H_1: \mu < 40000$, 属于左边检验。示意图见图 4.2.8。

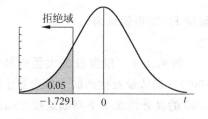

选统计量

$$T = \frac{\overline{X} - \mu_0}{S/\sqrt{n}} \sim t(n-1)$$

拒绝域为

$$T_0 \leq -t_\alpha(n-1) = -t_{0.05}(19) = 1.7291$$

图 4.2.8　例 4.2.5 左边检验图

此时, $T_0 = \dfrac{41000 - 40000}{5000/\sqrt{20}} = 0.894 \geq -1.7291$, 故在 $\alpha = 0.05$ 的水平上接受 H_0, 即有证据表明轮胎使用寿命显著地大于 40000km。

3. 方差的单尾 χ^2 检验

设 $X_1, X_2, \cdots, X_n$ 是来自正态总体 $N(\mu, \sigma^2)$ 的样本, 对方差 σ^2 检验时, 选取检验统计量 $\chi^2 = \dfrac{(n-1)S^2}{\sigma^2} \sim \chi^2(n-1)$, 对给定的显著性水平 α:

右边检验时, 取临界值 $\chi_\alpha^2(n-1)$ 使

$$P\{\chi^2 \geq \chi_\alpha^2(n-1)\} = \alpha$$

得到 H_0 的拒绝域为

$$\chi_0^2 \geq \chi_\alpha^2(n-1) \tag{4.2.8}$$

左边检验时, 取临界值 $\chi_{1-\alpha}^2(n-1)$ 使

$$P\{\chi^2 \leq \chi_{1-\alpha}^2(n-1)\} = \alpha$$

得到 H_0 的拒绝域为

$$\chi_0^2 \leq \chi_{1-\alpha}^2(n-1) \tag{4.2.9}$$

例 4.2.6　一个混杂的小麦品种, 株高标准差 $\sigma_0 = 14$cm, 经提纯后随机抽取 10 株, 株高(单位: cm)为:

$$90, 105, 101, 95, 100, 100, 101, 105, 93, 97$$

考察提纯后的群体是否比原来群体整齐($\alpha = 0.01$)?

解　已知小麦株高服从正态分布, 现在要检验假设

$$H_0: \sigma^2 = 14^2, \quad H_1: \sigma^2 < 14^2$$

小麦经提纯后株高只能更整齐, 不会变得更离散, 即 σ^2 不会大于 14^2, 属于左边检验。取统计量 $\chi^2 = \dfrac{(n-1)S^2}{\sigma^2} \sim \chi^2(n-1)$, 由附表 3 知 $\chi_{1-\alpha}^2(n-1) = \chi_{0.99}^2(9) = 2.088$, 得 H_0 的拒绝域为 $\chi_0^2 \leq \chi_{0.99}^2(9) = 2.088$, 由样本算得 $\chi_0^2 = \dfrac{218.1}{14^2} = 1.113 < 2.088$ 在拒绝域内, 故拒绝 H_0, 接受 H_1, 即提纯后的株高更整齐。

单正态总体检验问题见表 4.2.1。

表 4.2.1 单正态总体参数检验表

原假设 H_0	备择假设 H_1	H_0 下的统计量及分布	H_0 的拒绝域
$\mu=\mu_0$ (σ 已知)	$\mu\neq\mu_0$	$U=\dfrac{\overline{X}-\mu_0}{\sigma/\sqrt{n}}\sim N(0,1)$	$\lvert U_0\rvert\geqslant u_{\frac{\alpha}{2}}$
	$\mu>\mu_0$		$U_0\geqslant u_\alpha$
	$\mu<\mu_0$		$U_0\leqslant -u_\alpha$
$\mu=\mu_0$ (σ 未知)	$\mu\neq\mu_0$	$T=\dfrac{\overline{X}-\mu_0}{S/\sqrt{n}}\sim t(n-1)$	$\lvert T_0\rvert\geqslant t_{\frac{\alpha}{2}}(n-1)$
	$\mu>\mu_0$		$T_0\geqslant t_\alpha(n-1)$
	$\mu<\mu_0$		$T_0\leqslant -t_\alpha(n-1)$
$\sigma^2=\sigma_0^2$	$\sigma^2\neq\sigma_0^2$	$\chi^2=\dfrac{(n-1)S^2}{\sigma_0^2}\sim\chi^2(n-1)$	$\chi_0^2\geqslant\chi_{\frac{\alpha}{2}}^2(n-1)$ 或 $\chi_0^2\leqslant\chi_{1-\frac{\alpha}{2}}^2(n-1)$
	$\sigma^2>\sigma_0^2$		$\chi_0^2\geqslant\chi_\alpha^2(n-1)$
	$\sigma^2<\sigma_0^2$		$\chi_0^2\leqslant\chi_{1-\alpha}^2(n-1)$

4.3 两个正态总体参数的假设检验

上面讨论了单个正态总体参数的显著性检验,它是把样本统计量的观测值与原假设所提供的总体参数作比较,这种检验要求我们事先能提出合理的参数假设值,并对参数有某种意义的备择值,但在实际工作中很难做到这一步,因而限制了这种方法在实际中的应用。实际中常常选择两个样本,一个作为处理,一个作为对照,在两个样本间作比较,比如比较两种处理之间的差异、两种试验方法或两种药物的疗效等,判断它们之间是否存在足够显著的差异,或者说,判断它们之间的差异能否用偶然性解释,当不能用偶然性解释时,则认为它们之间存在足够显著的差异,从而推断两个样本来自不同的总体。

4.3.1 两个正态总体均值的检验

设有两个独立的正态总体 $X\sim N(\mu_1,\sigma_1^2)$,$Y\sim N(\mu_2,\sigma_2^2)$,$X_1,X_2,\cdots,X_{n_1}$ 与 $Y_1,Y_2,\cdots,Y_{n_2}$ 分别是 X 和 Y 的样本,$\overline{X},\overline{Y},S_1^2,S_2^2$ 是相应的样本均值和样本方差。常见的关于均值的假设检验如下:

$H_0:\mu_1=\mu_2$;$H_1:\mu_1\neq\mu_2$(称为双边检验,H_1 可略而不写)

$H_0:\mu_1=\mu_2$;$H_1:\mu_1>\mu_2$ 或 $H_0:\mu_1\leqslant\mu_2$;$H_1:\mu_1>\mu_2$(称为右边检验)

$H_0:\mu_1=\mu_2$;$H_1:\mu_1<\mu_2$ 或 $H_0:\mu_1\geqslant\mu_2$;$H_1:\mu_1<\mu_2$(称为左边检验)

选统计量

$$T=\frac{(\overline{X}-\overline{Y})-(\mu_1-\mu_2)}{S_w\sqrt{\dfrac{1}{n_1}+\dfrac{1}{n_2}}}\sim t(n_1+n_2-2)$$

其中 $S_w^2=\dfrac{(n_1-1)S_1^2+(n_2-1)S_2^2}{n_1+n_2-2}$,$S_1^2=\dfrac{1}{n_1-1}\sum\limits_{i=1}^{n_1}(X_i-\overline{X})^2$,$S_2^2=\dfrac{1}{n_2-1}\sum\limits_{i=1}^{n_2}(Y_i-\overline{Y})^2$。

当 H_0 成立时,统计量

$$T = \frac{(\overline{X} - \overline{Y})}{S_w \sqrt{\dfrac{1}{n_1} + \dfrac{1}{n_2}}} \sim t(n_1 + n_2 - 2)$$

于是,对给定的显著性水平 α,查 t 分布表,双边检验时,取临界值 $t_{\frac{\alpha}{2}}(n_1 + n_2 - 2)$,由 $P\{|T| \geqslant t_{\frac{\alpha}{2}}(n_1 + n_2 - 2)\} = \alpha$,得 H_0 的拒绝域为

$$|T_0| \geqslant t_{\frac{\alpha}{2}}(n_1 + n_2 - 2) \tag{4.3.1}$$

右边检验时,取临界值 $t_\alpha(n_1 + n_2 - 2)$ 使

$$P\{T \geqslant t_\alpha(n_1 + n_2 - 2)\} = \alpha$$

得到 H_0 的拒绝域为

$$T_0 \geqslant t_\alpha(n_1 + n_2 - 2) \tag{4.3.2}$$

左边检验时,取临界值 $-t_\alpha(n_1 + n_2 - 2)$ 使

$$P\{T \leqslant -t_\alpha(n_1 + n_2 - 2)\} = \alpha$$

得到 H_0 的拒绝域为

$$T_0 \leqslant -t_\alpha(n_1 + n_2 - 2) \tag{4.3.3}$$

例 4.3.1　为估计两种方法组装产品所需时间的差异,对两种不同的组装方法分别进行多次操作试验,组装一件产品所需的时间(单位:min)如表 4.3.1 所示。

表 4.3.1　组装一件产品所需的时间

方法 A	28.3	30.1	29.0	37.6	32.1	28.8	36.0	37.2	38.5	34.4	28.0	30.0
方法 B	27.6	22.2	31.0	33.8	20.0	30.2	31.7	26.0	32.0	31.2		

假设两种方法组装一件产品所需时间均服从正态分布,且方差相同。(1)试以 $\alpha = 0.05$ 的显著性水平,推断两种方法组装产品所需平均时间有无显著差异?(2)试在 $\alpha = 0.05$ 的显著性水平下,检验是否可以认为方法 A 组装一件产品所需的时间比方法 B 长?在 $\alpha = 0.01$ 的显著性水平下又怎样?

解　本例实际上就是两个正态总体均值的检验问题。

(1) 要求检验假设 H_0: $\mu_1 = \mu_2$; H_1: $\mu_1 \neq \mu_2$,选统计量

$$T = \frac{(\overline{X} - \overline{Y})}{S_w \sqrt{\dfrac{1}{n_1} + \dfrac{1}{n_2}}} \sim t(n_1 + n_2 - 2)$$

则拒绝域为

$$|T_0| \geqslant t_{\frac{\alpha}{2}}(n_1 + n_2 - 2) = t_{0.025}(20) = 2.086$$

由样本值算得: $\overline{x} = 32.5$, $s_1^2 = 15.996$, $\overline{y} = 28.57$, $s_2^2 = 20.662$,

$$s_w = \sqrt{\frac{(n_1 - 1)s_1^2 + (n_2 - 1)s_2^2}{n_1 + n_2 - 2}} = \sqrt{\frac{(12 - 1) \times 15.996 + (10 - 1) \times 20.662}{12 + 10 - 2}} = 4.254$$

$$|T_0| = \left| \frac{32.5 - 28.57}{4.254 \sqrt{\dfrac{1}{12} + \dfrac{1}{10}}} \right| = 2.158 > 2.086$$

落入 H_0 的拒绝域内,故拒绝 H_0 接受 H_1,说明两种研究方法组装一件产品所需平均时间

有显著差异。

（2）检验内容为 $H_0: \mu_1 \leqslant \mu_2$；$H_1: \mu_1 > \mu_2$，此时拒绝域是

$$T_0 \geqslant t_\alpha(n_1 + n_2 - 2) = t_{0.05}(20) = 1.7247$$

因为 $T_0 = 2.158 > 1.7247$，落在拒绝域内，故在 $\alpha = 0.05$ 的显著性水平上应拒绝 H_0，接受 H_1，说明方法 A 组装一件产品所需平均时间比方法 B 长。

当 $\alpha = 0.01$ 时，查表得 $t_{0.01}(20) = 2.528$，此时 $T_0 = 2.158 < t_{0.01}(20) = 2.528$，所以应接受 H_0。可见，不同的显著性水平会得到不同的检验结果，实际应用一定要慎重选取。

4.3.2　两个正态总体方差齐性（相等）的检验

上面我们讨论了两个正态总体方差未知但相等时，总体均值的检验。然而又怎样得出方差相等的结论呢？这需要对方差本身进行检验。只有通过检验接受方差这一假设，才能进行上面的两个正态总体的均值检验。

设两个正态总体 $X \sim N(\mu_1, \sigma_1^2)$，$Y \sim N(\mu_2, \sigma_2^2)$，且相互独立，$X_1, X_2, \cdots, X_{n_1}$ 与 Y_1，$Y_2, \cdots, Y_{n_2}$ 分别是 X 和 Y 的样本。常见的关于方差的假设检验类似于均值检验：

$H_0: \sigma_1^2 = \sigma_2^2$，$H_1: \sigma_1^2 \neq \sigma_2^2$（称为双边检验，$H_1$ 可略而不写）；

$H_0: \sigma_1^2 = \sigma_2^2$；$H_1: \sigma_1^2 > \sigma_2^2$ 或 $H_0: \sigma_1^2 \leqslant \sigma_2^2$；$H_1: \sigma_1^2 > \sigma_2^2$（称为右边检验）

$H_0: \sigma_1^2 = \sigma_2^2$；$H_1: \sigma_1^2 < \sigma_2^2$ 或 $H_0: \sigma_1^2 \geqslant \sigma_2^2$；$H_1: \sigma_1^2 < \sigma_2^2$（称为左边检验）

选取统计量

$$F = \frac{S_1^2/\sigma_1^2}{S_2^2/\sigma_2^2} \sim F(n_1 - 1, n_2 - 1)$$

当 H_0 为真时，则统计量

$$F = \frac{S_1^2}{S_2^2} \sim F(n_1 - 1, n_2 - 1)$$

双边检验时，取临界值 $F_{\frac{\alpha}{2}}(n_1 - 1, n_2 - 1)$ 和 $F_{1-\frac{\alpha}{2}}(n_1 - 1, n_2 - 1)$，使

$$P\{[F \leqslant F_{1-\frac{\alpha}{2}}(n_1 - 1, n_2 - 1)] \bigcup [F \geqslant F_{\frac{\alpha}{2}}(n_1 - 1, n_2 - 1)]\} = \alpha$$

得到 H_0 的拒绝域为

$$F_0 \geqslant F_{\frac{\alpha}{2}}(n_1 - 1, n_2 - 1) \text{ 或 } F_0 \leqslant F_{1-\frac{\alpha}{2}}(n_1 - 1, n_2 - 1) \tag{4.3.4}$$

右边检验时，取临界值 $F_\alpha(n_1 - 1, n_2 - 1)$ 使

$$P\{F \geqslant F_\alpha(n_1 - 1, n_2 - 1)\} = \alpha$$

得到 H_0 的拒绝域为

$$F_0 \geqslant F_\alpha(n_1 - 1, n_2 - 1) \tag{4.3.5}$$

左边检验时，取临界值 $F_{1-\alpha}(n_1 - 1, n_2 - 1)$ 使

$$P\{F \leqslant F_{1-\alpha}(n_1 - 1, n_2 - 1)\} = \alpha$$

得到 H_0 的拒绝域为

$$F_0 \leqslant F_{1-\alpha}(n_1 - 1, n_2 - 1) \tag{4.3.6}$$

例 4.3.2　为比较不同季节出生的女婴体重的方差，从某年 12 月和 6 月出生的女婴中分别随机地各取 10 名，测得体重（单位：g）如表 4.3.2 所示。

表 4.3.2　体重表

12 月	3520	2203	2560	2960	3260	4010	3404	3506	3478	2894
6 月	3220	3220	3760	3000	2920	3740	3060	3080	2940	3060

设冬、夏季女婴的体重分别服从正态分布 $N(\mu_1,\sigma_1^2)$，$N(\mu_2,\sigma_2^2)$，试在显著性水平 $\alpha=0.05$ 下检验冬、夏季节出生的女婴体重的方差是否有显著差异？

解　检验：$H_0:\sigma_1^2=\sigma_2^2$，$H_1:\sigma_1^2\neq\sigma_2^2$，$\alpha=0.05$，拒绝域为

$$F_0 \geqslant F_{0.025}(9,9)=4.026 \text{ 或 } F_0 \leqslant F_{0.975}(9,9)=\frac{1}{F_{0.025}(9,9)}=0.248$$

计算得 $F_0=\dfrac{S_1^2}{S_2^2}=\dfrac{280586.5}{93955.6}=2.99$，故在 $\alpha=0.05$ 的水平上不能拒绝 H_0，即可以认为冬、夏季出生的女婴体重的方差没有显著的差异。

两个正态总体参数检验表见表 4.3.3。

表 4.3.3　两个正态总体参数检验表

原假设 H_0	备择假设 H_1	H_0 统计量及分布	H_0 拒绝域
$\mu_1=\mu_2$ σ_1^2,σ_2^2 已知	$\mu_1\neq\mu_2$	$U=\dfrac{\overline{X}-\overline{Y}}{\sqrt{\dfrac{\sigma_1^2}{n_1}+\dfrac{\sigma_2^2}{n_2}}}\sim N(0,1)$	$\lvert U_0\rvert \geqslant u_{\frac{\alpha}{2}}$
	$\mu_1>\mu_2$		$U_0 \geqslant u_\alpha$
	$\mu_1<\mu_2$		$U_0 \leqslant -u_\alpha$
$\mu_1=\mu_2$ $\sigma_1^2=\sigma_2^2$ 未知	$\mu_1\neq\mu_2$	$T=\dfrac{\overline{X}-\overline{Y}}{S_W\sqrt{\dfrac{1}{n_1}+\dfrac{1}{n_2}}}\sim t(n_1+n_2-2)$	$\lvert T_0\rvert \geqslant t_{\frac{\alpha}{2}}(n_1+n_2-2)$
	$\mu_1>\mu_2$		$T_0 \geqslant t_\alpha(n_1+n_2-2)$
	$\mu_1<\mu_2$		$T_0 \leqslant -t_\alpha(n_1+n_2-2)$
$\sigma_1^2=\sigma_2^2$	$\sigma_1^2\neq\sigma_2^2$	$F=\dfrac{S_1^2}{S_2^2}\sim F(n_1-1,n_2-1)$	$F_0\geqslant F_{\frac{\alpha}{2}}(n_1-1,n_2-1)$ 或 $F_0\leqslant F_{1-\frac{\alpha}{2}}(n_1-1,n_2-1)$
	$\sigma_1^2>\sigma_2^2$		$F_0\geqslant F_\alpha(n_1-1,n_2-1)$
	$\sigma_1^2<\sigma_2^2$		$F_0\leqslant F_{1-\alpha}(n_1-1,n_2-1)$

4.4　其他检验

4.4.1　非正态总体大样本的参数检验

前面讨论的假设检验都是针对正态总体，而且对样本 n 没有任何条件限制，也就是说无论 n 有多大，其检验法都是有效的。但在实际应用中，不时会遇到总体不服从正态分布的甚至于不知道总体分布的情况，这时，检验统计量及其分布便很难确定。在一般条件下，中心极限定理对非正态总体成立，因而常常可以借助于统计量的极限分布对总体参数做近似检验。这种检验要求样本容量 n 必须大，n 越大近似检验效果越好。要多大才好呢？没有一个统一的标准，因为这与所采用的统计量趋于它的极限分布的速度有关。实用上，一般至少要求 $n\geqslant30$，最好 $n\geqslant50$ 或 100。

对于非正态总体均值的假设检验,以及两个非正态总体均值差异性的显著性检验,在大样本的条件下,都归结为 U 检验,只是当方差 σ^2 已知时,只要 $n \geqslant 50$(至少 $n \geqslant 30$);而当 σ^2 未知时,通常用样本方差 S^2 去估计 σ^2,这时要求 $n=100$,才能保证检验的精度。

例 4.4.1 一个市郊商业区林荫路的管理人员说,每到周末,停车场上汽车的平均停靠时间超过 90min。随机抽查 100 辆周末到达该停车场的汽车,算出平均停靠时间为 88min,标准差为 30min。在 $\alpha=0.05$ 的水平下,检验管理员说法的真实性。

解 要判断的是汽车平均停靠时间是否超过 90min,即要检验假设 $H_0 : \mu \geqslant 90$;$H_1 : \mu < 90$。因总体的分布类型和方差都未知,但大样本 $n \geqslant 100$,所以当 H_0 为真时,统计量 $U = \dfrac{\overline{X} - \mu_0}{S/\sqrt{n}}$ 近似服从正态分布 $N(0,1)$,于是,对给定的 $\alpha=0.05$,查标准正态分布表,取临界值 $u_\alpha=1.645$ 使 $P\left(\dfrac{\overline{X} - \mu_0}{S/\sqrt{n}} \leqslant -u_\alpha\right) = \alpha$,得 H_0 的拒绝域为 $\dfrac{\overline{x} - \mu_0}{s/\sqrt{n}} \leqslant -u_\alpha$。计算得 $U_0 = \dfrac{\overline{x} - \mu_0}{s/\sqrt{n}} = \dfrac{88 - 90}{30/\sqrt{100}} = -0.6667 > -1.645$,故接受 H_0,即认为周末汽车平均停靠时间超过 90min。

4.4.2 p 值检验

假设检验的结论通常是简单的。在给定的显著性水平下,不是拒绝原假设就是保留原假设。然而有时也会出现这样的情况:在一个较大的显著性水平(比如 $\alpha=0.05$)下得到拒绝原假设的结论,而在一个较小的水平(比如 $\alpha=0.01$)下却会得到相反的结论,如例 4.3.1。这种情况在理论上很容易解释:因为显著性水平变小后会导致检验的拒绝域变小,于是原来落在拒绝域中的观测值就可能落入接受域,但这种情况在应用中会带来一些麻烦,假如这时一个人主张选择显著性水平 $\alpha=0.05$,而另一个人主张选择 $\alpha=0.01$,则第一个人的结论是拒绝 H_0,而后一个人的结论是接受 H_0,我们该如何处理这一问题呢?下面从一个例子谈起。

例 4.4.2 一支香烟中的尼古丁含量 X 服从正态分布 $N(\mu,1)$,质量标准规定 μ 不能超过 1.5mg。现从某厂生产的香烟中随机抽取 20 支测得平均每支香烟的尼古丁含量为 $\overline{x}=1.97$mg,试问该厂生产的香烟尼古丁含量是否符合含量标准的规定。

解 这是一个单侧假设检验问题,

$$\text{原假设 } H_0 : \mu \leqslant 1.5, \text{备择假设 } H_1 : \mu > 1.5$$

由于总体的标准差已知,故采用 U 检验,由数据得

$$U_0 = \frac{\overline{x} - \mu_0}{\sigma/\sqrt{n}} = \frac{1.97 - 1.5}{1/\sqrt{20}} = 2.10$$

对一些不同的显著性水平,表 4.4.1 列出了相应的拒绝域和检验结论。

表 4.4.1 拒绝域

显著性水平	拒绝域	$U_0=2.10$ 对应的结论
$\alpha=0.05$	$U_0 \geqslant 1.645$	拒绝 H_0
$\alpha=0.025$	$U_0 \geqslant 1.96$	拒绝 H_0
$\alpha=0.01$	$U_0 \geqslant 2.33$	接受 H_0
$\alpha=0.005$	$U_0 \geqslant 2.58$	接受 H_0

我们看到,不同的 α 有不同的结论。

现在换一个角度看来,在 $\mu=1.5$ 时,U 的分布是 $N(0,1)$,此时可算得 $P(U\geqslant2.10)=0.0179$,若以 0.0179 为基准来看上述检验问题,可得:

当 $\alpha<0.0179$ 时,$U_\alpha>2.10$,于是 2.10 就不在 $\{U_0\geqslant U_\alpha\}$ 中,此时应接受原假设;

当 $\alpha\geqslant0.0179$ 时,$U_\alpha\leqslant2.10$,于是 2.10 就落在 $\{U_0\geqslant U_\alpha\}$ 中,此时应拒绝原假设。

由此可以看出:0.0179 是能用观测值 2.10 做出"拒绝 H_0"的最小的显著性水平,这就是 p 值。直观图形见图 4.4.1.

设有一个原假设 H_0,T 是检验统计量,若对一组具体样本,算出统计量 T 的值为 T_0。

若拒绝域为 $|T_0|>C$,则 p 值是 $p=P(|T|>T_0|H_0)$(见图 4.4.2)。

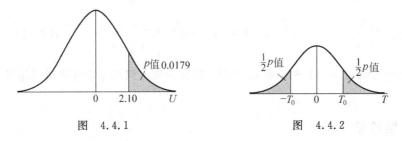

图　4.4.1　　　　　　　　　　　　　　图　4.4.2

若拒绝域为 $T_0>C$,则 p 值是 $p=P(T>T_0|H_0)$(见图 4.4.3)。

若拒绝域为 $T_0<C$,则 p 值是 $p=P(T<T_0|H_0)$(见图 4.4.4)。

图　4.4.3　　　　　　　　　　　　　　图　4.4.4

p 值是当 H_0 正确时,利用观测值能够做出拒绝原假设的最小显著性水平。

引进 p 值检验有明显的好处,第一,它比较客观,避免了事先确定显著性水平;其次,由检验的 p 值与人们心目中的最小显著性水平 α 进行比较可以很容易做出检验的结论:

如果 $\alpha\geqslant p$,则在显著性水平 α 下拒绝 H_0;如果 $\alpha<p$,则在显著性水平 α 下应保留 H_0.

p 值在应用中很有用,在实践及各种统计软件中,人们并不事先指定显著性水平的值,而是很方便地利用上面定义的 p 值。对于任意大于 p 值的显著性水平,人们可以拒绝原假设,但不能在任何小于它的水平下拒绝原假设。

例 4.4.3　欣欣儿童食品厂生产的盒装儿童食品每盒的标准质量为 368g。现从某天生产的一批食品中随机抽取 25 盒进行检查,测得每盒的平均质量为 $\bar{x}=372.5$g。企业规定每盒质量的标准差 σ 为 15g,确定 p 值。

解　这是单正态总体均值的双边检验,待检验假设是

$$H_0:\mu=368,\quad H_1:\mu\neq368$$

由于总体的标准差已知,故采用 U 检验,在原假设成立下,拒绝域为

$$|U_0|\geqslant U_{\frac{\alpha}{2}}$$

如今我们不是把拒绝域具体化,而是由观测值算得 $U_0 = \dfrac{\bar{x} - \mu_0}{\sigma/\sqrt{n}} = \dfrac{372.5 - 368}{15/\sqrt{25}} = 1.5$,再去计算该检验的 p 值。

在双边检验情况下,如何由观测值 $U_0 = 1.5$ 算得 p 值呢?

由定义知,p 值为

$$P(U \leqslant -1.5 \text{ 或 } U \geqslant 1.5) = 2P(U \geqslant 1.5)$$

用 U 分布计算得

$$P(U \geqslant 1.5) = 0.0668$$

因为双边检验的拒绝域分散在两端,且两端尾部概率对称(见图 4.4.5),所以 p 值为 $p = 2P(U \geqslant 1.5) = 0.1336$。显然 $p = 2P(U \geqslant 1.5) = 0.1336 > \alpha = 0.05$,故不能拒绝 H_0。

$$p = 2P(U \geqslant 1.5) = 0.1336$$

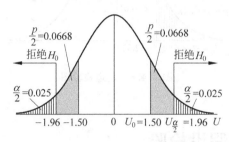

图 4.4.5 观测值 $U_0 = 1.5$ 对应的 p 值由两端尾部概率之和确定

例 4.4.4 一种机床加工的零件尺寸绝对平均误差允许值为 1.35mm。生产厂家现采用一种新的机床进行加工以期进一步降低误差。为检验新机床加工的零件平均误差与旧机床相比是否有显著降低,从某天生产的零件中随机抽取 50 个进行检验(数据见表 4.4.2)。利用这些样本数据,检验新机床加工的零件尺寸的平均误差与旧机床相比是否有显著降低($\alpha = 0.01$)?试确定 p 值。

表 4.4.2　50 个零件尺寸的误差数据　　　　　mm

1.26	1.19	1.31	0.97	1.81	1.13	0.96	1.06	1.00	0.94
0.98	1.10	1.12	1.03	1.16	1.12	1.12	0.95	1.02	1.13
1.23	0.74	1.50	0.50	0.59	0.99	1.45	1.24	1.01	2.03
1.98	1.97	0.91	1.22	1.06	1.11	1.54	1.08	1.10	1.64
1.70	2.37	1.38	1.60	1.26	1.17	1.12	1.23	0.82	0.86

解 因总体的分布类型和方差都未知,但样本 $n \geqslant 50$,所以当 H_0 为真时,统计量 $T = \dfrac{\bar{X} - \mu_0}{S/\sqrt{n}}$ 近似服从正态分布 $N(0,1)$,要判断新机床加工的零件尺寸的平均误差与旧机床相比是否有显著降低,即要检验假设

$$H_0 : \mu \geqslant 1.35, \quad H_1 : \mu < 1.35$$

这是一个正态总体均值的左边检验问题。

此时,拒绝域为

$$T_0 \leqslant -t_\alpha(n-1) = -2.33$$

由表 4.4.2 数据计算得

$$T_0 = \frac{\bar{x} - \mu_0}{s/\sqrt{n}} = \frac{1.3152 - 1.35}{10.365749/\sqrt{50}} = -2.6061$$

p 值为

$$p = P(T \leqslant -2.6061) = 0.006048$$

由于 $p = P(T \leqslant -2.6061) = 0.006048 < \alpha = 0.01$,所以拒绝 H_0。说明新机床加工的零件尺寸的平均误差与旧机床相比有显著降低。示意图见图 4.4.6。

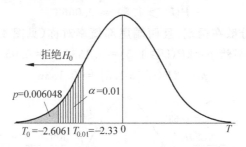

图 4.4.6　左边检验图

4.5　误差分析与假设检验

试验误差按其性质可分为随机误差(random/chance error)、系统误差(systematic error)和过失误差(mistake)即粗大误差。

随机误差是由于在试验过程中一系列有关的细小随机的波动而形成的具有相互抵消性的误差。随机误差的大小及其符号是无法预言的,没有任何规律性,但多次试验中,随机误差的出现还是有规律的,它具有统计规律性,大多服从正态分布。由于随机误差的形成取决于试验过程的一系列随机因素,这些随机因素是试验者无法严格控制的,因此,随机误差是不可避免的,试验人员可设法将其大大减小,但不可能完全消除它。

系统误差是在一定试验条件下有某个或某些因素按照某一确定的规律起作用而形成的误差。系统误差的大小及其符号在同一试验中是恒定的,或在试验条件改变时,按照某一确定的规律变化。如果能发现产生系统误差的原因,可以设法避免,或通过校正加以消除。

过失误差是一种显然与事实不符的误差,没有一定规律,它主要是由于实验人员粗心大意造成的,如读数错误、记录错误或操作失误等。

试验过程中出现误差是不可避免的,但可以设法尽量减小试验误差。

4.5.1　过失误差的剔除

用样本均值进行估计的前提是样本值中不含异常数据。根据正态分布误差理论,误差超过 $3s$ 的概率仅为 0.0027。在通常认为是变化范围适度的一系列数据中,会出现非常大或非常小的值,这表明可能的固有变异性,这些值在一定条件下,就可以舍去不用。在数据测试中,若遇到误差超过 $3s$ 值时,这个测试值就是可疑值,很可能是异常数据。测量误差、判断误差、操作误差、计算误差或在正常的数据中一个病态现象都可能导致出现这些极端值,由于这种值所在总体与大多数样本所在的总体不相同,因此这些极大值和极小值必须删除。凡是出现异常数据则可以说明,要么是模型中固有的变异性,要么在数据中有病态现象,或者是两种情况同时存在。因此,必须对异常数据进行检验,异常数据检验被用于:①常规地检查数据的可靠性;②及时提出建议:是否有必要更严格地控制数据收集问题;③确认有可能是很重要的极端数据。

样本量越小,出现异常数据的可能性就越小。异常数据的剔除就是检验受怀疑的极端值是否和样本中的其他值同属于一个总体,还是属于另一个总体。若属于另一个总体,则该数据应剔除,异常数据取舍有以下几种准则。

1. 拉依达准则(PanTa)

该准则简称 3σ 准则。将超过 3σ 的数据剔除,犯"弃真"错误的概率为 0.27%,即

$$v_b = |x_b - \bar{x}| > 3\sigma, \quad 1 \leqslant b \leqslant n$$

其中

$$\hat{\sigma} = s = \sqrt{\frac{1}{n-1} \sum_{i=1}^{n} (x_i - \bar{x})^2}$$

将 x_b 剔除。在实际应用中,当数据 $n < 10$ 时,不能应用此准则。

例 4.5.1　在森林资源调查过程中,为分析测量者的测量误差,该测量者测量某森林树木胸径 15 次,数据列于表 4.5.1,检验并舍去异常数据。

表 4.5.1　树木胸径测量值

序号	x_i	序号	x_i	序号	x_i
1	20.42	6	20.43	11	20.42
2	20.43	7	20.39	12	20.41
3	20.40	8	20.30	13	20.39
4	20.43	9	20.40	14	20.39
5	20.42	10	20.43	15	20.40

解　计算得 $\bar{x} = 20.404\text{cm}$,$\hat{\sigma} = 0.033\text{cm}$,本题中与 $\bar{x}$ 偏差最大值 $x_b = x_8 = 20.30$,则

$$|x_8 - \bar{x}| = 0.104 > 3\hat{\sigma} = 0.099$$

按拉依达法则,x_8 属异常数据应剔除。余下数据再计算

$$\bar{x}_0 = 20.411\text{cm}, \quad \hat{\sigma}_0 = 0.016\text{cm}$$

数据中与 $\bar{x}_0$ 偏差最大值是 $x_7 = 20.39$,而

$$|x_7 - \bar{x}_0| = 0.021 < 3\hat{\sigma}_0 = 0.048$$

故合理。

2. 格拉布斯(Grubbs)准则

将多次独立试验得到的数据 x_i 值按顺序排队,格拉布斯导出 $g = \dfrac{x_n - \bar{x}}{\sigma}$ 的分布,取显著

性水平 α,得

$$P\left\{\frac{x_n - \bar{x}}{\sigma} \geqslant g_0(n,\alpha)\right\} = \alpha$$

若某次试验值 x_b 满足

$$|x_b - \bar{x}| \geqslant g_0\sigma$$

则应剔除 x_b。

例 4.5.2 续例 4.5.1。因为 $\bar{x} = 20.404\text{cm}$,$\hat{\sigma} = 0.33\text{cm}$,选 $\alpha = 0.05$,$n = 15$,则

$$|x_8 - \bar{x}| = 0.104 > g_0(15, 0.05)\hat{\sigma} = 2.41 \times 0.33 = 0.080$$

用格拉布斯准则,将 x_8 剔除,再计算 $\bar{x}_0 = 20.411\text{cm}$,$\hat{\sigma}_0 = 0.016\text{cm}$,则

$$|x_7 - \bar{x}_0| = 0.021 < g_0(14, 0.05)\hat{\sigma}_0 = 0.038$$

故余下的数据全部合理。

3. t 检验准则

先计算 $\bar{x}$ 及 $\hat{\sigma}$,再把试验数据误差最大的作为被检验量 x_b,若

$$|x_b - \bar{x}| \geqslant k(\alpha, n)\hat{\sigma}$$

时,舍去 x_b 值,式中

$$k(\alpha, n) = t_\alpha(n-1)\sqrt{1 + \frac{1}{n-1}}$$

格拉布斯准则与 t 检验准则都有严格的概率定义,一般都推荐使用。

例 4.5.3 续例 4.5.1。$x_8 = 20.30\text{cm}$,$\bar{x} = 20.404\text{cm}$,$k(0.01, 15) = 2.24$,

$$|x_8 - \bar{x}| = 0.104 > k(0.01, 15)\hat{\sigma} = 0.036$$

根据 t 检验准则,将 x_8 剔除,再计算

$$x_7 = 20.39\text{cm}, \quad \bar{x}_0 = 20.411\text{cm}, \quad \hat{\sigma}_0 = 0.016\text{cm}$$

$$|x_7 - \bar{x}_0| = 0.021 < k(0.01, 14)\hat{\sigma}_0 = 0.0336$$

故余下的数据全部合理。

在用上面的准则检验多个可疑数据时,应注意以下几点:

(1) 可疑数据应逐一检验,不能同时检验多个数据。这是因为不同数据的可疑程度是不一致的,应按照与 $\bar{x}$ 偏差的大小顺序来检验,首先检验偏差最大的数,如果这个数不被剔除,则所有的其他数都不应被剔除,也就不需再检验其他数了。

(2) 剔除一个数后,如果还要检验下一个数,则应注意试验数据的总数发生了变化。例如,在用拉依达、格拉布斯和 t 检验时,$\bar{x}$ 和 s 都会发生变化。

(3) 用不同的方法检验同一组试验数据,在相同的显著性水平上,可能会有不同的结论。

上面介绍的三个准则各有其特点。当试验数据较多时,使用拉依达准则最简单,但当试验数据较少时,不能应用;格拉布斯准则和 t 检验准则都能适用于试验数据较少时的检验,但总的来说,试验数据越多,数据被错误剔除的可能性就越小,准确性越高。

4.5.2 随机误差的判断

随机误差的大小可用试验数据的精密度来反映,而精密度的好坏可用方差来度量,所

以,对测试结果进行方差检验,即可判断各试验方法或试验结果的随机误差之间的关系。

1. χ^2 检验

χ^2 检验适用于单个正态总体的方差检验,即在试验数据的总体方差 σ^2 已知的情况下,对试验数据的随机误差或精密度进行检验。

有一组试验数据 $x_1,x_2,\cdots,x_n$ 服从正态分布,则统计量

$$\chi^2 = \frac{(n-1)S^2}{\sigma^2} \sim \chi^2(n-1)$$

对于给定的显著性水平 α,由附表 3 的 χ^2 分布表查得临界值进行比较,就可判断两方差之间有无显著差异。显著性水平 α 一般为 0.01 和 0.05。

双边检验时,若 $\chi^2_{1-\frac{\alpha}{2}}<\chi^2_0<\chi^2_{\frac{\alpha}{2}}$,则可判断该组数据的方差与原总体方差无显著差异,否则有显著差异。左边检验时,若 $\chi^2_0>\chi^2_{1-\alpha}(n-1)$,则判定该组数据的方差与原总体方差无显著减小,否则有显著减小;右边检验时,若 $\chi^2_0<\chi^2_\alpha(n-1)$,则判定该组数据的方差与原总体方差无显著增大,否则有显著增大。

如果对所研究的问题只需判断有无显著差异,则采用双边检验;如果所关心的是某个参数是否比某个值偏大(或偏小),则宜采用单尾检验。

例 4.5.4 某厂进行技术改造,以减少工业酒精中甲醇含量的波动性。原工艺生产的工业酒精中甲醇含量的方差 $\sigma^2=0.35$,技术改造后,进行抽样检验,样品数为 25 个,结果样品甲醇含量的方差 $s^2=0.15$,问:(1)技术改革后工业酒精中甲醇含量的波动性较以往是否有显著性差异?(2)技术改革后工业酒精中甲醇含量的波动性是否更小($\alpha=0.05$)?

解 依题意,(1)是双边检验,(2)是左边检验。即

(1) $H_0:\sigma^2=0.35$,$H_1:\sigma^2\neq0.35$;(2) $H_0:\sigma^2>0.35$,$H_1:\sigma^2\leqslant0.35$。$\alpha=0.05$,由附表 3 知 $\chi^2_{0.025}(24)=39.364$,$\chi^2_{0.975}(24)=12.975$,$\chi^2_{0.95}(24)=13.848$,

$$\chi^2_0 = \frac{(n-1)s^2}{\sigma^2} = \frac{24\times0.15}{0.35} = 10.3$$

显然 χ^2_0 落在区间(12.975,39.364)之外且 $\chi^2_0<\chi^2_{0.95}(24)=13.848$,说明技改后产品中甲醇含量的波动较之前有显著减小,技改对稳定工业酒精的质量有明显效果。

例 4.5.5 用某分光光度计测定某样品中 Al^{3+} 的浓度,在正常情况下的测定方差 $\sigma^2=0.15^2$,分光光度计检修后,用它测定同样的样品,测得 Al^{3+} 的浓度(单位:mg/ml)分别为:

$$0.142,0.156,0.161,0.145,0.176,0.159,0.165$$

试问:(1)仪器经过检修后稳定性是否有了显著性变化?(2)仪器检修后稳定性是否更好($\alpha=0.05$)?

解 (1)本题提到的"稳定性"实际反映的是随机误差大小,检修后试验结果的样本方差比正常情况下的方差显著变大或变小,都认为仪器的稳定性有了显著变化,可用 χ^2 双边检验。即检验 $H_0:\sigma^2=0.15^2$,$H_1:\sigma^2\neq0.15^2$。

根据上述数据得:$s^2=0.000135$,$\chi^2_0=\frac{(n-1)s^2}{\sigma^2}=\frac{6\times0.000135}{0.15^2}=0.036$。

由 $\alpha=0.05$,$n=7$,查附表 3 得 $\chi^2_{0.025}(6)=14.449$,$\chi^2_{0.975}(6)=1.237$,可见 χ^2_0 落在区间(1.237,14.449)之外,所以拒绝 H_0,即仪器经检修后稳定性有显著变化。

(2) 要判断仪器检修后稳定性是否更好,只要检验检修后的方差有显著性减小即可,这是左边检验问题,即检验 $H_0: \sigma^2 > 0.15^2$, $H_1: \sigma^2 \leqslant 0.15^2$。

由 $\alpha = 0.05$, $\chi^2_{0.95}(6) = 1.635$, $\chi^2_0 < \chi^2_{0.95}(6)$,故拒绝 H_0,因此仪器经检修后稳定性比以前更好。

2. F 检验

F 检验适用于两组具有正态分布的试验数据之间的精密度的比较。

设有两组试验数据 $x_1, x_2, \cdots, x_{n_1}$ 与 $y_1, y_2, \cdots, y_{n_2}$,两组数据都服从正态分布,样本方差分别为 S_1^2 和 S_2^2,则

$$F = \frac{S_1^2}{S_2^2} \sim F(n_1 - 1, n_2 - 1)$$

对于给定的检验水平 α,将所计算的 F 值与临界值(查附表 4)比较,即可得出检验结论。

双边检验时,若 $F_{1-\frac{\alpha}{2}}(n_1 - 1, n_2 - 1) < F_0 < F_{\frac{\alpha}{2}}(n_1 - 1, n_2 - 1)$,表示 σ_1^2 与 σ_2^2 无显著差异,否则有显著差异。

左边检验时,若 $F_0 > F_{1-\alpha}(n_1 - 1, n_2 - 1)$,则判断 σ_1^2 比 σ_2^2 无显著减小,否则有显著减小;右边检验时,若 $F_0 < F_{\alpha}(n_1 - 1, n_2 - 1)$,则判断 σ_1^2 比 σ_2^2 无显著增大,否则有显著增大。

例 4.5.6　用原子吸收光谱法(新法)和 EDTA(旧法)测定某废水中 Al^{3+} 的含量(%),测定结果如下:

新法:0.163,0.175,0.159,0.168,0.169,0.161,0.166,0.179,0.174,0.173

旧法:0.153,0.181,0.165,0.155,0.156,0.161,0.175,0.174,0.164,0.183,0.179

试问:(1)两种方法的精密度是否有显著差异? (2)新法比旧法的精密度是否有显著提高($\alpha = 0.05$)?

解　(1) F 双边检验,即检验 $H_0: \sigma_1^2 = \sigma_2^2$, $H_1: \sigma_1^2 \neq \sigma_2^2$;这里,$n_1 = 10$, $n_2 = 11$, $\alpha = 0.05$,查附表 4 得 $F_{0.975}(9, 10) = 0.252$, $F_{0.25}(9, 10) = 3.779$。根据试验值计算出两种方法的方差及 F 值:$s_1^2 = 3.86 \times 10^{-5}$, $s_2^2 = 1.11 \times 10^{-4}$ 得

$$F_0 = \frac{s_1^2}{s_2^2} = \frac{3.86 \times 10^{-5}}{1.11 \times 10^{-4}} = 3.348$$

由于 $F_{0.975}(9, 10) < F < F_{0.25}(9, 10)$,故接受 H_0,说明两种测量方法的方差没有显著性差异,即两种方法的精密度是一致的。

(2) 依题意,要判断新法是否比旧法的精密度更高,只要检验新法比旧法的方差有显著性减小即可,这是 F 左边检验,即检验 $H_0: \sigma_1^2 > \sigma_2^2$, $H_1: \sigma_1^2 \leqslant \sigma_2^2$。由 $\alpha = 0.05$,查 F 分布表得 $F_{0.95}(9, 10) = 0.319$。因为 $F_0 > F_{0.95}(9, 10)$,故接受 H_0,说明新法比旧法的方差没有显著性减小,即新法比旧法的精密度没有显著提高。

4.5.3　系统误差的检验

在相同条件下的多次重复试验不能发现系统误差,只有改变形成误差的条件,才能发现系统误差。试验结果有无系统误差,必须进行检验,以便能及时减小或消除系统误差,提高试验结果的正确度。

若试验数据的平均值与真值的差异较大,就认为试验数据的正确性不高,试验数据和试验方法的系统误差较大,所以对试验数据的平均值进行检验,实际上是对系统误差的检验。

1. 平均值与给定值比较

如果有一组试验数据服从正态分布,要检验这组数据的算术平均值是否与给定值有显著差异,则检验统计量

$$T = \frac{\overline{X} - \mu_0}{\dfrac{S}{\sqrt{n}}} \sim t(n-1)$$

式中 $\overline{X}$ 是试验数据的算术平均值,S 是 n($n<30$)个试验数据的样本标准差,μ_0 是给定值(可以是真值、期望或标准值),根据给定的显著性水平 α,将计算的 T 值与临界值比较,即可得到检验结论。

双边检验时,若 $|T_0| < t_{\frac{\alpha}{2}}(n-1)$,则可判断该组数据的平均值与给定值无显著差异,否则就有显著差异。

左边检验时,若 $T_0 > -t_\alpha(n-1)$,则判断该组数据的平均值较给定值无显著减小,否则有显著减小。

右边检验时,若 $T_0 < t_\alpha(n-1)$,则判断该组数据的平均值较给定值无显著增大,否则有显著增大。

例 4.5.7　为了判断某种新型快速水分测定仪的可靠性,用该仪器测定了某试剂含水量为 7.5% 的标准样品,5 次测量结果(%)为:7.6,7.8,8.5,8.3,8.7。对于给定的显著性水平 $\alpha=0.05$,试检验:(1)该仪器的测量结果是否存在显著的系统误差? (2)该仪器的测量结果较标准值是否显著偏大?

解　本例属于平均值与标准值之间的比较,(1)属于双边检验 H_0: $\mu=7.5\%$,H_1: $\mu \neq 7.5\%$;(2)属于右边检验 H_0: $\mu<7.5\%$,H_1: $\mu \geq 7.5\%$。

根据题意有: $\bar{x}=8.2$,$s=0.47$,$n=5$,计算得

$$T_0 = \frac{\bar{x} - \mu_0}{\dfrac{s}{\sqrt{n}}} = \frac{8.2 - 7.5}{\dfrac{0.47}{\sqrt{5}}} = 3.3$$

由 $\alpha=0.05$,查附表 1 得 $t_{0.025}(4)=2.776$,$t_{0.05}(4)=2.132$。

(1) 因 $T_0 > t_{0.025}(4)$,所以拒绝 H_0,说明新仪器的测量结果有显著系统性误差。

(2) 因 $T_0 > t_{0.05}(4)$,所以拒绝 H_0,接受 H_1,即新仪器的测量结果较标准值有明显偏大。

2. 两个平均值的比较

设有两组试验数据: $x_1, x_2, \cdots, x_{n_1}$ 与 $y_1, y_2, \cdots, y_{n_2}$,两组数据都服从正态分布,根据两组数据的方差是否存在显著差异,分以下两种情况进行分析。

如果两组数据的方差无显著差异时,则统计量

$$T = \frac{\overline{X} - \overline{Y}}{S_w \sqrt{\dfrac{1}{n_1} + \dfrac{1}{n_2}}} \sim t(n_1 + n_2 - 2)$$

其中 S_w 为合并标准差,其计算公式为

$$S_w = \sqrt{\frac{(n_1-1)S_1^2 + (n_2-1)S_2^2}{n_1+n_2-2}}$$

如果两组数据的精密度或方差有显著差异时,则统计量

$$T = \frac{\overline{X} - \overline{Y}}{\sqrt{\dfrac{S_1^2}{n_1} + \dfrac{S_2^2}{n_2}}} \sim t(\mathrm{d}f)$$

其中

$$\mathrm{d}f = \frac{(S_1^2/n_1 + S_2^2/n_2)^2}{\dfrac{(S_1^2/n_1)^2}{(n_1+1)} + \dfrac{(S_2^2/n_2)^2}{(n_2+1)}} - 2$$

根据给定的显著性水平 α,将计算的 t 值与临界值比较,即可得到检验结论。

双边检验时,若 $|T_0| < t_{\frac{\alpha}{2}}$,则可判断两平均值无显著差异,否则就有显著差异。

左边检验时,若 $T_0 < 0$,且 $T_0 > -t_\alpha(\mathrm{d}f)$,则判断平均值 1 较平均值 2 无显著减小,否则有显著减小。

右边检验时,若 $T_0 > 0$,且 $T_0 < t_\alpha(\mathrm{d}f)$,则判断平均值 1 较平均值 2 无显著增大,否则有显著增大。

例 4.5.8　在平炉上进行一项试验以确定改变操作方法的建议是否会增加钢的得率,试验是在同一只平炉上进行的。每炼一炉钢时除操作方法外,其他条件都尽可能做到相同。先用标准方法炼一炉,然后用建议的新方法炼一炉,以后交替进行,各炼了 10 炉,其得率分别为:

　　　　标准方法:78.1,72.4,76.2,74.3,77.4,78.4,76.0,75.5,76.7,77.3

　　　　新的方法:79.1,81.0,77.3,79.1,80.0,79.1,79.1,77.3,80.2,82.1

假设这两个样本相互独立,且分别来自于正态总体,方差具有齐性(无显著性差异)。问建议的新操作方法能否提高得率?($\alpha = 0.05$)

解　根据题意,这是右边检验 $H_0: \mu_2 < \mu_1, H_1: \mu_2 \geqslant \mu_1$。

由 $n_1 = n_2 = 10, \alpha = 0.05$,查表得 $t_{0.05}(18) = 1.7341$,拒绝域为 $T > t_\alpha = 1.7341$,由数据计算得:$\bar{x} = 76.23, \bar{y} = 79.43, s_1^2 = 3.325, s_2^2 = 2.225, s_w = \sqrt{\dfrac{(10-1)s_1^2 + (10-1)s_2^2}{10+10-2}} = \sqrt{2.775}$,而

$$T_0 = \frac{\bar{y} - \bar{x}}{s_w \sqrt{\dfrac{1}{10} + \dfrac{1}{10}}} = 4.295$$

因 $T_0 > t_\alpha = 1.7341$,所以拒绝 H_0 接受 H_1,说明新建议的操作方法较原来的方法为优。

4.6　非参数假设检验方法

前面介绍的各种统计假设的检验方法,几乎都假定了总体服从正态分布,然后再由样本对分布参数进行检验。但在实际问题中,有时不能预知总体服从什么分布,这里就需要根据样本来检验关于总体分布的各种假设,这就是分布的假设检验问题。在数理统计学中把不依赖于分布的统计方法称为非参数统计方法。本节讨论的问题就是非参数假设检验问题。

本节主要介绍 χ^2 拟合优度检验和独立性检验。

4.6.1　χ^2 拟合优度检验

这里考虑的是如下的假设检验问题：

$$H_0: F(x) = F_0(x); \quad H_1: F(x) \neq F_0(x)$$

其中 $F(x)$ 为总体 X 的分布函数,未知,$F_0(x)$ 为某已知的分布函数,$F_0(x)$ 中可以含有未知参数,也可以不含未知参数,分布函数 $F_0(x)$ 一般是根据总体的物理意义、样本的经验分布函数、直方图得到启发而确定的。如何对 H_0 进行检验呢? H_0 检验方法很多,对 $F_0(x)$ 的不同类型有不同的检验方法。一般情形是用卡尔·皮尔孙(K. Pearsn)χ^2 检验和柯尔莫哥洛夫检验法。下面主要介绍卡尔·皮尔孙 χ^2 检验法。

例如,某公司雇用 200 名员工,男性和女性员工人数为：男性 150 名,女性 50 名,该公司被指控在雇用员工时有性别歧视。要调查这项指控,我们需要考虑在没有歧视的情况下,人们期望这两种性别的员工人数,换句话说,我们必须把期望的频率与实际观测频率进行比较,就产生了拟合优度检验问题,即如果观测频率与期望频率拟合优度较好,则可以得出结论：在给定的显著性水平上,公司没有歧视。该检验称为 χ^2 拟合优度检验。

为了介绍拟合优度检验的原理,我们来分析一下性别歧视问题。我们需要确定如果没有歧视,人们期望雇用每一性别的人数是多少。一种方法是考虑全体雇员中男女性别的比例——制定分别为 60% 和 40%。这意味着我们期望该公司雇用 120 名男性(200 的 60%)和 80 名女性,见表 4.6.1。

表 4.6.1　数据表

	男性	女性
观测频率	150	50
期望频率	120	80

当然,如果在每一种性别中观测频率和期望频率没有差别,那么这足以证明不存在歧视。如果存在差别(如这里的情况),那么问题的差别是由偶然性引起的或是差别太大而不仅仅是由偶然性引起的。因此,我们需要构造基于观测频率和期望频率之间差别的统计量。

最先提出用统计量 χ^2 度量经验分布与假设分布之间的差异来检验 H_0 是否成立。χ^2 检验要求假设 H_0 中总体分布 $F_0(x)$ 的形式及其参数必须是已知的。但实际中参数往往是未知的。通常,需要先用极大似然估计法估计出 $F_0(x)$ 中的参数,再作检验。

设总体是仅取 m 个可能值的离散型随机变量,不失一般性,设 X 的可能值是 $1, 2, \cdots, m$,记它取值为 i 的概率为 p_i,即

$$P(X = i) = p_i, \quad i = 1, 2, 3, \cdots, m, \quad 显然有 \sum_{i=1}^{m} p_i = 1$$

设 $(X_1, X_2, \cdots, X_n)$ 是从总体 X 中抽取的简单随机样本,$(x_1, x_2, \cdots, x_n)$ 是样本观测值。记 n_i 为 $(x_1, x_2, \cdots, x_n)$ 中取值为 i 的个数,即样本中出现事件 $(X=i)$ 的频数。由大数定律知

道,频率是概率的反映,如果总体的概率分布的确是 $(p_{10},p_{20},\cdots,p_{m0})$,那么,当观察个数 n 越来越大时,频率 $\frac{n_i}{n}$ 与 p_{i0} 之间的差异将越来越小,且 $\chi^2 = \sum\limits_{i=1}^{m}\left(\frac{n_i}{n}-p_{i0}\right)^2$ 也较小。根据这一思想,卡尔·皮尔孙提出了运用统计量

$$\chi^2 = \sum_{i=1}^{m} \frac{(n_i - np_{i0})^2}{np_{i0}} \tag{4.6.1}$$

来反映它们的差异程度,式(4.6.1)也称卡尔·皮尔孙统计量。

定理 4.6.1(**卡尔·皮尔孙定理**)　当 $(p_{10},p_{20},\cdots,p_{m0})$ 是总体的真实概率分布时,由式(4.6.1)所定义的统计量 χ^2 渐近服从自由度为 $m-1$ 的 χ^2 分布,即

$$\chi^2 = \sum_{i=1}^{m} \frac{(n_i - np_{i0})^2}{np_{i0}} \approx \chi^2(m-1) \tag{4.6.2}$$

根据这个定理,当样本容量足够大时,就近似的认为统计量 $\chi^2 = \sum\limits_{i=1}^{m} \frac{(n_i - np_{i0})^2}{np_{i0}} \sim \chi^2(m-1)$,此时卡尔·皮尔孙统计量的值一般比较小,因此,当我们假设 $H_0: p_i = p_{i0}$;$H_1:$ $p_i \neq p_{i0}(i=1,2,\cdots,m)$,其中 p_{i0} 是已知数,只要算出观测值 $\chi_0^2 = \sum\limits_{i=1}^{m} \frac{(n_i - np_{i0})^2}{np_{i0}}$,对于给定的显著性水平 $0<\alpha<1$,由 χ^2 分布表(见附表3)求出常数 $\chi_\alpha^2(m-1)$,使

$$P(\chi^2 \geqslant \chi_\alpha^2(m-1)) = \alpha$$

如果 $\chi_0^2 \geqslant \chi_\alpha^2(m-1)$,则拒绝假设 H_0,即认为总体的分布与假设 H_0 中的分布有显著差异;若 $\chi_0^2 < \chi_\alpha^2(m-1)$,则接受 H_0,即认为总体的分布与假设 H_0 中的分布无显著差异。

我们用 χ^2 检验法来检验一下性别有无歧视问题。假设人们期望员工性别比例为 6:4,即男性为 120 人,女性为 80 人。

假设 H_0:公司对员工的性别无歧视,计算得

$$\chi_0^2 = \frac{(150-120)^2}{120} + \frac{(50-80)^2}{80} = 7.5 + 5 = 12.5$$

对 $\alpha=0.05$,查附表 3 得 $\chi_{0.05}^2(2-1)=3.841$,$\chi_0^2 > \chi_{0.05}^2(1)$,故拒绝 H_0。说明有明显差异。这对性别歧视指控的证据提供了支持。

例 4.6.1　将一颗骰子掷了 120 次,结果如表 4.6.2 所示。问这颗骰子是否匀称 $(\alpha=0.05)$?

表 4.6.2　数据表

点数	1	2	3	4	5	6
频数	21	28	19	24	16	12

解　依题意,欲检验假设

$$H_0: p_i = \frac{1}{6}, \quad H_1: p_i \neq \frac{1}{6}, \quad i=1,2,\cdots,6$$

计算得

$$\chi_0^2 = \frac{\left(21-120\times\frac{1}{6}\right)^2}{120\times\frac{1}{6}} + \frac{\left(28-120\times\frac{1}{6}\right)^2}{120\times\frac{1}{6}} + \frac{\left(19-120\times\frac{1}{6}\right)^2}{120\times\frac{1}{6}}$$

$$+\frac{\left(24-120\times\frac{1}{6}\right)^2}{120\times\frac{1}{6}}+\frac{\left(16-120\times\frac{1}{6}\right)^2}{120\times\frac{1}{6}}+\frac{\left(12-120\times\frac{1}{6}\right)^2}{120\times\frac{1}{6}}=8.1$$

对 $\alpha=0.05$，查附表 3 得 $\chi^2_{0.05}(6-1)=11.07,\chi^2_0<\chi^2_{0.05}(5)$，故接受假设 H_0，即可认为这颗骰子是匀称的。

例 4.6.2 在某盒中存放有白球和黑球。现做下面这样的实验：用返回抽取方式从此盒中摸球，直到摸取的是白球为止，记录下抽取的次数，重复如此的试验 100 次，其结果见表 4.6.3。试问该盒中的白球与黑球个数是否相等($\alpha=0.05$)？

表 4.6.3 数据表

抽取次数	1	2	3	4	5
频数	43	31	15	6	5

解 记总体 X 表示首次出现白球所需的摸取次数，则 X 服从几何分布

$$P(X=k)=(1-p)^{k-1}p,\quad k=1,2,\cdots$$

其中 p 表示从此盒中任意摸一球为白球的概率。

如果盒中白球与黑球的个数相等，此时 $p=\frac{1}{2}$，代入上式得到

$$P(X=1)=\frac{1}{2},\quad P(X=2)=\frac{1}{4},$$

$$P(X=3)=\frac{1}{8},\quad P(X=4)=\frac{1}{16},$$

$$P(X=5)=\sum_{k=5}^{\infty}2^{-k}=\frac{1}{16}$$

欲检验假设

$$H_0:p_1=\frac{1}{2},\quad p_2=\frac{1}{4},\quad p_3=\frac{1}{8},\quad p_4=\frac{1}{16},\quad p_5=\frac{1}{16}$$

将此次试验的频数代入式 $\chi^2=\sum_{i=1}^{m}\frac{(n_i-np_{i0})^2}{np_{i0}}$，得到 χ^2 统计量的观测值为

$$\chi^2_0=\sum_{i=1}^{5}\frac{(n_i-np_{i0})^2}{np_{i0}}$$

$$=\frac{(43-50)^2}{50}+\frac{(31-25)^2}{25}+\frac{(15-12.5)^2}{12.5}+\frac{(6-6.25)^2}{6.25}+\frac{(5-6.25)^2}{6.25}=3.2$$

对 $\alpha=0.05$，自由度 $n=5-1=4$，由附表 3 查得 $\chi^2_{0.05}(4)=9.488$，因 $\chi^2_0<\chi^2_{0.05}(4)$，因此，接受假设 H_0，即认为盒中白球与黑球个数相等。

下面介绍用卡尔·皮尔孙统计量来检验总体是否服从某个给定的 $F_0(x)$。

检验假设 $H_0:F(x)=F_0(x)$；$H_1:F(x)\neq F_0(x)$。

选取 $m-1$ 个实数 $-\infty<a_1<a_2<\cdots<a_{m-1}<+\infty$，它们将实轴分为 m 个区间，$A_1=(-\infty,a_1),A_2=[a_1,a_2),\cdots,A_m=[a_{m-1},+\infty)$，记

$$\begin{cases}p_{10}=F_0(a_1)\\p_{i0}=F_0(a_i)-F_0(a_{i-1}),\quad i=2,3,\cdots,m-1\\p_{m0}=1-F_0(a_{m-1})\end{cases}$$

设 $(x_1, x_2, \cdots, x_n)$ 是容量为 n 的样本的一组值, n_i 为样本值落入 A_i 的频数, $\sum\limits_{i=1}^{m} n_i = n$。

当假设 $H_0: F(x) = F_0(x)$ 成立时,根据大数定律,当 n 充分大时,事件 A_i 的频率 $\dfrac{n_i}{n}$ 与概率 p_{i0} 的差异应该比较小,且 $\chi^2 = \sum\limits_{i=1}^{m} \left(\dfrac{n_i}{n} - p_{i0} \right)^2$ 也较小,若 $\chi^2 = \sum\limits_{i=1}^{m} \left(\dfrac{n_i}{n} - p_{i0} \right)^2$ 比较大,则认为 H_0 不真,所以可用统计量 $\chi^2 = \sum\limits_{i=1}^{m} \dfrac{(n_i - np_{i0})^2}{np_{i0}}$ 对假设 H_0 进行检验。

定理 4.6.2(K. Pearsn Fisher 定理) 设 $F_0(x; \theta_1, \cdots, \theta_r)$ 中含有 r 个未知参数 $\theta_1, \theta_2, \cdots, \theta_r$,它们的极大似然估计为 $\hat{\theta}_1, \hat{\theta}_2, \cdots, \hat{\theta}_r$,令

$$\hat{p}_{i0} = F_0(a_i; \hat{\theta}_1, \cdots, \hat{\theta}_r) - F_0(a_{i-1}; \hat{\theta}_1, \cdots, \hat{\theta}_r), \quad i = 2, 3, \cdots, m-1$$

则

$$\chi^2 = \sum_{i=1}^{m} \frac{(n_i - n\hat{p}_{i0})^2}{n\hat{p}_{i0}} \approx \chi^2(m-r-1) \tag{4.6.3}$$

这里, m 为种类, r 为参数个数。

若 $F_0(x)$ 不含任何未知参数,即 $r=0$,则 $\hat{p}_{i0}$ 应记为 p_{i0}。定理仍成立。

注意: χ^2 检验是在极限条件下推导出来的,因此在使用时,必须注意 n 要足够大,以及 np_i 不太小这两个条件。一般要求样本容量 n 不小于 50,以及每个 np_i 都不小于 5,而且 np_i 最好在 10 以上,否则应适当地合并区间,使 np_i 满足这个要求。

例 4.6.3 考察某电话交换站一天中接错电话的次数 X,统计 267 天的记录,各天电话接错次数的频数分布列成见表 4.6.4。试检验 X 的分布与泊松分布有无显著差异($\alpha = 0.05$)?

表 4.6.4 频数分布表

X(一天中电话接错次数)	n_i(天数)	np_i(计算得)
0~2	1 ⎫	2.05 ⎫
3	5 ⎭	4.76 ⎭
4	11	10.39
5	14	18.16
6	22	26.45
7	43	33.03
8	31	36.09
9	40	35.04
10	35	30.63
11	20	24.34
12	18	17.72
13	12	11.92
14	7	7.44
15	6 ⎫	4.33 ⎫
≥16	2 ⎭	4.65 ⎭

解 检验假设 $H_0: X \sim P(\lambda)$,由于参数 λ 未知,所以应先求出 λ 的极大似然估计值。

$$\hat{\lambda} = \bar{x} = \frac{1}{267}(2 \times 1 + 3 \times 5 + \cdots + 15 \times 6 + 16 \times 2) = 8.74$$

问题归为检验假设 $H_0: X \sim P(8.74)$。

理论频数由 $np_i = 267 \times \dfrac{8.74^i}{i!} e^{-8.74}$ 计算,将计算值列入表 4.6.4 右列。

因为前二组理论频数小于 5,所以合并二项得 $n_i = 6, np_i = 6.81$,又最后二组理论频数也小于 5,故合并二项得 $n_i = 8, np_i = 8.98$,经合并后组数 $m = 13$,则计算 $\chi_0^2 = \sum_{i=1}^{13} \dfrac{(n_i - np_i)^2}{np_i} = 7.80$,而 $\chi_{0.05}^2(11) = 19.675$,显然 $7.80 < 19.675$,故接受 H_0,即电话交换站一天中接错电话次数 X 服从泊松分布 $P(8.74)$。

例 4.6.4　将 250 个元件进行寿命试验,每隔 100h 记录其失效产品个数,直到全部失效为止。不同时间内失效产品个数列于表 4.6.5。问这批产品的寿命是否服从指数分布 $(\alpha = 0.01)$?

表 4.6.5　失效产品个数表

时间区间/h	失效数(n_i)	时间区间/h	失效数(n_i)
0~100	39	500~600	22
100~200	58	600~700	12
200~300	47	700~800	6
300~400	33	800~900	6
400~500	25	900~1000	2

解　设 X 表示产品的寿命,检验假设 $H_0: X \sim F_0(x) = 1 - e^{-\frac{x}{\theta}}$。

由于 θ 未知,故先用极大似然估计法求 θ 的估计值。

$$\hat{\theta} = \frac{1}{n} \sum_{i=1}^{n} x_i n_i = \frac{1}{250}(50 \times 39 + 150 \times 58 + \cdots + 950 \times 2) = 300h$$

式中,x_i 为时间区间的中值;n_i 为频数。所以原假设变为 $H_0: X \sim F_0(x) = 1 - e^{-\frac{x}{300}}$。

为了进行 χ^2 检验,需要数据分组,而每组中的观测值个数最好不少于 5,在上述测试分组中最后一组频数偏少,故把最后两组合并为一组进行计算。

$$\hat{p}_1 = F_0(100, 300) - F_0(0, 300) = 1 - e^{-\frac{100}{300}} = 0.2835$$

$$\hat{p}_2 = F_0(200, 300) - F_0(100, 300) = 1 - e^{-\frac{200}{300}} - (1 - e^{-\frac{100}{300}}) = 0.2031$$

同样可计算得:$\hat{p}_3, \hat{p}_4, \cdots, \hat{p}_9$,其计算内容结果填入表 4.6.6。

表 4.6.6　计算结果

组号	频数 n_i	$\hat{p}_i$	$n\hat{p}_i$	$n_i - n\hat{p}_i$	$(n_i - n\hat{p}_i)^2$	$(n_i - n\hat{p}_i)^2/n\hat{p}_i$
1	39	0.2835	70.83	−31.83	1016.02	14.33
2	58	0.2031	50.78	−7.23	52.20	1.03
3	47	0.1455	36.38	−10.63	112.89	3.10
4	33	0.1043	26.08	−6.93	47.96	1.84
5	25	0.0747	18.68	−6.33	40.01	2.14
6	22	0.0536	13.40	−8.6	73.96	5.52
7	12	0.0383	9.58	−2.43	5.88	0.61
8	6	0.0275	6.88	0.88	0.77	0.11
9	8	0.0695	17.37	9.37	87.81	5.06

最后得统计量 χ^2 的观测值为 $\chi_0^2 = \sum_{i=1}^{9} \dfrac{(n_i - n\hat{p}_i)^2}{n\hat{p}_i} = 33.75$。

因为 $\alpha = 0.01$，自由度为 $9-1-1=7$，所以 $\chi_{0.01}^2(7) = 18.48$。可见 $\chi_0^2 > 18.48$，故拒绝 H_0。即这批产品不服从指数分布。

4.6.2　独立性检验

例 4.6.5　在社会调查中，调查人员可能怀疑男人和妇女对某种提案将会有不同的反应，他们根据被调查者的性别和对某项提案的态度来进行分类，结果见表 4.6.7。

表 4.6.7　调查数据表

性别 ＼ 态度	赞成	反对	弃权	合计
男人	1154	475	243	1872
妇女	1083	442	362	1887
$\sum$	2237	917	605	3759

本表称为 2×3 的列联表。每个人根据两个标准分类，一个标注有两类，另一个标注有三类，这种互不相同的类称为格。现需检验假设 H_0：公民的态度与性别是相互独立的。再例如医学家可能怀疑某种环境条件助长了某种疾病，那么他们根据以下方式分类：①他们是否得过这种病；②他们是否具备所研究的环境条件。工程师也能够利用列联表去发现制造过程中的两种缺陷是由于相同的原因引起，还是由于不同的原因引起。由此看出，列联表在许多研究领域中都是非常有用的工具。

一般地，$m \times k$ 的列联表如表 4.6.8 所示。

表 4.6.8　$m \times k$ 的列联表

第一个变量分类		第二个变量分类				$n_i. = \sum_{j=1}^{k} n_{ij}$
		1	2	$\cdots$	k	
	1	n_{11}	n_{12}	$\cdots$	n_{1k}	$n_1.$
	2	n_{21}	n_{22}	$\cdots$	n_{2k}	$n_2.$
	$\vdots$	$\vdots$	$\vdots$		$\vdots$	$\vdots$
	m	n_{m1}	n_{m2}	$\cdots$	n_{mk}	$n_m.$
$n_{.j} = \sum_{i=1}^{m} n_{ij}$		$n_{.1}$	$n_{.2}$	$\cdots$	$n_{.k}$	

其中 n 为观察对象的总数，n_{ij} 表示第一个变量属于 i 类，第二个变量属于 j 类的观察对象数，为了区分观测值和理论值，将它们分别用 Q_{ij} 和 E_{ij} 表示。

现要检验假设：

H_0：两个分类变量之间是相互独立的；H_1：两个分类变量之间是不独立的。

检验的结果若是接受 H_0，就说明不能推翻两个分类的变量是独立的假设；反之，拒绝 H_0 接受 H_1 就说明它们之间是不独立的。

检验统计量为

$$\chi^2 = \sum \frac{(Q_{ij} - E_{ij})^2}{E_{ij}}$$

式中：Q_{ij} 就是实际的观察结果，即 $Q_{ij} = n_{ij}$。关于理论值的计算就是利用概率论中概率独立的基本规则：如果两个事件是独立的，则它们的联合概率等于它们分别概率的乘积，即落入第 ij 格的概率等于落入 i 行的概率乘以落入 j 列的概率。

$$P(\text{落入 } ij \text{ 格的概率}) = \left(\frac{n_{i.}}{n}\right)\left(\frac{n_{.j}}{n}\right), \quad i = 1,2,\cdots,m; \quad j = 1,2,\cdots,k$$

由于总的试验次数为 n，所以

$$E_{ij} = n\left(\frac{n_{i.}}{n}\right)\left(\frac{n_{.j}}{n}\right) = \frac{n_{i.}n_{.j}}{n}, \quad i = 1,2,\cdots,m; \quad j = 1,2,\cdots,k$$

这时 χ^2 分布的自由度为 $mk - (m+k-2) - 1 = (m-1)(k-1)$。即

$$\chi^2 = n\sum_{i=1}^{m}\sum_{j=1}^{k}\frac{\left(n_{ij} - \frac{n_{i.}n_{.j}}{n}\right)^2}{n_{i.}n_{.j}} \sim \chi^2[(m-1)(k-1)] \tag{4.6.4}$$

例 4.6.6　解例 4.6.5。H_0：公民的态度与性别是相互独立的

$$\chi^2_0 = \frac{\left(1154 - \frac{1872 \times 2237}{3759}\right)^2}{\frac{1872 \times 2237}{3759}} + \frac{\left(475 - \frac{1872 \times 917}{3759}\right)^2}{\frac{1872 \times 917}{3759}} + \frac{\left(243 - \frac{1872 \times 605}{3759}\right)^2}{\frac{1872 \times 605}{3759}}$$

$$+ \frac{\left(1083 - \frac{1887 \times 2237}{3759}\right)^2}{\frac{1887 \times 2237}{3759}} + \frac{\left(442 - \frac{1887 \times 917}{3759}\right)^2}{\frac{1887 \times 917}{3759}} + \frac{\left(362 - \frac{1887 \times 605}{3759}\right)^2}{\frac{1887 \times 605}{3759}}$$

$$= \frac{(1154 - 1114.04)^2}{1114.04} + \frac{(475 - 456.67)^2}{456.67} + \frac{(243 - 301.29)^2}{301.29}$$

$$+ \frac{(1083 - 1122.96)^2}{1122.96} + \frac{(442 - 460.33)^2}{460.33} + \frac{(362 - 303.71)^2}{303.71} = 26.78$$

对 $\alpha = 0.01$，由附表 3 查得 $\chi^2_\alpha((m-1)(k-1)) = \chi^2_\alpha(2) = 9.210$。

因为 $\chi^2_0 = 26.78 > \chi^2_\alpha(2) = 9.210$，故拒绝假设 H_0，即公民的态度与性别是不独立的。

例 4.6.7　若希望知道某市居民中文化水平与收入之间是否有联系，从研究对象中抽取了 764 人进行观察，分别按文化水平与收入进行两项分类。文化水平分成 3 类，年收入分成 5 组，见表 4.6.9。要求检验这二者之间是否有联系。

表 4.6.9　文化水平与收入水平列联表

		文 化 水 平			合计
		大学及以上	中学	小学及以下	
收入水平	1500 以下	186	38	35	259
	1500～2000	227	54	45	326
	2000～2500	219	78	78	375
	2500～3000	355	112	140	607
	3000 以上	653	285	259	1197
	合计	1640	567	557	2764

解　检验假设 H_0：文化水平与收入水平之间是独立的(见表 4.6.10)。

表 4.6.10　观测值与理论值比较(括号内为理论值)

		文化水平			合　计
		大学及以上	中学	小学及以下	
收入水平	1500 以下	186(153.68)	38(53.13)	35(52.19)	259
	1500~2000	227(193.27)	54(66.87)	45(65.70)	326
	2000~2500	219(222.50)	78(76.93)	78(75.57)	375
	2500~3000	355(360.16)	112(124.52)	140(122.32)	607
	3000 以上	653(710.23)	285(245.55)	259(241.22)	1197
	合计	1640	567	557	2764

计算得 $\chi_0^2 = 47.9$，对 $\alpha = 0.01$，查表得 $\chi_\alpha^2((m-1)(k-1)) = \chi_{0.01}^2(8) = 20.090$。

因为 $\chi_0^2 = 47.9 > 20.090$，故拒绝假设 H_0，即认为文化水平与收入水平之间是有联系的。

特别当两个变量都分成两类时，即自由度为 1 时，形成 2×2 列联表。这在日常研究中经常遇到。现用 a、b、c、d 分别表示其观测值，2×2 列联表如表 4.6.11 所示。

此时

$$\chi^2 = \frac{n(ad-bc)^2}{(a+c)(b+d)(c+d)(a+b)}$$

表 4.6.11　2×2 列联表

	1	2	合　计
1	a	b	$a+b$
2	c	d	$c+d$
合计	$a+c$	$b+d$	n

例 4.6.8　调查 339 名 50 岁以上吸烟习惯者与慢性气管炎病的关系，结果如表 4.6.12 所示。

表 4.6.12　调查数据表

	慢性气管炎者	未患慢性气管炎者	合计	患病率/%
吸烟	43	162	205	21.0
不吸烟	13	121	134	9.7
合计	56	283	339	16.5

解　H_0：抽烟与慢性气管炎没有联系。

$$\chi_0^2 = \frac{n(ad-bc)^2}{(a+c)(b+d)(c+d)(a+b)} = \frac{339 \times (43 \times 121 - 162 \times 13)^2}{56 \times 283 \times 205 \times 134} = 7.46$$

因为 $\chi_\alpha^2((m-1)(k-1)) = \chi_\alpha^2(1) = 6.635$，$\chi_\alpha^2(1) = 7.48 > 6.635 = \chi_\alpha^2(1)$，故拒绝假设 H_0，即抽烟与慢性气管炎有关系。

4.7　假设检验的 MATLAB 编程实现

4.7.1　一个总体参数检验的 MATLAB 程序代码与分析实例

1. 一个正态总体,方差已知时,均值的假设检验的 MATLAB 程序代码

```
function [H,p] = slut(x,mu0,sigma02,alpha,tail)
if nargin < 4
    alpha = 0.05;
end
if nargin < 5
    tail = 0;
end
if (alpha < = 0.0)|(alpha > = 1)
    error('检验的显著性水平应该在(0,1)之间')
end
n = length(x);
U0 = (mean(x) - mu0)/sqrt(sigma02/n);
p = normcdf(U0,0,1);
switch tail
    case 1
        p = 1 - p;
    case 0
        p = 2 * min(p,1 - p);
end
H = (p < alpha);
```

函数 slut 的调用格式是:

(1) $[H,p]=$ slut(x,mu0,sigma02,alpha,tail):原假设总体均值为 mu0。第一个输入参数 x 是样本的观测值。第二个输入参数 mu0 是总体均值。第三个输入参数 sigma02 是总体方差。第四个输入参数 alpha 为显著性水平,默认值为 0.05。第五个输入参数 tail 表示检验的侧,默认值为 tail=0,备择假设是均值不等于 mu0;tail=−1,备择假设是均值小于 mu0;tail=1,备择假设均值大于 mu0。输出参数 H 取值 0,1:H=0 表示接受原假设;H=1 表示拒绝原假设。输出参数 p,是检验的 p 值,表示原假设成立的可能性,p 值过小就要怀疑原假设的正确性。

(2) $[H,p]=$ slut(x,mu0,sigma02,alpha):默认取 tail=0 进行双边检验。

(3) $[H,p]=$ slut(x,mu0,sigma02):默认取 alpha=0.05。

(4) H=slut(...):只返回检验的结果 H。

例 4.7.1　续例 4.1.1。取 $\alpha=0.05$。

解　在命令窗口中输入:

```
>> x = [497,506,518,524,488,511,510,515,512];
>> mu0 = 500;
>> sigma02 = 15 * 15;
```

```
>> alpha = 0.05;
>> H = s1ut(x,mu0,sigma02,alpha)
```

运行后显示：

```
H =
    0
```

从运行结果可以看出，不能拒绝原假设，也就是说认为机器工作正常。

2. 一个正态总体，方差未知时，均值的假设检验的 MATLAB 程序代码

```
function  [H,p] = s1tt(x,mu0,alpha,tail)
if nargin < 3
    alpha = 0.05;
end
if nargin < 4
    tail = 0;
end
if (alpha <= 0.0)|(alpha >= 1)
    error('检验的显著性水平应该在(0,1)之间')
end
n = length(x);
T0 = (mean(x) - mu0)/sqrt(var(x)/n);
p = tcdf(T0,n - 1);
switch tail
    case 1
        p = 1 - p;
    case 0
        p = 2 * min(p,1 - p);
end
H = (p < alpha);
```

(1) [H,p]=s1tt(x,mu0,alpha,tail)：原假设总体均值为 mu0。第一个输入参数 x 是样本的观测值。第二个输入参数 mu0 是总体均值。第三个输入参数 alpha 为显著性水平，默认值为 0.05。第四个输入参数 tail 表示检验的侧，默认值为 tail=0，备择假设是均值不等于 mu0；tail=-1，备择假设是均值小于 mu0；tail=1，备择假设均值大于 mu0。输出参数 H 取值 0,1：H=0 表示接受原假设；H=1 表示拒绝原假设。输出参数 p 是检验的 p 值，表示原假设成立的可能性，p 值过小就要怀疑原假设的正确性。

(2) [H,p]=s1tt(x,mu0,alpha)：默认取 tail=0 进行双边检验。

(3) [H,p]=s1tt(x,mu0)：默认取 alpha=0.05。

(4) H=s1tt(...)：只返回检验的结果 H。

例 4.7.2 续例 4.2.1。

解 在命令窗口中输入：

```
>> x = [54,67,68,78,70,66,67,65,69,70];
>> mu0 = 72;
>> alpha = 0.05;
>> H = s1tt(x,mu0,alpha)
```

运行后显示：

```
H =
    1
```

从运行结果可以看出，拒绝原假设，也就是说认为四乙基铅中毒患者的脉搏和正常人的脉搏有显著差异。

3. 一个正态总体，方差的假设检验的 MATLAB 程序代码

```
function  [H,p] = s1ct(x,sigma2,alpha,tail)
if nargin < 3
    alpha = 0.05;
end
if nargin < 4
    tail = 0;
end
if (alpha < = 0.0)|(alpha > = 1)
    error('检验的显著性水平应该在(0,1)之间')
end
n = length(x);
C0 = (n - 1) * var(x)/sigma2;
p = chi2cdf(C0,n - 1);
switch tail
    case 1
        p = 1 - p;
    case 0
        p = 2 * min(p,1 - p);
end
H = (p < alpha);
```

函数 s1ct 的调用格式：

(1) [H,p]＝s1ct(x,sigma2,alpha,tail)：原假设总体方差是 sigma2。第一个输入参数 x 是样本的观测值。第二个输入参数 sigma2 是总体方差。第三个输入参数 alpha 为显著性水平，默认值为 0.05。第四个输入参数 tail 表示检验的侧，默认值为 tail＝0，备择假设是方差不等于 sigma2；tail＝－1，备择假设是方差小于 sigma2；tail＝1，备择假设方差大于 sigma2。输出参数 H 取值 0,1：H＝0 表示接受原假设；H＝1 表示拒绝原假设。输出参数 p 是检验的 p 值，表示原假设成立的可能性，p 值过小就要怀疑原假设的正确性。

(2) [H,p]＝s1ct(x,sigma2,alpha)：默认取 tail＝0 进行双边检验。

(3) [H,p]＝s1ct(x,sigma2)：默认取 alpha＝0.05。

(4) H＝s1ct(...)：只返回检验的结果 H。

例 4.7.3　续例 4.2.3。

解　在命令窗口中输入：

```
>> x = [205,170,185,210,230,190];
>> sigma2 = 25 * 25;
>> alpha = 0.05;
>> H = s1ct(x,sigma2,alpha)
```

运行后显示：

```
H =
    0
```

从运行结果可以看出，不能拒绝原假设，也就是说生产的产品中游离氨基酸含量的总体方差正常。

例 4.7.4 续例 4.2.6。

解 在命令窗口中输入：

```
>> x = [90,105,101,95,100,100,101,105,93,97];
>> sigma2 = 14 * 14;
>> alpha = 0.01;
>> H = s1ct(x,sigma2,alpha, - 1)
```

运行后显示：

```
H =
    1
```

从运行结果可以看出，应拒绝原假设，也就是说提纯后的株高更整齐。

4.7.2 两个总体参数检验的 MATLAB 程序代码与分析实例

1. 两个总体，方差已知时，均值假设检验的 MATLAB 程序代码

```
function  [H,p] = s2ut(x,y,sigma12,sigma22,alpha,tail)
if nargin < 5
    alpha = 0.05;
end
if nargin < 6
    tail = 0;
end
if (alpha < = 0.0)|(alpha > = 1)
    error('检验的显著性水平应该在(0,1)之间')
end
nx = length(x);
ny = length(y);
U0 = abs(mean(x) - mean(y))/sqrt(sigma12/nx + sigma22/ny);
p = 1 - normcdf(U0,0,1);
switch tail
    case 1
        p = 1 - p;
    case 0
        p = 2 * min(p,1 - p);
end
H = (p < alpha);
```

函数 s2ut 的调用格式：

(1) $[H,p] = s2ut(x,y,sigma12,sigma22,alpha,tail)$：原假设总体均值为 mu1 = mu2。第一个输入参数 x 是总体 X 的观测值。第二个输入参数 y 是总体 Y 的观测值。第三个输

入参数 sigma12 是总体 X 的方差。第四个输入参数 sigma22 是总体 Y 的方差。第五个输入参数 alpha 为显著性水平。第六个输入参数 tail 表示检验的侧：默认值为 tail＝0,备择假设是 mu1 不等于 mu2；tail＝－1 备择假设是 mu1＜mu2；tail＝1 备择假设是 mu1＞mu2。输出参数 H 取值为 0,1：H＝0 表示接受原假设；H＝1 表示拒绝原假设。输出参数 p 是检验的 p 值,表示原假设成立的可能性,p 值过小就要怀疑原假设的正确性。

(2) ［H,p］＝s2ut(x,y,sigma12,sigma22,alpha)：tail 取默认值 0。

(3) ［H,p］＝s2ut(x,y,sigma12,sigma22)：alpha 取默认值 0.05。

(4) H＝s2ut(...)：只返回检验的结果 H。

2. 两个总体,方差未知但相等时,均值假设检验的 MATLAB 程序代码

```
function [H,p] = s2tt(x,y,alpha,tail)
if nargin < 3
    alpha = 0.05;
end
if nargin < 4
    tail = 0;
end
if (alpha < = 0.0)|(alpha > = 1)
    error('检验的显著性水平应该在(0,1)之间')
end
nx = length(x);
ny = length(y)
Sw2 = ((nx - 1) * var(x) + (ny - 1) * var(y))/(nx + ny - 2);
T0 = (mean(x) - mean(y))/sqrt(Sw2 * (1/nx + 1/ny));
p = tcdf(T0,nx + ny - 2);
switch tail
    case 1
        p = 1 - p;
    case 0
        p = 2 * min(p,1 - p);
end
H = (p < alpha);
```

函数 s2tt 的调用格式：

(1) ［H,p］＝s2tt(x,y,alpha,tail)：原假设总体均值为 mu1＝mu2。第一个输入参数是 x 总体 X 的观测值。第二个输入参数 y 是总体 Y 的观测值。第三个输入参数 alpha 为显著性水平。第四个输入参数 tail 表示检验的侧：默认值 tail＝0,备择假设是 mu1 不等于 mu2；tail＝－1,备择假设是 mu1＜mu2；tail＝1,备择假设 mu1＞mu2。输出参数 H 取值 0,1：H＝0 表示接受原假设；H＝1 表示拒绝原假设。输出参数 p 是检验的 p 值 p 值过小就要怀疑原假设的正确性。

(2) ［H,p］＝s2tt(x,y,alpha)：tail 取默认值 0。

(3) ［H,p］＝s2tt(x,y)：alpha 取默认值 0.05。

(4) H＝s2tt(...)：只返回 H 值。

例 4.7.5 续例 4.3.1。

解 在命令窗口中输入：

```
>> x = [28.3,30.1,29.0,37.6,32.1,28.8,36.0,37.2,38.5,34.4,28.0,30.0];
>> y = [27.6,22.2,31.0,33.8,20.0,30.2,31.7,26.0,32.0,31.2];
>> alpha = 0.05;
>> H1 = s2tt(x,y,alpha)
```

运行后显示：

```
H1 =
     1
```

从运行结果可以看出,拒绝原假设,说明两种研究方法组装一件产品所需平均时间有显著差异。

继续在命令窗口中输入：

```
>> H2 = s2tt(x,y,alpha,1)
```

运行后显示：

```
H2 =
     1
```

从运行结果可以看出,拒绝原假设,也就是说方法 A 组装一件产品所需平均时间比方法 B 长。

继续在命令窗口中输入：

```
>> H3 = s2tt(x,y,0.01)
```

运行后显示：

```
H3 =
     0
```

从运行结果可以看出,不能拒绝原假设,说明在置信度 0.01 下,两种研究方法组装一件产品所需平均时间没有显著差异。

3. 两个总体,方差比假设检验的 MATLAB 程序代码

```
function  [H,p] = s2ft(x,y,alpha,tail)
if nargin < 3
    alpha = 0.05;
end
if nargin < 4
    tail = 0;
end
if (alpha < = 0.0)|(alpha > = 1)
    error('检验的显著性水平应该在(0,1)之间')
end
nx = length(x);
ny = length(y)
F0 = var(x)/var(y);
p = fcdf(F0,nx - 1,ny - 1);
switch tail
```

```
    case 1
        p = 1 - p;
    case 0
        p = 2 * min(p, 1 - p);
end
H = (p < alpha);
```

函数 s2ft 的调用格式：

(1) [H,p]＝s2ft(x,y,alpha,tail)：原假设两总体方差 sigma12＝sigma22。第一个输入参数 x 是总体 X 的观测值。第二个输入参数 y 是总体 Y 的观测值。第三个输入参数 alpha 为显著性水平。第四个输入参数 tail 表示检验的侧：默认值 tail＝0，备择假设是 sigma12 不等于 sigma22；tail＝－1，备择假设是 sigma12＜sigma22；tail＝1，备择假设是 sigma12＞sigma22。输出参数 H 取值 0,1：H＝0 表示接受原假设；H＝1 表示拒绝原假设。输出参数 p 是检验的 p 值，如果 p 值过小，就要怀疑原假设。

(2) [H,p]＝s2ft(x,y,alpha)：tail 取默认值 0。

(3) [H,p]＝s2ft(x,y)：alpha 取默认值 0.05。

(4) H＝s2ft(...)：只返回 H 值。

例 4.7.6 续例 4.3.2。

解 在命令窗口中输入：

```
>> x = [3520,2203,2560,2960,3260,4010,3404,3506,3478,2894];
>> y = [3220,3220,3760,3000,2920,3740,3060,3080,2940,3060];
>> alpha = 0.05;
>> H = s2ft(x,y,alpha)
```

运行后显示：

```
H =
    0
```

从运行结果可以看出，不能拒绝原假设，就是说冬、夏季节出生的女婴体重的方差没有显著差异。

例 4.7.7 续例 4.4.4。

解 在命令窗口输入：

```
>> x = [1.26,1.19,1.31,0.97,1.81,1.13,0.96,1.06,1.00,0.94,0.98,1.10,1.12,1.03,1.16,1.12,
1.12,0.95,1.02,1.13,1.23,0.74,1.50,0.50,0.59,0.99,1.45,1.24,1.01,2.03,1.98,1.97,0.91,
1.22,1.06,1.11,1.54,1.08,1.10,1.64,1.70,2.37,1.38,1.60,1.26,1.17,1.12,1.23,0.82,0.86];
>> alpha = 0.01;
>> mu0 = 1.35;
>> [H,p] = s1tt(x,mu0,alpha, - 1)
```

运行后显示：

```
H =
    1
p =
    0.0060484
```

从运行结果可以看出,拒绝原假设,p 值是 0.0060484。

4.7.3　误差分析的 MATLAB 程序代码与分析实例

1. 异常数据剔除的 MATLAB 程序代码与分析实例

```
function [y,yd] = rds(x,mk,alpha)
x = x(:);
y = x; yd = [];
if nargin < 2
    mk = 'p';
end
if nargin < 3
    alpha = 0.01;
end
done = 1;
while done
    done = 0;
    [y,ydtm] = jisuan(x,mk,alpha);
    if length(ydtm) > 0
        yd = [yd;ydtm];
        x = y;
        done = 1;
    end
end
function y = pauta(n,alpha)
n = min(n,29);
k = 1 + isequal(alpha,0.05);
G = [0,0;0,0;1.1500,1.1500;1.4900,1.4600;1.7500,1.6700;
1.9400,1.8200;2.1000,1.9400;2.2200,2.0300;2.3200,2.1100;
2.4100,2.1800;2.4800,2.2400;2.5500,2.2900;2.6100,2.3300;
2.6600,2.3700;2.7000,2.4100;2.7400,2.4400;2.7800,2.4700;
2.8200,2.5000;2.8500,2.5300;2.8800,2.5600;2.9100,2.5800;
2.9400,2.6000;2.9600,2.6200;2.9900,2.6400;3.0100,2.6600;
3.1000,2.7400;3.1800,2.8100;3.2400,2.8700;3.3400,2.9600];
y = G(n,k);
function [y,yd] = jisuan(x,mk,alpha);
y = x; yd = [];
n = length(y);
switch mk
    case {'p','P'}
        jie = 3 * std(y);
    case {'g','G'}
        jie = pauta(n,alpha) * std(y);
    case {'t','T'}
        jie = tinv(1 - alpha,n - 1) * sqrt(n/(n - 1)) * std(y);
end
ind1 = find(abs(y - mean(y)) > jie);
[tem,ind] = max(abs(y - mean(y)));
if ismember(ind,ind1)
    yd = y(ind);
```

```
    y(ind) = [];
end
```

函数 rds 用来剔除数据,其调用格式是:

(1) [y,yd]=rds(x):输入参数 x 是向量。输出参数 y 是剔除异常数据后所剩下的数据;输出参数 yd 是剔除的数据。

(2) [y,yd]=rds(x,mk):输入参数 mk 是剔除数据的算法标志(可选):'p'或'P'是拉依达(PanTa)法;'g'或'G'是格拉布斯(Grubbs)法;'t'或'T'是 t 检验法。默认方法是拉依达法。

(3) [y,yd]=rds(x,mk,alpha):输入参数 alpha 是显著性水平(可选),可取值 0.01 或 0.05 等,默认值 0.01。

例 4.7.8　解例 4.5.1。

解　在 MATLAB 命令窗口中输入:

```
>> x = [20.42 ; 20.43 ; 20.40 ; 20.43 ; 20.42 ; 20.43 ; 20.39 ; 20.30 ; 20.40 ; 20.43 ; 20.42 ;
20.41 ; 20.39 ; 20.39 ; 20.40];
>> [y,yd1] = rds(x);yd1
```

运行后显示:

```
yd1 =
   20.3000
```

在 MATLAB 命令窗口中继续输入:

```
>> [y,yd2] = rds(x,'G',0.05);yd2
```

运行后显示:

```
yd2 =
   20.3000
```

在 MATLAB 命令窗口中继续输入:

```
>> [y,yd3] = rds(x,'T',0.05);yd3
```

运行后显示:

```
yd3 =
   20.3000
```

例 4.7.9　对某物理量进行 15 次等精度测量,测量值为如表 4.7.1 所示。试判断该测量数据的坏值,并剔除。

表 4.7.1　测量数据

序号	x_i	序号	x_i	序号	x_i
1	28.39	6	28.43	11	28.43
2	28.39	7	28.40	12	28.40
3	28.40	8	28.30	13	28.43
4	28.41	9	28.39	14	28.42
5	28.42	10	28.42	15	28.43

解　在命令窗口中输入：

```
>> x = [28.39    28.43    28.43
        28.39    28.40    28.40
        28.40    28.30    28.43
        28.41    28.39    28.42
        28.42    28.42    28.43];
>> [y,yd] = rds(x,'T',0.05);yd
```

运行后显示：

```
yd =
    28.3000
```

2. 随机误差 χ^2 检验 MATLAB 程序代码与分析实例

随机误差的 χ^2 检验可以用函数 s1ct。

例 4.7.10　续例 4.5.5。

解　在命令窗口中输入：

```
>> x = [0.142    0.156    0.161    0.145    0.176    0.159    0.165];
>> y1 = s1ct(x,0.15 * 0.15,0.05)
```

运行后显示：

```
y1 =
    1
```

说明经检修后仪器有稳定性显著变化。

继续在命令窗口中输入：

```
>> y2 = s1ct(x,0.15 * 0.15,0.05, -1)
```

运行后显示：

```
y2 =
    1
```

说明经检修后仪器的稳定性比以前更好。

3. 随机误差 F 检验 MATLAB 程序代码与分析实例

随机误差的 F 检验可以用函数 s2ft。

例 4.7.11　续例 4.5.6。

解　在命令窗口中输入：

```
>> x = [0.163,0.175,0.159,0.168,0.169,0.161,0.166,0.179,0.174,0.173];
>> y = [0.153,0.181,0.165,0.155,0.156,0.161,0.175,0.174,0.164,0.183,0.179];
>> yout1 = s2ft(x,y,0.05)
```

运行后显示:

```
yout1 =
    0
```

不能拒绝原假设,说明两种方法的精密度是一致的。
继续在命令窗口中输入:

```
>> yout2 = s2ft(x,y,0.05, -1)
```

运行后显示:

```
yout2 =
    0
```

不能拒绝原假设,说明新法比旧法的精密度没有显著提高。

例 4.7.12　用两种方法研究冰的潜热,样本均取自 $-0.72℃$ 的冰,用方法 A 做,取样本容量 $n_1=13$,用方法 B 做,取样本容量 $n_2=8$,测量每克冰从 $-0.72℃$ 变成 $0℃$ 的水,其中热量的变化数据见表 4.7.2。试比较这两种研究方法的精密度有无显著性差异($\alpha=0.05$)?

表 4.7.2　热量的变化数据

| 方法 A | 79.98 | 80.04 | 80.02 | 80.04 | 80.03 | 80.04 | 80.03 | 79.97 | 80.05 | 80.03 | 80.02 | 80.00 | 80.02 |
| 方法 B | 80.02 | 79.94 | 79.97 | 79.98 | 79.97 | 80.03 | 79.95 | 79.97 | | | | | |

解　在命令窗口中输入:

```
>> x = [79.98,80.04,80.02,80.04,80.03,80.04,80.03,79.97,80.05,80.03,80.02,80.00,80.02];
>> y = [80.02,79.94,79.97,79.98,79.97,80.03,79.95,79.97];
>> yout1 = s2ft(x,y,0.05)
```

运行后显示:

```
yout1 =
    0
```

不能拒绝原假设,说明这两种研究方法的精密度没有显著性差异。

4. 系统误差 t 检验 MATLAB 函数与应用

在 MATLAB 中,用函数 ttest 进行单总体均值的 t 检验。其调用格式是:

(1) y=ttest(x,m):输入参数 x 为观察数据;输入参数 m 为给定值。进行显著性水平为 0.05 的双边检验。输出参数 y=1 表示拒绝原假设;y=0 表示不能拒绝原假设。

(2) y=ttest(x,m,alpha):给定显著性水平 alpha,进行双边检验。

(3) y=ttest(x,m,alpha,tail):用 tail 指定检验类型。tail=0 表示进行双边检验;tail=-1 表示进行左边检验;tail=1 表示进行右边检验。

例 4.7.13　续例 4.5.7。

解　在命令窗口中输入:

```
>> x = [7.6,7.8,8.5,8.3,8.7];
>> y1 = ttest(x,7.5,0.05)
```

运行后显示：

```
y1 =
    1
```

说明仪器的测量结果存在显著的系统误差。

继续在命令窗口中输入

```
>> y2 = ttest(x,7.5,0.05,1)
```

运行后显示：

```
y2 =
    1
```

说明仪器的测量结果较标准值有明显偏大。

例 4.7.14　按规定,每 100g 的罐头番茄汁,维生素 C 的含量不得少于 21mg。现从某厂生产的一批罐头中抽取 17 个,测得维生素 C 的含量(单位：mg)如下：

$$16,22,21,20,23,21,19,15,13,23,17,20,29,18,22,16,25$$

已知维生素 C 的含量服从正态分布,对于给定的显著性水平 $\alpha=0.05$,试检验该批罐头的维生素 C 的含量是否合格?

解　在命令窗口中输入：

```
>> x = [16,22,21,20,23,21,19,15,13,23,17,20,29,18,22,16,25];
>> y = ttest(x,21,0.05, -1)
```

运行后显示：

```
y =
    0
```

不能拒绝原假设,即认为这批罐头合格。

5. 两个均值 t 检验函数代码与应用

在 MATLAB 中,在样本标准差相等时,用函数 ttest 2 进行两个样本的平均值比较,其调用格式是：

(1) y=ttest2(x,y)：输入参数 x 和 y 是两组数据。在显著性水平 0.05 下,进行双边检验。

(2) y=ttest2(x,y,alpha)：在显著性水平 alpha 下进行双边检验。

(3) y=ttest2(x,y,alpha,tail)：输入参数 tail 指定检验类型。tail=0 是双边检验;tail=-1 是左边检验;tail=1 是右边检验。

这一函数不能处理方差不相等时的均值比较,为此编写函数 ttest2s,在方差不相等时,进行两个样本均值比较。

```
function yout = ttest2s(x,y,varargin)
alpha = 0.05;tail = 0;yout = 0;
if nargin < 2
    error('至少应有两组输入数据');
```

```
    end
x = x(:);y = y(:);
if nargin > 2
    tmp = varargin{1};
    if isnumeric(tmp)&&(tmp > 0)&&(tmp < 1)
        alpha = tmp;
    end
end
if nargin > 3
    tmp = varargin{2};
    if isnumeric(tmp)
        tail = tmp;
    end
end
n1 = length(x);
n2 = length(y);
TT = (mean(x) - mean(y))/sqrt(var(x)/n1 + var(y)/n2);
xn1 = var(x)/n1;
yn2 = var(y)/n2;
df = floor((xn1 + yn2)^2/(xn1^2/(n1 + 1) + yn2^2/n2)) - 2;
switch tail
    case - 1
        sui = tinv(1 - alpha,df);
        yout = (abs(TT)> = sui)||(TT > = 0);
    case 1
        sui = tinv(1 - alpha,df);
        yout = (abs(TT)> = sui)||(TT < = 0);
    otherwise
        sui = tinv(1 - alpha/2,df);
        yout = (abs(TT)> = sui);
end
```

函数 ttest2s 的调用格式是:

(1) yout = ttest2s(x,y):输入参数 x,y 是两组试验数据。默认显著性水平为 0.05,进行双边检验。

(2) yout = ttest2s(x,y,alpha):对显著性水平 alpha,进行双边检验。默认值是 alpha = 0.05。

(3) yout = ttest2s(x,y,alpha,tail):输入参数 tail 是检验类型,tail = 0 是双边检验;tail = -1 是左边检验;tail = 1 是右边检验;默认值是 tail = 0。

例 4.7.15 续例 4.5.8。

解 在命令窗口中输入:

```
>> x = [78.1,72.4,76.2,74.3,77.4,78.4,76.0,75.5,76.7,77.3];
>> y = [79.1,81.0,77.3,79.1,80.0,79.1,79.1,77.3,80.2,82.1];
>> yout = ttest2(x,y,0.05, - 1)
```

运行后显示：

```
yout =
     1
```

拒绝原假设,新的操作方法较原来为优。

例 4.7.16 硅酸盐水泥砂浆配方的抗折强度试验。

某工程师比较改良配方砂浆与未改良配方砂浆的抗折(又称粘合强度)强度,改良的砂浆配方是在水泥砂浆的原配方中加进了聚合乳胶液。试验者收集了改良配方砂浆强度的 10 个观测值和未改良配方砂浆强度的 10 个观测值。

改良砂浆：165.2,160.8,168.8,160.3,162.0,167.1,166.3,168.2,162.37,162.5

未改良砂浆：171.6,172.9,179.0,176.5,175.1,174.1,178.7,175.5,176.1,178.0

假设两种砂浆配方的抗折强度的方差是相同的,对于给定的显著性水平 $\alpha = 0.05$,试检验：改良砂浆与未改良砂浆强度是否存在系统误差?

解 在命令窗口中输入：

```
>> x = [165.2,160.8,168.8,160.3,162.0,167.1,166.3,168.2,162.37,162.5];
>> y = [171.6,172.9,179.0,176.5,175.1,174.1,178.7,175.5,176.1,178.0];
>> yout = ttest2(x,y,0.05)
```

运行后显示：

```
yout =
     1
```

拒绝原假设,说明两者存在系统误差。

4.7.4 非参数检验的 MATLAB 程序代码与分析实例

1. χ^2 拟合优度检验的 MATLAB 程序代码与分析实例

```
function   [H,p] = c2gt(N,p0,alpha)
if nargin < 2
     return
end
if nargin < 3
     alpha = 0.05;
end
if (alpha <= 0.0)|(alpha >= 1.0)
     error('检验的显著性水平应该在(0,1)之间')
end
n = sum(N);
m = length(N);
C0 = sum((N-n.*p0).^2./(n.*p0));
p = 1 - chi2cdf(C0,m-1);
H = (p < alpha);
```

函数 c2gt 的调用格式：

(1) [H,p]＝c2gt(N,p0,alpha)：第一个输入参数 N 是由随机变量取值的频数组成的行向量；第二个输入参数 p0 是原假设概率分布，是行向量；第三个输入参数 alpha 是检验的显著性，默认值为 0.05。输出参数 H 取值为 0,1：H＝0 表示接受原假设；H＝1 表示拒绝原假设；输出参数 p 是检验的 p 值，如果 p 值过小就要拒绝原假设。

(2) [H,p]＝c2gt(N,p0)：显著性水平取默认值 alpha＝0.05。

(2) H＝c2gt(...)：只返回检验的结果 H。

例 4.7.17　续例 4.6.1。

解　在命令窗口中输入：

```
>> p0 = [1/6,1/6,1/6,1/6,1/6,1/6];
>> N = [21,28,19,24,16,12];
>> alpha = 0.05;
>> H = c2gt(N,p0,alpha)
```

运行后显示：

```
H =
    0
```

不能拒绝原假设。

例 4.7.18　续例 4.6.2。

解　在命令窗口中输入：

```
>> p0 = [1/2,1/4,1/8,1/16,1/16];
>> N = [43,31,15,6,5];
>> alpha = 0.05;
>> H = c2gt(N,p0,alpha)
```

运行后显示：

```
H =
    0
```

不能拒绝原假设。

2. 独立性检验的 MATLAB 程序代码与分析实例

```
function [H,p] = duli(mn,alpha)
if nargin < 2
    alpha = 0.05;
end
if (alpha < = 0.0)|(alpha > = 1.0)
    error('检验的显著性水平应该在(0,1)之间')
end
n = sum(mn(:));
[m,k] = size(mn);
nj = sum(mn);
ni = (sum(mn'))';
nnj = repmat(nj,m,1);
```

```
nni = repmat(ni,1,k);
C0 = sum(sum(n * (mn - nni. * nnj/n).^2./nni./nnj));
H = C0 > = chi2inv(1 - alpha,(m - 1) * (k - 1));
p = 1 - chi2cdf(C0,(m - 1) * (k - 1));
```

函数 duli 的调用格式是：

(1) [H,p] = duli(mn,alpha)：第一个输入参数 mn 是用矩阵表示的列联表。第二个输入参数 alpha 是显著性水平,默认值是 0.05。输出参数 H 取值 0,1：H＝0 表示接受假设；H＝1 拒绝假设；输出参数 p 是检验的 p 值,如果 p 值过小,就要拒绝原假设。

(2) [H,p] = duli(mn)：显著性水平 alpha 默认取 0.05。

(3) H = duli(...)：只返回检验的 H 值。

例 4.7.19　续例 4.6.5。

解　在命令窗口中输入：

```
>> mn = [1154,475,243; 1083,442,362];
>> alpha = 0.05;
>> H = duli(mn,alpha)
```

运行后显示：

```
H =
    1
```

拒绝原假设。

例 4.7.20　续例 4.6.7。

解　在命令窗口中输入：

```
>> mn = [186,38,35;  227,54,45; 219,78,78; 355,112,140; 653,285,259];
>> alpha = 0.01;
>> H = duli(mn,alpha)
```

运行后显示：

```
H =
    1
```

拒绝原假设。

例 4.7.21　续例 4.6.8。

解　在命令窗口中输入：

```
>> mn = [43,162 ; 13,121];
>> alpha = 0.01;
>> H = duli(mn,alpha)
```

运行后显示：

```
H =
    1
```

拒绝原假设。

4.8　用配书盘中应用程序(.exe 平台)进行假设检验实例

1. 创建数据文件

使用应用程序可进行：一个总体的假设检验、两个总体的假设检验、χ^2 拟合优度检验、独立性检验。进行不同检验时，创建的数据文件格式也不同。

例 4.8.1　是一个总体方差已知时，对均值的假设检验，创建数据文件如下：

$$497,506,518,524,488,511,510,515,512,500,225$$

注意：数据的最后两个值分别是检验的总体均值 $\mu = 500$、已知总体的方差 $\sigma^2 = 225$。文件名保存为"一个总体方差已知的假设检验.txt"。

一个总体，方差未知时，如例 4.2.1，创建数据文件如下：

$$54,67,68,78,70,66,67,65,69,70,72,\text{nan}$$

注意：数据的最后两个值分别是检验的总体均值 $\mu = 72$、总体方差未知用 nan 表示。文件名保存为"一个总体方差未知的假设检验.txt"。

两个总体均值差的假设检验，创建的数据文件与区间估计的相同。

χ^2 拟合优度检验，需要输入观测值和期望值。把观测值 N 放在一个文件中；把期望值 p0 放在另一个文件中。如例 4.6.1，观测值创建文件内容如下：

$$21,28,19,24,16,12$$

文件名保存为"拟合优度观测值.txt"。

期望值创建文件内容如下：

$$1/6,1/6,1/6,1/6,1/6,1/6$$

文件名保存为"拟合优度期望值.txt"。

独立性检验的列联表必须以矩阵的形式保存在文件中。如例 4.6.5，创建数据文件内容如下：

$$1154,475,243$$
$$1083,442,362$$

文件名保存为"独立性列联表.txt"。

2. 启动应用程序

启动应用程序，生成两个窗口。后面的窗口如图 4.8.1 所示。

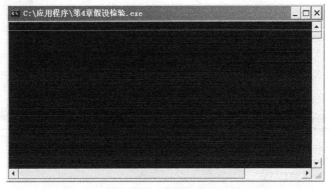

图 4.8.1　后面的窗口

前面的窗口如图 4.8.2 所示。

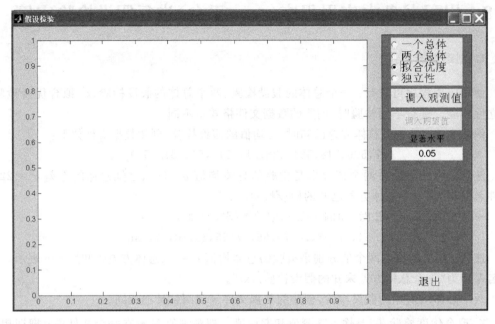

图 4.8.2　前面的窗口

3. 选择假设检验项目

根据要进行的假设检验，选择不同的项目，比如进行 χ^2 拟合优度检验，如图 4.8.3 所示。

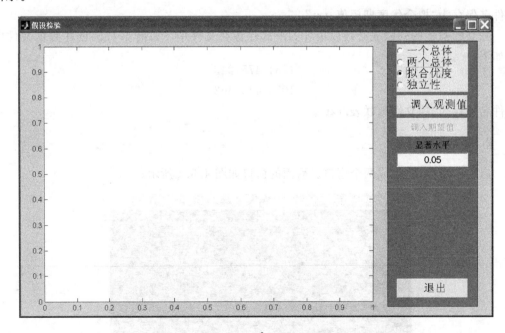

图 4.8.3　选择 χ^2 拟合优度检验

4. 调入数据

此时,"调入观测值"按钮可用,"调入期望值"按钮不可用。单击"调入观测值"按钮,打开"调入数据"对话框,选择其中的"拟合优度观测值"文件,如图 4.8.4 所示。单击"打开"按钮调入数据。

图 4.8.4 "调入数据"对话框

调入观测值后,"调入观测值"按钮变为不可用,"调入期望值"按钮变为可用,如 4.8.5 所示。

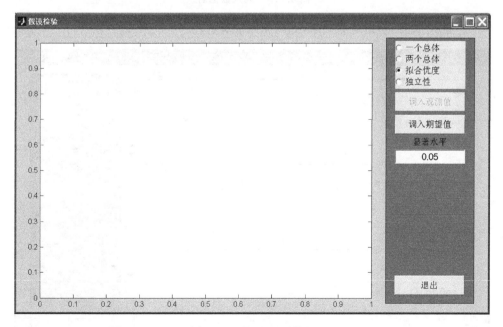

图 4.8.5 调入观测值后

单击"调入期望值"按钮,打开"调入数据"对话框,如图 4.8.4 所示,选择其中的"拟合优度期望值"文件,单击"打开"按钮。

5. 显示结果

调入期望值后,出现"显示"按钮,如图 4.8.6 所示。

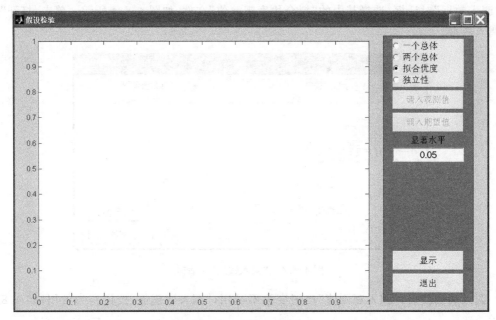

图 4.8.6　调入数据后

单击"显示"按钮,显示运算结果,如图 4.8.7 所示。

图 4.8.7　显示运算结果

从运算结果可以看出,在显著水平 0.05 下,不能拒绝原假设。运算结果还给出了检验的 p 值,以便于在不同显著性水平下判断是否拒绝原假设。

习题 4

4.1　设 $x_1, x_2, \cdots, x_n$ 是来自 $N(\mu, 1)$ 的样本,考虑如下假设检验问题

$$H_0: \mu = 2, \quad H_1: \mu = 3$$

若检验由拒绝域 $W = \{\bar{x} \geqslant 2.6\}$ 确定。

(1) 当 $n = 20$ 时求检验犯两类错误的概率;

(2) 如果要使得检验犯两类错误的概率 $\beta \leqslant 0.01$, n 最小应取多少?

(3) 证明:当 $n \to +\infty$ 时, $\alpha \to 0$, $\beta \to 0$。

4.2　在假设检验问题中,若检验结果是接受原假设,则检验可能犯哪一类错误? 若检验结果是拒绝原假设,则又有可能犯哪一类错误?

4.3　某砖厂生产的砖的抗断强度 $X(10^5 \text{Pa})$ 服从正态分布,设方差 $\sigma^2 = 1.21$,从产品中随机地抽取 6 块,测得抗断强度值为:

$$32.66, 29.86, 31.74, 30.15, 32.88, 31.05$$

试检验这批砖的平均抗断强度是否为 $32.50 \times 10^5 \text{Pa}$? ($\alpha = 0.05$)

4.4　某批矿砂的 5 个样品中的镍含量,经测定为(%):

$$3.25, 3.27, 3.24, 3.26, 3.24$$

设测定值总体服从正态分布,但参数均未知。问在 $\alpha = 0.01$ 下能否接受假设:这批矿砂的镍含量的均值为 3.25?

4.5　某厂生产的某种钢丝绳的断裂强度服从正态分布 $N(\mu, \sigma^2)$,其中 $\sigma = 40 \text{kg/cm}^2$,现从一批这种钢丝中抽取容量为 9 的一个样本,测得断裂强度平均值 $\bar{X}$,与以往正常生产时的 μ 相比,较 μ 大 25kg/cm^2。设总体方差不变,问在 $\alpha = 0.01, 0.001$ 下,能否认为这批钢丝绳质量有显著提高?

4.6　有一批枪弹,出厂时,其初速度 $v \sim N(950, 100)$(单位:m/s),经过长时间储存,取 9 发进行测试,测得样本值(单位:m/s)如下:

$$914, 920, 910, 934, 953, 945, 912, 924, 940$$

据经验,枪弹经储存后其初速度仍服从正态分布,且标准差保持不变,问是否可认为这批枪弹的初速度有显著降低($\alpha = 0.05$)?

4.7　一种元件,要求使用寿命不得低于 1000h,现从一批这种元件中随机地抽取 25 件,测得寿命平均值为 950h,已知该元件寿命服从标准差为 $\sigma = 100 \text{h}$ 的正态分布,在显著性水平为 0.05 条件下,确定这种元件是否合格。

4.8　某种导线,要求其电阻的标准差不得超过 0.005Ω,今在生产的一批导线中取样品 9 根,测得数据并计算得 $s = 0.007\Omega$,设总体服从正态分布。问在显著性水平 $\alpha = 0.05$ 下,能否认为这批导线的标准差显著偏大?

4.9　某种溶液中要求水分的标准差低于 0.04%,现取 10 个测定值,求得样本均值 $\bar{x} = 0.452\%$,样本标准差 $s = 0.037\%$,设被测总体 $X \sim N(\mu, \sigma^2)$,问这种溶液中水分含量是否合乎标准? ($\alpha = 0.05$)

4.10　检查一批保险丝,抽出 10 根,通过强电流熔化所需的时间(单位:s)为:

$$42,65,75,78,59,71,57,68,54,55$$

可以认为熔化所需时间服从正态分布,问:

(1) 能否认为这批保险丝的平均熔化时间不小于 65s? ($\alpha = 0.05$)

(2) 能否认为熔化时间方差不超过 $80s^2$? ($\alpha = 0.05$)

4.11　某炼铁厂的铁水含碳量 X 在正常情况下服从正态分布 $N(4.55, 0.108^2)$,现对工艺进行了某些改进,从改进后生产的铁水中随机地抽取 5 炉,测得含碳量数值为:

$$4.421, 4.152, 4.357, 4.287, 4.383$$

据此是否可以认为新工艺生产的铁水的质量比原来的有所提高? ($\alpha = 0.05$)

4.12　某卷烟厂生产两种卷烟,现分别对两种卷烟的尼古丁含量做 6 次试验,结果是:

$$甲:25,28,23,26,29,22$$
$$乙:28,23,30,35,21,27$$

若香烟的尼古丁含量服从正态分布,且方差相等,试问这两种香烟的尼古丁含量有无显著差异? ($\alpha = 0.05$)

4.13　甲、乙两台机床生产同一型号的滚珠,由过去的经验知道,这两台机床生产的滚珠直径服从正态分布,其期望值均等于设计值。现从这两台机床生产的产品中分别抽出 8 个和 9 个,测得滚珠的直径如下(单位:mm):

$$甲:15.0,14.5,15.2,15.5,14.8,15.1,15.2,14.8$$
$$乙:15.2,15.0,14.8,15.2,15.0,15.0,14.8,15.1,14.8$$

问乙机床的加工精度是否比甲机床的高? ($\alpha = 0.05$)

4.14　现有两箱灯泡,今从第一箱中取 9 只测试,算得平均寿命为 1532h,标准差为 432h;从第二箱中取 18 只测试,算得平均寿命为 1412h,标准差为 380h,设两箱灯泡寿命都服从正态分布,问是否可以认为这两箱灯泡是同一批生产的? ($\alpha = 0.05$)

4.15　用两种不同的配方生产同一种材料,对第一种配方生产的材料进行 7 次试验,测得材料的平均强度 $\bar{x} = 13.8 kg/cm^2$,标准差 $s_1 = 3.9 kg/cm^2$;对第二种配方生产的材料进行 8 次试验,测得材料的平均强度 $\bar{y} = 17.8 kg/cm^2$,标准差 $s_2 = 4.7 kg/cm^2$。已知两种工艺生产的材料强度均服从正态分布。在 $\alpha = 0.05$ 水平下,能否认为第一种配方生产的材料强度低于第二种配方生产的材料强度?

4.16　为了调查应用克矽平治疗矽肺的效果,今抽查应用克矽平治疗矽肺的患者 10 名,记录下治疗前后血红蛋白的含量数据表 4.1。试问该药是否会引起血红蛋白含量的明显变化?(假定用药前后血红蛋白含量服从正态分布)

表 4.1　数据表

患者代号	1	2	3	4	5	6	7	8	9	10
治疗前 x_i	11.3	15.0	15.0	13.5	12.8	10.0	11.0	12.0	13.0	12.3
治疗后 y_i	14.0	13.8	14.0	13.5	13.5	12.0	14.7	11.4	13.9	12.0

4.17　某特种钢厂生产的钢丝绳的抗断强度 X 具有均值 1800kg、标准差 100kg。在制造过程中采用一种新工艺,据说能提高抗断强度。为了检验这种说法,随机抽取 50 个样品组成一个简单随机样本,算得其平均抗断强度为 1850kg,在显著性水平 $\alpha = 0.01$ 下,能采用这种新工艺吗?

4.18　某灯泡厂生产的 8W 日光灯管,按广告说是平均寿命为 1600h。今随机抽取 100 支 8W 日光灯管,测得平均寿命为 1570h,标准差为 120h。在显著性水平 $\alpha=0.05$ 下,检验广告的说法是否符合实际?

4.19　据以往经验,机床发生故障的频率服从均匀分布,某车间在一周内统计所有机床发生故障频数的资料如表 4.2 所示。试用 χ^2 拟合适度检验故障频数是否服从均匀分布? ($\alpha=0.05$)

表 4.2　故障频数资料表

星期	一	二	三	四	五	六
故障品数	7	8	3	9	16	17

4.20　有人对 $\pi=3.1415926\cdots$ 的小数点后 800 位数字中数字 $0,1,2,\cdots,9$ 出现的次数进行了统计,结果见表 4.3。试在显著性水平 0.05 下检验每个数字出现的概率相同的假设。

表 4.3　出现次数统计表

数字	0	1	2	3	4	5	6	7	8	9
次数	74	92	83	79	80	73	77	75	76	91

4.21　某汽车制造厂在 5 个工厂生产同一类型的汽车,每一个工厂都雇用同样多的工人并使用相同的技术。董事长正在考虑在其中一个工厂扩大生产以满足未来预期对汽车需求的增加。在哪一个工厂扩大生产,一个经理提出:尽管资料显示出 5 个工厂的生产水平不同,但差别并不明显,因而从效率的角度来看,选择哪一个工厂是不重要的。董事长不愿意当即接受这一观点,决定进行检验以确定是否可以证明该观点在统计学意义上是合理的。下面给出 5 个工厂中每个工厂在一周内的产量,你将向董事长提出什么意见呢?

表 4.4　每个工厂在一周内的产量

工厂	A	B	C	D	E	总和
生产水平(汽车数量)	85	120	190	200	215	810

4.22　1898 年,巴特开惠茨(L. von Bortkiewicz)根据普鲁士军队的统计报告,计算过 10 个骑兵连队 20 年间被马践踏致死的士兵人数,以每个连队一年间的死亡人数为 X,相当于抽了一个容量为 200 的样本,数据如表 4.5 所示。试问 X 是否服从泊松分布? ($\alpha=0.05$)

表 4.5　数据表

死亡人数	0	1	2	3	4
频数	109	65	22	8	1

4.23　从自动精密机床产品传递带中取出 200 个零件,以 $1\mu m$ 以内的测量精度检验零件尺寸,把测量与额定尺寸按每隔 $5\mu m$ 进行分组,计算这种偏差 1 落在各组内的频数 n_i,见表 4.6。使用 χ^2 检验法检验尺寸偏差是否服从正态分布? ($\alpha=0.05$)

表 4.6

组号	1	2	3	4	5	6	7	8	9	10
组限	$-20\sim$ -15	$-15\sim$ -10	$-10\sim$ -5	$-5\sim$ 0	$0\sim$ 5	$5\sim$ 10	$10\sim$ 15	$15\sim$ 20	$20\sim$ 25	$25\sim$ 30
n_i	7	11	15	24	49	41	26	17	7	3

4.24 为了了解色盲与性别的联系,调查了 1000 个人,按性别及是否是色盲分类如表 4.7。在显著性水平 $\alpha=0.05$ 下检验假设"色盲与性别相互独立"。

表 4.7

是否色盲 ＼ 性别	男	女
正常	442	514
色盲	38	6

4.25 调查 339 名 50 岁以上吸烟习惯者与慢性气管炎病的关系,结果如表 4.8 所示。试问吸烟者与不吸烟者患慢性气管炎疾病是否有所不同。($\alpha=0.01$)

表 4.8

	慢性气管炎者	未患慢性气管炎者	合计	患病率/%
吸烟	43	162	205	21.0
不吸烟	13	121	134	9.7
$\sum$	56	283	339	16.5

4.26 表 4.9 是 1976—1977 年间在美国佛罗里达州 29 个地区发生的凶杀案中被告人被判死刑的情况。是否可以认为被害人肤色不同不会影响对被告的死刑判决?

表 4.9

被害人肤色	判死刑	不判死刑
白人	30	184
黑人	6	106

第5章 方差分析

方差分析是试验研究中分析试验数据的重要方法,应用十分广泛。本章将介绍方差分析的基本思想及单因素和双因素方差分析方法。

5.1 概述

5.1.1 基本概念

在实际当中常常要通过实验来了解各种因素对产品的性能、产量等的影响,这些性能、产量指标等统称为试验指标,而称影响试验指标的条件、原因等为因素或因子,称因素所处的不同状态为水平。各因素对试验指标的影响一般是不同的,就是一个因素的不同的水平对试验指标的影响往往也是不同的。方差分析就是通过对试验数据进行分析,检验方差相同的各正态总体的均值是否相等,以判断各因素对试验指标的影响是否显著。方差分析按影响试验指标的因素的个数分为单因素方差分析、双因素方差分析和多因素方差分析,我们这里只介绍单因素方差分析和双因素方差分析。

在试验研究中,所获得的试验结果(数据)总是有差异的,即使在同一条件下重复进行试验,所得试验数据也不会完全一样。引起试验数据产生差异的因素很多,这些因素对试验数据的影响程度也是不同的,有主有次,有大有小。通常我们称由于因素变化所引起的数据差异为条件误差,它决定了试验结果的准确度。称由于在试验过程中一系列有关因素的细小随机(偶然)的波动而形成的具有相互抵消性的误差为随机误差。它决定试验结果的精密度。

5.1.2 方差分析的必要性

在第 4 章中,我们已经讨论了两个样本均值相等的假设试验问题。但在生产实践中,经常遇到多个样本均值是否相等的问题。我们看下面的例子。

例 5.1.1 以淀粉为原料生产葡萄糖的过程中,残留有许多糖蜜,可作为生产酱色的原料。在生产酱色的过程之前应尽可能彻底除杂,以保证酱色质量。为此对除杂方法进行选择。在试验中选用五种不同的除杂方法,每种方法做 4 次试验,即重复 4 次,结果见表 5.1.1。

表 5.1.1   不同除杂方法的除杂量(g/kg)

除杂方法(A_i)	A_1	A_2	A_3	A_4	A_5
	25.6	24.4	25.0	28.8	20.6
除杂量(x_{ij})	22.2	30.0	27.7	28.0	21.2
	28.0	29.0	23.0	31.5	22.0
	29.8	27.5	32.2	25.9	21.2
平均($\bar{x}_{i.}$)	26.4	27.7	27.0	28.6	21.3
理论均值(μ_i)	μ_1	μ_2	μ_3	μ_4	μ_5

本试验的目的是判断不同的除杂方法对除杂量是否有显著影响,以便确定最佳除杂方法。从表 5.1.1 可见,各次试验结果是参差不齐的。我们可以认为,同一除杂方法重复试验得到的 4 个数据的差异是由随机误差造成的,而随机误差常常是服从正态分布的,这时除杂量应该有一个理论上的均值。而对不同除杂方法,除杂量应该有一个不同的均值。这种均值之间的差异是由于除杂方法的不同所造成。于是我们可以认为五种除杂方法下所得数据是来自均值不同的五个正态总体,且由于试验中其他条件相对稳定,因而可以认为每个总体的方差是相同的,即五个总体具有方差齐性。这样,判断除杂方法对除杂效果是否有显著影响的问题,就转化为检验五个具有相同方差的正态总体均值是否相同的问题了,即检验假设

$$H_0: \mu_1 = \mu_2 = \mu_3 = \mu_4 = \mu_5$$

在上述这种情况下,第 4 章介绍的方法不再适用。这是因为:①倘若是 k 个样本,需要检验 $H_0: \mu_1 = \mu_2, \mu_3 = \mu_4, \cdots, \mu_{k-1} = \mu_k$,共需检验 $k(k-1)/2$ 个假设,这样的程序非常繁琐;②如果每个样本中有 n 个数据,样本进行两两比较时,只能由 $2(n-1)$ 个自由度估计样本均值标准误差,而不能由 $k(n-1)$ 个自由度一起估计,精度不够高;③两两检验会随样本的个数的增加而大大增加错误的机会。如例 5.1.1,在两两比较中 $k=5$,取 $\alpha = 0.05$,则 $k(k-1)/2 = 10$ 次比较的结论都正确的概率为 0.95^{10},至少作出一次错误的结论的概率为 $1 - 0.95^{10} = 0.4013$,这时的检验结果已很不可靠。对于这种多个总体样本均值的假设检验,需采用方差分析方法。

5.1.3   方差分析的基本思想

方差分析的实质就是检验多个正态总体均值是否相等。那么如何检验呢?从表 5.1.1 可见,20 个数据是参差不齐的,数据波动的可能原因来自两个方面:一是由于因素的水平不同,即除杂方法不同造成的。事实上,五种除杂方法下的数据平均值 $\bar{x}_i$ 之间确实有差异;二是来自偶然误差,从表中数据可见,每一种除杂方法下的 4 个数据虽然是相同条件下的试验结果,但仍然存在差异,这是由于试验中存在偶然因素(例如环境、原材料成分、测试技术等微小而随机的变化)引起的。这里我们把由因素的水平变化引起的试验数据波动称为条件误差;把随机因素引起的试验数据波动称为随机误差或试验误差。方差分析就是把试验数据的总波动分解为两个部分,一部分反映由条件误差引起的波动,另一部分反映由试验误差引起的波动。亦即把数据的总偏差平方和 SST 分解为反映必然性的各个因素的偏差平方和($SSA, SSB, \cdots$)与反映偶然性的偏差平方和(SSE),并计算它们的平均偏差平方和。

再将两者进行比较,借助 F 检验法,检验假设 $H_0:\mu_1=\mu_2=\mu_3=\mu_4=\mu_5$,从而确定因素对试验结果的影响是否显著。也就是说,"方差分析"所分析的并非方差,而是研究数据间的"变异"来源,即是条件误差,还是随机误差。

5.2 单因素试验方差分析

单因素试验的方差分析有两种情况,一种是水平数相等,一种是水平数不等。

5.2.1 单因素方差分析的模型与条件

设试验所考察的因素 A 有 s 个水平: $A_1,A_2,\cdots,A_s$,在水平 $A_j(j=1,2,\cdots,s)$ 下,进行了 $n_j(n_j\geqslant 2)$ 次试验,得到试验数据结构表 5.2.1。

表 5.2.1 单因素试验数据结构

水平	A_1	A_2	...	A_s
观察结果	X_{11}	X_{12}	...	X_{1s}
	X_{21}	X_{22}	...	X_{2s}
	$\vdots$	$\vdots$		$\vdots$
	$X_{n_1 1}$	$X_{n_2 2}$	...	$X_{n_s s}$
样本总和	$T_{.1}$	$T_{.2}$	...	$T_{.s}$
样本均值	$\overline{X}_{.1}$	$\overline{X}_{.2}$	...	$\overline{X}_{.s}$
总体均值	μ_1	μ_2	...	μ_s

表中 $T_{.j}=\sum\limits_{i=1}^{n_j}X_{ij},\overline{X}_{.j}=\dfrac{1}{n_j}\sum\limits_{i=1}^{n_j}X_{ij}$。

假设各个水平 $A_j(j=1,2,\cdots,s)$ 下的样本来自具有相同方差 σ^2、均值分别为 $\mu_j(j=1,2,\cdots,s)$ 的正态总体 $N(\mu_j,\sigma^2)$,μ_j 与 σ^2 未知,且各水平独立。由于 $X_{ij}\sim N(\mu_j,\sigma^2)$,设 $X_i-\mu_j=\varepsilon_{ij}$,则

$$\begin{cases} X_{ij}=\mu_j+\varepsilon_{ij} \\ \varepsilon_{ij}\sim N(0,\sigma^2),各\ \varepsilon_{ij}\ 独立 \\ j=1,2,\cdots,s;\ i=1,2,\cdots,n_j \end{cases}$$

这就是单因素方差分析的数学模型。单因素方差分析的目的是检验 s 个总体 $N(\mu_j,\sigma^2)$ $(j=1,2,\cdots,s)$ 的均值是否相等,即检验假设

$$H_0:\mu_1=\mu_2=\cdots=\mu_s;\quad H_1:\mu_1,\mu_2,\cdots,\mu_s\ 不全相等$$

若拒绝 H_0,则认为至少有两个水平之间的差异是显著的,因素 A 对试验结果有显著影响;反之,若接受 H_0,则认为因素 A 对试验结果无显著影响,试验结果在各水平之间的不同仅仅是由于随机因素引起的。

5.2.2　单因素方差分析的方法与步骤

1. 总偏差平方和的分解

设数据的总平均为

$$\overline{X} = \frac{1}{n} \sum_{j=1}^{s} \sum_{i=1}^{n_j} X_{ij}, \quad \text{其中} \ n = \sum_{j=1}^{s} n_j$$

引入总偏差平方和

$$SST = \sum_{j=1}^{s} \sum_{i=1}^{n_j} (X_{ij} - \overline{X})^2$$

由于 SST 能反映全部试验数据之间的差异,因此又称 SST 为总变差。又记水平 A_j 下的样本均值为 $\overline{X}._j$,即

$$\overline{X}._j = \frac{1}{n_j} \sum_{i=1}^{n_j} \overline{X}_{ij}$$

因为

$$SST = \sum_{j=1}^{s} \sum_{i=1}^{n_j} (X_{ij} - \overline{X})^2 = \sum_{j=1}^{s} \sum_{i=1}^{n_j} \big[(X_{ij} - \overline{X}._j) + (\overline{X}._j - \overline{X}) \big]^2 \quad (5.2.1)$$

记

$$SSE = \sum_{j=1}^{s} \sum_{i=1}^{n_j} (X_{ij} - \overline{X}._j)^2; \quad SSA = \sum_{j=1}^{s} \sum_{i=1}^{n_j} (\overline{X}._j - \overline{X})^2$$

化简式(5.2.1)则有

$$SST = SSE + SSA \quad (5.2.2)$$

称 SSE 为误差平方和,它是各条件(水平)下的试验值与该条件下的平均值之偏差的平方和,反映了随机误差引起的波动,或称为组内偏差平方和。

称 SSA 为效应平方和,表示各条件(水平)下的平均数与总平均数的偏差平方和,反映了因素 A 的水平变化引起的波动,也称为组间偏差平方和或因素平方和。

由式(5.2.2)知,总的偏差平方和可分解成组间偏差平方和与组内偏差平方和。

我们也可从图 5.2.1 和图 5.2.2 直观地看出相应的结论。

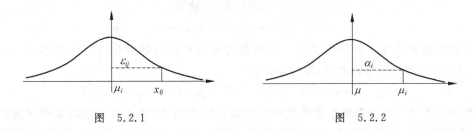

图　5.2.1　　　　　　　　　图　5.2.2

$x_{ij} \sim N(\mu_i, \sigma^2)$,见图 5.2.1。

由图 5.2.1 知:

$$x_{ij} = \mu_i + \varepsilon_{ij} \quad (5.2.3)$$

其中 ε_{ij} 为随机误差(组内误差)。

又 $\mu_i \sim N(\mu, \sigma^2)$,见图 5.2.2。

由图 5.2.2 知:

$$\mu_i = \mu + \alpha_i \tag{5.2.4}$$

其中 α_i 为条件误差(组间误差)。由式(5.2.3)和式(5.2.4)有

$$x_{ij} = \mu + \alpha_i + \varepsilon_{ij}$$

即

$$x_{ij} - \mu = \alpha_i + \varepsilon_{ij}$$

这说明任意观测数据与总平均值的误差都可以分解成条件误差与随机误差的和。

2. 计算自由度和方差(平均偏差平方和)

偏差平方和的大小与参加求和的项数有关,为了比较 SSA 与 SSE 的大小,应消除求和项数的影响,比较它们的平均值。从数学上的理论推导知道,SSA 与 SSE 的平均值不是 SSA 与 SSE 分别除以相应的参与求和的项数,而应除以它们的自由度。现在我们分别讨论以下 SST、SSA 和 SSE 的自由度 f_T、f_A 和 f_e。

式 $SST = \sum_{j=1}^{s} \sum_{i=1}^{n_j} (X_{ij} - \overline{X})^2$ 中,有 n 个数据 X_{ij},存在一个线性约束 $\sum_{j=1}^{s} \sum_{i=1}^{n_j} (X_{ij} - \overline{X}) = 0$,故 SST 的自由度 $f_T = n-1$。

式 $SSA = \sum_{j=1}^{s} \sum_{i=1}^{n_j} (\overline{X}._j - \overline{X})^2$ 中,有 s 个数据 $\overline{X}._j$,存在一个线性约束 $\sum_{j=1}^{s} \sum_{i=1}^{n_j} (\overline{X}._j - \overline{X}) = 0$,故 SSA 的自由度 $f_A = s-1$。

式 $SSE = \sum_{j=1}^{s} \sum_{i=1}^{n_j} (X_{ij} - \overline{X}._j)^2$ 中,有 n 个数据 x_{ij},存在 s 个线性约束 $\sum_{i=1}^{n_j} (X_{ij} - \overline{X}._j) = 0$ $(j = 1, 2, 3, \cdots, s)$,故 SSE 的自由度 $f_e = n-s$。

显然有

$$f_T = f_A + f_e \tag{5.2.5}$$

式(5.2.5)称为偏差平方和自由度分解公式。因为总自由度 $f_T = n-1$ 是总的数据个数减 1,而组间自由度 $f_A = s-1$ 是因素的水平数减 1,都很好计算,所以一般先求出 f_T 和 f_A,再利用

$$f_e = f_T - f_A$$

求出组内自由度 f_e,于是可求出 SSA 和 SSE 的平均值:

$$MSA = SSA / f_A \tag{5.2.6}$$

$$MSE = SSE / f_e \tag{5.2.7}$$

MSA 和 MSE 分别称为组间方差和组内方差。

3. 显著性检验

若 H_0 为真,即 $\mu_1 = \mu_2 = \cdots = \mu_s$,则全体样本可看作是来自同一正态总体 $N(\mu_i, \sigma^2)$。因为,$SST/(n-1)$,$SSA/(s-1)$,$SSE/(n-s)$ 都是总体方差 σ^2 的无偏估计值,且当原假设 H_0 成立时,SSA 和 SSE 分别是自由度为 $s-1$,$n-s$ 的 χ^2 变量,所以统计量

$$F = \frac{SSA/(s-1)}{SSE/(n-s)} = \frac{MSA}{MSE} \sim F(s-1, n-s) \qquad (5.2.8)$$

显然,F 应接近与 1。如果 F 值比 1 大得多,即 MSA 明显地大于 MSE,就有理由认为原假设公式不成立。表明 SSA 中不仅包括随机误差,而且包含因素 A 水平变动引起的数据波动(称为因素误差),即因素 A 对试验结果影响显著。这种比较方差大小来判断原假设 H_0 是否成立的方法,就是方差分析名称的由来。

现在问题是,F 值大到多大,认为试验结果的差异主要是由因素水平的改变引起的,小到多小,认为试验结果的差异主要是由试验误差引起的,这就需要有一个比较标准。对于给定的检验水平 α,可查表得出临界值 F_α,将由样本值算得的 F 的值 F_0 与 F_α 比较,若 $F_0 \geqslant F_\alpha$,则否定原假设 H_0,即认为因素 A 对试验结果有显著影响;若 $F_0 < F_\alpha$,则接受原假设,即认为因素 A 对试验结果无显著影响。

检验水平 α 的选取视具体情况而定,通常取 $\alpha = 0.01$ 和 $\alpha = 0.05$,从 F 分布表上查出 $F_{0.01}$ 和 $F_{0.05}$。若 $F_0 \geqslant F_{0.01}$,判定因素 A 为高度显著,记为"高度显著";若 $F_{0.05} \leqslant F_0 < F_{0.01}$,判定因素 A 为显著,记为"显著";若 $F_0 < F_{0.05}$,则判定因素 A 为不显著,不作标记。

4. 列出方差分析表

由以上讨论可知,方差分析的步骤基本上就是假设检验的步骤,特殊的只是检验用的统计量是由两个方差之比构成的,具体进行方差分析时,主要是计算这两个方差,由于计算过程较繁,一般把计算结果列成方差分析表,其格式如表 5.2.2 所示。

表 5.2.2　单因素试验的方差分析表

方差来源	偏差平方和	自由度	方差	F 值	F_α	显著性
因素 A(组间)	SSA	$s-1$	$MSA = \dfrac{SSA}{s-1}$	$F = \dfrac{MSA}{MSE}$	查表	
误差 e(组内)	SSE	$n-s$	$MSE = \dfrac{SSE}{n-s}$			
总和	SST	$n-1$				

5.2.3　重复数相等的单因素方差分析实例

例 5.2.1　以例 5.1.1 的试验数据为例,说明单因素方差分析的步骤。
解　检验假设

$$H_0: \mu_1 = \mu_2 = \mu_3 = \mu_4 = \mu_5$$

即除杂方法对除杂量无显著影响;

$$H_1: \mu_1, \mu_2, \mu_3, \mu_4, \mu_5 \text{ 不全相等}$$

即除杂方法对除杂量有显著影响。

1. 计算偏差平方和及自由度

这里,$n_1 = n_2 = n_3 = n_4 = n_5 = 4$,$n = 5 \times 4 = 20$。

$$SST = \sum_{j=1}^{5} \sum_{i=1}^{4} (x_{ij} - \bar{x})^2 = 246.872, \quad f_T = n - 1 = 20 - 1 = 19$$

$$SSA = \sum_{j=1}^{5} \sum_{i=1}^{4} (\bar{x}._j - \bar{x})^2 = 131.957, \quad f_A = s - 1 = 5 - 1 = 4$$

$$SSE = \sum_{j=1}^{5} \sum_{i=1}^{4} (x_{ij} - \bar{x}._j)^2 = 114.915, \quad f_e = n - s = 20 - 5 = 15$$

2. 计算方差

$$MSA = SSA/f_A = 131.957/4 = 32.9892, MSE = SSE/f_e = 114.915/15 = 7.661$$

3. 列出方差分析表

由上述计算结果,列出方差分析表,见表 5.2.3。

表 5.2.3　方差分析表

方差来源	偏差平方和	自由度	方差	F 值	F_a	显著性
因素 A(组间)	$SSA=131.957$	4	$MSA=32.9892$	$F_0=4.3$	$F_{0.05}(4,15)=3.05$	显著
误差 e(组内)	$SSE=114.915$	15	$MSE=7.661$		$F_{0.01}(4,15)=4.89$	
总和	$SST=246.872$	19				

由于 $F_{0.05}(4,15) < F_0 < F_{0.01}(4,15)$,故拒绝 H_0,即不同除杂方法对除杂效果有显著影响。

例 5.2.2　某公司采用四种方式推销其产品。为检验不同方式推销产品的效果,随机抽样得表 5.2.4。

表 5.2.4　某公司产品销售方式所对应的销售量

序号　　销售方式	方式一	方式二	方式三	方式四
1	77	95	71	80
2	86	92	76	84
3	81	78	68	79
4	88	96	81	70
5	83	89	74	82

解　检验假设

$$H_0: \mu_1 = \mu_2 = \mu_3 = \mu_4$$

即推销方式对销售量影响不显著;

$$H_1: \mu_1, \mu_2, \mu_3, \mu_4 \text{ 不全相等}$$

即推销方式对销售量有显著影响。

(1) 计算偏差平方和及自由度

这里,$n_1 = n_2 = n_3 = n_4 = 5, n = 4 \times 5 = 20$。

$$SST = \sum_{j=1}^{4} \sum_{i=1}^{5} (x_{ij} - \bar{x})^2 = 1183, \quad f_T = n - 1 = 20 - 1 = 19$$

$$SSA = \sum_{j=1}^{4} \sum_{i=1}^{5} (\bar{x}._j - \bar{x})^2 = 685, \quad f_A = s - 1 = 4 - 1 = 3$$

$$SSE = \sum_{j=1}^{4} \sum_{i=1}^{5} (x_{ij} - \bar{x}._j)^2 = 498, \quad f_e = n - s = 20 - 4 = 16$$

(2) 计算方差

$$MSA = SSA/f_A = 228.3333, \quad MSE = SSE/f_e = 31.125$$

(3) 列出方差分析表

由上述计算结果,列出方差分析表(见表 5.2.5)。

表 5.2.5　方差分析表

方差来源	偏差平方和	自由度	方差	F 值	F_a	显著性
组间	$SSA = 685$	3	$MSA = 228.3333$	$F_0 = 7.3360$	$F_{0.05}(3,16) = 3.24$	高度显著
组内	$SSE = 498$	16	$MSE = 31.125$		$F_{0.01}(3,16) = 5.29$	
总和	$SST = 1183$	19				

由于 $F_0 > F_{0.01}(3,16)$,故拒绝 H_0,即推销方式对销售量有显著影响。

5.2.4　多重比较 LSD 法

方差分析可以对多个均值是否相等进行检验,这是其长处。当拒绝 H_0 时,表示各均值不全等,但具体哪一个或哪几个均值与其他均值显著不同,或者哪几个均值仍然可能认为是相等的,方差分析就不能给我们答案了,如果要进一步分析,可以采用多重比较的方法。

多重比较是通过对总体均值之间的配对比较来进一步检验到底哪些均值之间存在差异。

LSD 方法即最小显著差数法(least significant difference),是检验两个总体均值是否相等的 t 性质检验方法,它适用于检验两个相互独立的样本平均数的差异显著性。

这里设等重复试验数为 r,即 $n_1 = n_2 = \cdots = n_s = r$。

LSD 法的步骤如下:

1. 提出假设

$$H_0: \mu_i = \mu_j \quad (\text{第 } i \text{ 个总体的均值等于第 } j \text{ 个总体的均值})$$
$$H_1: \mu_i \neq \mu_j \quad (\text{第 } i \text{ 个总体的均值不等于第 } j \text{ 个总体的均值})$$

2. 列出因素各水平下指标均值的差数三角表

第一列水平的顺序按其指标平均值由大到小从上到下排列;第一行水平的顺序按其指标平均值由小到大从左到右排列,表中 $\bar{x}_i$ 表示指标平均值按从大到小的第 i 个排列,A_i 表示 $\bar{x}_i$ 对应的水平。

如果各水平的均值由小到大的排列顺序是：$\bar{x}_{i_1} \leqslant \bar{x}_{i_2} \leqslant \cdots \leqslant \bar{x}_{i_s}$，则各均值的比较见表 5.2.6。

表 5.2.6　多重比较

水平	平均数 $\bar{x}_t$	$A_{i_1}\ \bar{x}_i - \bar{x}_{i_1}$	$A_{i_2}\ \bar{x}_i - \bar{x}_{i_2}$	...	$A_{i_s}\ \bar{x}_i - \bar{x}_{i_s}$
A_{i_s}	$\bar{x}_{i_s}$	$\bar{x}_{i_s} - \bar{x}_{i_1}$	$\bar{x}_{i_s} - \bar{x}_{i_2}$		
$A_{i_{s-1}}$	$\bar{x}_{i_{s-1}}$	$\bar{x}_{i_{s-1}} - \bar{x}_{i_1}$	$\bar{x}_{i_{s-1}} - \bar{x}_{i_2}$		
$\vdots$	$\vdots$				
A_{i_1}	$\bar{x}_{i_1}$				

3. 计算检验统计量

因为

$$T = \frac{\bar{x}_i - \bar{x}_j}{\sqrt{MSE\left(\dfrac{1}{n_i} + \dfrac{1}{n_j}\right)}} \sim t(f_e)$$

这里 $n_i = n_j = r, f_e = n - s$，所以

$$T = \frac{\bar{x}_i - \bar{x}_j}{\sqrt{\dfrac{2MSE}{r}}} \sim t(n-s)$$

令

$$LSD_a = t_a(n-s) \times \sqrt{\frac{2MSE}{r}} \qquad\qquad (5.2.9)$$

LSD_a 称为最小显著数。

4. 判断

对给定的检验水平 $\alpha = 0.05, \alpha = 0.01$，由式(5.2.9)计算 LSD 法临界值：

$$LSD_{0.05} = t_{0.05}(n-s) \times \sqrt{\frac{2MSE}{r}}, \quad LSD_{0.01} = t_{0.01}(n-s) \times \sqrt{\frac{2MSE}{r}}$$

对任何两水平平均数 $|\bar{x}_i - \bar{x}_j|$ 的差数，若 $|\bar{x}_i - \bar{x}_j| \geqslant LSD_{0.01}$ 时，则认为在水平 α 下，A_i 与 A_j 的差异高度显著，记为"**"；若 $LSD_{0.05} \leqslant |\bar{x}_i - \bar{x}_j| < LSD_{0.01}$ 时，A_i 与 A_j 差异显著，记为"*"；否则为不显著，不作标记。

例 5.2.3　续例 5.2.2。

解　$\sqrt{\dfrac{2MSE}{r}} = \sqrt{\dfrac{2 \times 31.125}{5}} = 3.528$，查表得 $t_{0.05}(16) = 1.7459, t_{0.01}(16) = 2.5835$。

在显著性水平分别为 0.05 与 0.01 的最小显著差数分别为：

$$LSD_{0.05} = 1.7459 \times 3.528 = 6.1595, \quad LSD_{0.01} = 2.5835 \times 3.528 = 9.1146$$

四个均值 $\bar{x}_1, \bar{x}_2, \bar{x}_3, \bar{x}_4$ 之间的 LSD 检验差数三角形表如表 5.2.7 所示。表中各均值按由大到小的顺序重新排列。

表 5.2.7　各均值比较表

水平	平均数 $\bar{x}_i$	A_3 $\bar{x}_i - \bar{x}_3$	A_4 $\bar{x}_i - \bar{x}_4$	A_1 $\bar{x}_i - \bar{x}_1$	A_2
A_2	90	16**	11**	7*	
A_1	83	9*	4		
A_4	79	5			
A_3	74				

由表 5.2.7 的比较结果说明 A_2 与 A_3、A_2 与 A_4 差异高度显著,A_1 与 A_3、A_2 与 A_1 差异显著。

LSD 法只适用于等重复试验两两独立子样间的均值检验,只不过是找到一个公共的 LSD_α 多次重复使用而已。

5.2.5　重复数不等的单因素方差分析实例

例 5.2.4　从某五组碳酸盐地层化学分析中,取一种化学成分 A 进行考察,其数据如表 5.2.8 所示。试问这五组碳酸盐地层的化学成分有无显著差异。

表 5.2.8　试验数据表

重复＼水平	A_1	A_2	A_3	A_4	A_5
1	100	10	1	30	0
2	200	5	1	8	1
3	200	5	1	10	0
4	200	5	0	10	1
5	200	5		10	
6	200			10	

解　检验假设

$$H_0 : \mu_1 = \mu_2 = \mu_3 = \mu_4 = \mu_5$$

(1) 计算偏差平方和及自由度

这里,$n_1 = 6, n_2 = 5, n_3 = 4, n_4 = 6, n_5 = 4, n = 6 + 5 + 4 + 6 + 4 = 25$。

$$SST = \sum_{j=1}^{5} \sum_{i=1}^{n_i} (x_{ij} - \bar{x})^2 = 152710, \quad f_T = n - 1 = 25 - 1 = 24$$

$$SSA = \sum_{j=1}^{5} \sum_{i=1}^{n_i} (\bar{x}._j - \bar{x})^2 = 144010, \quad f_A = s - 1 = 5 - 1 = 4$$

$$SSE = \sum_{j=1}^{5} \sum_{i=1}^{n_i} (x_{ij} - \bar{x}._j)^2 = 8705.1, \quad f_e = n - s = 25 - 5 = 20$$

(2) 计算方差

$$MSA = SSA/f_A = 144010/4 = 36002, \quad MSE = SSE/f_e = 87051/20 = 435.3$$

（3）列出方差分析表

由上述计算结果，列出方差分析表，见表 5.2.9。

表 5.2.9　方差分析表

方差来源	偏差平方和	自由度	方差	F 值	F_α	显著性
因素 A（组间）	$SSA = 144010$	4	$MSA = 36002$	$F_0 = 82.71$	$F_{0.05}(4,20) = 2.866$	高度显著
误差 E（组内）	$SSE = 87051$	20	$MSE = 435.3$		$F_{0.01}(4,20) = 4.407$	
总和	$SST = 152710$	24				

由于 $F_0 > F_{0.01}(4,20)$，故拒绝 H_0，即不同碳酸盐地层的化学成分有显著差异。

5.2.6　多重比较 S 法

这是 Scheffe 在 1953 年提出的多重比较法，简称 S 法，适用于重复数不等的情况。设因子 A 的 s 个水平的重复数分别记为 $n_1, n_2, \cdots, n_s$。

S 法的步骤如下：

1. 提出假设

$$H_0: \mu_i = \mu_j \quad （第 i 个总体的均值等于第 j 个总体的均值）$$
$$H_1: \mu_i \neq \mu_j \quad （第 i 个总体的均值不等于第 j 个总体的均值）$$

2. 列出因素各水平下指标均值的差数三角表

第一列水平的顺序按其指标平均值由大到小从上到下排列；第一行水平的顺序按其指标平均值由小到大从左到右排列，表中 $\bar{x}_i$ 表示指标平均值按从大到小的第 i 个排列，A_i 表示 $\bar{x}_i$ 对应的水平。

3. 计算检验统计量

因为

$$\frac{(\bar{x}_i - \bar{x}_j)^2}{MSE\left(\dfrac{1}{n_i} + \dfrac{1}{n_j}\right)} \sim F(1, f_e)$$

这里 $f_e = n - s$，Scheffe 证明了

$$\frac{(\bar{x}_i - \bar{x}_j)^2}{MSE\left(\dfrac{1}{n_i} + \dfrac{1}{n_j}\right)(s-1)} \approx F(s-1, n-s)$$

令

$$D_{i,j(\alpha)} = \sqrt{(s-1)F_\alpha(s-1, n-s)\left(\frac{1}{n_i} + \frac{1}{n_j}\right)MSE} \qquad (5.2.10)$$

$D_{i,j(\alpha)}$ 为 S 检验的临界值。

4. 判断

对给定的检验水平 $\alpha=0.05$，$\alpha=0.01$，由式(5.2.10)计算 S 检验的临界值：

$$D_{i,j(0.05)}, \quad D_{i,j(0.01)}$$

若 $|\bar{x}_i-\bar{x}_j| \geqslant D_{i,j(0.01)}$ 时，则认为在水平 α 下，A_i 与 A_j 的差异高度显著，记为" ** "；若 $D_{i,j(0.05)} \leqslant |\bar{x}_i-\bar{x}_j| < D_{i,j(0.01)}$ 时，A_i 与 A_j 差异显著，记为" * "；否则为不显著，不作标记。

例 5.2.5　续例 5.2.4。

解　因为 $s=5$，$n_1=6$，$n_2=5$，$n_3=4$，$n_4=6$，$n_5=4$，$n=6+5+4+6+4=25$，查表得 $F_{0.05}(4,20)=2.87$，$F_{0.01}(4,20)=4.43$。在显著性水平分别为 0.05 与 0.01 下，由式(5.2.10) 得 A_1 和 A_5 的 S 检验的临界值分别为

$$D_{1,5(0.05)} = \sqrt{(5-1) \times 2.87 \times \left(\frac{1}{6}+\frac{1}{4}\right) \times 445.92} = 46.18$$

$$D_{1,5(0.01)} = \sqrt{(5-1) \times 4.43 \times \left(\frac{1}{6}+\frac{1}{4}\right) \times 445.92} = 57.38$$

同理可计算出其余临界值，将其列入表 5.2.10 中。

表 5.2.10　临界值表

i ＼ j	A_5	A_3	A_2	A_4	A_1
A_1	46.18 57.38	46.18 57.38	43.32 53.83	41.31 51.52	
A_4	46.18 57.38	46.18 57.38	43.32 53.83		
A_2	48.00 59.63	48.00 59.63			
A_3	50.59 62.83				
A_5					

S 检验的差数三角形表如表 5.2.11 所示。

表 5.2.11　差数三角形表

水平	平均数 $\bar{x}_t$	A_5 $\bar{x}_i-\bar{x}_5$	A_3 $\bar{x}_i-\bar{x}_3$	A_2 $\bar{x}_i-\bar{x}_2$	A_4 $\bar{x}_i-\bar{x}_4$	A_1
A_1	183.33	182.83**	182.58**	177.33**	170.33**	
A_4	13	12.5	12.25	7		
A_2	6.00	5.50	5.25			
A_3	0.75	0.25				
A_5	0.50					

由表 5.2.10 和表 5.2.11 临界值与相应均值差数比较知：A_1 与 A_5；A_1 与 A_2；A_1 与 A_4 之间有高度显著差异。

5.3　双因素试验方差分析

上面讨论了单因素试验的方差分析问题,但在科研和生产实践中,常常需要同时研究两个以上因素对试验结果的影响情况。若同时研究两个因素对试验结果的影响,例如,研究不同浸提温度和浸提时间对茶叶有效成分提取的影响,就要对两个试验因素进行方差分析。对于双因素试验的方差分析,基本思想和方法与单因素试验方差分析相似,前提条件仍然是要满足独立,方差具有齐性、正态。所不同的是在双因素试验中,有可能出现交互作用。按照是否进行重复试验,双因素方差分析又分为两种,下面分别给予介绍。

5.3.1　无交互作用的双因素方差分析

1. 无交互作用的方差分析模型

设影响试验指标的有 A 和 B 两个因素,因素 A 取 $A_1,A_2,\cdots,A_r$,共 r 个水平,因素 B 取 $B_1,B_2,\cdots,B_s$,共 s 个水平。A 和 B 两因素的每种水平搭配 $A_iB_j(i=1,2,\cdots,r;\ j=1,2,\cdots,s)$各进行一次独立试验,共进行 $r\times s=n$ 次个试验,试验数据为 $x_{ij}(i=1,2,\cdots,r;\ j=1,2,\cdots,s)$,这 n 个实验数据可用表 5.3.1 表示。

表 5.3.1　双因素无重复试验数据表

因素 A ＼ 因素 B	B_1	B_2	$\cdots$	B_s
A_1	X_{11}	X_{12}	$\cdots$	X_{1s}
A_2	X_{21}	X_{22}	$\cdots$	X_{2s}
$\vdots$	$\vdots$	$\vdots$		$\vdots$
A_r	X_{r1}	X_{r2}	$\cdots$	X_{rs}

试问:A,B 两个因素对试验指标有无显著影响,或者说因素 A 各水平之间是否差异显著? 又因素 B 各水平之间是否差异显著?

设

$$X_{ik}\sim N(\mu_{ij},\sigma^2),i=1,2,\cdots,r;\ j=1,2,\cdots,s\ ;且各\ X_{ij}\ 独立$$

考虑到没有交互作用,这样可以得到

$$\begin{cases} X_{ij}=\mu+\alpha_i+\beta_j+\varepsilon_{ij} \\ \varepsilon_{ij}\sim N(0,\sigma^2),各\ \varepsilon_{ij}\ 独立 \\ i=1,2,\cdots,r;j=1,2,\cdots,s \\ \sum_{i=1}^r\alpha_i=0;\quad \sum_{j=1}^s\beta_j=0 \end{cases}$$

这就是双因素无重复试验方差分析的数学模型。这一模型要检验以下两个假设:

$$\begin{cases} H_{01}:\alpha_1=\alpha_2=\cdots=\alpha_r=0 \\ H_{11}:\alpha_1,\alpha_2,\cdots,\alpha_r\ 不全为零 \end{cases}$$

$$\begin{cases} H_{02}: \beta_1 = \beta_2 = \cdots = \beta_s = 0 \\ H_{12}: \beta_1, \beta_2, \cdots, \beta_s \text{ 不全为零} \end{cases}$$

即检验假设

H_{01}：因素 A 无显著影响；H_{02}：因素 B 无显著影响。

2. 双因素无重复试验方差分析步骤

1) 偏差平方和与自由度

为了构造检验用的统计量,仿照单因素方差分析方法,先对偏差平方和进行分解。

设数据的总平均为

$$\overline{X} = \frac{1}{n} \sum_{j=1}^{s} \sum_{i=1}^{r} X_{ij}, \text{其中 } n = r \times s$$

类似记

$$SST = \sum_{j=1}^{s} \sum_{i=1}^{r} (X_{ij} - \overline{X})^2 \text{——总偏差平方和,自由度 } f_T = n - 1$$

$$SSA = \sum_{j=1}^{s} \sum_{i=1}^{r} (\overline{X}_{i\cdot} - \overline{X})^2 \text{——因素 } A \text{ 偏差平方和,自由度 } f_A = r - 1$$

$$SSB = \sum_{j=1}^{s} \sum_{i=1}^{r} (\overline{X}_{\cdot j} - \overline{X})^2 \text{——因素 } B \text{ 偏差平方和,自由度 } f_B = s - 1$$

$$SSE = \sum_{j=1}^{s} \sum_{i=1}^{r} (X_{ij} - \overline{X}_{i\cdot} - \overline{X}_{\cdot j} + \overline{X})^2 \text{——误差平方和,自由度 } f_e = (r-1)(s-1)$$

其中

$$\overline{X}_{\cdot j} = \frac{1}{r} \sum_{i=1}^{r} X_{ij}, \quad \overline{X}_{i\cdot} = \frac{1}{s} \sum_{j=1}^{s} X_{ij}$$

则有

$$SST = SSA + SSB + SSE, \quad f_T = f_A + f_B + f_e$$

2) 计算方差

将各偏差平方和除以相应的自由度,可求得各行间、各列间和误差的方差。

行间方差

$$MSA = SSA/f_A = SSA/(r-1)$$

列间方差

$$MSB = SSB/f_B = SSB/(s-1)$$

误差方差

$$MSE = SSE/f_e = SSE/(r-1)(s-1)$$

3) 显著性检验

数学上可以证明：若假设 H_{01} 为真时,则统计量

$$F_A = \frac{MSA}{MSE} = \frac{SSA/(r-1)}{SSE/(r-1)(s-1)} \sim F[(r-1), (r-1)(s-1)]$$

假设 H_{02} 为真时,则统计量

$$F_B = \frac{MSB}{MSE} = \frac{SSB/(s-1)}{SSE/(r-1)(s-1)} \sim F[(s-1), (r-1)(s-1)]$$

因此,利用 F_A 与 F_B 就可以分别对因素 A 和 B 作用的显著性进行检验。对于给定的显著性水平 α,在相应的自由度下查出 $F_{A,\alpha}$ 和 $F_{B,\alpha}$,若 $F_A \geqslant F_{A,\alpha}$ 拒绝 H_{01},反之,则接受 H_{01};若 $F_B \geqslant F_{B,\alpha}$,则拒绝 H_{02},反之,则接受 H_{02}。

最终,用方差分析表表示,见表 5.3.2。

表 5.3.2　双因素无重复试验方差分析表

方差来源	偏差平方和	自由度	方差	F 值	F_α	显著性
因素 A	SSA	$r-1$	$MSA=\dfrac{SSA}{r-1}$	$F_A=\dfrac{MSA}{MSE}$	查表	
因素 B	SSB	$s-1$	$MSB=\dfrac{SSB}{s-1}$	$F_B=\dfrac{MSB}{MSE}$		
误差	SSE	$(r-1)(s-1)$	$MSE=\dfrac{SSE}{(r-1)(s-1)}$			
总和	SST	$rs-1$				

例 5.3.1　为了考察 pH 值和硫酸铜溶液浓度对化验血清中白蛋白与球蛋白的影响,对蒸馏水中的 pH 值(A)取了 4 个不同水平,对硫酸铜溶液浓度(B)取了 3 个不同水平,在不同水平组合下各测了一次白蛋白与球蛋白之比,结果列于表 5.3.3,试检验两个因素对化验结果有无显著影响。

表 5.3.3　数据表

A 水平 ＼ B 水平	B_1	B_2	B_3
A_1	3.5	2.3	2.0
A_2	2.6	2.0	1.9
A_3	2.0	1.5	1.2
A_4	1.4	0.8	0.3

解　假设 H_{01}:因素 A(pH 值)对化验结果无显著影响;

H_{02}:因素 B(硫酸铜溶液浓度)对化验结果无显著影响。

(1) 计算偏差平方和及自由度

$$SST = \sum_{i=1}^{r} \sum_{j=1}^{s} (x_{ij} - \bar{x})^2 = 7.7692, \quad f_T = n-1 = 12-1 = 11$$

$$SSA = s \sum_{i=1}^{r} (\bar{x}_{i\cdot} - \bar{x})^2 = 5.2892, \quad f_A = r-1 = 4-1 = 3$$

$$SSB = r \sum_{j=1}^{s} (\bar{x}_{\cdot j} - \bar{x})^2 = 2.2217, \quad f_B = s-1 = 3-1 = 2$$

$$SSE = SST - SSA - SSB = 0.2583, \quad f_e = (r-1)(s-1) = 6$$

(2) 计算方差

$MSA = SSA/f_A = 1.7631, MSB = SSB/f_B = 1.1108, MSE = SSE/f_e = 0.04306$

(3) 列出方差分析表

由上述计算结果,列出方差分析表,见表 5.3.4。

表 5.3.4　方差分析表

方差来源	偏差平方和	自由度	方差	F 值	F_α	显著性
因素 A	$SSA=5.2892$	3	$MSA=1.7631$	$F_A=40.9484$	$F_{0.01}(3,6)=9.7795$	高度显著
因素 B	$SSB=2.2217$	2	$MSB=1.1108$	$F_B=25.8$	$F_{0.01}(2,6)=10.9428$	高度显著
误差 e	$SSE=0.25833$	6	$MSE=0.04306$			
总和	$SST=7.7692$	11				

例 5.3.2　火箭使用了四种燃料、三种推进器作射程试验。每种燃料与每种推进器的组合各进行了一次试验，得火箭射程（单位：mile）如表 5.3.5 所示。试检验燃料种类与推进器种类对火箭射程有无显著影响。

表 5.3.5　火箭射程试验

燃料 A　　推进器 B	B_1	B_2	B_3
A_1	58.2	56.2	65.3
A_2	49.1	54.1	51.6
A_3	60.1	70.9	39.2
A_4	75.8	58.2	48.7

解　假设 H_{01}：因素 A（燃料）对火箭射程无显著影响；

H_{02}：因素 B（推进器）对火箭射程无显著影响。

由表 5.3.5 中数据计算得方差分析表，见表 5.3.6。

表 5.3.6　方差分析表

方差来源	偏差平方和	自由度	方差	F 值	F_α	显著性
因素 A	223.85	2	111.92	0.91743	$F_{0.05}(2,6)=5.1433$	
因素 B	157.59	3	52.53	0.43059	$F_{0.05}(3,6)=4.7571$	
误差 e	731.98	6	122			
总和	1113.4	11				

因 $F_A=0.92<F_{0.05}(2,6)=5.14$，故认为因素 A 对试验结果无显著影响，即燃料对火箭射程无显著差异。

又因 $F_B=0.43<F_{0.05}(3,6)=4.76$，故因素 B 对试验结果无显著影响，即推进器对火箭射程无显著影响。

上面的结论显然是不合理的，究其原因乃是误差项 e 的方差 $MSE=122.00$ 比因素 A、因素 B 的方差皆大，所以 F 比值不显著。而误差项 e 的方差为什么会太大呢？这可能是未考虑两种因素搭配作用（交互作用）的缘故，即很可能燃料种类和推进器种类的某种适当搭配能使火箭射程最大。为了找到这种最好的搭配方式，需要分析因素 A 与 B 的交互作用，这时需要作重复试验。

5.3.2　有交互作用的双因素方差分析

在以上讨论中,假设两因素是相互独立的。在许多情况下,两因素之间存在着一定程度的交互作用。所谓交互作用(interaction),就是因素之间的联合搭配作用对试验结果产生了影响。A 与 B 的交互作用,记为 $A \times B$。为了考察因素间交互作用,要求两个方面因素的每一交叉项要有重复试验。倘若无重复试验,则误差项方差为 0,这时只能以交互作用项的方差作为误差方差来检验因素 A 和 B 是否有显著影响,于是 A 和 B 的交互作用 $A \times B$ 的影响就无法检验了。此时与不考虑交互作用的情况一样。因此要想考察交互作用,试验必须设重复。下面介绍双因素等重复试验的方差分析。

1. 有交互作用的方差分析模型

某项试验因素 A 取 $A_1, A_2, \cdots, A_r$ 共 r 个水平,因素 B 取 $B_1, B_2, \cdots, B_s$ 共 s 个水平,A 和 B 两因素的每种水平搭配 $A_i B_j (i=1,2,\cdots,r; j=1,2,\cdots,s)$ 各进行 l 次试验,共进行 $n=rsl$ 次试验,取得 n 个试验数据 $x_{ijk} (i=1,2,\cdots,r; j=1,2,\cdots,s; k=1,2,\cdots,l)$。$n$ 个试验数据见表 5.3.7。

表 5.3.7　双因素等重复试验数据及计算表

因素 B 因素 A	B_1	B_2	$\cdots$	B_s
A_1	$X_{111}, X_{112}, \cdots, X_{11l}$	$X_{121}, X_{122}, \cdots, X_{12l}$	$\cdots$	$X_{1s1}, X_{1s2}, \cdots, X_{1sl}$
A_2	$X_{211}, X_{212}, \cdots, X_{21l}$	$X_{221}, X_{222}, \cdots, X_{22l}$	$\cdots$	$X_{2s1}, X_{2s2}, \cdots, X_{2sl}$
$\vdots$	$\vdots$	$\vdots$		$\vdots$
A_r	$X_{r11}, X_{r12}, \cdots, X_{r1l}$	$X_{r21}, X_{r22}, \cdots, X_{r2l}$	$\cdots$	$X_{rs1}, X_{rs2}, \cdots, X_{rsl}$

要求分别检验因素 A、B 及交互作用 $A \times B$ 对试验结果是否有显著影响,即检验假设 H_{01}:因素 A 无显著影响;H_{02}:因素 B 无显著影响;H_{03}:交互作用 $A \times B$ 无显著影响。

2. 双因素等重复试验方差分析一般步骤

1)偏差平方和与自由度

类似地,有

$$SST = SSA + SSB + SS(A \times B) + SSE, \quad f_T = f_A + f_B + f_{A \times B} + f_e$$

$$SST = \sum_{i=1}^{r} \sum_{j=1}^{s} \sum_{k=1}^{l} (X_{ijk} - \overline{X})^2 \text{——总偏差平方和,自由度 } f_T = n-1;$$

$$SSA = \sum_{i=1}^{r} \sum_{j=1}^{s} \sum_{k=1}^{l} (\overline{X}_{i}.. - \overline{X})^2 \text{——因素 } A \text{ 偏差平方和,自由度 } f_A = r-1;$$

$$SSB = \sum_{i=1}^{r} \sum_{j=1}^{s} \sum_{k=1}^{l} (\overline{X}_{.j}. - \overline{X})^2 \text{——因素 } B \text{ 偏差平方和,自由度 } f_B = s-1;$$

$$SSE = \sum_{i=1}^{r} \sum_{j=1}^{s} \sum_{k=1}^{l} (X_{ijk} - \overline{X}_{ij}.)^2 \text{——误差平方和,自由度 } f_e = rs(l-1);$$

$$SS(A \times B) = \sum_{i=1}^{r} \sum_{j=1}^{s} \sum_{k=1}^{l} (\overline{X}_{ij}. - \overline{X}_{i}.. - \overline{X}_{.j}. + \overline{X})^2, \text{自由度 } f_{A \times B} = (r-1)(s-1)$$

其中

$$\overline{X} = \frac{1}{n}\sum_{i=1}^{r}\sum_{j=1}^{s}\sum_{k=1}^{l}X_{ijk}, \quad n = rsl$$

$$\overline{X}_{ij\cdot} = \frac{1}{l}\sum_{k=1}^{l}X_{ijk}, \quad \overline{X}_{i\cdot\cdot} = \frac{1}{sl}\sum_{j=1}^{s}\sum_{k=1}^{l}X_{ijk}, \quad \overline{X}_{\cdot j\cdot} = \frac{1}{rl}\sum_{i=1}^{r}\sum_{k=1}^{l}X_{ijk}$$

2) 计算方差

各因素及交互作用和误差的方差为：

$$MSA = SSA/f_A = SSA/(r-1), MSB = SSB/f_B = SSB/(s-1)$$

$$MS(A\times B) = SS(A\times B)/f_{(A\times B)} = SS(A\times B)/(r-1)(s-1)$$

$$MSE = SSE/f_e = SSE/rs(l-1)$$

3) 显著性检验

数学上可以证明,当 H_{01} 为真时,

$$F_A = \frac{MSA}{MAE} = \frac{SSA/r-1}{SSE/rs(l-1)} \sim F[(r-1), rs(l-1)]$$

当 H_{02} 为真时,

$$F_B = \frac{MSB}{MSE} = \frac{SSB/s-1}{SSE/rs(l-1)} \sim F[(s-1), rs(l-1)]$$

当 H_{03} 为真时,

$$F_{A\times B} = \frac{MS(A\times B)}{MSE} = \frac{SS(A\times B)/(r-1)(s-1)}{SSE/rs(l-1)} \sim F[(r-1)(s-1), rs(l-1)]$$

因此,对于给定的显著性水平 α,在相应的自由度下查出 $F_{A,\alpha}$、$F_{B,\alpha}$ 和 $F_{A\times B,\alpha}$,若 $F_A \geqslant F_{A,\alpha}$,则拒绝 H_{01},反之,则接受 H_{01};若 $F_B \geqslant F_{B,\alpha}$,则拒绝 H_{02},反之,则接受 H_{02};若 $F_{A\times B} \geqslant F_{A\times B,\alpha}$,则拒绝 H_{03},反之,则接受 H_{03}。

4) 列出方差分析表

根据上述计算和检验结果,列出方差分析表,格式如表 5.3.8 所示。

表 5.3.8　双因素等重复试验方差分析表

方差来源	偏差平方和	自由度	方差	F 值	F_α	显著性
因素 A	SSA	$r-1$	$MSA = \dfrac{SSA}{r-1}$	$F_A = \dfrac{MSA}{MSE}$	查表	
因素 B	SSB	$s-1$	$MSB = \dfrac{SSB}{s-1}$	$F_B = \dfrac{MSB}{MSE}$		
$A\times B$	$SS(A\times B)$	$(r-1)(s-1)$	$MSA\times B = \dfrac{SSA\times B}{(r-1)(s-1)}$	$F_{A\times B} = \dfrac{MSA\times B}{MSE}$		
误差	SSE	$rs(l-1)$	$MSE = \dfrac{SSE}{rs(l-1)}$			
总和	SST	$rsl-1$				

例 5.3.3　在例题 5.3.2 中,对于燃料与推进器的每一种搭配,各发射火箭两次,测得火箭射程列于表 5.3.9。试检验燃料种类与推进器种类以及交互作用对火箭射程有无显著影响。

表 5.3.9　火箭射程试验数据

燃料 A ＼ 推进器 B	B_1		B_2		B_3	
A_1	58.2	52.6	56.2	41.2	65.3	60.8
A_2	49.1	42.8	54.1	50.5	51.6	48.4
A_3	60.1	58.3	70.9	73.2	39.2	40.7
A_4	75.8	71.5	58.2	51.0	48.7	41.4

解　假设：H_{01}：因素 A 对火箭射程无显著影响；

H_{02}：因素 B 对火箭射程无显著影响；

H_{03}：交互作用 $A \times B$ 对火箭射程无显著影响。

（1）计算偏差平方和及自由度

$$SST = \sum_{i=1}^{r}\sum_{j=1}^{s}\sum_{k=1}^{l}(X_{ijk}-\overline{X})^2 = 2638.30, \quad f_T = n-1 = 24-1 = 23$$

$$SSA = \sum_{i=1}^{r}\sum_{j=1}^{s}\sum_{k=1}^{l}(\overline{X}_{i}..-\overline{X})^2$$

$$= sl\sum_{i=1}^{a}(\overline{X}_{i}.-\overline{X})^2 = 261.68, \quad f_A = r-1 = 4-1 = 3$$

$$SSB = \sum_{i=1}^{r}\sum_{j=1}^{s}\sum_{k=1}^{l}(\overline{X}._{j}.-\overline{X})^2$$

$$= rl\sum_{j=1}^{s}(\overline{X}._{j}.-\overline{X})^2 = 370.98, \quad f_B = s-1 = 3-1 = 2$$

$$SSE = \sum_{i=1}^{r}\sum_{j=1}^{s}\sum_{k=1}^{l}(X_{ijk}-\overline{X}_{ij}.)^2 = 236.95, \quad f_e = rs(l-1) = 12$$

$$SS(A \times B) = SST - SSA - SSB - SSE = 1768.69, \quad f_{A \times B} = (r-1)(s-1) = 6$$

（2）计算方差

$$MSA = SSA/f_A = 87.23, MSB = SSB/f_B = 185.49$$

$$MS(A \times B) = SS(A \times B)/f_{A \times B} = 294.78, MSE = SSE/f_e = 19.75$$

（3）列出方差分析表

由上述计算结果，列出方差分析表，见表 5.3.10。

表 5.3.10　方差分析表

方差来源	偏差平方和	自由度	方差	F 值	F_α	显著性
因素 A	$SSA=261.68$	3	$MSA=87.23$	$F_A=4.42$	$F_{0.05}(3,12)=3.49$ $F_{0.01}(3,12)=5.9525$	显著
因素 B	$SSB=370.98$	2	$MSB=185.49$	$F_B=9.39$	$F_{0.01}(2,12)=6.9266$	高度显著
$A \times B$	$SSA \times B=294.78$	6	$MS(A \times B)=294.78$	$F_{A \times B}=14.90$	$F_{0.01}(6,12)=4.8206$	高度显著
误差 E	$SSE=19.75$	12	$MSE=19.75$			
总和	$SST=2638.30$	23				

5.4 方差分析的 MATLAB 编程实现

5.4.1 单因素方差分析的 MATLAB 程序代码与分析实例

1. 单因素方差分析的 MATLAB 程序代码

```
function   table = anova1s(A)
alpha1 = 0.05;alpha2 = 0.01;
[pval,table] = anova1(A,[],'off');
table(1,1:7) = cell(1,7);
table(1,:) = {'方差来源','偏差平方和','自由度','方差','F 值','Fα','显著性'};
table(2:4,1) = {'因素 A';'误差 e';'总和'};
table{2,6} = finv(1 - alpha1,table{2,3},table{3,3});
table{3,6} = finv(1 - alpha2,table{2,3},table{3,3});
mrk = {'不显著','显著','高度显著'};
tst = 1 + (pval < 0.05) + (pval < 0.01);
table{2,7} = mrk{tst};
```

函数 anova1s 的调用格式：

table=anova1s(A)：输入参数 A 是矩阵,其每一列是一个因素水平。当重复数不等时,不足的数据用 nan 补齐。输出参数 table 是方差分析表。

2. 多重比较 LSD 法 MATLAB 程序代码

```
function   y = cmps(A)
alpha = [0.01,0.05];
[m,s] = size(A);
y = cell(s + 1,s + 2);
B = zeros(2,s);
done = 1;
for k = 1:s
    tmp = A(:,k);
    nans = isnan(tmp);
    ind = find(nans);
    if length(ind) > 0
        done = 0;
        tmp(ind) = [];
    end
    B(1,k) = mean(tmp);
    B(2,k) = length(tmp);
end
[tm1,tm2] = sort(B(1,:));
M = fliplr(tm1);
ind = fliplr(tm2);
[p,table] = anova1(A,[],'off');
MSE = table{3,4};
y{1,1} = '水平';
```

```
y{1,2} = '平均数';
for k = 1:s
    y{1,k + 2} = ['A',int2str(tm2(k))];
end
for k = 1:s
    y{k + 1,1} = ['A',int2str(ind(k))];
    y{k + 1,2} = num2str(M(k));
end
if done
    LJ1 = tinv(1 - alpha,table{3,3});
else
    LJ1 = sqrt(table{2,3} * Finv(1 - alpha,table{2,3},table{3,3}));
end
for k = 1:(s - 1)
    for kr = 1:(s - k)
        xij = M(kr) - tm1(k);
        LJ2 = sqrt(MSE * (1/B(2,ind(kr)) + 1/B(2,tm2(k))));
        LJ = LJ1 * LJ2;
        if xij > = LJ(1)
            mrk = ' ** ';
        elseif (xij < LJ(1))&(xij > = LJ(2))
            mrk = ' * ';
        else
            mrk = [];
        end
        y{kr + 1,k + 2} = [num2str(xij),mrk];
    end
end
```

函数 cmps 的调用格式：

y＝cmps(A)：输入参数 A 是矩阵，其每一列是一个因素水平。当重复数不等时，不足的数据用 nan 补齐。输出参数 y 是各均值的比较表。

3. 分析实例

例 5.4.1　用 MATLAB 程序代码解例 5.2.2。

在命令窗口中输入：

```
>> A = [77        95        71        80
        86        92        76        84
        81        78        68        79
        88        96        81        70
        83        89        74        82];
>> table = anova1s(A)
```

运行后在命令窗口中显示：

```
table =
```

'方差来源'	'偏差平方和'	'自由度'	'方差'	'F值'	'Fα'	'显著性'
'因素A'	[685]	[3]	[228.3333]	[7.3360]	[3.2389]	'高度显著'
'误差e'	[498]	[16]	[31.1250]	[]	[5.2922]	[]
'总和'	[1183]	[19]	[]	[]	[]	[]

继续在命令窗口中输入：

>> y = cmps(A)

运行后在命令窗口中显示：

y =

'水平'	'平均数'	'A3'	'A4'	'A1'	'A2'
'A2'	'90'	'16**'	'11**'	'7*'	[]
'A1'	'83'	'9*'	'4'	[]	[]
'A4'	'79'	'5'	[]	[]	[]
'A3'	'74'	[]	[]	[]	[]

例 5.4.2 设有 A、B、C、D、E 五个大豆品种($s=5$)，其中 E 为对照，进行大区比较试验，成熟后分别在 5 块地测产，每块地随机抽取 4 个样点($r=4$)，每点产量(单位：kg)列于表 5.4.1，试作方差分析。

表 5.4.1　大豆品种比较试验结果(kg/小区)

取样点(x_{ij}) 品种	A	B	C	D	E
1	23	21	22	19	15
2	21	19	23	20	16
3	24	18	22	19	16
4	21	18	20	18	17

解　在 MATLAB 命令窗口中输入：

```
>> A = [23    21    22    19    15
        21    19    23    20    16
        24    18    22    19    16
        21    18    20    18    17];
>> table = anova1s(A), y = cmps(A)
```

运行后显示：

table =

'方差来源'	'偏差平方和'	'自由度'	'方差'	'F值'	'Fα'	'显著性'
'因素A'	[101.3000]	[4]	[25.3250]	[17.6686]	[3.0556]	'高度显著'
'误差e'	[21.5000]	[15]	[1.4333]	[]	[4.8932]	[]
'总和'	[122.8000]	[19]	[]	[]	[]	[]

y =

'水平'	'平均数'	'A5'	'A2'	'A4'	'A3'	'A1'
'A1'	'22.25'	'6.25**'	'3.25**'	'3.25**'	'0.5'	[]
'A3'	'21.75'	'5.75**'	'2.75**'	'2.75**'	[]	[]
'A4'	'19'	'3**'	'0'	[]	[]	[]
'A2'	'19'	'3**'	[]	[]	[]	[]
'A5'	'16'	[]	[]	[]	[]	[]

比较结果说明 A、B、D、C 品种与 E 差异是高度显著,以及 A 与 B、D 差异是高度显著,还有 C 与 B、D 的差异也是高度显著的,而 A、C 两个品种无显著差异。

例 5.4.3 用 MATLAB 程序代码解例 5.2.4。

这里注意:函数 anovals 既可以进行重复数相等的方差分析,也可以进行重复数不等的方差分析;函数 cmps 既可以进行重复数相等的多重比较,也可以进行重复数不等的多重比较。

在命令窗口中输入:

```
>> A = [100      10      1      30      0
        200       5      1       8      1
        200       5      1      10      0
        200       5      0      10      1
        200       5    NaN      10    NaN
        200     NaN    NaN      10    NaN];
>> table = anova1s(A)
>> y = cmps(A)
```

运行后得:

```
table =
```

'方差来源'	'偏差平方和'	'自由度'	'方差'	'F值'	'Fα'	'显著性'
'因素A'	[1.4401e+005]	[4]	[3.6002e+004]	[82.7156]	[2.8661]	'高度显著
'误差e'	[8.7051e+003]	[20]	[435.2542]	[]	[4.4307]	[]
'总和'	[1.5271e+005]	[24]	[]	[]	[]	[]

```
y =
```

'水平'	'平均数'	'A5'	'A3'	'A2'	'A4'	'A1'
'A1'	'183.3333'	'182.8333**'	'182.5833**'	'177.3333**'	'170.3333**'	[]
'A4'	'13'	'12.5'	'12.25'	'7'	[]	[]
'A2'	'6'	'5.5'	'5.25'	[]	[]	[]
'A3'	'0.75'	'0.25'	[]	[]	[]	[]
'A5'	'0.5'	[]	[]	[]	[]	[]

5.4.2 双因素无交互作用的 MATLAB 程序代码与分析实例

1. 双因素无交互作用 MATLAB 程序代码:

```
function table = anova2s(A)
alpha = [0.05,0.01];format short g
[pval,B] = anova2(A,1,'off');
table = B;
table(2,:) = B(3,:);
table(3,:) = B(2,:);
table(1,1:7) = {'方差来源','偏差平方和','自由度','方差','F 值','Fα','显著性'};
table(2:5,1) = {'行间因素';'列间因素';'误差';'总和'};
F1 = finv(1 - alpha,table{2,3},table{4,3});
F2 = finv(1 - alpha,table{3,3},table{4,3});
table{2,6} = [num2str(F1(1)),';',num2str(F1(2))];
table{3,6} = [num2str(F2(1)),';',num2str(F2(2))];;
mrk = {'不显著','显著','高度显著'};
```

```
tst = 1 + (pval < 0.05) + (pval < 0.01);
table(2:3, 7) = {mrk{tst(2)}, mrk{tst(1)}}};
```

2. 分析实例

例 5.4.4　用 MATLAB 程序代码解例 5.3.1。

解　在命令窗口中输入:

```
>> A = [3.5   2.3   2.0
        2.6   2.0   1.9
        2.0   1.5   1.2
        1.4   0.8   0.3];
>> table = anova2s(A)
```

运行后在命令窗口中显示:

```
table =
```

'方差来源'	'偏差平方和'	'自由度'	'方差'	'F值'	'Fα'	'显著性'
'行间因素'	[5.2892]	[3]	[1.7631]	[40.948]	'4.7571;9.7795'	'高度显著'
'列间因素'	[2.2217]	[2]	[1.1108]	[25.8]	'5.1433;10.9248'	'高度显著'
'误差'	[0.25833]	[6]	[0.043056]	[]	[]	[]
'总和'	[7.7692]	[11]	[]	[]	[]	[]

例 5.4.5　某厂对生产的高速钢铣刀进行淬火工艺试验,考察等温温度、淬火温度两个因素对硬度的影响。现等温温度、淬火温度各取三个水平:

等温温度 A: $A_1 = 280℃$, $A_2 = 300℃$, $A_3 = 320℃$

淬火温度 B: $B_1 = 1210℃$, $B_2 = 1235℃$, $B_3 = 1250℃$

试验后测得的平均硬度如表 5.4.2 所示。

表 5.4.2　等温温度、淬火温度对硬度的影响

等温温度 A ＼ 淬火温度 B	B_1	B_2	B_3
A_1	64	66	68
A_2	66	68	67
A_3	65	67	68

试问:(1)不同的温度对铣刀的平均硬度的影响是否显著?(2)不同淬火温度对铣刀平均硬度的影响是否显著?

解　假设 H_{01}:因素 A(温度)对铣刀的平均硬度无显著影响;

H_{02}:因素 B(淬火温度)对铣刀平均硬度无显著影响。

在命令窗口中输入:

```
>> A = [64   66   68
        66   68   67
        65   67   68];
>> table = anova2s(A)
```

运行后显示：

```
table =
    '方差来源'    '偏差平方和'    '自由度'    '方差'        'F值'        'Fα'            '显著性'
    '行间因素'    [   1.5556]    [    2]    [0.77778]    [      1]    '6.9443;18'    '不显著'
    '列间因素'    [   11.556]    [    2]    [ 5.7778]    [7.4286]    '6.9443;18'    '显著'
    '误差'        [   3.1111]    [    4]    [0.77778]    []          []            []
    '总和'        [   16.222]    [    8]    []          []          []            []
```

5.4.3 双因素有交互作用的 MATLAB 程序代码与分析实例

1. 双因素有交互作用的 MATLAB 程序代码：

```
function   table = anova2c(A,reps)
if nargin < 2
    error('请输入单元的行数')
end
[m,n] = size(A);
if mod(m,reps)
    error('矩阵 A 的行数必须是单元行数 reps 的倍数')
end
alpha = [0.05,0.01];format short g
[pval,B] = anova2(A,reps,'off');
table = B;
table(2,:) = B(3,:);
table(3,:) = B(2,:);
table(1,1:7) = {'方差来源','偏差平方和','自由度','方差','F 值','Fα','显著性'};
table(2:6,1) = {'行间因素';'列间因素';'交互作用';'误差';'总和'};
F1 = finv(1 - alpha,table{2,3},table{5,3});
F2 = finv(1 - alpha,table{3,3},table{5,3});
F3 = finv(1 - alpha,table{4,3},table{5,3});
table{2,6} = [num2str(F1(1)),';',num2str(F1(2))];
table{3,6} = [num2str(F2(1)),';',num2str(F2(2))];
table{4,6} = [num2str(F3(1)),';',num2str(F3(2))];
mrk = {'不显著','显著','高度显著'};
tst = 1 + (pval < 0.05) + (pval < 0.01);
table(2:4,7) = {mrk{tst(2)},mrk{tst(1)},mrk{tst(3)}};
```

2. 分析实例

例 5.4.6 在某橡胶配方中,考虑三种不同的促进剂,四种不同份量的氧化锌,同样的配方重复一次,测得 300% 的定伸强力如表 5.4.3 所示。试问氧化锌、促进剂以及它们的交互作用对定伸强力有无显著影响。

表 5.4.3 不同的氧化锌、促进剂下定伸强力

A \ B	B_1		B_2		B_3		B_4	
A_1	31	33	34	36	35	36	39	38
A_2	33	34	36	37	37	39	38	41
A_3	35	37	37	38	39	40	42	44

解 H_{01}：因素 A 无显著影响；H_{02}：因素 B 无显著影响；H_{03}：交互作用 $A \times B$ 无显著影响。

在命令窗口中输入：

```
>> A = [31    34    35    39
        33    36    36    38
        33    36    37    38
        34    37    39    41
        35    37    39    42
        37    38    40    44];
>> table = anova2c(A,2)
```

运行后显示：

```
table =
```

'方差来源'	'偏差平方和'	'自由度'	'方差'	'F值'	'Fα'	'显著性'
'行间因素'	[56.583]	[2]	[28.292]	[19.4]	'3.8853;6.9266'	'高度显著'
'列间因素'	[132.12]	[3]	[44.042]	[30.2]	'3.4903;5.9525'	'高度显著'
'交互作用'	[4.75]	[6]	[0.79167]	[0.54286]	'2.9961;4.8206'	'不显著'
'误差'	[17.5]	[12]	[1.4583]	[]	[]	[]
'总和'	[210.96]	[23]	[]	[]	[]	[]

5.5　用配书盘中应用程序（.exe 平台）进行方差分析实例

例 5.5.1　某饮料生产企业研制出一种新型饮料。饮料的颜色共有四种，分别为橘黄色、粉色、绿色和无色透明。随机从五家超级市场收集了前一期该种饮料的销售量（单位：t），如表 5.5.1 所示。试问饮料的颜色是否对销售量产生影响。

表 5.5.1　饮料的颜色对销售量的影响

超市	橘黄色	粉色	绿色	无色
1	26.5	31.2	27.9	30.8
2	28.7	28.3	25.1	29.6
3	25.1	30.8	28.5	32.4
4	29.1	27.9	24.2	31.7
5	27.2	29.6	26.5	32.8

下面介绍用光盘中的应用程序进行方差分析的方法与步骤。

1. 创建数据矩阵文件

文件类型为文本文件；文件内容：

```
26.5    31.2    27.9    30.8
28.7    28.3    25.1    29.6
25.1    30.8    28.5    32.4
29.1    27.9    24.2    31.7
27.2    29.6    26.5    32.8
```

把文件存为文件名:"单因素方差分析.txt"。

2. 启动"方差分析表"程序

方差分析表程序启动后,生成两个窗口,后面的窗口形式如图 5.5.1 所示。

图 5.5.1　后面的窗口

前面的窗口形式如图 5.5.2 所示。

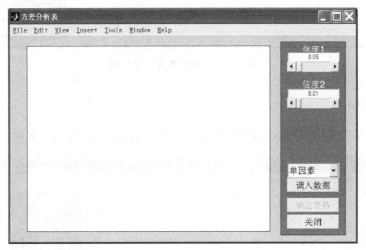

图 5.5.2　前面的窗口

在下拉菜单中有"单因素"、"双因素无重复"、"双因素等重复"、"多重比较"等项,可选中不同的项,进行不同的操作。此时"输出表格"按钮不可用。

3. 调入数据

单击"调入数据"按钮,打开"调入数据"对话框(见图 5.5.3),选中"单因素方差分析"文件。单击"打开"按钮,这时"输出表格"按钮变为可用。

图 5.5.3　调入数据窗口

4. 输出方差分析表

单击"输出表格"按钮,生成方差分析表(图 5.5.4)。

图 5.5.4　单因素方差分析表

5. 多重比较

在下拉菜单中选中"多重比较"项,准备进行多重比较,如图 5.5.5 所示。

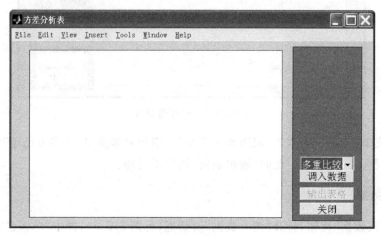

图 5.5.5　选中"多重比较"项

6. 继续调入数据

单击"调入数据"按钮,打开调入数据对话框,选中"单因素方差分析"文件,如图 5.5.6 所示。

单击"打开"按钮,这时"输出表格"按钮变为可用。

7. 输出多重比较表

单击"输出表格"按钮,生成多重比较表,如图 5.5.7 所示。

图 5.5.6　再次调入数据

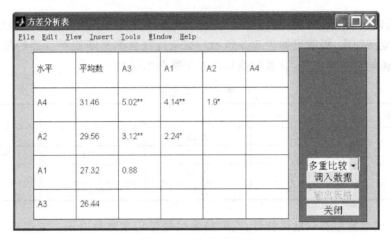

图 5.5.7　方差分析表

习题 5

5.1　有四个不同的实验室试制同一型号的纸张,为比较各实验室生产纸张的光滑度,测量了每个实验室生产的 8 张纸,得其光滑度如表 5.1 所示。

表 5.1　四个实验室生产纸张的光滑度

实验室	A_1	A_2	A_3	A_4
	38.7	39.2	34.0	34.0
	41.5	39.3	35.0	34.8
	43.8	39.7	39.0	34.8
纸张光滑度	44.5	41.4	40.0	35.4
	45.5	41.8	43.0	37.2
	46.0	42.9	43.0	37.8
	47.7	43.3	44.0	41.2
	58.0	45.8	45.0	42.8

假设上述数据服从方差分析模型,检验各个实验室生产的纸张的光滑度是否有显著差异? 如果显著,显著的差异存在于哪些水平对?

5.2 某商店以各自的销售方式卖出新型手表,以下为连续四天商店手表的销售量,得表 5.2 所示的数据。试考察销售方式对销售量有无显著性差异? 如果显著,显著的差异存在于哪些水平对?

表 5.2 销售方式与销售量数据表

销售方式	A_1	A_2	A_3	A_4	A_5
销售量数据	23	24	20	22	24
	19	25	18	25	23
	21	28	19	26	26
	13	27	15	23	27

5.3 用四种不同型号的仪器对机器零件的七级光洁表面进行检查,每种仪器分别在同一表面上反复测四次,得数据如表 5.3 所示。试从这些数据推断四种仪器的型号对测量结果有无显著影响? 如果显著,显著的差异存在于哪些水平对?

表 5.3 数据表

仪器型号	1	2	3	4
数据	-0.21	0.16	0.10	0.12
	-0.06	0.08	-0.07	-0.04
	-0.17	0.03	0.15	-0.02
	-0.14	0.11	-0.02	0.11

5.4 某实验室里有一批伏特计,它们经常被轮流用来测量电压。现在从中任取 4 只,每只伏特计用来测量电压为 100V 的恒定电动势各 5 次,测得结果见表 5.4。试问这几支伏特计之间有无显著差异? ($\alpha=0.05$)

表 5.4 测定值

伏特计	测定值/V				
A	100.9	101.1	100.8	100.9	100.4
B	100.2	100.9	101.0	100.6	100.3
C	100.8	100.7	100.7	100.4	100.0
D	100.4	100.1	100.3	100.2	100.0

5.5 在饲料对雏鸡增肥的研究中,某研究所提出三种饲料配方:A_1 是以鱼粉为主的饲料,A_2 是以槐树粉为主的饲料,A_3 是以苜蓿粉为主的饲料。为比较三种饲料的效果,特选 30 只雏鸡随机均分为三组,每组各喂一种饲料,60 天后观察它们的体重。实验结果如表 5.5 所示。试进行方差分析,可以得到哪些结果?

表 5.5 鸡饲料试验数据

饲料 A	鸡重/g									
A_1	1073	1058	1071	1037	1066	1026	1053	1049	1065	1051
A_2	1016	1058	1038	1042	1020	1045	1044	1061	1034	1049
A_3	1084	1069	1106	1078	1075	1090	1079	1094	1111	1092

5.6　表 5.6 给出三个地区人的血液中胆固醇的含量。试问这三个地区人的血液中胆固醇含量有无显著差异？如果显著，显著的差异存在于哪些水平对？

表 5.6　胆固醇含量数据表

地区	测　量　值									
1	403	311	269	336	259					
2	312	222	302	402	402	386	353	210	286	290
3	403	244	353	235	235	260				

5.7　表 5.7 的数据给出了小白鼠在接种三种不同菌型伤寒杆菌后的存活日数，试问三种菌型的平均存活日数是否有显著差异？如果有显著差异，那么这种差异又存在于哪些菌型之间？

表 5.7　小白鼠试验数据表

菌型	接种后存活天数									
Ⅰ 型	2	4	3	2	4	7	7	2	5	4
Ⅱ 型	5	6	8	5	10	7	12	6	6	
Ⅲ 型	7	11	6	6	7	9	5	10	6	3	10

5.8　为考察对纤维弹性测量的误差，仅对同一批原料，有四个工厂 A_1,A_2,A_3,A_4 同时测量，每厂各找一个检验员（B_1,B_2,B_3,B_4）轮流使用各厂设备，且重复测量，实验数据列于表 5.8。试检验因素 A 与 B 的影响是否显著？

表 5.8　数据表

	A_1	A_2	A_3	A_4
B_1	71.73	73.75	76.73	71.73
B_2	72.73	76.74	79.77	73.72
B_3	75.73	78.77	74.75	70.71
B_4	77.75	76.74	74.73	69.69

5.9　制造厂有化验员三人，担任发酵粉颗粒检验。每天从发酵粉中抽样一次进行检验，连续 10 天的检验结果见表 5.9。试以显著性水平 $\alpha=0.05$ 检验三名化验员的化验技术有无显著差异（设颗粒百分率服从正态分布，方差齐性），以及每天的颗粒百分率间有无显著差异。

表 5.9　试验数据

化验员	日期									
	B_1	B_2	B_3	B_4	B_5	B_6	B_7	B_8	B_9	B_{10}
A_1	10.1	4.7	3.1	3.0	7.8	8.2	7.8	6.0	4.9	3.4
A_2	10.0	4.9	3.1	3.2	7.8	8.2	7.7	6.2	5.1	3.4
A_3	10.2	4.8	3.0	3.1	7.8	8.4	7.9	6.1	5.0	3.3

5.10 将落叶松苗木栽在 4 块不同苗床上,每块苗床上苗木又分别使用 3 种不同的肥料以观察肥效差异,一年后于每一苗床的各施肥小区内用重复抽样方式各抽取苗木若干株测其平均高,得表 5.10 所示数据(表中数据均减去一个常数 50)。试问不同肥料与不同苗床对苗高生长有无显著影响?

表 5.10 不同肥料、不同苗床苗高平均值

A 水平 ＼ B 水平	B_1	B_2	B_3	B_4
A_1	0	-3	-3	-3
A_2	13	4	7	32
A_3	2	-8	9	-7

5.11 为了提高某种合金钢的强度,需要同时考察碳(C)及钛(Ti)的含量对强度的影响,以便选取合理的成分组合使强度达到最大,在试验中分别取因素 A(C 的含量%)3 个水平,因素 B(Ti 含量%)4 个水平,在组合水平(A_i, B_j) $(i=1,2,3, j=1,2,3,4)$条件下各炼一炉钢,测得其强度数据见表 5.11。试问碳与钛的含量对合金钢的强度是否有显著影响。

表 5.11 数据表

A 水平 ＼ B 水平	B_1(3.3)	B_2(3.4)	B_3(3.5)	B_4(3.6)
A_1(0.03)	63.1	63.9	65.6	66.8
A_2(0.04)	65.1	66.4	67.8	69.0
A_3(0.05)	67.2	71.0	71.9	73.5

5.12 用三种压力(B_1, B_2, B_3)和四种温度(A_1, A_2, A_3, A_4)组成集中试验方案,得到产品得率资料如表 5.12 所示,试分析压力和温度以及它们的交互作用对产品得率有无显著影响。

表 5.12 试验数据及计算表

A(温度) ＼ B(压力)	B_1			B_2			B_3		
A_1	52	43	39	41	47	53	49	38	42
A_2	48	37	39	50	41	30	36	48	47
A_3	34	42	38	36	39	44	37	40	32
A_4	45	58	42	44	46	60	43	56	41

5.13 比较甲、乙、丙、丁 4 种催化剂,每种催化剂要求的温度范围是不完全相同的,每种催化剂温度都分了 3 个水平,具体为(单位:℃):

甲:50,55,60;乙:70,80,90;丙:55,65,75;丁:90,95,100.

试验各重复了一次,测得转化率数据如表 5.13 所示。试检验催化剂和温度对转化率的影响的显著性。($\alpha = 0.05$)

表 5.13 转化率数据

温度 \ 催化剂	A_1		A_2		A_3		A_4	
B_1	85	89	82	84	65	61	67	71
B_2	72	70	91	88	59	62	75	78
B_3	70	67	85	83	60	56	85	89

5.14 为了考察固化时间及固化温度对胶粘剂粘接材料强度的影响,进行了 2 次试验之后得表 5.14 所示的结果。试分析固化时间和固化温度的不同是否对粘接强度有显著影响?

表 5.14 不同固化时间、温度下的不同的粘接强度

时间/min \ 温度/℃	25		50		90	
10	52.3	58.9	136.8	132.1	230.5	224.8
30	83.6	85.3	157.3	153.4	260.4	264.8
60	115.6	112.9	187.9	185.2	323.8	329.9

第6章 回归分析

6.1 概述

6.1.1 问题的提出

在许多问题中,常常会遇到许多相互联系、相互制约的变量,常见的变量之间的关系有两类:一类是确定性的关系(或称函数关系),例如物体作匀速运动时,速度 v、时间 t 及路程 s 之间有 $s=vt$ 的确定性关系;又如一段电路中,电阻 R 与电路两端的电压 V 及电流强度 I 之间由欧姆定律 $V=IR$ 确定;等等。另一类为非确定性关系,它们之间虽有一定的关系却又不完全确定,如人的血压与年龄,身高与体重有关系,一般来说,人的年龄越大血压就越高;身材越高,体重越重。但是年龄相同者,血压未必相同;身高相同者,体重也未必相同。又如同样收入的家庭,用于食品的消费支出往往不相同,等等。这些变量之间的共同特点是,虽然它们有一定的关系,但又不能用确定的函数关系来表达,这样的关系叫做相关关系。回归分析就是研究这种相关关系的一种统计方法。

在相关关系中,有些变量例如上面提到的人的年龄、身高、家庭的收入等都是可以在某一范围内取确定数值的,这些变量称为可控变量或自变量;而可控变量取定后,与它们对应的人的体重、血压、消费水平的取值虽然可观察但不可控制,这类变量称为随机变量或因变量。

"回归"一词是由美国高尔顿(F. Galton)于 1886 年首先提出的,他在研究家族成员之间的遗传规律时发现:虽然高个子的父亲确有生高个子儿子的趋向,但一群高个子父亲的儿子的平均身高却低于父亲们的身高;反之,一群矮个子父亲的儿子们的平均身高高于父亲们的平均身高。高尔顿称这一现象为"向平均高度的回归",也即回归到"平均祖先型"。今天人们对"回归"这一概念的理解与高尔顿的原意已有很大不同,但这一名词一直沿用下来,成为统计学中最常用的概念之一。

研究一个随机变量与一个(或几个)可控变量之间的相关关系的统计方法称为回归分析。只有一个自变量的回归分析叫做一元回归分析,多于一个自变量的回归分析叫做多元回归分析。

6.1.2 回归分析的内容

回归分析(regression analysis)是一种处理变量之间相关关系最常用的统计方法,用它可以寻找隐藏在随机性后面的统计规律。它主要解决以下几个方面的问题:

(1) 从一组数据出发,确立变量间是否存在相关关系,如果存在相关关系,确定它们之

间合适的数学表达式即经验公式或回归方程,并对它的可信程度作统计检验;

(2) 从共同影响一个变量的许多变量中,判断哪些变量的影响是显著的,哪些变量的影响是不显著的;

(3) 利用所确定的回归方程进行预测和控制。

回归分析的应用很广泛,在工农业生产和科学实验中许多问题都可以用这种方法得到解决。例如在各种预报预测中,习惯上称预报对象这个随机变量为因变量,称与此有关的非随机变量为自变量(或预报因子),应用回归分析建立因变量(预报对象)与一组自变量(或一组预报因子)之间的数学表达式。又如在寻求生产过程的工艺最优化问题中,先要寻求工艺的优化区域,在还不完全了解生产过程的物理、化学、生物等原理及经验的条件下,用回归分析来解决生产过程的最优化问题也是一个比较有效的数学方法。对于诸如经验公式的求得、因子分析、产品质量控制等,都要用到回归分析这一工具。

6.2　一元线性回归分析

6.2.1　一元线性回归的数学模型

一元线性回归就是寻求两个变量间的线性统计回归分析,若其相关关系的统计规律性呈线性关系,则称为一元线性回归分析(linear regression),又称直线拟合,这是处理两个变量之间关系的最简单模型。

设变量 x 和 y 之间存在一定的相关关系,回归分析方法即找出 y 的值是如何随 x 的值的变化而变化的规律。我们称 y 为因变量,x 为自变量。现通过例子说明如何来确定 y 与 x 之间的相关关系。

例 6.2.1　为研究某合成物的转化率 y 与实验中的压强 x(atm)的关系,得到如表 6.2.1 所示的试验数据。试建立转化率与压强之间的一元线性回归方程。

表 6.2.1　转化率 y 与压强 x 的数据表

x/atm	2	4	5	8	9
y/%	2.01	2.98	3.50	5.02	5.07

分析　根据表 6.2.1 所示的数据,绘制两个变量之间的散点图,如图 6.2.1 所示。

从图 6.2.1 可以看出这 5 个点分布在一条直线 l 的附近,从而认为 y 与 x 的关系基本上是线性的,而这些点与直线 l 的偏离是由其他一切随机因素影响而造成的。因此可以假定表 6.2.1 的数据有如下关系:

$$y = \alpha + \beta x + \varepsilon \qquad (6.2.1)$$

其中 $\alpha + \beta x$ 表示 y 随 x 的变化而线性变化的部分。ε 是一切随机因素影响的总和,有时也简称

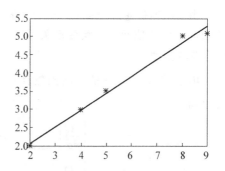

图 6.2.1　转化率 y 与压强 x 的数据散点图

随机误差,它是不可观测其值的随机变量,并假定其数学期望 $E(\varepsilon)=0$,方差 $D(\varepsilon)=\sigma^2$,且 ε 服从正态分布 $N(0,\sigma^2)$。x 可以是随机变量也可以是一般变量。在以下讨论中认为 x 是一般变量,即它是可以精确测量或严格控制的。由式(6.2.1)可知 y 是一个随机变量,但其值是可以观测的,其数学期望是 x 的线性函数:

$$E(y) = \alpha + \beta x \qquad (6.2.2)$$

这即是 y 与 x 相关关系的形式。

对表 6.2.1 的几组观测值,由式(6.2.1)可得

$$y_i = \alpha + \beta x_i + \varepsilon_i, \quad i = 1, 2, \cdots, n \qquad (6.2.3)$$

各 ε_i 相互独立; $E(\varepsilon_i)=0, D(\varepsilon_i)=\sigma^2, i=1,2,\cdots,n$。我们称式(6.2.3)为一元线性回归模型。

一元线性回归分析的首要任务就是要根据表 6.2.1 去求式(6.2.2)中位置参数 α,β 的估计 a,b,由此可得 $E(y)$ 的估计:

$$\hat{y} = a + bx \qquad (6.2.4)$$

式(6.2.4)称为 y 关于 x 的一元线性回归方程。这就是我们要求的 y 与 x 之间的定量关系表达式,其图像便是图 6.2.1 中所对应的直线 l。称此直线为回归直线,a,b 称为回归系数,b 是回归直线的斜率,a 是回归直线的截距。

6.2.2　参数 α,β 的最小二乘估计

求回归方程(6.2.4)即要求出 α 与 β 的估计 a 与 b,使其对一切 x_i,观测值 y_i 与回归值 $\hat{y}_i = a + bx_i$ 的偏离达到最小。为此,我们采用最小二乘法来求 α 与 β 的估计。令

$$\varepsilon_i = y_i - (\alpha + \beta x_i)$$

即

$$Q(\alpha, \beta) = \sum \varepsilon_i^2 = \min$$

所谓 α,β 的最小二乘估计是指使下式成立的 a 与 b:

$$Q(a,b) = \min_{a,b} Q(\alpha, \beta)$$

即

$$Q(a,b) = \sum_{i=1}^{n} (y_i - \hat{y}_i)^2 = \sum_{i=1}^{n} (y_i - a - bx_i)^2$$

由 a,b 所确定的直线 $\hat{y}=a+bx$ 称为 y 对 x 的线性回归方程。它表述了变量 y 同给定的变量 x 的诸值间的平均变动关系。y 对 x 的回归系数 b 表示 x 每变动一个单位所引起的 y 的平均变动。

由于 $\sum \varepsilon_i^2$ 是 α,β 的二次函数且非负,所以存在最小值,根据微积分学的极值定理,可求解得到

$$\begin{cases} \left.\dfrac{\partial Q}{\partial \alpha}\right|_{a=a,\beta=b} = -2\sum_{i=1}^{n}(y_i - a - bx_i) = 0 \\[2mm] \left.\dfrac{\partial Q}{\partial \beta}\right|_{a=a,\beta=b} = -2\sum_{i=1}^{n}(y_i - a - bx_i)x_i = 0 \end{cases} \qquad (6.2.5)$$

把式(6.2.5)化简得

$$\begin{cases} na + b\sum_{i=1}^{n} x_i = \sum_{i=1}^{n} y_i \\ a\sum_{i=1}^{n} x_i + b\sum_{i=1}^{n} x_i^2 = \sum_{i=1}^{n} x_i y_i \end{cases} \qquad (6.2.6)$$

式(6.2.6)称为正规方程组。由此得

$$\begin{cases} a = \bar{y} - b\bar{x} \\ b = \dfrac{\sum_{i=1}^{n} x_i y_i - \dfrac{1}{n}\left(\sum_{i=1}^{n} x_i\right)\left(\sum_{i=1}^{n} y_i\right)}{\sum_{i=1}^{n} x_i^2 - \dfrac{1}{n}\left(\sum_{i=1}^{n} x_i\right)^2} \end{cases}$$

为简化记号,令

$$l_{xy} = \sum_{i=1}^{n}(x_i - \bar{x})(y_i - \bar{y}) = \sum_{i=1}^{n} x_i y_i - \frac{1}{n}\sum_{i=1}^{n} x_i \cdot \sum_{i=1}^{n} y_i$$

$$l_{xx} = \sum_{i=1}^{n}(x_i - \bar{x})^2 = \sum_{i=1}^{n} x_i^2 - \frac{1}{n}\left(\sum_{i=1}^{n} x_i\right)^2$$

其中 $\bar{x} = \dfrac{1}{n}\sum_{i=1}^{n} x_i$,$\bar{y} = \dfrac{1}{n}\sum_{i=1}^{n} y_i$。故最小二乘估计为

$$\begin{cases} a = \bar{y} - b\bar{x} \\ b = \dfrac{l_{xy}}{l_{xx}} \end{cases} \qquad (6.2.7)$$

在平面直角坐标系上,通过 $(0,a)$ 与 $(\bar{x},\bar{y})$ 两点引一直线即为所求的回归直线。这是因为点 $(0,a)$ 显然在直线

$$\hat{y} = a + bx$$

上,又若将 $a = \bar{y} - b\bar{x}$ 代入上式,则有

$$\hat{y} - \bar{y} = b(x - \bar{x})$$

可知点 $(\bar{x},\bar{y})$ 也在这条直线上。

对例 6.2.1 采用最小二乘法,根据表 6.2.1 中的数据,由式(6.2.7)计算得 $b = 0.4573$,$a = 1.1552$,所以回归直线方程为

$$\hat{y} = 1.1552 + 0.4573x$$

6.2.3 回归方程的显著性检验

建立经验回归方程的目的在于揭示两个相关变量 x 与 y 之间的内在规律,然而,对任意样本观测值 (x_i, y_i) $(i = 1, 2, \cdots, n)$ 作出的散点图,即使一看就知道 x 与 y 之间根本不存在线性相关关系,也能由式(6.2.7)算出 a, b,从而写出线性回归方程 $\hat{y} = a + bx$,但这时所建立的回归方程是毫无意义的。什么是一个有意义的回归方程呢?首先注意到 $y = \alpha + \beta x + \varepsilon$,当 $|\beta|$ 越大,y 随 x 的变化越明显;当 $|\beta|$ 越小,y 随 x 的变化趋势越不明显。特别当 $\beta = 0$

时,就意味着 y 与 x 之间没有线性关系,也就是说所建立的回归方程没有意义;因此当 $\beta \neq 0$ 时,所建立的回归方程才有意义。这实质上就是要对假设 $H_0: \beta = 0$ 进行检验,这种检验称为回归显著性检验。

为了寻找合适的统计量,对关系式 $l_{yy} = \sum\limits_{i=1}^{n} (y_i - \bar{y})^2$ 进行分解,并称 l_{yy} 为总的偏差平方和,记作 SST,它反映 $y_1, y_2, \cdots, y_n$ 的离散程度。即

$$SST = \sum_{i=1}^{n} (y_i - \bar{y})^2 = \sum_{i=1}^{n} y_i^2 - \frac{1}{n} \left(\sum_{i=1}^{n} y_i \right)^2 \tag{6.2.8}$$

由于变量 y 的各个观测值 y_i 与其均值 $\bar{y}$ 的离差 $(y_i - \bar{y})$ 可以分解为两部分:

$$(y_i - \bar{y}) = (\hat{y}_i - \bar{y}) + (y_i - \hat{y}_i)$$

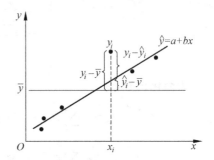

这里,$(y_i - \bar{y})$ 为 y_i 与 $\bar{y}$ 的离差;$(\hat{y}_i - \bar{y})$ 为回归值 $\hat{y}_i$ 与均值 $\bar{y}$ 的离差,这是由回归所能解释的部分;$(y_i - \hat{y}_i)$ 为观测值 y_i 与回归值 $\hat{y}_i$ 的离差,亦即残差 ε_i,这是不能由回归加以解释的部分。

这一关系如图 6.2.2 所示。

图 6.2.2　偏差分解示意图

因为

$$\sum_i (y_i - \bar{y})^2 = \sum_i (\hat{y}_i - \bar{y})^2 + \sum_i (y_i - \hat{y}_i)^2 + 2 \sum_i (\hat{y}_i - \bar{y})(y_i - \hat{y}_i)$$

能够证明 $\sum\limits_i (\hat{y}_i - \bar{y})(y_i - \hat{y}_i) = 0$,因此有

$$SST = l_{yy} = \sum_i (y_i - \bar{y})^2 = \sum_i (\hat{y}_i - \bar{y})^2 + \sum_i (y_i - \hat{y}_i)^2$$

记

$$SSR = \sum_{i=1}^{n} (\hat{y}_i - \bar{y})^2 \tag{6.2.9}$$

$$SSE = \sum_{i=1}^{n} (y_i - \hat{y}_i)^2 \tag{6.2.10}$$

于是

$$SST = SSR + SSE$$

可以证明 $\bar{y} = \frac{1}{n} \sum\limits_i \hat{y}_i$,因此 $SSR = \sum\limits_i (\hat{y}_i - \bar{y})^2$ 反映回归值 $\hat{y}_1, \hat{y}_2, \cdots, \hat{y}_n$ 的离散程度,称为回归平方和。而 $\hat{y}_1, \hat{y}_2, \cdots, \hat{y}_n$ 的离散性又来源于 $x_1, x_2, \cdots, x_n$ 的离散性,实际上

$$SSR = \sum_i (\hat{y}_i - \bar{y})^2 = \sum_i [(a + bx_i) - (a + b\bar{x})]^2$$

$$= \sum_i b^2 (x_i - \bar{x})^2 = b^2 \sum_i (x_i - \bar{x})^2 = b^2 l_{xx} = b l_{xy}$$

这里 $l_{xx} = \sum\limits_{i=1}^{n} (x_i - \bar{x})^2$ 反映了 $x_1, x_2, \cdots, x_n$ 离散的程度。从而可知 $SSR = \sum\limits_i (\hat{y}_i - \bar{y})^2$ 实际上反映了由于 x 的变化所引起 y 的波动大小。这是通过 x 对 y 的相关性而引起的。

$SSE = \sum\limits_i (y_i - \hat{y}_i)^2$ 反映了观测值与回归值之间的偏离,且等于 $Q(\alpha, \beta)$ 的最小值 $Q(a, b) = \sum\limits_i (y_i - a - bx_i)^2$。反映除了 x 对 y 的线性影响之外的剩余因素对 y 所引起的波动大小。故称 $SSE = \sum\limits_i (y_i - \hat{y}_i)^2$ 为剩余平方和(或残差平方和),

$$SSE = SST - SSR$$

若回归方程有意义,即引起 y 波动主要是由 x 的变化而引起的,其他一切因素是次要的。即要求 SSR 尽可能大,而 SSE 尽可能小。

数学上可以证明:

(1) $\dfrac{SSE}{\sigma^2} \sim \chi^2(n-2)$;

(2) 在 $\beta = 0$ 条件下,$\dfrac{SSR}{\sigma^2} \sim \chi^2(1)$;

(3) SSR 与 SSE 相互独立。

1. F 检验法——方差分析法

由前面分析知,在 $H_0 : \beta = 0$ 为真时,

$$F = \frac{SSR}{SSE/(n-2)} \sim F(1, n-2)$$

当 H_0 不真时,$\dfrac{SSR}{SSE/(n-2)}$ 有变大趋势,因而 F 也有变大趋势,故应取单侧拒绝域。对给定的显著性水平 α,当 $F \geqslant F_\alpha(1, n-2)$ 时,认为 $\beta = 0$ 不真,我们称方程是显著的。反之,方程不显著。这种用 F 检验对回归方程作显著性检验的方法称为方差分析。其检验过程可由一张"方差分析表"来进行,见表 6.2.2。

表 6.2.2　方差分析表

方差来源	偏差平方和	自由度	方差	F 值	F_α	显著性
回归	SSR	1	$MSR = \dfrac{SSR}{1}$	$F = \dfrac{MSR}{MSE}$	$F_\alpha(1, n-2)$	
剩余	$SSE = SST - SSR$	$n-2$	$MSE = \dfrac{SSE}{n-2}$			
总和	SST	$n-1$				

通常,若 $F \geqslant F_{0.01}(1, n-2)$,则为高度显著,在"显著性"栏内填写"高度显著";若 $F_{0.05}(1, n-2) \leqslant F < F_{0.01}(1, n-2)$,则为显著,在"显著性"栏内填写"显著";若 $F < F_{0.05}(1, n-2)$,则为不显著,在"显著性"栏内不标记号。

2. r 检验法——拟合程度的测定

变量 y 的各个观测值点聚在回归直线 $\hat{y} = a + bx$ 周围的紧密程度,称作回归直线对样本数据点的拟合程度,通常用可决系数(亦称测定系数)r^2 来表示。

显然,变量 y 的各个观测值点与回归直线越靠近,SSR 在 SST 中所占的比重越大,因而定义

$$r^2 = \frac{SSR}{SST} = \frac{\sum\limits_{i=1}^{n}(\hat{y}_i - \overline{y})^2}{\sum\limits_{i=1}^{n}(y_i - \overline{y})^2}$$

它可以用来测定回归直线对各观测点的拟合程度。若全部观测值点 $y_i(i=1,2,\cdots,n)$ 都落在回归直线上,则剩余平方和 $SSE=0$,$r^2=1$;若 x 完全无助于解释 y 的偏差,则回归平方和 $SSR=0$,$r^2=0$。显然,r^2 越接近于 1,用 x 的变化解释 y 的偏差的部分就越多,表明回归直线与各观测值点越接近,回归线的拟合程度越高。可决系数 r^2 在 $[0,1]$ 上取值。

回归直线对样本数据点拟合程度的另一测度是线性相关系数 r。在一元线性回归中,线性相关系数 r 实际上是可决系数 r^2 的平方根,即

$$r = \pm\sqrt{r^2}$$

r 的正负号与回归系数 b 的正负号相同,$|r|$ 越接近于 1,表明回归直线对样本数据点的拟合程度越高。

3. 估计标准误差

可决系数 r^2 和线性相关系数 r 描述了回归直线对样本数据点的拟合程度,但没有表示出变量 y 诸观测值 x_i 与回归直线 $\hat{y}_i = a + bx_i$ 的绝对离差数额。定义

$$S^2 \overset{\text{def}}{=} MSE = \frac{\sum\limits_{i=1}^{n}(y_i - \hat{y}_i)^2}{n-2} = \frac{\sum\limits_{i=1}^{n}\varepsilon_i^2}{n-2}$$

为最小二乘残差值 ε_i 方差,

$$S = \sqrt{MSE} = \sqrt{\frac{\sum\limits_{n=1}^{n}(y_i - \hat{y}_i)^2}{n-2}} = \sqrt{\frac{\sum\limits_{i=1}^{n}\varepsilon_i^2}{n-2}}$$

为变量 y 对 x 的最小二乘回归的估计标准误差,简称估计标准误差。S^2 和 S 可以作为诸 y 值与回归直线变差的测度。S 的计量单位与变量 y 的单位相同。显然,S 越小表明误差越小。

例 6.2.2　续例 6.2.1。建立假设 $H_0: b=0$;$H_1: b\neq 0$。

整体效果显著性检验:这里 $n=5$,由式(6.2.8)、式(6.2.9)、式(6.2.10)计算得 $SST=7.0325$,$SSR=6.9426$,$SSE=0.089956$,故方差分析表如表 6.2.3 所示。

表 6.2.3　方差分析表

方差来源	偏差平方和	自由度	方差	F 值	F_a	显著性
回归	6.9426	1	6.9426	231.5319	$F_{0.01}(1,3)=34.1162$	高度显著
剩余	0.089956	3	0.029985		$F_{0.05}(1,3)=10.128$	
总和	7.0325	4				

由表 6.2.3 知,回归方程是"高度显著"的。

拟合程度的测定:

$$r = \sqrt{\frac{SSR}{SST}} = \sqrt{\frac{6.9426}{7.0325}} = 0.9936$$

r 很接近于 1,表明回归直线对样本数据点的拟合程度很高。

由表 6.2.3 知,$MSE=0.029985$,故估计标准误差为

$$S = \sqrt{MSE} = 0.1732$$

表明回归标准误差很小。

6.2.4 利用回归方程进行预测

利用变量 x 与 y 的 n 对样本数据建立的回归方程

$$\hat{y} = a + bx$$

如果通过了上述的各种检验,即可用来预测。所谓预测问题,就是在确定自变量的某一个 x_0 值时求相应的因变量 y 的估计值,其中又可以分为点预测和区间预测。

1. 点预测

将自变量的预测值 x_0 代入回归模型式所得到的因变量 y 的值 $\hat{y}_0$,作为与 x_0 相对应的 y_0 的预测值,就是点预测。可以证明 $\hat{y}_0$ 是无偏预测。

2. 区间预测

对于与 x_0 相对应的 y_0,$\hat{y}_0=a+bx_0$ 可以作为 $y_0=\alpha+\beta x_0+\varepsilon$ 的一个点估计值。但不同的样本会得到不同的 a,b,因此,$\hat{y}_0$ 与 y_0 之间总存在一定的抽样误差。在回归模型的假设条件下,可以证明

$$(\hat{y}_0 - y_0) \sim N\left[0, \sigma^2\left(1 + \frac{1}{n} + \frac{(x_0 - \bar{x})^2}{\sum\limits_i (x_i - \bar{x})^2}\right)\right]$$

因此,y_0 的概率为 $1-\alpha$ 的预测区间为

$$\hat{y}_0 \pm t_{\frac{\alpha}{2}} \cdot \sigma \cdot \sqrt{1 + \frac{1}{n} + \frac{(x_0 - \bar{x})^2}{\sum\limits_i (x_i - \bar{x})^2}}$$

当 x_0 取值在 $\bar{x}$ 附近,n 比较大时,有

$$1 + \frac{1}{n} + \frac{(x_0 - \bar{x})^2}{\sum\limits_i (x_i - \bar{x})^2} \approx 1, \quad \sigma^2 \approx S^2$$

可以近似地认为

$$(\hat{y}_0 - y_0) \sim N(0, S^2)$$

因而 y_0 的概率为 $1-\alpha$ 的预测区间为

$$\hat{y}_0 \pm t_{\frac{\alpha}{2}} \cdot S$$

因此,实际应用时,常常采用这一区间作为因变量 y 相对应于自变量 x_0 的回归预测区间。

当 $\alpha=0.05$ 时,y_0 的 95% 的预测区间为 $\hat{y}_0 \pm 2S$;

若 $\alpha=0.01$ 时,y_0 的 99% 的预测区间为 $\hat{y}_0 \pm 3S$。

例 6.2.3 续例 6.2.1。预测当压强为 $x=6\text{atm}$ 时,转化率 y_0 的点估计为

$$\hat{y}_0 = 1.1552 + 0.45729 \times 6 = 3.8989$$

这里,$S = \sqrt{MSE} = 0.1732$。

转化率 y_0 的置信度为 0.95 的置信区间为

$$(3.89894 - 2 \times 0.1732, 3.89894 + 2 \times 0.1732)$$

即 $(3.5525, 4.2453)$。

例 6.2.4 根据表 6.2.4 提供的统计数字,建立某地区居民对某产品的需求量与居民收入的回归方程。并分析预测 1988—1992 年某地区居民收入以 4.5% 的速度递增时,某产品的需求量将达到的水平。

表 6.2.4　某地区居民对某产品的需求量和居民收入

年份	需求量/千件	居民收入/万元	年份	需求量/千件	居民收入/万元
1972	116.5	255.7	1980	146.8	330.0
1973	120.8	263.3	1981	149.6	340.2
1974	124.4	275.4	1982	153.0	350.7
1975	125.5	278.3	1983	158.2	367.3
1976	131.7	296.7	1984	163.2	381.3
1977	136.2	309.3	1985	170.5	406.5
1978	138.7	315.8	1986	178.2	430.8
1979	140.2	318.8	1987	185.9	451.5

解　令需求量为因变量 y,居民收入为自变量 x,根据表 6.2.4 的数据,绘制两个变量之间的散点图,如图 6.2.3 所示。从图 6.2.3 可以看出 y 与 x 的关系基本上是线性的。

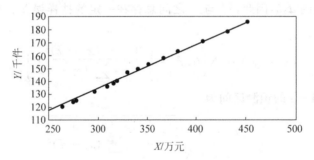

图 6.2.3　某产品的需求量和居民收入散点图

(1) 参数估计

根据表 6.2.4 的数据,由式(6.2.7)计算得: $b = 0.35237, a = 27.9123$,所以回归直线方程为

$$\hat{y} = 27.9123 + 0.35237x$$

(2) 回归方程的效果检验与相关性检验

这里 $n = 16$,式(6.2.8)、式(6.2.9)、式(6.2.10)计算得 $SST = 6515.2, SSR = 6493.2, SSE = 22.05$,故方差分析表如表 6.2.5 所示。

表 6.2.5　方差分析表

方差来源	偏差平方和	自由度	方差	F 值	F_α	显著性
回归	6493.2	1	6493.2	4122.5	$F_{0.01}(1,14) = 8.86$	高度显著
剩余	22.051	14	1.575		$F_{0.05}(1,14) = 4.60$	
总和	6515.2	15				

由表 6.2.5 知,回归方程整体效果是"高度显著"的。

拟合程度的测定:

$$r = \sqrt{\frac{SSR}{SST}} = \sqrt{\frac{6493.2}{6515.2}} = 0.9983$$

r 很接近于 1,表明回归直线对样本数据点的拟合程度很高。

由表 6.2.5 知,$MSE=1.575$,故估计标准误差为

$$S=1.255$$

表明回归标准误差很小。

(3) 预测

若 1988—1992 年某地区居民收入以 4.5% 的速度递增,利用回归方程可以得到相应的产品的需求量点预测值及 95% 的预测区间,如表 6.2.6 所示。

表 6.2.6 某产品的需求量的预测结果

年份	居民收入/万元	产品消费量/千件	产品消费量预测区间
1988	471.8	194.1677	191.51~196.83
1989	493.0	201.6492	198.99~204.31
1990	515.2	209.4674	206.81~211.13
1991	538.4	217.6374	214.98~220.3
1992	562.6	226.175	223.51~228.84

6.3 多元线性回归分析

在解决实际问题时,往往是多个因素都对试验结果有影响,这时可以通过多元回归分析(multiple regression analysis)求出试验指标(因变量)y 与多个试验因素(自变量)x_j($j=1,2,\cdots,m-1$)之间的近似函数关系 $y=f(x_1,x_2,\cdots,x_{m-1})$,亦称多重回归或复回归。当影响因素与因变量之间是线性关系时,所进行的回归分析就是多元线性回归。多元线性回归(multiple linear regression analysis)是多元回归分析中最简单、最常用的一种,其基本原理和方法与一元线性回归分析是相同的。

6.3.1 多元线性回归模型

设 y 是一个可观测的随机变量,它受到 $m-1$ 个非随机因素 $x_1,x_2,\cdots,x_{m-1}$ 和随机因素 ε 的影响。若 y 与 $x_1,x_2,\cdots,x_{m-1}$ 有如下线性关系:

$$y = \beta_0 + \beta_1 x_1 + \beta_2 x_2 + \cdots + \beta_{m-1} x_{m-1} + \varepsilon \qquad (6.3.1)$$

其中 $\beta_0,\beta_1,\beta_2,\cdots,\beta_{m-1}$ 是未知参数;ε 是均值为 0、方差为 $\sigma^2>0$ 的不可观测的随机变量,称为误差项,并通常假定 $\varepsilon \sim N(0,\sigma^2)$。称

$$\hat{y} = b_0 + b_1 x_{i1} + b_2 x_{i2} + \cdots + b_{m-1} x_{i,m-1}, \quad i=1,2,\cdots,n$$

为多元线性回归模型,且称 y 为因变量,$x_1,x_2,\cdots,x_{m-1}$ 为自变量。

要建立多元线性回归模型,首先要求出未知参数 $\beta_0, \beta_1, \beta_2, \cdots, \beta_{m-1}$ 的估计值 $b_0, b_1, b_2, \cdots, b_{m-1}$,为此我们进行 $n(n \geqslant m)$ 次独立观测,得到 n 组数据(称为样本)

$$(x_{i,1}, x_{i,2}, \cdots, x_{i,m-1}, y_i), \quad i = 1, 2, \cdots, n$$

它们应满足式(6.3.1),即有

$$\begin{cases} y_1 = \beta_0 + \beta_1 x_{11} + \beta_2 x_{12} + \cdots + \beta_{m-1} x_{1,m-1} + \varepsilon_1 \\ y_2 = \beta_0 + \beta_1 x_{21} + \beta_2 x_{22} + \cdots + \beta_{m-1} x_{2,m-1} + \varepsilon_2 \\ \vdots \\ y_n = \beta_0 + \beta_1 x_{n1} + \beta_2 x_{n2} + \cdots + \beta_{m-1} x_{n,m-1} + \varepsilon_n \end{cases} \tag{6.3.2}$$

其中 $\varepsilon_1, \varepsilon_2, \cdots, \varepsilon_n$ 相互独立,且服从 $N(0, \sigma^2)$ 分布。

令

$$\boldsymbol{Y} = \begin{bmatrix} y_1 \\ y_2 \\ \vdots \\ y_n \end{bmatrix}_{n \times 1}, \quad \boldsymbol{X} = \begin{bmatrix} 1 & x_{11} & x_{12} & \cdots & x_{1,m-1} \\ 1 & x_{21} & x_{22} & \cdots & x_{2,m-1} \\ \vdots & \vdots & \vdots & & \vdots \\ 1 & x_{n1} & x_{n2} & \cdots & x_{n,m-1} \end{bmatrix}_{n \times m}, \quad \boldsymbol{\beta} = \begin{bmatrix} \beta_0 \\ \beta_1 \\ \vdots \\ \beta_{m-1} \end{bmatrix}_{m \times 1}, \quad \boldsymbol{\varepsilon} = \begin{bmatrix} \varepsilon_0 \\ \varepsilon_1 \\ \vdots \\ \varepsilon_n \end{bmatrix}_{n \times 1}$$

则式(6.3.2)可简写为如下形式:

$$\begin{cases} \boldsymbol{Y} = \boldsymbol{X}\boldsymbol{\beta} + \boldsymbol{\varepsilon} \\ \boldsymbol{\varepsilon} \sim N(0, \sigma^2 \boldsymbol{I}_n) \end{cases} \tag{6.3.3}$$

其中 $\boldsymbol{Y}$ 称为观测向量,$\boldsymbol{X}$ 称为设计矩阵,它们是由观测数据得到的,是已知的,并假定 $\boldsymbol{X}$ 为列满秩的,即 $\mathrm{rank}(\boldsymbol{X}) = m$;$\boldsymbol{\beta}$ 是待估计的未知参数向量;$\boldsymbol{\varepsilon}$ 是不可观测的随机误差向量。式(6.3.3)称为多元线性回归模型的矩阵形式,亦称为高斯-马尔科夫线性模型,并简记为 $(\boldsymbol{Y}, \boldsymbol{X}\boldsymbol{\beta}, \sigma^2 \boldsymbol{I}_n)$。

对线性模型 $(\boldsymbol{Y}, \boldsymbol{X}\boldsymbol{\beta}, \sigma^2 \boldsymbol{I}_n)$ 所要考虑的问题主要是:

(1) 估计 $\boldsymbol{\beta}$ 与 σ^2,从而建立 y 与 $x_1, x_2, \cdots, x_{m-1}$ 之间的关系式;

(2) 对线性模型假设与 β 的某种假设进行检验;

(3) 对 y 进行预测与对自变量进行控制。

这里假定 $n > m$。

6.3.2 $\boldsymbol{\beta}$ 的最小二乘估计

这一节我们讨论线性模型 $(\boldsymbol{Y}, \boldsymbol{X}\boldsymbol{\beta}, \sigma^2 \boldsymbol{I}_n)$ 中未知参数 $\beta_0, \beta_1, \beta_2, \cdots, \beta_{m-1}$ 和 σ^2 的点估计,所用的方法仍是最小二乘法。

设

$$Q = \boldsymbol{\varepsilon}^{\mathrm{T}} \boldsymbol{\varepsilon} = (\boldsymbol{Y} - \boldsymbol{X}\boldsymbol{\beta})^{\mathrm{T}} (\boldsymbol{Y} - \boldsymbol{X}\boldsymbol{\beta}) \tag{6.3.4}$$

即

$$Q = \sum_{i=1}^{n} \varepsilon_i^2 = \sum_{i=1}^{n} \left(y_i - \sum_{j=0}^{m-1} x_{ij} \beta_j \right)^2 \tag{6.3.5}$$

其中 $x_{i0} = 1 (i = 1, 2, \cdots, n)$。称 Q 为误差平方和,Q 反映了 y 与 $\sum_{j=0}^{m-1} x_{ij} \beta_j$(这里 $x_0 \equiv 1$)之间在 n 次观察中总的误差程度,Q 越小越好,由式(6.3.4)知 Q 是未知参数向量 β 的非负二次

函数,因此,我们可取使得 Q 达到最小值时 $\boldsymbol{\beta}$ 的值 $\hat{\boldsymbol{\beta}}$ 作为 $\boldsymbol{\beta}$ 的点估计。因此 $\hat{\boldsymbol{\beta}}$ 应满足如下关系:

$$(\boldsymbol{Y} - \boldsymbol{X}\hat{\boldsymbol{\beta}})^{\mathrm{T}}(\boldsymbol{Y} - \boldsymbol{X}\hat{\boldsymbol{\beta}}) = \min_{\boldsymbol{\beta}}\{(\boldsymbol{Y} - \boldsymbol{X}\boldsymbol{\beta})^{\mathrm{T}}(\boldsymbol{Y} - \boldsymbol{X}\boldsymbol{\beta})\}$$

即

$$\sum_{i=1}^{n}\left(y_i - \sum_{j=0}^{m-1}x_{ij}\hat{\boldsymbol{\beta}}_j\right)^2 = \min_{(\beta_0, \cdots, \beta_{m-1})}\left(\sum_{i=1}^{n}\left(y_i - \sum_{j=0}^{m-1}x_{ij}\beta_j\right)^2\right)$$

为了求 $\hat{\boldsymbol{\beta}}$,我们将式(6.3.4)中的 Q 对 $\boldsymbol{\beta}$ 求导,并令其为零,即

$$\frac{\mathrm{d}Q}{\mathrm{d}\boldsymbol{\beta}} = 0$$

称上式为正规方程。因为

$$\begin{aligned}
Q &= (\boldsymbol{Y} - \boldsymbol{X}\boldsymbol{\beta})^{\mathrm{T}}(\boldsymbol{Y} - \boldsymbol{X}\boldsymbol{\beta}) \\
&= \boldsymbol{Y}^{\mathrm{T}}\boldsymbol{Y} - \boldsymbol{\beta}^{\mathrm{T}}\boldsymbol{X}^{\mathrm{T}}\boldsymbol{Y} - \boldsymbol{Y}^{\mathrm{T}}\boldsymbol{X}\boldsymbol{\beta} + \boldsymbol{\beta}^{\mathrm{T}}\boldsymbol{X}^{\mathrm{T}}\boldsymbol{X}\boldsymbol{\beta} \\
&= \boldsymbol{Y}^{\mathrm{T}}\boldsymbol{Y} - 2\boldsymbol{\beta}^{\mathrm{T}}\boldsymbol{X}^{\mathrm{T}}\boldsymbol{Y} + \boldsymbol{\beta}^{\mathrm{T}}\boldsymbol{X}^{\mathrm{T}}\boldsymbol{X}\boldsymbol{\beta}
\end{aligned}$$

又因

$$\frac{\mathrm{d}}{\mathrm{d}\boldsymbol{\beta}}(\boldsymbol{\beta}^{\mathrm{T}}\boldsymbol{X}^{\mathrm{T}}\boldsymbol{Y}) = \boldsymbol{X}^{\mathrm{T}}\boldsymbol{Y}, \quad \frac{\mathrm{d}}{\mathrm{d}\boldsymbol{\beta}}(\boldsymbol{\beta}^{\mathrm{T}}\boldsymbol{X}^{\mathrm{T}}\boldsymbol{X}\boldsymbol{\beta}) = 2\boldsymbol{X}^{\mathrm{T}}\boldsymbol{X}\boldsymbol{\beta}$$

所以得正规方程:

$$\boldsymbol{X}^{\mathrm{T}}\boldsymbol{X}\boldsymbol{\beta} = \boldsymbol{X}^{\mathrm{T}}\boldsymbol{Y} \tag{6.3.6}$$

或将式(6.3.5)的 Q 分别对 $\beta_0, \beta_1, \beta_2, \cdots, \beta_{m-1}$ 求偏导数,并令其等于零,得

$$\frac{\partial Q}{\partial \beta_k} = -\sum_{i=1}^{n}\left(y_i - \sum_{j=0}^{m-1}x_{ij}\beta_j\right)x_{ik}, \quad k = 0, 1, 2, \cdots, m-1$$

即

$$\sum_{i=1}^{n}y_i x_{ik} = \sum_{i=1}^{n}\sum_{j=0}^{m-1}x_{ij}x_{ik}\beta_j = \sum_{j=0}^{m-1}\sum_{i=1}^{n}x_{ij}x_{ik}\beta_j, \quad k = 1, 2, \cdots, m-1$$

进一步可用矩阵形式写出,即得正规方程(6.3.6)。

因为 $\mathrm{rank}(\boldsymbol{X}^{\mathrm{T}}\boldsymbol{X}) = \mathrm{rank}(\boldsymbol{X}) = m$,故 $(\boldsymbol{X}^{\mathrm{T}}\boldsymbol{X})^{-1}$ 存在,解正规方程即得 $\boldsymbol{\beta}$ 的最小二乘估计 $\hat{\boldsymbol{\beta}}$ 为

$$\hat{\boldsymbol{\beta}} = \begin{bmatrix} b_0 \\ b_1 \\ \vdots \\ b_{m-1} \end{bmatrix} = (\boldsymbol{X}^{\mathrm{T}}\boldsymbol{X})^{-1}\boldsymbol{X}^{\mathrm{T}}\boldsymbol{Y} \tag{6.3.7}$$

6.3.3 误差方差 σ^2 的估计

将自变量的各组观测值代入回归方程,可得因变量的各估计值(称为拟合值)为

$$\hat{\boldsymbol{Y}} \overset{\text{def}}{=} (\hat{y}_1, \hat{y}_2, \cdots, \hat{y}_n)^{\mathrm{T}} = \boldsymbol{X}\hat{\boldsymbol{\beta}}$$

称

$$e \overset{\text{def}}{=} \boldsymbol{Y} - \hat{\boldsymbol{Y}} = \boldsymbol{Y} - \boldsymbol{X}\hat{\boldsymbol{\beta}} = [\boldsymbol{I} - \boldsymbol{X}(\boldsymbol{X}^{\mathrm{T}}\boldsymbol{X})^{-1}\boldsymbol{X}^{\mathrm{T}}]\boldsymbol{Y} = (\boldsymbol{I} - \boldsymbol{H})\boldsymbol{Y}$$

为残差向量或剩余向量,其中 $H = X(X^TX)^{-1}X^T$ 为 n 阶幂等矩阵,I 为 n 阶单位阵,称数

$$Q_e = e^Te = (Y - X\hat{\beta})^T(Y - X\hat{\beta}) = Y^T(I - H)Y = Y^TY - \hat{\beta}^TX^TY$$

为剩余平方和。

由于 $E(Y) = X\beta$ 且 $(I - H)Y = 0$,则

$$Q_e = e^Te = [Y - E(Y)]^T(I - H)[Y - E(Y)] = \varepsilon^T(I - H)\varepsilon$$

由此可得

$$\begin{aligned} E(e^Te) &= E\{\operatorname{tr}[\varepsilon^T(I - H)\varepsilon]\} \\ &= \operatorname{tr}[(I - H)E(\varepsilon\varepsilon^T)] = \sigma^2\operatorname{tr}[I - X(X^TX)^{-1}X^T] \\ &= \sigma^2\{n - \operatorname{tr}[(X^TX)^{-1}X^TX]\} = \sigma^2(n - m) \end{aligned}$$

其中 $\operatorname{tr}(*)$ 表示矩阵的迹。从而

$$\hat{\sigma}^2 \overset{\text{def}}{=} \frac{1}{n - m}e^Te = \frac{SSE}{n - m} \overset{\text{def}}{=} MSE$$

为 σ^2 的一个无偏估计。

6.3.4　方差分析(又称 F 检验)

给定因变量 y 与自变量 $x_1, x_2, \cdots, x_{m-1}$ 的 n 组观测值,利用前述方法可得到未知参数 β 和 σ^2 的估计,从而可给出 y 与 $x_1, x_2, \cdots, x_{m-1}$ 之间的线性回归方程。但所求的回归方程是否有意义,也就是说 y 与 $x_1, x_2, \cdots, x_{m-1}$ 之间是否存在显著的线性关系,还需要对回归方程进行检验。

我们知道观测值 $y_1, y_2, \cdots, y_n$ 之所以有差异,是由下述两个原因引起的,一是当 y 与 $x_1, x_2, \cdots, x_{m-1}$ 之间确有线性关系时,由于 $x_1, x_2, \cdots, x_{m-1}$ 取值的不同,而引起 y_i 值的变化;另一方面是除去 y 与 $x_1, x_2, \cdots, x_{m-1}$ 的线性关系以外的因素,如 $x_1, x_2, \cdots, x_{m-1}$ 对 y 的非线性影响及随机因素的影响等。记 $\bar{y} = \frac{1}{n}\sum_{i=1}^{n}y_i$,则数据的总的离差平方和

$$SST = \sum_{i=1}^{n}(y_i - \bar{y})^2 \tag{6.3.8}$$

反映了数据 $y_1, y_2, \cdots, y_n$ 波动性的大小。

残差平方和

$$SSE = \sum_{i=1}^{n}(y_i - \hat{y})^2 \tag{6.3.9}$$

反映了除去 y 与 $x_1, x_2, \cdots, x_{m-1}$ 之间的线性关系(即 $\hat{y}_i$)以外的因素引起的数据 $y_1, y_2, \cdots, y_n$ 的波动。若 $SSE = 0$,则多个观测值可由线性关系精确拟合,SSE 越大,观测值和线性拟合之间的偏差也越大。

对于回归平方和

$$SSR = \sum_{i=1}^{n}(\hat{y}_i - \bar{y})^2 \tag{6.3.10}$$

由于可证明 $\frac{1}{n}\sum_{i=1}^{n}\hat{y}_i = \bar{y}$,故 SSR 反映了线性拟合值与它们的平均值的总偏差,即由变量

$x_1, x_2, \cdots, x_{m-1}$ 的变化所引起的 $y_i(i=1,2,\cdots,n)$ 的波动。若 $SSR=0$,则每个拟和值均相等,即 $\hat{y}_i(i=1,2,\cdots,n)$ 不随 $x_1, x_2, \cdots, x_{m-1}$ 的变化而变化,这实质上反映了 $\beta_1, \beta_2, \cdots, \beta_{m-1}=0$。另一方面,经过代数运算及正规方程可证明(证明从略)

$$SST = SSR + SSE \tag{6.3.11}$$

因此,SSR 越大,说明由线性回归关系所描述的 $y_i(i=1,2,\cdots,n)$ 的波动性的比例就越大,即 y 与 $x_1, x_2, \cdots, x_{m-1}$ 的线性关系就越显著。

对应于 SST 的分解式(6.3.11),其自由度也有相应的分解。这里的自由度是指平方和中独立变化项的数目。在 SST 中,由于有一个关系式 $\sum_{i=1}^{n}(y_i-\bar{y})^2=0$,即 $y_i-\bar{y}(i=1,2,\cdots,n)$ 彼此不是独立变化的,故其自由度为 $n-1$。

可以证明,SSE 的自由度为 $n-m$,SSR 的自由度为 $m-1$,因此对应于 SST 的分解(6.3.11),它们的自由度之间也有如下关系:

$$n-1=(n-m)+(m-1) \tag{6.3.12}$$

基于以上 SST 和其自由度的分解式(6.3.11)和式(6.4.12)可建立如下的方差分析表(表 6.3.1)。

表 6.3.1　方差分析表

方差来源	偏差平方和	自由度	方差	F 值	F_α	显著性
回归	SSR	$m-1$	$MSR=\dfrac{SSR}{m-1}$	$F=\dfrac{MSR}{MSE}$		
误差	SSE	$n-m$	$MSE=\dfrac{SSE}{n-m}$			
总和	SST	$n-1$				

为检验 y 与 $x_1, x_2, \cdots, x_{m-1}$ 之间是否存在显著的线性回归关系,即检验假设

$$\begin{cases} H_0: b_1 = b_2 = \cdots = b_{m-1} = 0 \\ H_1: \text{至少有某一个 } b_i \neq 0, 1 \leqslant i \leqslant m-1 \end{cases}$$

这是因为若 H_0 成立,则 $\hat{y}=b_0$,即 y 与 $x_1, x_2, \cdots, x_{m-1}$ 之间不存在线性回归关系,基于上述方差分析表,构造如下检验统计量:

$$F \stackrel{\text{def}}{=} \frac{MSR}{MSE}$$

当 H_0 为真时,可以证明 $F \sim F(m-1, n-m)$。由上述对回归平方和 SSR 的讨论可知,若 H_0 不真,F 的值有偏大的趋势。因此,给定显著性水平 α,查 F 分布表得临界值 $F_\alpha(m-1, n-m)$,计算 F 的观测值 F_0,若 $F_0 < F_\alpha(m-1, n-m)$,接受 H_0,即在显著性水平 α 之下,认为线性关系不显著;若 $F_0 \geqslant F_\alpha(m-1, n-m)$,拒绝 H_0,即认为 y 与 $x_1, x_2, \cdots, x_{m-1}$ 之间存在显著的线性回归关系,在方差分析表中的"显著性"一栏中填写"显著";取 $\alpha=0.01$ 时,拒绝 H_0,即认为 y 与 $x_1, x_2, \cdots, x_{m-1}$ 之间的线性回归关系为高度显著,在方差分析表中的"显著性"一栏中填写"高度显著";否则,填写"不显著"。

6.3.5　拟合优度的测定——相关系数法

和一元线性回归分析类似,多元回归也可以用一个"相关系数"R 来衡量,即用回归平方和 SSR 在总平方和 SST 中的比例来衡量,用 R 代替 r,

$$R = \sqrt{\frac{SSR}{SST}}, 称为相关系数$$

它的意义和一元的相关系数 r 定义一样($0 \leqslant R \leqslant 1$)。

回归方程的精度用剩余标准差来表示

$$S = \sqrt{MSE} = \sqrt{\frac{SSE}{n-m}}$$

注:当作了整个回归方差分析的 F 检验后,多相关系数的显著性研究不必再作了,它们实质上是等价的。

6.3.6　偏回归系数的检验

回归关系显著并不意味着每个自变量 $x_j (1 \leqslant j \leqslant m-1)$ 对 y 的影响都显著,可能其中的某个或某些对 y 的影响不显著。一般来说,我们总希望从回归方程中剔除那些对 y 的影响不显著的自变量,从而建立一个较为简单有效的回归方程,以便于实际应用。因为:当一个回归方程包含有不显著变量时,它不仅对利用回归方程作预测和控制带来麻烦,而且还会增大 $\hat{y}$ 的方差,从而影响预测的精度。为此就需要对每一个回归系数作显著性检验,显然,若某个自变量 x_j 对 y 无影响,那么在线性模型中,它的系数 b_j 应为零。因此,检验 x_j 的影响是否显著等价于检验假设

$$\begin{cases} H_0 : b_j = 0 \\ H_1 : b_j \neq 0 \end{cases}$$

在多元回归方程的 F 检验中,回归平方和 SSR 反映了所有自变量(因素) $x_1, x_2, \cdots,$ x_{m-1} 对试验指标 y 的总影响,如果对每个偏回归系数 $b_j (j=1,2,\cdots,m-1)$ 进行方差分析,就可以知道每个偏回归系数的显著性,从而就能判断它们对应因素的重要程度。

$m-1$ 个自变量 $x_1, x_2, \cdots, x_{m-1}$ 的回归平方和为

$$SSR = SST - SSE$$

如果 $m-1$ 个自变量去掉 x_j,则剩下的 $m-2$ 个自变量的回归平方和设为 $SS\widetilde{R}$,并设

$$SS_j = SSR - SS\widetilde{R}$$

则 SS_j 就表示变量 x_j 在回归平方和 SSR 中的贡献,SS_j 称为 x_i 的偏回归平方和或贡献。可以证明

$$SS_j = \frac{b_j^2}{c_{jj}} \tag{6.3.13}$$

其中 c_{jj} 为矩阵 $\boldsymbol{C} = (\boldsymbol{X}^{\mathrm{T}} - \boldsymbol{X})^{-1}$ 主对角线上的第 j 个元素,注意这里是从 c_{00} 算起,c_{00} 表示 $\boldsymbol{C}$ 的主对角线上的第 1 个元素。偏回归平方和 SS_j 越大,说明 x_j 在回归方程中越重要,对 y

的作用和影响越大,或者说 x_j 对回归方程的贡献越大。因此偏回归平方和是用来衡量每个自变量在回归方程中作用大小的一个指标。

$SS_j(j=1,2,\cdots,m-1)$ 对应的自由度 $f_j=1$,所以 $MS_j=\dfrac{SS_j}{1}=SS_j$。于是有

$$F_j = \frac{MS_j}{MSE} = \frac{SS_j}{MSE} \sim F(1,n-m) \tag{6.3.14}$$

其中 $MSE=\dfrac{SSE}{n-m}$,在显著性水平 α 下,查 F 分布表得临界值 $F_\alpha(1,n-m)$,计算 F 的观测值 F_0,若 $F_0<F_\alpha(1,n-m)$,则说明 x_j 对 y 的影响是不显著的,这时可将它从回归方程中去掉,变成 $(m-2)$ 元回归方程。

6.3.7　关于预报值的统计推断

当所得回归方程和各回归系数经检验均呈显著时,我们就用它来进行预测和控制。

设给定了自变量的一组新观测值 $(x_{01},x_{02},\cdots,x_{0,m-1})$,利用回归方程可设因变量 y 的点预测值 $\hat{y}_0$ 为

$$\hat{y} = b_0 + b_1 x_{01} + b_2 x_{02} + \cdots + b_{m-1} x_{0,m-1}$$

对应于点 $(x_{01},x_{02},\cdots,x_{0,m-1})$ 的 y 的真值 y_0 区间预测。可以证明:

$$\frac{\hat{y}_0 - y_0}{S(\hat{y}_0)} \sim t(n-m)$$

其中

$$S^2(\hat{y}_0) = MSE[1 + \boldsymbol{X}_{\mathrm{mew}}^{\mathrm{T}} (\boldsymbol{X}^{\mathrm{T}}\boldsymbol{X})^{-1} \boldsymbol{X}_{\mathrm{new}}]$$

而 $\boldsymbol{X}_{\mathrm{new}}=(1,x_{01},x_{02},\cdots,x_{0,m-1})^{\mathrm{T}}$。由此可知 y_0 的一个置信度为 $1-\alpha$ 的置信区间为

$$\hat{y}_0 \pm t_{\frac{\alpha}{2}}(n-m)S(\hat{y}_0)$$

例 6.3.1　在无芽酶试验中,发现吸氨量 y 与底水 x_1 及吸氨时间 x_2 都有关系,今在水温 17℃±1℃ 条件下得到一批数据如表 6.3.2 所示。

表 6.3.2　试验数据表

序号	x_1（底水）	x_2（吸氧时间）	y（吸氧量）
1	136.5	215	6.2
2	136.5	250	7.5
3	136.5	180	4.8
4	138.5	250	5.1
5	138.5	180	4.6
6	138.5	215	4.6
7	138.5	215	4.9
8	138.5	215	4.1
9	140.5	180	2.8
10	140.5	215	3.1
11	140.5	250	4.3

由经验知 y 与 x_1, x_2 之间可用下面的线性相关关系描述：

$$y_i = b_0 + b_1 x_{i1} + b_2 x_{i2} + \varepsilon_i, \quad i = 1, 2, \cdots, 11$$

试由给出的数据求出 b_0, b_1, b_2 的最小二乘估计，做相关的统计推断，并预测当底水为 137.5、吸氨时间为 240 的吸氨量及 95% 的置信区间。

解 根据表 6.3.2 所给数据可得

$$Y = \begin{pmatrix} 6.2 \\ 7.5 \\ \vdots \\ 3.1 \\ 4.3 \end{pmatrix}, \quad X = \begin{pmatrix} 1 & 136.5 & 215 \\ 1 & 136.5 & 250 \\ \vdots & \vdots & \vdots \\ 1 & 140.5 & 215 \\ 1 & 140.5 & 250 \end{pmatrix}$$

(1) 参数估计

由式(6.3.7)得

$$\hat{\boldsymbol{\beta}} = \begin{pmatrix} b_0 \\ b_1 \\ b_2 \end{pmatrix} = (X^T X)^{-1} X^T Y = \begin{pmatrix} 95.7112 \\ -0.6917 \\ 0.0224 \end{pmatrix}$$

所以得回归方程：

$$\hat{y} = 95.7112 - 0.6917 x_1 + 0.0224 x_2$$

(2) 方差分析表及相关性检验

假设 $H_0: b_1 = b_0 = 0$.

由式(6.3.8)、式(6.3.9)、式(6.3.10)得

$$SST = 17.0018, \quad SSR = 15.1633, \quad SSE = 1.8385$$

得方差分析表 6.3.3。由于 $F = 32.99 > F_{0.01}(2, 8) = 8.65$，说明回归方程在 $a = 0.01$ 水平上是高度显著的。

表 6.3.3 方差分析表

方差来源	偏差平方和	自由度	方差	F 值	F_a	显著性
回归	15.1633	2	7.5817	32.99	$F_{0.01}(2, 8) = 8.65$	高度显著
误差	1.8385	8	0.2298			
总和	17.0018	10				

拟合程度的测定：

$$R = \sqrt{\frac{SSR}{SST}} = \sqrt{\frac{15.1633}{17.0018}} = 0.9444$$

表明回归变量对样本数据点的拟合程度比较好。

由表 6.3.3 知, $SSE = 0.2298$, 故估计标准误差为

$$S = \sqrt{MSE} = 0.4794$$

表明回归标准差也比较小。

（3）回归系数的显著性检验

假设 $\begin{cases} H_0: b_j = 0 \\ H_1: b_j \neq 0 \end{cases}$ $(j = 1, 2)$，由式（6.3.13）和方差分析表知：$SS_1 = 11.4817, SS_2 = 3.6817$，$MSE = 0.2298$，于是由式（6.3.14）得

$$F_1 = \frac{11.4817}{0.2298} = 49.9614; \quad F_2 = \frac{3.6817}{0.2298} = 16.0204$$

查表得：$F_{0.01}(1, 8) = 11.26, F_1 = 49.96 > F_{0.01}(1, 8) = 11.26, F_2 = 16.02 > F_{0.01}(1, 8) = 11.26$，说明在显著性水平 $\alpha = 0.01$ 时，两个回归系数均高度显著。

或将表 6.3.3 用方差分析表 6.3.4 表示。

表 6.3.4 方差分析表

方差来源	偏差平方和	自由度	方差	F 值	F_α	显著性
x_1	11.4817	1	11.4817	49.96	$F_{0.01}(1, 8) = 11.26$	高度显著
x_2	3.6817	1	3.6817	16.02		高度显著
回归	15.1633	2	7.5817	32.99	$F_{0.01}(2, 8) = 8.65$	高度显著
误差	1.8385	8	0.2298			
总和	17.0018	10				

由表 6.3.4 知，两个因素都高度显著且 $F_1 > F_2$，说明两个因素的主次顺序为 $x_1 > x_2$，即底水 > 吸氧时间，因此 x_1 比 x_2 对 y 的影响更大。

这里应注意，若发现不显著变量时，应注意在除去该变量后重新求出相应回归系数的最小二乘法估计。若发现几个变量不显著时，因考虑到回归系数间存在着相关关系，故不能将这些变量一起剔除，而只能一次除去 F 值最小的一个不显著变量，重新建立回归方程后再对变量一一作检验。

当底水为 137.5，吸氨时间为 240 时，即给定

$$X_{\text{new}} = (1, 137.5, 240)^{\text{T}}$$

这时吸氨量为

$$\hat{y}_0 = 95.7112 - 0.6917 \times 137.5 + 0.0224 \times 240 = 5.9785$$

$$S^2(\hat{y}_0) = MSE[1 + X_{\text{mew}}^{\text{T}}(X^{\text{T}}X)^{-1}X_{\text{new}}] = 0.27982, \quad S(\hat{y}_0) = 0.52898$$

从而可得吸氨量的置信度 95% 的置信区间为

$$(5.9785 - 2.306 \times 0.52898, 5.9785 + 2.306 \times 0.52898)$$

即 $(4.7586, 7.1983)$。

例 6.3.2 某种水泥在凝固时放出的热量 y（单位：cal）与水泥中下列四种化学成分的含量有关：

x_1——$3CaO \cdot SiO_2$ 的含量，%；

x_2——$2CaO \cdot SiO_2$ 的含量，%；

x_3——$3CaO \cdot Al_2O_3$ 的含量，%；

x_4——$4CaO \cdot Al_2O_3 \cdot Fe_2O_3$ 的含量，%。

原始试验数据如表 6.3.5 所示。试求 y 对 x_1, x_2, x_3, x_4 的线性回归方程，并检验线性

方程的显著性以确定最优方程。

表 6.3.5　原始试验数据

试验号 m	x_1	x_2	x_3	x_4	y
1	7	26	6	60	78.5
2	1	29	15	52	74.3
3	11	56	8	20	104.3
4	11	31	8	47	87.6
5	7	52	6	33	95.9
6	11	55	9	22	109.2
7	3	71	17	6	102.7
8	1	31	22	44	72.5
9	2	54	18	22	93.1
10	21	47	4	26	115.9
11	1	40	23	34	83.8
12	11	66	9	12	113.3
13	10	68	8	12	109.4

解　设 y 与 x_1, x_2, x_3, x_4 的观测值之间满足关系

$$y_i = b_0 + b_1 x_{i1} + b_2 x_{i2} + b_3 x_{i2} + b_4 x_{i4} + \varepsilon_i, \quad i = 1, 2, \cdots, 13$$

其中 $\varepsilon_i (i=1,2,\cdots,13)$ 相互独立, 均服从正态分布 $N(0,\sigma^2)$。基于所给数据可得

$$Y = \begin{pmatrix} 78.5 \\ 74.3 \\ \vdots \\ 113.3 \\ 109.4 \end{pmatrix}, \quad X = \begin{pmatrix} 1 & 7 & 26 & 6 & 60 \\ 1 & 1 & 29 & 15 & 52 \\ \vdots & \vdots & \vdots & \vdots & \vdots \\ 1 & 11 & 66 & 9 & 12 \\ 1 & 10 & 68 & 8 & 12 \end{pmatrix}$$

(1) 参数估计

由式(6.3.6)得

$$\hat{\boldsymbol{\beta}} = \begin{pmatrix} b_1 \\ b_2 \\ b_3 \\ b_4 \end{pmatrix} = (X^T X)^{-1} X^T Y = \begin{pmatrix} 62.4054 \\ 1.5511 \\ 0.5101 \\ 0.1019 \\ -0.1441 \end{pmatrix}$$

所以得回归方程:

$$\hat{y} = 62.4054 + 1.5511 x_1 + 0.5102 x_2 + 0.1019 x_3 - 0.1441 x_4$$

(2) 回归方程与回归系数的检验

回归方程与回归系数的检验见表 6.3.6。

表 6.3.6 方差分析表

方差来源	偏差平方和	自由度	方差	F 值	F_α	显著性
x_1	$SS_1 = 25.95$	1	25.95	4.34	$F_{0.01}(1,8) = 11.26$	
x_2	$SS_2 = 2.97$	1	2.97	0.50	$F_{0.05}(1,8) = 5.32$	
x_3	$SS_3 = 0.109$	1	0.109	0.018	$F_{0.1}(1,8) = 3.46$	
x_4	$SS_4 = 0.247$	1	0.247	0.041		
回归	$SSR = 2667.9$	4	666.975	111.48	$F_{0.01}(4,8) = 7.01$	高度显著
误差	$SSE = 47.8635$	8	5.9830			
总和	$SST = 2715.8$	12				

由表 6.3.6 知，y 对四种成分相关整体是很显著的。但四个回归系数均显著为零；在显著性水平 $\alpha = 0.1$ 时，除 b_1 显著外，其余均不显著。产生这种现象的原因主要是由于回归变量之间具有较强的线性相关，这时不能简单地采用所求的线性回归方程，但也不能同时将不显著的变量一同剔除，只能一次剔除 F 值最小的一个不显著变量，重新建立回归方程，再对变量一一作检验。如，本例中，剔除偏回归平方和最小的 x_3 后，y 对 x_1, x_2, x_4 的新回归方程为

$$\hat{y} = 71.6483 + 1.4519 x_1 + 0.4161 x_2 - 0.2365 x_4 \tag{6.3.15}$$

然后再对新回归方程进行检验，逐个剔除不显著的自变量，直到方程中最后所含自变量全部显著为止。

本例经对新回归方程(6.3.15)进行检验，发现 x_4 不显著，因此再把 x_4 剔除。得回归方程如下：

$$\hat{y} = 52.5773 + 1.4683 x_1 + 0.6623 x_2 \tag{6.3.16}$$

经检验回归方程(6.3.16)中所有的变量均显著。这就是我们要求的最优回归方程。

关于最优方程的选取，有多种方法可以达到这个要求，其中最常用的是逐步回归法。

6.3.8 逐步回归分析法

逐步回归法的基本思想是，依次拟合一系列回归方程，后一个回归方程是在前一个回归方程的基础上添加或删除一个自变量。也就是说，把自变量依次添加到回归方程中，如果发现某个已在回归方程中的自变量已经不再重要时，就删除这个自变量。添加或删除一个自变量的原则是用如下的偏 F 统计量：设在某一步已选入回归方程的自变量有 $l-1$ 个，记这 $l-1$ 个自变量的集合为 A，相应回归方程的残差平方和为 $SSE(A)$。当不在 A 中的一个自变量 X_k 被添加到这个回归方程中时，偏 F 统计量的一般形式为

$$F = \frac{SSE(A) - SSE(A, X_k)}{\dfrac{SSE(A, X_k)}{n - l - 1}} = \frac{SSR(X_k \mid A)}{MSE(A, X_k)}$$

它是逐步回归法中增加或删除一个自变量时所用的基本统计量。其中 $SSR(X_k \mid A) = SSE(A) - SSE(A, X_k)$ 称为额外回归平方和，它描述了将 X_k 添加到由 A 中各自变量所构成的回归方程中时，残差平方和的相对减少量，也可以解释为在含 A 中各自变量及 X_k 的回归方程中，删除 X_k 时，残差平方和的相对增加量。

要进行逐步回归,首先要给定两显著性水平,一个用作添加某个自变量,记为 α_E;另一个用作从回归方程中删除某个自变量,记为 α_D。两个显著性水平应满足 $\alpha_E \geqslant \alpha_D$,否则可能形成无限循环。由 α_E 和 α_D,给出偏 F 检验统计量 F 的两个临界值,一个用作添加自变量,记为 F_E;另一个用作从回归方程中删除某个自变量,记为 F_D。然后按下列步骤进行:

第一步:对每个自变量 $X_k (1 \leqslant k \leqslant M)$,拟合仅包含 X_k 的一元线性回归模型:

$$Y = \beta_0 + \beta_0 X_k + \varepsilon \tag{模型 1}$$

这时,统计量 $F_k = \dfrac{SSE(A) - SSE(A, X_k)}{SSE(A, X_k)/(n-l-1)} = \dfrac{SSR(X_k | A)}{MSE(A, X_k)}$ 中的集合 A 为空集(即 $l=1$),故 $SSE(A) = SST, SSR(X_k|A) = SST - SSE(X_k) = SSR(X_k), MSE(A, X_k) = MSE(X_k)$。对每个 k,计算偏 F 统计量的值

$$F_k^{(1)} = \frac{SSR(X_k)}{MSE(X_k)}, \quad k = 1, 2, \cdots, M$$

它度量了将 X_k 添加模型后,残差平方和的相对减少量,设 $F_{k_1}^{(1)} = \max\limits_{1 \leqslant k \leqslant M}\{F_k^{(1)}\}$。若 $F_{k_1}^{(1)} > F_E$,选择含 X_{k_1} 的回归模型为当前模型。否则,没有自变量进入模型中,选择过程结束,这时认为所有自变量对 Y 的影响均不显著。

第二步:在第一步选择模型的基础上,再将其余 $M-1$ 个自变量逐个添加到此模型中,拟合相应模型并计算

$$F_k^{(2)} = \frac{SSR(X_k | X_{k_1})}{MSE(X_{k_1}, X_k)}, \quad k \neq k_1$$

设 $F_{k_2}^{(2)} = \max\limits_{k \neq k_1}\{F_k^{(2)}\}$。若 $F_{k_2}^{(2)} \leqslant F_E$,则选择过程结束。第一步选择的模型(即仅含 X_{k_1} 的线性回归模型)为最优模型;若 $F_{k_2}^{(2)} > F_E$,则将 X_{k_2} 添加到第一步所选出的模型中,即得到模型

$$Y = \beta_0 + \beta_{k_1} X_{k_1} + \beta_{k_2} X_{k_2} + \varepsilon \tag{模型 2}$$

进一步考察,当 X_{k_2} 进入模型后,X_{k_1} 对 Y 的影响是否仍显著。为此计算

$$F_{k_1}^{(2)} = \frac{SSR(X_{k_1} | X_{k_2})}{MSE(X_{k_1}, X_{k_2})}$$

若 $F_{k_1}^{(2)} \leqslant F_D$,则从模型中删除 X_{k_1},这时仅含 X_{k_2} 的回归模型为当前模型。否则,当前模型为包含 X_{k_1} 和 X_{k_2} 的模型。

第三步:在第二步所选出的模型基础上,再将未在模型中的自变量逐个添加到该模型中,计算相应的偏 F 统计量的值。将这些偏 F 统计量值的最大者与 F_E 比较,以决定是否还有其他自变量可添加到当前模型之中。再检验是否可删除某个自变量。

重复以上步骤,直到没有新的自变量可进入模型,同时模型中的自变量均不能被删除,则选择过程结束。拟合最终模型便是逐步回归法所选出的最优回归方程。

6.3.9　因素主次的判断

在实际应用中,我们经常需要对最优多元线性回归方程中的自变量(因素)进行主次判断,以便抓住主要矛盾,更好地解决实际问题。下面介绍几种判断因素主次的方法。

1. 标准偏回归系数(standard partial regression coefficient)的比较

在多元线性回归方程中,偏回归系数 $b_1,b_2,\cdots,b_{m-1}$ 表示了 x_j 对 y 的具体效应,但在一般情况下,$b_j(j=1,2,\cdots,m-1)$ 本身的大小并不能直接反映自变量的相对重要性,这是因为 b_j 的取值会受到因素单位取值的影响。如果对偏回归系数 b_j 进行标准化,则可解决这一问题。

设偏回归系数 b_j 的标准化系数为 $P_j(j=1,2,\cdots,m-1)$。P_j 的计算式为

$$P_j = |b_j|\sqrt{\frac{L_{jj}}{L_{yy}}} \tag{6.3.17}$$

其中 $L_{jj} = \sum_{i=1}^{n}(x_{ij}-\bar{x}_j)^2$,$L_{yy} = SST = \sum_{i=1}^{n}(y_i-\bar{y})^2$,根据标准化回归系数 P_j 的大小就可以直接判断各因素(自变量)x_j 对试验结果 y 的重要程度,P_j 越大,则对应的因素越重要。

2. 偏回归平方和的比较

在多元线性回归分析中,当自变量间存在着显著相关时,或者当无法判断各自变量间的相关性时,应比较各自变量的偏回归平方和 SSj $(j=1,2,\cdots,m-1)$ 的大小来判断各自变量对因变量影响的主次,凡是偏回归平方和大的自变量,其对应变量的作用一定是主要的。

例 6.3.3　续例 6.3.1。对回归系数进行标准化,因为 $L_{i1} = \sum_{i=1}^{11}(x_{i1}-\bar{x}_1)^2 = 24.0$,$L_{22} = 7350$,由式(6.3.16)得

$$P_1 = |b_1|\sqrt{\frac{L_{11}}{L_{yy}}} = 0.8218, \quad P_2 = |b_2|\sqrt{\frac{L_{22}}{L_{yy}}} = 0.4653$$

因标准系数越大,对应的因素越重要,所以因素的主次顺序为:$x_1 > x_2$,这与上述分析结果是一致的。

6.4　线性回归分析的 MATLAB 编程实现

6.4.1　一元线性回归分析的 MATLAB 程序代码与分析实例

1. MATLAB 程序代码

进行一元线性回归分析,通常是先考察所给数据的散点图中的数据点是否大致在一条直线上。如果数据点大致在一条直线上,则求出其回归线的方程,并以此进行预测。

```
function [ab, stats, yy, ylr] = regres1(x, y, xx, pp)
ab = [ ]; stats = [ ]; yout = [ ];
[m, n] = size(x);
if min(m, n) ~ = 1
    error('第一个输入参数 x 必须是向量');
end
```

```
[m,n] = size(y);
if min(m,n) ~ = 1
    error('第二个输入参数 y 必须是向量');
end
x = x(:);y = y(:);
if length(x) ~ = length(y)
    error('两个输入向量的长度必须相等')
end
if (nargin < 4) | (~ isnumeric(pp)) | (pp < = 0) | (pp > = 1)
    pp = 0;
end
A = [ones(size(x)),x];
[ab,tm1,r,rint,stat] = regress(y,A);
a = ab(1);b = ab(2);r2 = stat(1);
if nargout = = 0
    if (nargin = = 3)&&(xx = = 's')
        plot(x,y,' * k');
        title('散点图');
    else
        XX = [min(x);max(x)];
        YY = a + b * XX;
        plot(x,y,' * k',XX,YY,'k - ')
        title('回归线图');
    end
    return
end
alpha = [0.05,0.01];
yhat = a + b * x;
SSR = (yhat - mean(y))' * (yhat - mean(y));
SSE = (yhat - y)' * (yhat - y);
SST = (y - mean(y))' * (y - mean(y));
n = length(x);
Fb = SSR/SSE * (n - 2);
Falpha = finv(1 - alpha,1,n - 2);
table = cell(4,7);
table(1,:) = {'方差来源','偏差平方和','自由度','方差','F 值','Fα','显著性'};
table(2,1:6) = {'回归',SSR,1,SSR,Fb,min(Falpha)};
table(3,1:6) = {'剩余',SSE,n - 2,SSE/(n - 2),[],max(Falpha)};
table(4,1:3) = {'总和',SST,n - 1};
if Fb > = max(Falpha)
    table{2,7} = '高度显著';
elseif (Fb < max(Falpha))&(Fb > = min(Falpha))
    table{2,7} = '显著';
else
    table{2,7} = '不显著';
end
Sy = sqrt(table{3,4});
stats = {table,sqrt(r2),Sy,stat(3)};
if (nargin > 2)&(isnumeric(xx))
    xx = xx(:);
    yy = a + b. * xx;
```

```
tmps = 1 + 1/n + (xx − mean(x)). * (xx − mean(x))/((x − mean(x))' * (x − mean(x)));
sigma = Sy * sqrt(tmps);
ta = norminv(0.5 + pp/2, 0, 1);
yl = yy − ta * sigma; yr = yy + ta. * sigma;
ylr = [yl(:), yr(:)];
```
end

用函数 regres1 进行一元线性回归分析,其调用格式是:

(1) regres1(x, y, 's'):绘制散点图。

(2) regres1(x, y):绘制回归线图。

(3) ab = regres1(x, y):计算回归系数 ab,其中 ab(1)是常数项,ab(2)是 x 的系数。

(4) [ab, stats] = regres1(x, y):输出参数 stats 是一个四元数组:stats{1}是方差分析表;stats{2}是可决系数;stats{3}是标准误差;stats{4}是 p 值。

(5) [ab, stats, yy] = regres1(x, y, xx):进行点预测,根据输入的列向量 xx 值,得到点预测值 yy。

(6) [ab, stats, yy, ylr] = regres1(x, y, xx, pp):进行置信概率为 pp 的区间预测,区间预测值是 ylr。

2. 分析实例

例 6.4.1 我们用函数 regres1 对例 6.2.1 进行分析。

在命令窗口中输入:

```
>> x = [2    4    5    8    9];
>> y = [2.01    2.98    3.50    5.02    5.07];
>> regres1(x, y, 's');
```

运行后显示图像,如图 6.4.1 所示。

继续在命令窗口中输入:

```
>> regres1(x, y);
```

运行后显示图像,如图 6.4.2 所示。

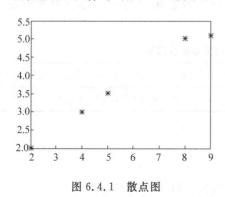

图 6.4.1 散点图

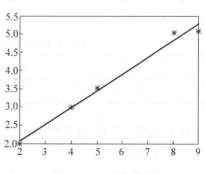

图 6.4.2 回归线图

继续在命令窗口中输入:

```
>> [ab, stats] = regres1(x, y);
```

```
>> ab,table = stats{1},r = stats{2},S = stats{3}
```

运行后显示：

```
ab =
    1.1552
    0.4573
table =
```

'方差来源'	'偏差平方和'	'自由度'	'方差'	'F值'	'F α'	'显著性'
'回归'	[6.9426]	[1]	[6.9426]	[231.5319]	[10.1280]	'高度显著'
'剩余'	[0.0900]	[3]	[0.0300]	[]	[34.1162]	[]
'总和'	[7.0325]	[4]	[]	[]	[]	[]

```
r =
0.9936
S =
    0.1732
```

从运行的结果可以看出,得到的回归方程是：$y = 1.1552 + 0.4573x$；从方差分析表可以看出,回归的效果是高度显著的；从相关系数 $r = 0.9936$,非常接近 1,$S = 0.1732$ 也说明回归的效果很好。

继续在命令窗口中输入：

```
>>[ab,stats,yy,ylr] = regres1(x,y,6,0.95)
```

运行后显示：

```
ab =
    1.1552
    0.45729
stats =
    {4x7 cell}      [0.99358]      [0.17316]      [0.00061637]
yy =
    3.8989
ylr =
    3.5264       4.2714
```

例 6.4.2 合金的强度 y 与其中的含碳量 x 有比较密切的关系,今从生产中收集了一批数据如表 6.4.1 所示。

表 6.4.1 合金的强度 y 与其中的含碳量 x

$y/(\mathrm{kg/mm^2})$	41.0	42.5	45.0	45.5	45.0	47.5	49.0	51.0	50.0	55.0	57.5	59.5
$x/\%$	0.10	0.11	0.12	0.13	0.14	0.15	0.16	0.17	0.18	0.20	0.22	0.24

试确定 x,y 间的线性关系,并作相关检验。

解 在命令窗口中输入：

```
>> x = [41.0,42.5,45.0,45.5,45.0,47.5,49.0,51.0,50.0,55.0,57.5,59.5];
>> y = [0.10,0.11,0.12,0.13,0.14,0.15,0.16,0.17,0.18,0.20,0.22,0.24];
>> [ab,stats] = regres1(x,y);
>> ab,table = stats{1},r = stats{2},S = stats{3}
>> regres1(x,y);
```

运行后显示：

```
ab =
    - 0.2043
    0.0074
table =
```

'方差来源'	'偏差平方和'	'自由度'	'方差'	'F值'	'Fα'	'显著性'
'回归'	[0.0208]	[1]	[0.0208]	[476.2462]	[4.9646]	'高度显著'
'剩余'	[4.3599e-004]	[10]	[4.3599e-005]	[]	[10.0443]	[]
'总和'	[0.0212]	[11]	[]	[]	[]	[]

```
r =
    0.9897
S =
    0.0066
```

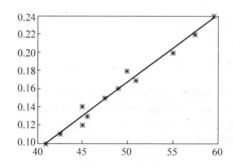

图 6.4.3　例 6.4.2 的回归线图

6.4.2　多元线性回归的 MATLAB 程序代码与分析实例

1. 多元线性回归编程实现

```
function [beta,stats,ynew,ylr] = regres2(X,y,Xnew,pp)
beta = [];stats = [];ynew = [];ylr = [];
[n,p] = size(X);m = p + 1;
if n < p
    error('观测值的数目过少');
end
if  nargin < 2
    error('多元线性回归要求有两个输入参数');
end
[n1,collhs] = size(y);
if n ~ = n1,
    error('输入参数 y 的行数,必须等于输入参数 X 的行数.');
end
if collhs ~ = 1,
    error('输入参数 y 应该是一个列向量');
end
if nargin == 3
    if isnumeric(Xnew)
        [n1,p1] = size(Xnew);
```

```
            if p1~ = p
                disp('预测自变量的个数不正确');
                return
            end
        end
    end
    if (nargin < 4)|(~isnumeric(pp))|(pp < = 0)|(pp > = 1)
        pp = 0;
    end
    A = [ones(size(y)),X];
    [beta,btm1,rtm,rtm1,stat] = regress(y,A);
    alpha = [0.05,0.01];
    yhat = A * beta;
    SSR = (yhat - mean(y))' * (yhat - mean(y));
    SSE = (yhat - y)' * (yhat - y);
    SST = (y - mean(y))' * (y - mean(y));
    Fb = SSR/(m - 1)/SSE * (n - m);
    Falpha = finv(1 - alpha,m - 1,n - m);
    table = cell(p + 4,7);
    table(1,:) = {'方差来源','偏差平方和','自由度','方差','F 值','Fα','显著性'};
    table(2 + p,1:6) = {'回归',SSR,m - 1,SSR/(m - 1),Fb,min(Falpha)};
    table(3 + p,1:6) = {'剩余',SSE,n - m,SSE/(n - m),[],max(Falpha)};
    table(4 + p,1:3) = {'总和',SST,n - 1};
    if Fb > max(Falpha)
        table{2 + p,7} = '高度显著';
    elseif (Fb < = max(Falpha))&(Fb > min(Falpha))
        table{2 + p,7} = '显著';
    else
        table{2 + p,7} = '不显著';
    end
    R2 = SSR/SST;R = sqrt(R2);
    Sy = sqrt(SSE/(n - m));
    mnX = mean(X);
    MNX = repmat(mnX,n,1);
    Ljj = diag((X - MNX)' * (X - MNX));
    Pj = abs(beta(2:end). * sqrt(Ljj/SST));
    C = diag(inv(A' * A));bj2 = beta. * beta;
    SSj = bj2(2:end)./C(2:end);
    Fj = SSj/SSE * (n - m);
    Falpha = finv(1 - [0.05,0.01],1,n - m);
    ind2 = find(Fj > = Falpha(2));
    ind1 = find((Fj > = Falpha(1))&(Fj < Falpha(2)));
    ind0 = find(Fj < Falpha(1));
    xxx = zeros(size(Fj));
    xxx(ind2) = 2;
    xxx(ind1) = 1;
    [tmp,zbx] = min(Fj);
    xzh = {'不显著','显著','高度显著'};
    for kk = 1:p
        table(kk + 1,:) = {['x',num2str(kk)],SSj(kk),1,SSj(kk),Fj(kk),[],xzh{1 + xxx(kk)}};
    end
```

```
table{2,6} = Falpha(1);table{3,6} = Falpha(2);
stats = {table,R,Sy,Pj};
if (nargin > 2)&(isnumeric(Xnew))
    [n1,p1] = size(Xnew);
    Xnew = [ones(n1,1),Xnew];
    ynew = Xnew * beta;
    Shat2 = SSE/(n - m) * (1 + Xnew * inv(A' * A) * Xnew');
    Syhat = sqrt(diag(Shat2));
    ta = tinv(0.5 + pp/2,n - p - 1);
    yl = ynew - ta * Syhat;
    yr = ynew + ta. * Syhat;
    ylr = [yl(:),yr(:)];
end
```

函数 regres2 可以进行多元线性回归分析,其调用格式是:

(1) beta=regres2(X,y):计算多元回归的回归系数 beta。

(2) [beta,stats]=regres2(X,y):返回统计信息 stats,其中:stats{1}是方差分析表;stats{2}是相关系数;stats{3}是剩余标准差;stats{4}是标准偏回归系数。

(3) [beta,stats,ynew] = regres2(X,y,Xnew):对给定的新观测值 Xnew,进行点预测。

(4) [beta,stats,ynew,ylr]=regres2(X,y,Xnew,pp):对给定的新观测值 Xnew,进行置信概率为 pp 的区间预测。

2. 逐步回归的编程实现

```
function [OutBeta,outbeta] = stepwiss(X,y,alphaE,alphaD)
if nargin < 2
    error('输入参数至少应该有两个')
end
if nargin < 3
    alphaE = 0.05;
end
if nargin < 4
    alphaD = 0.05;
end
if ((alphaE < 0)|(alphaE > 1)|(alphaD < 0)|(alphaD > 1))
    error('显著性水平必须在(0,1)之间')
end
if alphaE > alphaD
    error('添加显著性水平应该不小于删除显著性水平')
end
[m,n] = size(X);
[my,ny] = size(y);
if (m~ = my)|(ny~ = 1)
    error('输入参数 y 必须是与 X 行数相等的列向量')
end
A = [ones(m,1),X];
inmd = [1,zeros(1,n)];
Fmd = zeros(1,n + 1);
```

```
Outall = zeros(1, n + 2);
FE = finv(1 - alphaE, 1, m);
FD = finv(1 - alphaD, 1, m);
SSA = (y - mean(y))' * (y - mean(y));
for k = 1:n
    ind = inmd;
    ind(k + 1) = 1;
    [SSEk, xshs] = fssa(A, y, ind);
    Fmd(k + 1) = (SSA - SSEk)/SSEk * (m - 2);
end
[Fk1, k] = max(Fmd);
if Fk1 < = FE
    disp('所有变量均不显著')
    return
else
    inmd(k) = 1;
end
[SSEk, xshs] = fssa(A, y, inmd);
Outall(1, :) = xshs;
done = 1;
while done
    done = 0;
    L = 1 + length(find(Outall(1, 2:end - 1)));
    xsh = Outall(1, 1:(end - 1));
    [SSA, xshs] = fssa(A, y, xsh);
    ind = ~Outall(1, 1:(end - 1));
    ind(1) = 0;
    tind = find(ind);
    Fmd = zeros(1, n + 1);
    FE = finv(1 - alphaE, 1, m - L);
    temp = zeros(n + 1, n + 2);
    ind = Outall(1, 1:(end - 1));
    for k = tind
        indx = ind;
        indx(k) = 1;
        [SSAk, xshs] = fssa(A, y, indx);
        temp(k, :) = xshs;
        Fmd(k) = (SSA - SSAk)/SSAk * (m - L - 1);
    end
    [Fk1, k] = max(Fmd);
    if (Fk1 > FE)&(~ismember(temp(k, :), Outall, 'rows'))
        done = 1;
        Outall = [temp(k, :); Outall];
    end
    xsh = Outall(1, 1:(end - 1));
    L = 1 + length(find(Outall(1, 2:end - 1)));
    [SSA, xshs] = fssa(A, y, xsh);
    MSE = SSA/(m - L);
    ind = Outall(1, 1:(end - 1));
    ind(1) = 0;
    tind = find(ind);
```

```
        Fmd = inf * zeros(1, n + 1);
        FD = finv(1 - alphaD, 1, m - L);
        temp = zeros(n + 1, n + 2);
        ind = Outall(1, 1:(end - 1));
        for k = tind
            indx = ind;
            indx(k) = 0;
            [SSAk, xshs] = fssa(A, y, indx);
            temp(k, :) = xshs;
            Fmd(k) = (SSAk - SSA)/MSE;
        end
        [Fk1, k] = min(Fmd);
        if Fk1 < FD&(~ismember(temp(k, :), Outall, 'rows'))
            done = 1;
            Outall = [temp(k, :); Outall];
        end
    end
end
Outall = (flipud(Outall));
OutBeta = Outall;
SST = (y - mean(y))' * (y - mean(y));
Outall(:, end) = [];
[M, N] = size(Outall);
outbeta = zeros(size(Outall));
for k = 1:M
    tmp = Outall(k, :);
    tmp(1) = 0;
    ind = find(tmp);
    Xtm = A(:, ind);
    mnX = mean(Xtm);
    MNX = repmat(mnX, length(Xtm), 1);
    Ljj = diag((Xtm - MNX)' * (Xtm - MNX));
    tmp(ind) = abs(tmp(ind). * sqrt(Ljj'/SST));
    outbeta(k, :) = tmp;
end
function [SSE, xshs] = fssa(A, y, inmod)
inmod(1) = 1;
ind = find(inmod);
X = A(:, ind);
b = X\\y;
ycap = X * b;
SSE = (y - ycap)' * (y - ycap);
SST = (y - mean(y))' * (y - mean(y));
SSR = (ycap - mean(y))' * (ycap - mean(y));
inmod(ind) = b;
xshs = [inmod, sqrt(SSR/SST)];
```

3. MATLAB 多元线性回归分析实例

例 6.4.3　续例 6.3.1。

利用函数 regers2 进行分析。在命令窗口中输入：

```
>> X = [136.5  215;  136.5  250;  136.5  180;  138.5  250; …
        138.5  180;  138.5  215;  138.5  215;  138.5  215; …
        140.5  180;  140.5  215;  140.5  250];
>> y = [6.2;  7.5;  4.8;  5.1;  4.6;  4.6;  4.9;  4.1;  2.8;  3.1;  4.3];
>> Xnew = [137.5, 240];
>> [beta, stats, ynew, ylr] = regres2(X, y, Xnew, 0.95);
>> beta, table = stats{1}, R = stats{2}, S = stats{3}, Pj = stats{4}, ynew, ylr
```

运行后显示：

```
beta =
  95.7112
  -0.6917
   0.0224
table =
```

'方差来源'	'偏差平方和'	'自由度'	'方差'	'F比'	'Fα'	'显著性'
'x1'	[11.4817]	[1]	[11.4817]	[49.9614]	[5.3177]	'高度显著'
'x2'	[3.6817]	[1]	[3.6817]	[16.0204]	[11.2586]	'高度显著'
'回归'	[15.1633]	[2]	[7.5817]	[32.9909]	[4.4590]	'高度显著'
'剩余'	[1.8385]	[8]	[0.2298]	[]	[8.6491]	[]
'总和'	[17.0018]	[10]	[]	[]	[]	[]

```
R =
    0.9444
S =
    0.4794
Pj =
    0.8218
    0.4653
ynew =
     5.9785
ylr =
    4.7586     7.1983
```

从运行的结果可以看出：回归方程是 $y = -95.7112 - 0.6917x_1 + 0.0224x_2$。

从方差分析表的显著性是"高度显著"可以看出，回归的效果是很好的；可决系数 $R = 0.9444$ 接近于 1，也说明回归的效果很好；两个因素都高度显著且 $F_1 > F_2$，$P_1 > P_2$ 说明底水比吸氧时间对吸氧量影响更大。

用逐步回归法进行分析比较。

继续在 MATLAB 命令窗口输入：

```
>> [beta, stats] = regres2(X, y),  [BETA, bt] = stepwiss(X, y)
```

运行后显示：

```
beta =
  95.7112
  -0.6917
   0.0224
stats =
    {6x7 cell}    [0.9444]    [0.4794]    [2x1 double]    [0]
```

```
BETA =
   100.5231   - 0.6917        0    0.8218
    95.7112   - 0.6917   0.0224    0.9444
bt =
         0    0.8218        0
         0    0.8218   0.4653
```

注意，BETA 第一列是常数，最后一列是相关系数。

由 beta 和 stats 知，回归方程、相关系数 R 及剩余标准差 S 均同上述回归分析。

由 BETA 看出，第二个方程的拟合系数为 $R=0.9444$，效果最佳，由 bt 的第二行知 $P_1=0.8218$，$P_2=0.4653$，与前分析结果完全一致。

例 6.4.4　续例 6.3.2。

在命令窗口中输入：

```
>> X = [ 7    26     6    60;   1    29    15    52;   11    56     8    20; ...
         11    31     8    47;   7    52     6    33;   11    55     9    22; ...
          3    71    17     6;   1    31    22    44;    2    54    18    22; ...
         21    47     4    26;   1    40    23    34;   11    66     9    12; ...
         10    68     8    12];
>> y = [78.5;74.3;104.3;87.6;95.9;109.2;102.7;72.5;93.1;115.9;83.8;113.3;109.4];
>> [beta,stats] = regres2(X,y);
>> beta,table = stats{1},R = stats{2},S = stats{3},Pj = stats{4}
```

运行后显示

```
beta =
    62.4054
     1.5511
     0.5102
     0.1019
   - 0.1441
```

table =

'方差来源'	'偏差平方和'	'自由度'	'方差'	'F值'	'Fα'	'显著性'
'x1'	[25.9509]	[1]	[25.9509]	[4.3375]	[5.3177]	'不显著'
'x2'	[2.9725]	[1]	[2.9725]	[0.4968]	[11.2586]	'不显著'
'x3'	[0.1091]	[1]	[0.1091]	[0.0182]	[]	'不显著'
'x4'	[0.2470]	[1]	[0.2470]	[0.0413]	[]	'不显著'
'回归'	[2.6679e+003]	[4]	[666.9749]	[111.4792]	[3.8379]	'高度显著'
'剩余'	[47.8636]	[8]	[5.9830]	[]	[7.0061]	[]
'总和'	[2.7158e+003]	[12]	[]	[]	[]	[]

```
R =
     0.9911
S =
     2.4460
Pj =
     0.6065
     0.5277
     0.0434
     0.1603
```

由运算结果知:$\hat{y}=62.4054+1.5511x_1+0.5102x_2+0.1019x_3-0.1441x_4$,方程整体效果显著,但偏回归系数均不显著,由标准回归系数知 $x_1>x_2>x_4>x_3$。

现用逐步回归法对例 6.3.2 进行分析。

在 MATLAB 命令窗口中,继续输入:

```
>> [beta,stats] = regres2(X,y), [BETA,bt] = stepwiss(X,y)
运行后,得到下面的结果
beta =
    62.4054
     1.5511
     0.5102
     0.1019
   - 0.1441
stats =
    {8x7 cell}      [0.9911]      [2.4460]      [4x1 double]      [3]
BETA =
  117.5679         0         0         0    - 0.7382      0.8213
  103.0974    1.4400         0         0    - 0.6140      0.9861
   71.6483    1.4519    0.4161         0    - 0.2365      0.9911
   52.5773    1.4683    0.6623         0         0        0.9893
bt =
         0         0         0         0      0.8213
         0    0.5631         0         0      0.6831
         0    0.5677    0.4304         0      0.2632
         0    0.5741    0.6850         0         0
```

由逐步回归结果看出,第 3 个方程效果最佳:$\hat{y}=71.6483+1.4519x_1+0.4161x_2-0.2365x_4$ 其相关系数 $R=0.9911$。

从结果可以看出,第一个选入模型的是自变量 x_4,此时相关系数是 0.8213,回归方程是:$y=117.5679-0.7382x_4$;第二个选入模型的自变量是 x_1,此时相关系数是 0.9861,回归方程是:$y=103.0974+1.44x_1-0.614x_4$;第三个选入的自变量是 x_2,此时相关系数是 0.9911,回归方程是:$y=71.6483+1.4519x_1+0.4161x_2-0.2365x_4$;最后一步删除了回归方程中的自变量 x_4,得到最终的回归方程是:$y=52.5773+1.4683x_1+0.6623x_2$,相关系数是 0.9893。

例 6.4.5　在平炉炼钢中,由于矿石与炉气的氧化作用,铁水的含碳量在不断降低,一炉钢在冶炼初期总的去碳量 y 与所加的两种矿石量 x_1,x_2 及融化时间 x_3 有关,经实测某号平炉的 49 组数据如表 6.4.2 所示,由经验知 y 与 x_1,x_2,x_3 之间可用下面线性相关关系描述:

$$y_i = b_0 + b_1 x_{i1} + b_2 x_{i2} + b_3 x_{i2} + \varepsilon_i, \quad i = 1,2,\cdots,49$$

试由给出的数据求出 b_0,b_1,b_2,b_3 的最小二乘估计,并检验线性方程的显著性,确定因素主次顺序。

表 6.4.2 数据表

编号	x_1/槽	x_2/槽	x_3/5min	y/t	编号	x_1/槽	x_2/槽	x_3/5min	y/t
1	2	18	50	4.3302	26	9	6	39	2.7066
2	7	9	40	3.6485	27	12	5	51	5.6314
3	5	14	46	4.4830	28	6	13	41	5.8152
4	12	3	43	5.5468	29	12	7	47	5.1302
5	1	20	64	5.4970	30	0	24	61	5.3910
6	3	12	40	3.1125	31	5	12	37	4.4533
7	3	17	64	5.1182	32	4	15	49	4.6569
8	6	5	39	3.8759	33	0	20	45	4.5212
9	7	8	37	4.6700	34	6	16	42	4.8650
10	0	23	55	4.9536	35	4	17	48	5.3566
11	3	16	60	5.0060	36	10	4	48	4.6098
12	0	18	49	5.2701	37	4	14	36	2.3815
13	8	4	50	5.3772	38	5	13	36	3.8746
14	6	14	51	5.4849	39	9	8	51	4.5919
15	0	21	51	4.5960	40	6	13	54	5.1588
16	3	14	51	5.6645	41	5	8	100	5.4373
17	7	12	56	6.0795	42	5	11	44	3.9960
18	16	0	48	3.2194	43	8	6	63	4.3970
19	6	16	45	5.8076	44	2	13	55	4.0622
20	0	15	52	4.7306	45	7	8	50	2.2905
21	9	0	40	4.6805	46	4	10	45	4.7115
22	4	6	32	3.1272	47	10	5	40	4.5310
23	0	17	47	2.6104	48	3	17	64	5.3637
24	9	0	44	3.7174	49	4	15	72	6.0771
25	2	16	39	3.8946					

解 在命令窗口中输入：

```
>> X = [2    18    50;    7    9    40;    5    14    46; ...
        12    3    43;    1    20    64;    3    12    40; ...
         3    17    64;    6    5    39;    7    8    37; ...
         0    23    55;    3    16    60;    0    18    49; ...
         8    4    50;    6    14    51;    0    21    51; ...
         3    14    51;    7    12    56;    16    0    48; ...
         6    16    45;    0    15    52;    9    0    40; ...
         4    6    32;    0    17    47;    9    0    44; ...
         2    16    39;    9    6    39;    12    5    51; ...
         6    13    41;    12    7    47;    0    24    61; ...
         5    12    37;    4    15    49;    0    20    45; ...
         6    16    42;    4    17    48;    10    4    48; ...
         4    14    36;    5    13    36;    9    8    51; ...
         6    13    54;    5    8    100;    5    11    44; ...
         8    6    63;    2    13    55;    7    8    50; ...
         4    10    45;    10    5    40;    3    17    64; ...
         4    15    72];
```

```
>> y = [4.3302;      3.6485;      4.4830;      5.5468;      5.4970; ...
        3.1125;      5.1182;      3.8759;      4.6700;      4.9536; ...
        5.0060;      5.2701;      5.3772;      5.4849;      4.5960; ...
        5.6645;      6.0795;      3.2194;      5.8076;      4.7306; ...
        4.6805;      3.1272;      2.6104;      3.7174;      3.8946; ...
        2.7066;      5.6314;      5.8152;      5.1302;      5.3910; ...
        4.4533;      4.6569;      4.5212;      4.8650;      5.3566; ...
        4.6098;      2.3815;      3.8746;      4.5919;      5.1588; ...
        5.4373;      3.9960;      4.3970;      4.0622;      2.2905; ...
        4.7115;      4.5310;      5.3637;      6.0771];
>> [beta, stats] = regres2(X, y);
>> beta, table = stats{1}, R = stats{2}, S = stats{3}, Pj = stats{4}
```

运行后显示：

```
beta =
    0.6952
    0.1606
    0.1076
    0.0359
table =
```

'方差来源'	'偏差平方和'	'自由度'	'方差'	'F值'	'Fα'	'显著性'
'x1'	[4.6773]	[1]	[4.6773]	[7.0935]	[4.0566]	'显著'
'x2'	[5.4542]	[1]	[5.4542]	[8.2716]	[7.2339]	'高度显著'
'x3'	[7.6279]	[1]	[7.6279]	[11.5683]	[]	'高度显著'
'回归'	[15.2339]	[3]	[5.0780]	[7.7011]	[2.8115]	'高度显著'
'剩余'	[29.6721]	[45]	[0.6594]	[]	[4.2492]	[]
'总和'	[44.9060]	[48]	[]	[]	[]	[]

```
R =
    0.5824
S =
    0.8120
Pj =
    0.6167
    0.6723
    0.4240
```

由 beta 知，回归方程为：
$$\hat{y} = 0.6952 + 0.1606x_1 + 0.1076x_2 + 0.0359x_3$$

由方差分析表知去碳量关于三个变量的回归方程是高度显著的，但 $R=0.5824$，表明回归变量对样本数据点的拟合程度不是很好，故估计标准误差为 $S=0.8120$，表明回归误差精度偏低。又由 P_j 知，$x_2 > x_1 > x_3$，即第二种矿石量＞第一种矿石量＞融化时间。

下面用逐步回归法进行分析。

继续在 MATLAB 命令窗口输入：

```
>> [beta, stats] = regres2(X, y), [BETA, bt] = stepwiss(X, y, 0.3, 0.4)
```

运行得

```
beta =
    0.6952
```

```
    0.1606
    0.1076
    0.0359
stats =
    {7x7 cell}    [0.5824]    [0.8120]    [3x1 double]
BETA =
    2.6475        0          0      0.0393    0.4637
    2.5150        0     0.0233     0.0364    0.4849
    0.6952    0.1606    0.1076     0.0359    0.5824
bt =
        0         0          0      0.4637
        0         0     0.1456     0.4296
        0    0.6167     0.6723     0.4240
```

结果分析同上。

例 6.4.6 为了对做过某一类型的肝手术病人的生存时间作预报,某医院外科随机地选取了 54 位需要做此类手术的病人为研究对象。对每一位病人,手术前考察了下列四个指标:X_1(凝血值)、X_2(患者年龄)、X_3(酶素化验值)、X_4(肝功化验值)。手术后跟踪观测病人的生存时间 Y,得到如表 6.4.3 所示的 54 组数据。试由给出的数据求出 b_0,b_1,b_2,b_3,b_4 的最小二乘估计,并检验线性方程的显著性,确定因素主次顺序。

表 6.4.3　54 位肝手术病人的观测数据

病人编号 i	凝血值 X_{i1}	患者年龄 X_{i2}	酶素化验值 X_{i3}	肝功化验值 X_{i4}	生存时间 Y_i
1	6.7	62	81	2.59	200
2	5.1	59	66	1.70	101
3	7.4	57	83	2.16	204
4	6.5	73	41	2.01	101
5	7.8	65	115	4.30	509
6	5.8	38	72	1.42	80
7	5.7	46	63	1.91	80
8	3.7	68	81	2.57	127
9	6.0	67	93	2.50	202
10	3.7	76	94	2.40	203
11	6.3	84	83	4.13	329
12	6.7	51	43	1.86	65
13	5.8	96	114	3.95	830
14	5.8	83	88	3.95	330
15	7.7	62	67	3.40	168
16	7.4	74	68	2.40	217
17	6.0	85	28	2.98	87
18	3.7	51	41	1.55	34
19	7.3	68	74	3.56	215
20	5.6	57	87	3.02	172
21	5.2	52	76	2.85	109
22	3.4	83	53	1.12	136
23	6.7	26	68	2.10	70

病人编号 i	凝血值 X_{i1}	患者年龄 X_{i2}	酶素化验值 X_{i3}	肝功化验值 X_{i4}	生存时间 Y_i
24	5.8	67	86	3.40	220
25	6.3	59	100	2.95	276
26	5.8	61	73	3.50	144
27	5.2	52	86	2.45	181
28	11.2	76	90	5.59	574
29	5.2	54	56	2.71	72
30	5.8	76	59	2.58	178
31	3.2	64	65	0.74	71
32	8.7	45	23	2.52	58
33	5.0	59	73	3.50	116
34	5.8	72	93	3.30	295
35	5.4	58	70	2.64	115
36	5.3	51	99	2.60	184
37	2.6	74	86	2.05	118
38	4.3	8	119	2.85	120
39	4.8	61	76	2.45	151
40	5.4	52	88	1.81	148
41	5.2	49	72	1.84	95
42	3.6	28	99	1.30	75
43	8.8	86	88	6.40	483
44	6.5	56	77	2.85	153
45	3.4	77	93	1.48	191
46	6.5	40	84	3.00	123
47	4.5	73	106	3.05	311
48	4.8	86	101	4.10	398
49	5.1	67	77	2.86	158
50	3.9	82	103	4.55	310
51	6.6	77	46	1.95	124
52	6.4	85	40	1.21	125
53	6.4	59	85	2.33	198
54	8.8	78	72	3.20	313

解　在命令窗口中输入：

```
>> X = [6.7000    62.0000    81.0000     2.5900
        5.1000    59.0000    66.0000     1.7000
        7.4000    57.0000    83.0000     2.1600
        6.5000    73.0000    41.0000     2.0100
        7.8000    65.0000   115.0000     4.3000
        5.8000    38.0000    72.0000     1.4200
        5.7000    46.0000    63.0000     1.9100
        3.7000    68.0000    81.0000     2.5700
        6.0000    67.0000    93.0000     2.5000
        3.7000    76.0000    94.0000     2.4000
```

```
     6.3000    84.0000    83.0000    4.1300
     6.7000    51.0000    43.0000    1.8600
     5.8000    96.0000   114.0000    3.9500
     5.8000    83.0000    88.0000    3.9500
     7.7000    62.0000    67.0000    3.4000
     7.4000    74.0000    68.0000    2.4000
     6.0000    85.0000    28.0000    2.9800
     3.7000    51.0000    41.0000    1.5500
     7.3000    68.0000    74.0000    3.5600
     5.6000    57.0000    87.0000    3.0200
     5.2000    52.0000    76.0000    2.8500
     3.4000    83.0000    53.0000    1.1200
     6.7000    26.0000    68.0000    2.1000
     5.8000    67.0000    86.0000    3.4000
     6.3000    59.0000   100.0000    2.9500
     5.8000    61.0000    73.0000    3.5000
     5.2000    52.0000    86.0000    2.4500
    11.2000    76.0000    90.0000    5.5900
     5.2000    54.0000    56.0000    2.7100
     5.8000    76.0000    59.0000    2.5800
     3.2000    64.0000    65.0000    0.7400
     8.7000    45.0000    23.0000    2.5200
     5.0000    59.0000    73.0000    3.5000
     5.8000    72.0000    93.0000    3.3000
     5.4000    58.0000    70.0000    2.6400
     5.3000    51.0000    99.0000    2.6000
     2.6000    74.0000    86.0000    2.0500
     4.3000     8.0000   119.0000    2.8500
     4.8000    61.0000    76.0000    2.4500
     5.4000    52.0000    88.0000    1.8100
     5.2000    49.0000    72.0000    1.8400
     3.6000    28.0000    99.0000    1.3000
     8.8000    86.0000    88.0000    6.4000
     6.5000    56.0000    77.0000    2.8500
     3.4000    77.0000    93.0000    1.4800
     6.5000    40.0000    84.0000    3.0000
     4.5000    73.0000   106.0000    3.0500
     4.8000    86.0000   101.0000    4.1000
     5.1000    67.0000    77.0000    2.8600
     3.9000    82.0000   103.0000    4.5500
     6.6000    77.0000    46.0000    1.9500
     6.4000    85.0000    40.0000    1.2100
     6.4000    59.0000    85.0000    2.3300
     8.8000    78.0000    72.0000    3.2000];
>> y = [200; 101; 204; 101; 509;  80;  80; 127; 202; 203; 329;  65; 830; 330;168; 217;  87;
34; 215; 172; 109; 136;  70; 220; 276; 144; 181; 574;  72; 178;  71;  58; 116; 295; 115;
184; 118; 120; 151; 148;  95;  75; 483; 153; 191; 123; 311; 398; 158; 310; 124; 125; 198;
313];
>> [beta,stats] = regres2(X,y);
>> beta,table = stats{1},R = stats{2},S = stats{3},Pj = stats{4}
```

运行后显示:

```
beta =
 - 621.5976
    33.1638
     4.2719
     4.1257
    14.0916
```

table =

'方差来源'	'偏差平方和'	'自由度'	'方差'	'F值'	'Fα'	'显著性'
'x1'	[8.3264e+004]	[1]	[8.3264e+004]	[22.3353]	[4.0384]	'高度显著'
'x2'	[2.1433e+005]	[1]	[2.1433e+005]	[57.4942]	[7.1821]	'高度显著'
'x3'	[2.4286e+005]	[1]	[2.4286e+005]	[65.1460]	[]	'高度显著'
'x4'	[4.7185e+003]	[1]	[4.7185e+003]	[1.2657]	[]	'不显著'
'回归'	[9.3626e+005]	[4]	[2.3407e+005]	[62.7877]	[2.5611]	'高度显著'
'剩余'	[1.8267e+005]	[49]	[3.7279e+003]	[]	[3.7283]	[]
'总和'	[1.1189e+006]	[53]	[]	[]	[]	[]

```
R =     0.9147
S =
    61.0565
Pj =
    0.3659
    0.4969
    0.6035
    0.1038
```

方程为 $y = -621.5976 + 33.1638x_1 + 4.2719x_2 + 4.1257x_3 + 14.0916x_4$。

由方差分析表知,整体方程中,变量 x_1, x_2, x_3 对 y 的影响都高度显著;变量 x_4 对 y 的影响不显著,拟合系数 $R = 0.9147$,且 $x_3 > x_2 > x_1 > x_4$,故 x_4 应剔除。下面用逐步回归法分析。

继续在命令窗口输入:

```
>> [beta, stats] = regres2(X, y),  [BETA, bt] = stepwiss(X, y)
```

运行后显示:

```
beta =
 - 621.5976
    33.1638
     4.2719
     4.1257
    14.0916
stats =
     {8x7 cell}     [0.9147]     [61.0565]     [4x1 double]
BETA =
  - 71.9212          0          0          0     98.0548     0.7223
 - 207.0642          0     2.8603          0     81.3868     0.7857
 - 402.0995          0     3.6158     2.9279     52.7732     0.8731
 - 621.5976    33.1638     4.2719     4.1257     14.0916     0.9147
 - 659.1794    38.3227     4.5677     4.4850          0     0.9124
bt =
```

0	0	0	0	0.7223
0	0	0.3327	0	0.5995
0	0	0.4206	0.4283	0.3888
0	0.3659	0.4969	0.6035	0.1038
0	0.4228	0.5314	0.6561	0

由此看出，剔除变量 x_4 后，方程变为

$$y = -659.179476 + 38.3227x_1 + 4.5677x_2 + 4.4850x_3$$

此时，相关系数为 $R = 0.9124$。

6.5 用配书盘中应用程序(.exe 平台)进行线性回归分析

以例 6.4.5 为例。

1. 创建数据文件

创建文本数据文件的内容如下：

```
2    18    50
7     9    40
5    14    46
     (略)
3    17    64
4    15    72
4.3302
3.6485
4.4830
  (略)
5.3637
6.0771
```

数据文件的前一部分是 x 的数据，后一部分是 y 的数据，两者的行数必须相等。把文件名保存为："多元线性回归. txt"。

注意：创建的数据文件必须是文本文件。文件的前一部分是 x 的数值；后一部分是 y 的数值，且两者的行数必须相等。

2. 启动应用程序

启动后会生成两个窗口，后面的窗口如图 6.5.1 所示。

图 6.5.1 后面窗口

前面的窗口形式如图 6.5.2 所示。

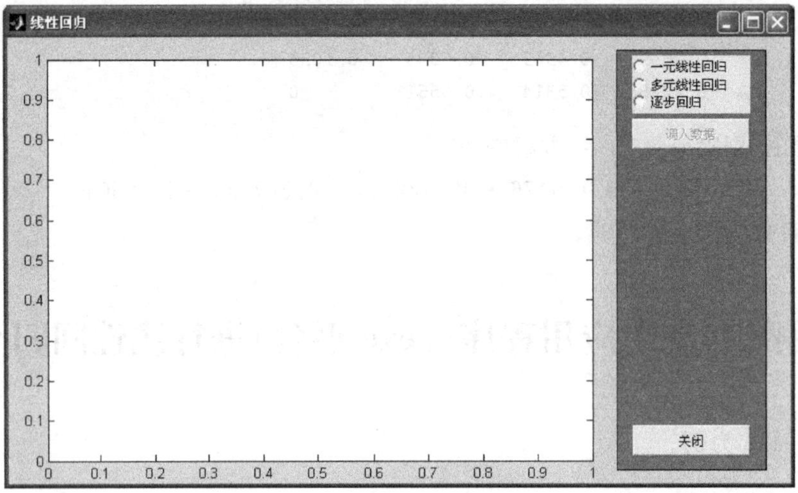

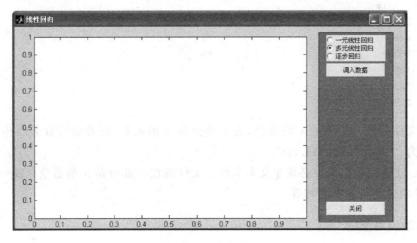

图 6.5.2　回归分析前面窗口

由于没有选定"一元线性回归"、"多元线性回归"、"逐步回归"中的一项,此时"调入数据"按钮还不可用。

3. 选定项目

如单击"多元线性回归"按钮,此时"调入数据"按钮可用,如图 6.5.3 所示。

图 6.5.3　选定项目

4. 调入数据

单击"调入数据"按钮,生成"调入数据"对话框(图 6.5.4),找到并选中数据文件"多元线性回归.txt",单击"打开"按钮。

此时,"回归方程"、"回归系数"、"方差分析表"、"统计信息"等按钮都变为可用,可逐项选择了解。图 6.5.5 显示了选定"回归方程"按钮的情况。

图 6.5.4　"调入数据"对话框

图 6.5.5　回归方程

5. 结果分析

单击"回归系数"按钮,可以得到回归系数和变量的主次顺序,如图 6.5.6。

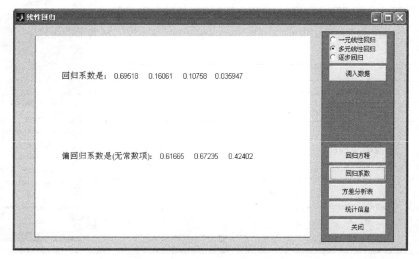

图 6.5.6　回归系数

单击"方差分析表"按钮,得到方差分析表,从而可以知道方程和拟合效果的好坏,如图 6.5.7 所示。

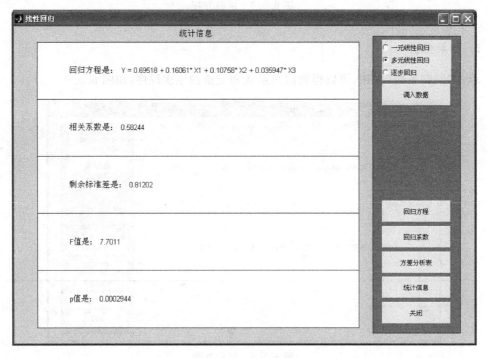

方差来源	偏差平方和	自由度	方差	F比	Fα	显著性
X1	4.6773	1	4.6773	7.0935	4.0566	显著
X2	5.4542	1	5.4542	8.2716	7.2339	高度显著
X3	7.6279	1	7.6279	11.5683		高度显著
回归	15.2339	3	5.078	7.7011	2.8115	高度显著
剩余	29.6721	45	0.65938		4.2492	
总和	44.906	48				

图 6.5.7　方差分析表

选定"统计信息"项,可知道"相关系数"、"剩余标准差"、"F 值"和"p 值",如图 6.5.8 所示。

回归方程是:　Y = 0.69518 + 0.16061* X1 + 0.10758* X2 + 0.035947* X3

相关系数是:　0.58244

剩余标准差是:　0.81202

F值是:　7.7011

p值是:　0.0002944

图 6.5.8　统计信息

6. 逐步回归

如果选定"逐步回归"单选按钮,就会显示出"进入显著性水平"和"剔除显著性水平"两个输入框。如图 6.5.9 所示。

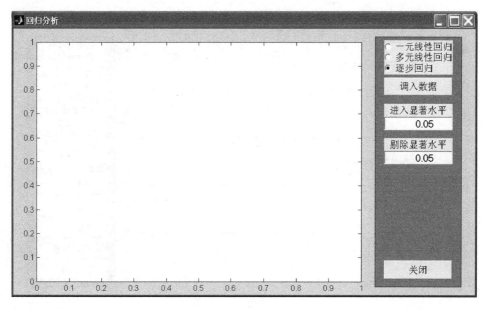

图 6.5.9　选定"逐步回归"

7. 设定显著性水平

在"进入显著性水平"和"剔除显著性水平"输入框中输入数值,要求进入显著性水平不大于剔除显著性水平,如图 6.5.10 所示。

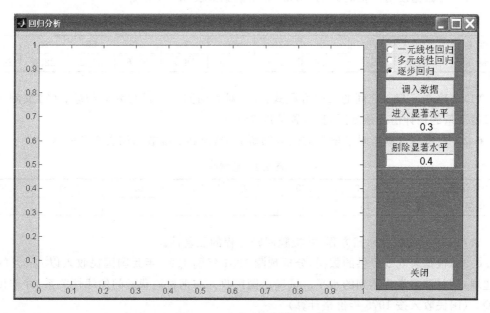

图 6.5.10　设定显著性水平

8. 查看结果

调入数据(见图 6.5.4)。可以选取"方差分析表"或"统计信息"按钮,也可以选取"后一组"或"前一组"按钮查看逐步回归的不同拟合效果,如图 6.5.11 所示。

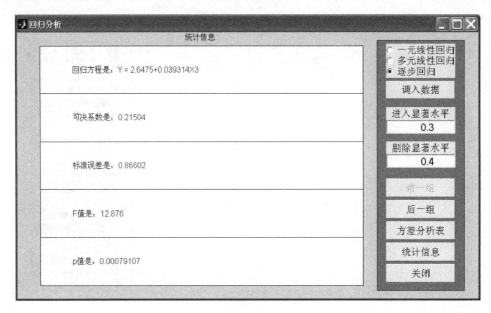

图 6.5.11　逐步回归结果

习题 6

6.1　考察温度对产量的影响,测得 10 组数据如表 6.1 所示。

表 6.1　数据表

温度 $x/℃$	20	25	30	35	40	45	50	55	60	65
产量 y/kg	13.2	15.1	16.4	17.1	17.9	18.7	19.6	21.2	22.5	24.3

(1)试建立 x 与 y 之间的回归方程式;(2)对其回归方程进行效果检验;(3)预测 $x=42℃$ 时产量的估计值及预测区间。(置信度 95%)

6.2　在钢线含碳量对于电阻的效应的研究中,得到一批数据如表 6.2 所示。

表 6.2　数据表

含碳量 $x/\%$	0.10	0.30	0.40	0.55	0.70	0.80	0.95
电阻 $y/10^{-6}\Omega$	15	18	19	21	22.6	23.8	26

求:y 对 x 的线性回归方程,并检验回归方程的显著性。

6.3　根据表 6.3 提供的数据,分析预测 1981 年到 1985 年我国国民收入以 4.5% 的速度递增,钢材消费量将达到的水平。试确定国民收入与钢材消费量间的线性关系,并作相关检验。(国民收入按 1975 年价格计算)

表 6.3 我国钢材消费量与国民收入

年份	钢材消费量/万 t	国民收入/亿元	年份	钢材消费量/万 t	国民收入/亿元
1964	698	1097	1973	1765	2286
1965	872	1284	1974	1762	2311
1966	988	1502	1975	1960	2003
1967	807	1394	1976	1902	2435
1968	738	1303	1977	2013	2625
1969	1025	1555	1978	2446	2948
1970	1316	1917	1979	2736	3155
1971	1539	2051	1980	2825	3372
1972	1561	2111			

6.4 滑动轴承的磨损除与比压 PV 有关外,还要受到工作温度的约束,在不变的负载和运转速度下实验,测出在不同温度 x_i 下,100h 的磨损量 y_i,观察 x_i, y_i 之间有无线性关系。测出的数据如表 6.4 所示。试分析检验 x, y 的线性关系。

表 6.4 温度与磨损量测试数据

工作温度 x/℃	200	250	300	400	450	500	550	600	650	700
磨损量 y/(mg/100h)	3	4	5	5.5	6.0	7.6	8.8	10	11.1	12

6.5 高强混凝土尺寸效应试验。混凝土的立方强度是混凝土材料的一项重要力学性能指标,它常常用于混凝土级别的确定及抗压强度的比较。从物理概念上来看,尺寸效应可以认为是材料的一种共有属性,总的趋向是尺寸越小,测得的强度越高。随着混凝土强度的逐步提高,普通混凝土与高强混凝土材料的固相本质发生变化,界面消失。此外,材料内部的孔隙变得细小、均匀,并且孔隙体积缩小。这种质的变化直接影响到混凝土的尺寸效应。

国内一些科研单位所做的高强混凝土尺寸效应数据结果如表 6.5 所列。

表 6.5 国内高强混凝土尺寸效应试验结果

编号	10×10×10 抗压强度 $f_{cu,10}$/MPa	15×15×15 抗压强度 $f_{cu,15}$/MPa	编号	10×10×10 抗压强度 $f_{cu,10}$/MPa	15×15×15 抗压强度 $f_{cu,15}$/MPa
1	76.9	65.0	18	68.7	65.7
2	82.7	74.2	19	64.1	60.8
3	80.1	69.8	20	86.0	77.9
4	77.1	76.1	21	104.5	95.8
5	82.4	75.3	22	90.7	80.2
6	85.1	77.4	23	89.7	80.2
7	87.4	76.7	24	67.5	63.6
8	85.2	77.4	25	66.1	61.9
9	82.6	76.7	26	68.8	64.7
10	86.5	75.5	27	69.7	62.9
11	77.6	67.2	28	72.5	66.4
12	76.1	66.2	29	73.6	63.1
13	73.7	64.1	38	73.2	67.4
14	87.6	76.1	31	71.6	68.9
15	73.1	68.4	32	80.7	70.3
16	69.7	67.2	33	68.5	64.6
17	70.2	64.9	34	64.2	59.6

设 $x=f_{cu,10}$，$y=f_{cu,15}$，试问试件 $10\times10\times10$ 抗压强度 $f_{cu,10}$ 与试件 $15\times15\times15$ 抗压强度 $f_{cu,15}$ 之间是否存在线性关系？

6.6 某个化学家想要确定一特定的混合物暴露在空气中，其质量的减少 y 与暴露时间 x_1、暴露过程中环境的湿度 x_2 之间的函数关系。表 6.6 给出了 12 组的样本的质量减少与暴露时间、相对湿度的数据。

表 6.6　质量损失、暴露时间和相对湿度数据

暴露时间 x_1	4	5	6	7	4	5	6	7	4	5	6	7
相对湿度 x_2	0.20	0.20	0.20	0.20	0.30	0.30	0.30	0.30	0.40	0.40	0.40	0.40
质量损失 y/lb	4.3	5.5	6.8	8.0	4.0	5.2	6.6	7.5	2.0	4.0	5.7	6.5

如果假定的模型为

$$y = \beta_0 + \beta_1 x_1 + \beta_2 x_2 + \varepsilon$$

其中 x_1 为暴露时间，x_2 为相对湿度，试确定其回归方程，并预测当暴露时间为 6.5h，相对湿度为 0.35 时的质量损失。

6.7 某科学基金会的管理人员欲了解从事研究工作人员中、高水平的数学家的年工资额 y 与他们的研究成果(论文、著作等)的质量指标 x_1、从事研究工作的时间 x_2 以及能成功获得资助的指标 x_3 之间的关系，为此按一定的设计方案调查了 24 位此类型的数学家，得数据如表 6.7 所示。

表 6.7　24 位数学家工资额及相关指标的调查数据

序号	y	x_1	x_2	x_3	序号	y	x_1	x_2	x_3
1	33.2	3.5	9	6.1	13	43.3	8.0	23	7.6
2	40.3	5.3	20	6.4	14	44.1	5.6	35	7.0
3	38.7	5.1	18	7.4	15	42.8	6.6	39	5.0
4	46.8	5.8	33	6.7	16	33.6	3.7	21	4.4
5	41.4	4.2	31	7.5	17	34.2	6.2	7	5.5
6	37.5	6.0	13	5.9	18	48.0	7.0	40	7.0
7	39.0	6.8	25	6.0	19	38.0	4.0	35	6.0
8	40.7	5.5	30	5.8	20	35.9	4.5	23	3.5
9	30.1	3.1	5	5.8	21	40.4	5.9	33	4.9
10	52.9	7.2	47	8.3	22	36.8	5.6	27	4.3
11	38.2	4.5	25	5.0	23	45.2	4.8	34	8.0
12	31.8	4.9	11	6.4	24	35.1	3.9	15	5.0

假设误差服从 $N(0,\sigma^2)$ 分布，建立 y 与 x_1，x_2，x_3 之间的线性回归方程并研究相应的统计推断问题。假定某位数学家的关于 x_1，x_2，x_3 的值为 $(x_{01},x_{02},x_{03})=(5.1,20,7.2)$，试预测他的年工资额并给出置信度为 95% 的置信区间。

6.8 研究同一地区土壤所含植物可给态磷的情况，回归变量为：x_1 为土壤内所含无机磷浓度；x_2 为土壤内溶于 K_2CO_3 溶液并受溴化物水解的有机磷浓度；x_3 为土壤内溶于 K_2CO_3 溶液但不受溴化物水解的有机磷浓度；y 为 20℃土壤内的玉米中的可给态磷。18 组数据如表 6.8 所示。试求 y 关于 x_1，x_2，x_3 的线性回归方程，并作检验。

表 6.8 数据表

试验号 m	x_1	x_2	x_3	y
1	0.4	53	158	64
2	0.4	23	163	60
3	3.1	19	37	71
4	0.6	34	157	61
5	4.7	24	59	54
6	1.7	65	123	77
7	9.4	44	46	81
8	10.1	31	117	93
9	11.6	29	173	93
10	12.6	58	112	51
11	10.9	37	111	76
12	23.1	46	114	96
13	23.1	50	134	77
14	21.6	44	73	93
15	23.1	56	168	95
16	1.9	36	143	154
17	26.8	58	202	168
18	29.9	51	124	99

6.9 某公司在各地区销售一种特殊的化妆品,该公司观测了 15 个城市在某月内对该化妆品的销售量 y。几个地区适合使用该化妆品的人数 x_1 和人均收入 x_2,列数据如表 6.9 所示。假设误差服从正态分布 $N(0, \sigma^2)$,试建立 y 与 x_1, x_2 之间的线性回归方程,并研究相应的统计推断问题。

表 6.9 化妆品销售的调查数据

地区(i)	销售(y_i)/箱	人数(x_{i1})/千人	人均收入(x_{i2})/元
1	162	274	2450
2	120	180	3250
3	223	375	3802
4	131	205	2838
5	67	86	2347
6	169	265	3782
7	81	98	3008
8	192	330	2450
9	116	195	2137
10	55	53	2560
11	252	430	4020
12	232	372	4427
13	144	236	2660
14	103	157	2088
15	212	370	2605

6.10 高强混凝土弯压极限应变试验。

试验概况：实测 ε_{cu} 是在 37 根高强混凝土偏压柱的承载试验中取得的。混凝土材料按规范课题统一要求，只使用高效减水剂，不使用其他外加剂和填充剂，按常规方法用搅拌机，在震动台上成型。

试件混凝土强度为 $f_{cu} \in [55.64, 88.89]$，初始偏心距 $e_0/h_0 \in [0.09065, 0.9118]$，据以往 ε_{cu} 可取混凝土强度 f_{cu} 及初始偏心距 e_0/h_0 的线性函数来表达。

ε_{cu} 用 0.001mm 精度的位移计量仪，量测标距＝158.44～171.46。

试验测得的值如表 6.10 所列。

表 6.10 试验数据

序号	e_0/h_0	f_{cu}/MPa	ε_{cu}/$\mu\varepsilon$	序号	e_0/h_0	f_{cu}/MPa	ε_{cu}/$\mu\varepsilon$
1	0.09065	57.33	2884	20	0.4097	84.27	2880
2	0.09607	67.20	2783	21	0.4216	71.11	2939
3	0.09818	72.89	2779	22	0.4324	80.53	2888
4	0.1889	78.84	2802	23	0.4599	75.91	2891
5	0.1932	83.64	2734	24	0.4829	77.33	2981
6	0.1972	77.07	2841	25	0.4992	76.80	2913
7	0.1997	75.38	2853	26	0.5165	88.89	2830
8	0.2014	80.36	2851	27	0.5408	63.11	2998
9	0.2104	73.24	2895	28	0.5661	77.42	2976
10	0.2145	80.36	2905	29	0.5941	74.67	2974
11	0.2283	84.89	2843	30	0.6093	55.64	3056
12	0.2829	70.58	2899	31	0.6219	87.47	2809
13	0.3039	84.27	2864	32	0.6572	59.73	3081
14	0.3046	57.96	2954	33	0.6745	87.47	2868
15	0.3301	87.47	2816	34	0.7048	64.11	3030
16	0.3429	83.20	2856	35	0.7109	76.80	2982
17	0.3456	80.98	2928	36	0.7911	77.42	2997
18	0.3927	77.42	2909	37	0.9118	83.64	2908
19	0.4034	74.31	2905				

令 $x_1 = e_0/h_0$，$x_2 = f_{cu}$，$y = \varepsilon_{cu}$。试建立 y 与 x_1，x_2 之间的线性回归方程，并作相关检验。

第7章 曲线拟合分析

在实际问题中,变量之间常常不是直线关系。这时,通常是选配一条比较接近的曲线,通过变量变换把非线性方程加以线性化,然后对线性化的方程应用最小二乘法求解回归方程。这就是本节所要讨论的曲线回归问题。

最小二乘法的一个前提条件是函数 $y=f(x)$ 的具体形式为已知,即要求首先确定 x 与 y 之间内在关系的函数类型。函数的形式可能是各种各样的,具体形式的确定或假设,一般有下述两个途径:一是根据有关的专业特点或物理知识,知道两个变量之间的函数类型,只需通过观测值确定系数;二是变量函数关系未知,需把观测数据画在坐标纸上,将散点图与已知函数曲线对比,选取最接近散点分布的曲线,通过线性化方法进行试算比较获得。

7.1 可化为一元线性回归模型

1. 倒幂函数 $y=a+b\dfrac{1}{x}$ 型

倒幂函数 $y=a+b\dfrac{1}{x}$ 型,见图 7.1.1。令 $x'=\dfrac{1}{x}$,则 $y=a+bx'$。

2. 双曲线 $\dfrac{1}{y}=a+b\dfrac{1}{x}$ 型

双曲线 $\dfrac{1}{y}=a+b\dfrac{1}{x}$ 型,见图 7.1.2。令 $y'=\dfrac{1}{y}$,$x'=\dfrac{1}{x}$,则 $y'=a+bx'$。

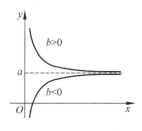
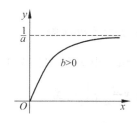

图 7.1.1 倒幂函数　　　　　　图 7.1.2 双曲线

3. 幂函数曲线 $y=dx^b$ 型

幂函数曲线 $y=dx^b$ 型,见图 7.1.3。令 $y'=\ln y$,$x'=\ln x$,$a=\ln d$,则 $y'=a+bx'$。

4. 指数曲线 $y=de^{bx}$ 型

指数曲线 $y=de^{bx}$ 型,见图 7.1.4。令 $y'=\ln y$,$a=\ln d$,则 $y'=a+bx'$。

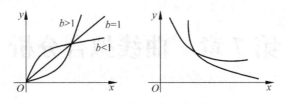

图 7.1.3　幂函数

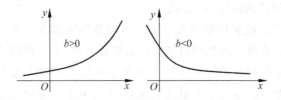

图 7.1.4　指数曲线

5. 倒指数曲线 $y=d\mathrm{e}^{\frac{b}{x}}$ 型

倒指数曲线 $y=d\mathrm{e}^{\frac{b}{x}}$ 型,见图 7.1.5。令 $y'=\ln y,x'=\dfrac{1}{x},a=\ln d$,则 $y'=a+bx'$。

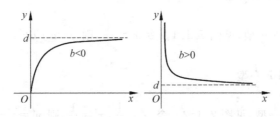

图 7.1.5　倒指数曲线

6. 对数曲线 $y=a+b\ln x$ 型

对数曲线 $y=a+b\ln x$ 型,见图 7.1.6。令 $x'=\ln x$,则 $y=a+bx'$。

7. S 形曲线 $y=\dfrac{1}{a+b\mathrm{e}^{-x}}$ 型

S 形曲线 $y=\dfrac{1}{a+b\mathrm{e}^{-x}}$ 型,见图 7.1.7。令 $y'=\dfrac{1}{y},x'=\mathrm{e}^{-x}$,则 $y'=a+bx'$。

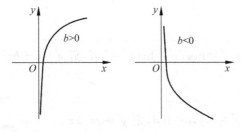

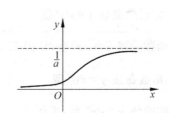

图 7.1.6　对数曲线　　　　　　　　图 7.1.7　S 形曲线

综上所述,许多曲线都可以通过变换化为直线,于是可以按直线拟合的办法来处理。在线性化方法中,对数变换是常用的方法之一。当函数 $y=f(x)$ 的表达式不清楚时,往往可用对数变换进行试探看是否能线性化。通常把观测值标在对数坐标图中,当表现出良好线性时,便可对变换后的数据进行回归分析,之后将得到的结果再代回原方程。因而,回归分析是对变换后的数据进行的,所得结果仅对变换后的数据来说是最佳拟合,当在变换回原数据坐标时,所得的回归曲线,严格地说并不是最佳拟合,不过,其拟合程度通常是令人满意的。

进行对数变换时必须使用原数据的实际观测值,而不可以用经等差变换后的相对差值。例如,对原观测值 11 和 12 应用等差变换可以简化计算,用其与 10 相对差值即 1 和 2 来描绘图并不影响曲线的形状。然而对数坐标中的距离代表的是比值,显然 11 与 12 之比同 1 与 2 之比是完全不同的。

必须注意,在所配曲线的回归中,可决系数 R、剩余标准误差 S 和 F 等值的计算稍有不同。x',y' 等仅仅是为了变量变换,使曲线方程变为直线方程,然而要求的是所配曲线与观测数据拟合较好,所以计算 R,S,F 等时,应首先根据已建立的回归方程,用 x_i 依次代入,得到 $\hat{y}_i$ 后,再计算残差平方和 $SSE = \sum_{i=1}^{n}(y_i - \hat{y}_i)^2$ 及总平方和 $SST = \sum_{i=1}^{n}(y_i - \overline{y})^2$,于是

$$R = \sqrt{1 - \frac{SSE}{SST}} = \sqrt{1 - \frac{\sum_{i=1}^{n}(y_i - \hat{y}_i)^2}{\sum_{i=1}^{n}(y_i - \overline{y})^2}}$$

$$S = \sqrt{MSE} = \sqrt{\frac{\sum_{i=1}^{n}(y_i - \hat{y}_i)^2}{n-2}}$$

$$F = \frac{SSR/1}{SSE/(n-2)}$$

其中 $SSR = SST - SSE$。

例 7.1.1 炼钢过程中用来盛钢水的钢包,由于受钢水的侵蚀作用,容积会不断扩大,表 7.1.1 给出了使用次数 x 和容积增大量 y 的 15 对试验数据。已知两个变量 x 和 y 之间存在相关关系,试找出 x 与 y 的关系式,并预测其精确度。

表 7.1.1 实测试验数据表

使用次数(x)	增大容积(y)	使用次数(x)	增大容积(y)	使用次数(x)	增大容积(y)
2	6.42	7	10.00	12	10.60
3	8.20	8	9.93	13	10.80
4	9.58	9	9.99	14	10.60
5	9.50	10	10.49	15	10.90
6	9.70	11	10.59	16	10.76

解 首先画出散点图见图 7.1.8。

从图中看出,随 x 增加,y 最初增加快,以后逐渐减慢,且有一条平行于 x 轴的渐近线,据此选用双曲线 $\dfrac{1}{y} = a + b\dfrac{1}{x}$ 或倒指数曲线 $y = d\mathrm{e}^{\frac{b}{x}}$ 表示。

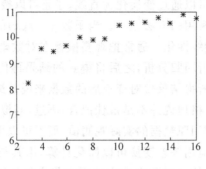

图 7.1.8　散点图

（1）用双曲线：$\dfrac{1}{y}=a+b\dfrac{1}{x}$ 拟合

令 $y'=\dfrac{1}{y}$，$x'=\dfrac{1}{x}$，则 $y'=a+bx'$。用一元线性法拟合曲线，具体计算见表 7.1.2。

表 7.1.2　计算表

排号	x_i	y_i	$x'_i=\dfrac{1}{x_i}$	$y'_i=\dfrac{1}{y_i}$	$(x'_i)^2$	$(y'_i)^2$	x_iy_i
1	2	6.42	0.5	0.155763	0.25	0.024262	0.077882
2	3	8.2	0.333333	0.121951	0.111111	0.014872	0.04065
3	4	9.58	0.25	0.104384	0.0625	0.010896	0.026096
4	5	9.5	0.2	0.105263	0.04	0.01108	0.021053
5	6	9.7	0.166667	0.103093	0.027778	0.010628	0.017182
6	7	10	0.142857	0.1	0.020408	0.01	0.014286
7	8	9.93	0.125	0.100705	0.015625	0.010141	0.012588
8	9	9.99	0.111111	0.1001	0.012346	0.01002	0.011122
9	10	10.49	0.1	0.095329	0.01	0.009088	0.009533
10	11	10.59	0.090909	0.094429	0.008264	0.008917	0.008584
11	12	10.6	0.083333	0.09434	0.006944	0.0089	0.007862
12	13	10.8	0.076923	0.092593	0.005917	0.008573	0.007123
13	14	10.6	0.071429	0.09434	0.005102	0.0089	0.006739
14	15	10.9	0.066667	0.091743	0.004444	0.008417	0.006116
15	16	10.76	0.0625	0.092937	0.003906	0.008637	0.005809
	$\sum$（求和）	148.06	2.380729	1.546969	0.584347	0.163332	0.272624
$n=15$	$\bar{x}=\dfrac{1}{n}\sum$	9.870667	0.158715	0.103131	0.038956	0.010889	0.018175

由最小二乘法得 $\hat{y}'=0.082304+0.13122x'$，即

$$\hat{y}=\frac{x}{0.082304x+0.13122}$$

现将观测值和曲线上预报值进行比较，得表 7.1.3。

表 7.1.3　回归计算表

排号	x_i	y_i实际值	预报值$\hat{y}_i$	$y_i - \hat{y}_i$	$(y_i - \hat{y}_i)^2$
1	2	6.42	6.761325	−0.34133	0.116503
2	3	8.2	7.934409	0.265591	0.070539
3	4	9.58	8.688097	0.891903	0.79549
4	5	9.5	9.213193	0.286807	0.082258
5	6	9.7	9.6	0.1	0.01
6	7	10	9.896791	0.103209	0.010652
7	8	9.93	10.13171	−0.20171	0.040688
8	9	9.99	10.32228	−0.33228	0.110413
9	10	10.49	10.47998	0.010017	0.0001
10	11	10.59	10.61264	−0.02264	0.000513
11	12	10.6	10.72578	−0.12578	0.01582
12	13	10.8	10.82341	−0.02341	0.000548
13	14	10.6	10.90852	−0.30852	0.095187
14	15	10.9	10.98338	−0.08338	0.006952
15	16	10.76	11.04972	−0.28972	0.08394

计算得剩余标准差

$$S = \sqrt{\frac{1}{n-2}\sum_{i=1}^{n}(y_i - \hat{y}_i)^2} = 0.33, SSE = \sum_{i=1}^{n}(y_i - \hat{y}_i)^2 = 1.4396,$$

$$SST = \sum_{i=1}^{n}(y_i - \bar{y})^2 = 19.6627, SSR = SST - SSE = 18.2230,$$

$$R = \sqrt{1 - \frac{SSE}{SST}} = \sqrt{0.9267} = 0.9627$$

其方差分析表见表 7.1.4。

表 7.1.4　方差分析表

方差来源	偏差平方和	自由度	方差	F 值	F_α	显著性
回归	18.2230	1	18.2230	164.5536	$F_{0.01}(1,13) = 9.07$	高度显著
剩余	1.4396	13	0.1107		$F_{0.05}(1,13) = 4.67$	
总和	19.6627	14				

因为 $S = 0.3328, 2S = 0.6656$,故,用回归方程预报 y 取值时,有 95% 的把握断言,其绝对值不会超过 ±0.6656 的范围。

再考察图 7.1.8 和计算表 7.1.3 可发现,图中预报值(回归值)开始一段偏小,后一段偏大,从表上看,$y_i - \hat{y}_i$ 的前一部分取正值多,后一部分负值多,说明曲线类型选择的不够理想。

(2) 用指数曲线 $y = a e^{\frac{b}{x}}$ 拟合

对 $y = a e^{\frac{b}{x}}$ 取对数有

$$\ln y = \ln a + \frac{b}{x}$$

令
$$y' = \ln y, \quad x' = \frac{1}{x}, \quad a' = \ln a$$

则有 $y' = a + bx'$。计算得 $b = -1.1107$, $a' = \bar{y}' - b\bar{x}' = 2.4578$。因此 $a = e^{a'} = 11.6789$,故
$$\hat{y} = 11.6789e^{-\frac{1.1107}{x}}$$

由此计算得
$$SSE = 0.89128, \quad SST = 20.811, \quad SSR = 19.92, \quad F = 290.55$$
$$R = \sqrt{1 - \frac{SSE}{SST}} = 0.97707, \quad S = \sqrt{\frac{1}{n-2}SSE} = 0.26184。$$

比较可知,用指数曲线拟合的 F、可决系数 R 大,剩余标准误差小,效果更好。

例 7.1.2 已知某种半成品在生产过程中的废品率 y 与它的某种化学成分 x 有关,试验数据见表 7.1.5。试根据散点图特点选配一条合适的拟合曲线关系。

表 7.1.5 废品率 y 与化学成分 x 的记录

x	34	36	37	38	39	39	39	40
y	1.30	1.00	0.73	0.90	0.81	0.70	0.60	0.50
x	40	41	42	43	43	45	47	48
y	0.44	0.56	0.30	0.42	0.35	0.40	0.41	0.60

解 某种产品的废品率与化学成分的散点图,如图 7.1.9 所示。

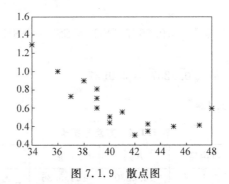

图 7.1.9 散点图

从图 7.1.9 中看出, y 随 x 增加而先降后升,呈开口向上的抛物线型。据此特点选用曲线 1、2、3、4、5、6 均可。现用幂函数曲线 $y = dx^b$ 进行拟合。

令 $y' = \ln y$, $x' = \ln x$, $a = \ln d$ 则 $y' = a + bx'$。计算得
$$y = 96080.6013x^{-3.2474}$$

其方差分析表见表 7.1.6。

表 7.1.6 方差分析表

方差来源	偏差平方和	自由度	方差	F 值	F_α	显著性
回归	0.75485	1	0.75485	30.7815	$F_{0.01}(1,14) = 8.8616$	高度显著
误差	0.34332	14	0.024523			
总和	1.0982	15				

剩余标准差为

$$S = \sqrt{MSE} = 0.1566$$

可决系数

$$R = \sqrt{1 - \frac{SSE}{SST}} = 0.82908$$

其散点图与拟合曲线图如图 7.1.10 所示。

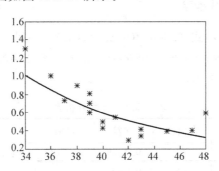

图 7.1.10　散点图与拟合曲线图

由方差分析表、可决系数以及剩余标准差看出,幂函数曲线拟合效果是较好的。

7.2　一元多项式回归分析

不是所有的一元非线性函数都能转换成一元线性方程,但任何复杂的一元连续函数都可用高阶多项式近似表达,因此对于那些较难直线化的一元函数,可用下式来拟合。

分析

$$\hat{y} = b_0 + b_1 x + b_2 x^2 + \cdots + b_n x^n$$

如果令 $X_1 = x, X_2 = x^2, \cdots, X_n = x^n$,则上式可以转化为多元线性方程:

$$\hat{y} = b_0 + b_1 X_1 + b_2 X_2 + \cdots + b_n X_n$$

这样就可以用多元线性回归分析求出系数 $b_0, b_1, b_2, \cdots, b_n$。

虽然多项式的阶数越高,回归方程与实际数据拟合程度越高,但阶数越高,回归计算过程中的舍入误差的积累也越大,所以当阶数 n 过高时,回归方程的精确度反而会降低,甚至得不到合理的结果,故一般取 $n = 3 \sim 4$。

例 7.2.1　续例 7.1.2。试用二次多项式拟合其数据关系。

解　二次多项式回归模型

$$y = b_0 + b_1 x + b_2 x^2 + \varepsilon$$

令 $X_1 = x, X_2 = x^2$,则上式可以转化为二元线性方程:

$$\hat{y} = b_0 + b_1 X_1 + b_2 X_2$$

(1) 参数估计

根据表 7.1.5 所给数据,由式(6.3.7)得

$$\hat{\boldsymbol{\beta}} = \begin{bmatrix} b_0 \\ b_1 \\ b_2 \end{bmatrix} = (\boldsymbol{X}^{\mathrm{T}}\boldsymbol{X})^{-1}\boldsymbol{X}^{\mathrm{T}}\boldsymbol{Y} = \begin{bmatrix} 18.2642 \\ -0.809736 \\ 0.00917033 \end{bmatrix}$$

所以回归方程:

$$\hat{y} = 18.2642 - 0.809736x + 0.00917033x^2$$

2. 方差分析表及相关性检验

假设 $H_0: b_1 = b_2 = 0$。由式(6.3.8)、(6.3.9)、(6.3.10)得

$$SST = 1.0982, \quad SSR = 0.9677, \quad SSE = 0.1304$$

从而得方差分析表,见表 7.2.1。

表 7.2.1　方差分析表

方差来源	偏差平方和	自由度	方差	F 值	F_α	显著性
回归	0.9677	2	0.4839	48.2196	$F_{0.01}(2,13)=6.70$	高度显著
误差	0.1304	13	0.0100			
总和	1.0982	15				

由于 $F = 48.2196 > F_{0.01}(2,3) = 6.70$,说明回归方程在 $a = 0.01$ 水平上是高度显著的。

从拟合的图像(图 7.2.1)可以看出,拟合的效果比较好。

拟合程度的测定:

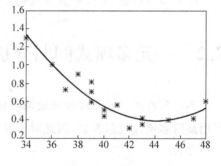

图 7.2.1　拟合图

$$R = \sqrt{\frac{SSR}{SST}} = \sqrt{\frac{0.9677}{1.0982}} = 0.9387$$

表明回归变量对样本数据点的拟合程度也不错。

由表 7.2.1 知,$SSE = 0.0100$,故估计标准误差为

$$S = \sqrt{MSE} = 0.10$$

显然,拟合效果比幂函数的拟合效果好得多。

7.3　曲线拟合的 MATLAB 编程实现

7.3.1　曲线拟合 MATLAB 程序代码

```
function [S, stats] = nlins(x, y, mk, pN)
alpha = [0.05, 0.01];
if nargin < 2
    error('至少有两个输入参数');
end
if nargin < 3
```

```
        mk = 's';
end
if length(x)∼ = length(y)
    error('输入数据的长度不一致');
end
x = x(:);y = y(:);
xl = min(x);xr = max(x);
xx = linspace(xl,xr,1000);
warning off all
switch mk
    case {'s','S'}
        plot(x,y,'k * ');
        title('散点图');
        return;
    case {1,'1'}
        X = 1./x;
        Y = y;
    case {2,'2'}
        X = 1./x;
        Y = 1./y;
    case {3,'3'}
        X = log(x);
        Y = log(y);
    case {4,'4'}
        X = x;
        Y = log(y);
    case {5,'5'}
        X = 1./x;
        Y = log(y);
    case {6,'6'}
        X = log(x);
        Y = y;
    case {7,'7'}
        X = exp( - x);
        Y = y;
    case {'p','P'}
        if nargin < 4
            pN = 3;
        end
        p = polyfit(x,y,pN);
        X = x;Y = y;
end
n = length(x);
fT = n - 1;fA = 1;fe = n - 2;
[Q,R] = qr([ones(n,1),X],0);
ab = R\\(Q' * Y);
a = ab(1);b = ab(2);
spm = '';
if b > 0
    spm = ' + ';
end
```

```matlab
switch mk
    case {1,'1'}
        S = ['拟合曲线方程是 y = ',num2str(a),spm,num2str(b),'/x'];
        yy = a + b. /xx;
        yhat = a + b. /x;
    case {2,'2'}
        S = ['拟合曲线方程是 1/y = ',num2str(a),spm,num2str(b),'/x'];
        yy = xx. /(a * xx + b);
        yhat = x. /(a. * x + b);
    case {3,'3'}
        S = ['拟合曲线方程是 y = ',num2str(exp(a)),'x ^',num2str(b)];
        yy = exp(a). * xx.^b;
        yhat = exp(a). * x.^b;
    case {4,'4'}
        S = ['拟合曲线方程是 y = ',num2str(exp(a)),'exp(',num2str(b),'x)'];
        yy = exp(a + b. * xx);
        yhat = exp(a + b. * x);
    case {5,'5'}
        S = ['拟合曲线方程是 y = ',num2str(exp(a)),'exp(',num2str(b),'/x)'];
        yy = exp(a + b. /xx);
        yhat = exp(a + b. /x);
    case {6,'6'}
        S = ['拟合曲线方程是 y = ',num2str(a),spm,num2str(b),'log(x)'];
        yy = a + b. * log(xx);
        yhat = a + b. * log(x);
    case {7,'7'}
        S = ['拟合曲线方程是 y = 1/(',num2str(a),spm,num2str(b),'exp( - x))'];
        yy = 1. /(a + b. * exp( - xx));
        yhat = 1. /(a + b. * exp( - x));
    case {'p','P'}
        S = ['拟合多项式系数是:',num2str(p)];
        yy = polyval(p,xx);
        yhat = polyval(p,x);
        fA = pN;fe = fT - pN;
end
SSE = (y - yhat)' * (y - yhat);
SST = (y - mean(y))' * (y - mean(y));
Sy = sqrt(SSE/fe);
if SSE > SST
    R2 = 0;SSR = 0;
else
    R2 = (1 - SSE/SST);
    SSR = SST - SSE;
end
Fb = SSR/SSE/fA * fe;
F = finv(1 - alpha,fA,fe);
if Fb > max(F)
    tst = '高度显著';
elseif (Fb > min(F))&(Fb < = max(F))
    tst = '显著';
else
```

```
        tst = '不显著';
end
table = cell(4,7);
table(1,:) = {'方差来源','偏差平方和','自由度',' 方差',' F 值',' Fα','显著性'};
table(2,:) = {'回归',SSR,fA,SSR/fA,Fb,min(F),tst};
table(3,:) = {'剩余',SSE,fe,SSE/fe,[],max(F),[]};
table(4,1:3) = {'总和',SST,fT};
stats = {table,sqrt(R2),Sy};
plot(x,y,' * k',xx,yy,' - k')
title('散点图与拟合曲线图')
```

函数 nlins 可以进行非线性回归分析,其调用格式是:

(1) nlins(x,y,'s'):绘制散点图。

(2) [S,stats] = nlins(x,y,mk):mk 可取值 1,2,3,4,5,6,7(或'1','2','3','4','5','6', '7'),分别表示七种可化为一元线性回归的类型。输出参数 S 是拟合的曲线;stats 是统计信息:stats{1}是方差分析表;stats{2}是相关系数;stats{3}是剩余标准差。

(3) [S,stats] = nlins(x,y,'p',N):用 N 次多项式进行曲线拟合。默认用 3 次多项式进行拟合。

7.3.2　MATLAB 曲线拟合分析实例

例 7.3.1　续例 7.1.2。

解　在命令窗口中输入:

```
>> x = [34,36,37,38,39,39,39,40,40,41,42,43,43,45,47,48];
>> y = [1.30,1.00,0.73,0.90,0.81,0.70,0.60,0.50,0.44,0.56,0.30,0.42,0.35,0.40,0.41,0.60];
>> nlins(x,y,'s');
```

运行后显示散点图,如图 7.3.1 所示:

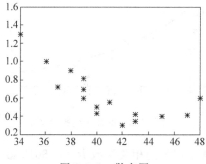

图 7.3.1　散点图

下面可分别用曲线 1、2、3、4、5、6 进行拟合比较,调用函数 nlins。

如用曲线 1 进行拟合,在命令窗口中输入:

```
>> [S,stats] = nlins(x,y,1)
```

运行后显示：

　　拟合曲线方程是 $y = -1.7015 + 93.9312/x$
stats =
　　{4x7 cell}　　[0.8032]　　[0.1668]

曲线 1 的拟合图见图 7.3.2。

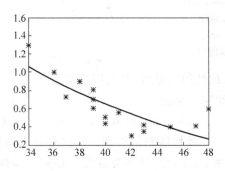

图 7.3.2　曲线 1 的拟合图

输入：

```
>> [S,stats] = nlins(x,y,5)
```

运行后显示：

　　拟合曲线方程是 $y = 0.020032\exp(135.6808/x)$
stats =
　　{4x7 cell}　　[0.8539]　　[0.1458]

曲线 5 的拟合图见图 7.3.3。

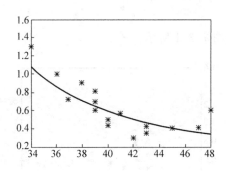

图 7.3.3　曲线 5 的拟合图

　　经比较知，曲线 2 即双曲线拟合的相关系数 $R = 0.8615$ 最大，剩余标准差 $S_y = 0.1422$ 最小，因此效果最佳，拟合曲线方程是 $1/y = 7.2498 - 217.3568/x$。

　　下面调用函数$[S, stats] = \text{nlins}(x, y, 'p', N)$：用 N 次多项式进行曲线拟合。

　　如进行二次多项式拟合，在 MATLAB 命令窗口中继续输入：

```
>> [S,stats] = nlins(x,y,'p',2);
>> S,table = stats{1},R = stats{2},Sy = stats{3}
```

运行后显示：

　　拟合多项式系数是：0.00917033　　　− 0.809736　　　　18.2642

table =

'方差来源'	'偏差平方和'	'自由度'	' 方差'	' F 值'	' F α'	'显著性'
'回归'	[0.9677]	[2]	[0.4839]	[48.2196]	[3.8056]	'高度显著'
'剩余'	[0.1304]	[13]	[0.0100]	[]	[6.7010]	[]
'总和'	[1.0982]	[15]	[]	[]	[]	[]

R =

　　0.9387

Sy =

　　0.1002

二次多项式拟合图见图 7.3.4。

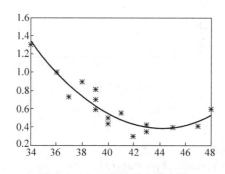

图 7.3.4　二次多项式拟合图

显然拟合效果比前面七条曲线都要好。

对这一问题，还可以用其他类型的曲线进行拟合。

如，输入：

```
>> [S,stats] = nlins(x,y,'p',7)
```

运行后显示：

　　拟合多项式系数是：1.808600605e − 006 − 0.0005074452849　　0.0608202449

− 4.036512142　　160.2035869　　　− 3802.180816　　　49963.28207　　　− 280418.2168

stats =

　　{4x7 cell}　　　[0.9545]　　　[0.1105]

图 7.3.5 为七次多项式拟合图。

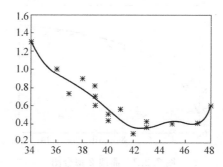

图 7.3.5　七次多项式拟合图

例 7.3.2 续例 7.1.1。

解 在命令窗口中输入：

```
>> x = [2,3,4,5,6,7,8,9,10,11,12,13,14,15,16];
>> y = [6.42,8.2,9.58,9.5,9.7,10,9.93,9.99,10.49,10.59,10.6,10.8,10.6,10.9,10.76];
>> regres1(x,y,'s');
```

运行后显示：

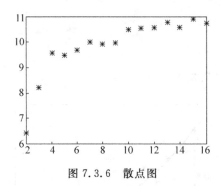

图 7.3.6　散点图

在命令窗口中输入：

```
>> [S,stats] = nlins(x,y,2);
>> S,table = stats{1},R = stats{2},Sy = stats{3}
```

运行后显示：

拟合曲线方程是 $1/y = 0.082304 + 0.13122/x$

```
table =
```

'方差来源'	'偏差平方和'	'自由度'	'方差'	'F值'	'Fα'	'显著性'
'回归'	[18.2230]	[1]	[18.2230]	[164.5536]	[4.6672]	'高度显著'
'剩余'	[1.4396]	[13]	[0.1107]	[]	[9.0738]	[]
'总和'	[19.6627]	[14]	[]	[]	[]	[]

```
R =
    0.9627
Sy =
    0.3328
```

并绘制散点图和拟合曲线图，如图 7.3.7 所示。

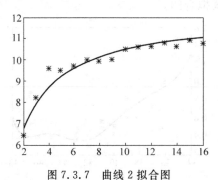

图 7.3.7　曲线 2 拟合图

在命令窗口中输入：

$$>> [S, stats] = nlins(x, y, 1) ; \quad S, table = stats\{1\}, R = stats\{2\}, Sy = stats\{3\}$$

运行后显示：

拟合曲线方程是 $y = 11.3944 - 9.6006/x$

```
table =
```

'方差来源'	'偏差平方和'	'自由度'	'方差'	'F值'	'Fα'	'显著性'
'回归'	[19.0325]	[1]	[19.0325]	[392.6223]	[4.6672]	'高度显著'
'剩余'	[0.6302]	[13]	[0.0485]	[]	[9.0738]	[]
'总和'	[19.6627]	[14]	[]	[]	[]	[]

```
R =
    0.9838
Sy =
    0.2202
```

并生成拟合曲线图 7.3.8。

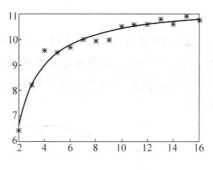

图 7.3.8 曲线 1 拟合图

通过比较可以看出，双曲线拟合的剩余标准误差小、可决系数大，效果最佳。

现用二阶多项式拟合，并分析拟合效果。

在命令窗口中输入：

$$>> [S, stats] = nlins(x, y, 'p', 2) ; \quad S, table = stats\{1\}, R = stats\{2\}, Sy = stats\{3\}$$

运行后显示：

拟合多项式系数是 : -0.028988 $\quad$ 0.74079 $\quad$ 6.0927

```
table =
```

'方差来源'	'偏差平方和'	'自由度'	'方差'	'F值'	'Fα'	'显著性'
'回归'	[16.8957]	[2]	[8.4479]	[36.6370]	[3.8853]	'高度显著'
'剩余'	[2.7670]	[12]	[0.2306]	[]	[6.9266]	[]
'总和'	[19.6627]	[14]	[]	[]	[]	[]

```
R =
    0.9270
Sy =
    0.4802
```

现用五阶多项式拟合，并分析拟合效果。

在命令窗口中输入:

```
>> [S,stats] = nlins(x,y,'p',5) ;   S,table = stats{1},R = stats{2},Sy = stats{3}
```

运行后显示:

```
    拟合多项式系数是:
0.00018295   -0.0093501    0.18195    -1.6783    7.4524    -3.1064
stats =
    {4x7 cell}    [0.9858]    [0.1763]
table =
```

'方差来源'	'偏差平方和'	'自由度'	'方差'	'F值'	'Fα'	'显著性'
'回归'	[19.3831]	[5]	[3.8766]	[124.7805]	[3.4817]	'高度显著'
'剩余'	[0.2796]	[9]	[0.0311]	[]	[6.0569]	[]
'总和'	[19.6627]	[14]	[]	[]	[]	[]

```
R =
    0.9929
Sy =
    0.1763
```

从运行的结果可以看出,拟合的多项式是: $p(x) = 0.00018295x^5 - 0.0093501x^4 + 0.18195x^3 - 1.6783x^2 + 7.4524x - 3.1064$;拟合的可决系数是 0.9929,说明拟合的效果很好;从拟合的方差分析表也可以看出拟合的效果是高度显著的;运行还生成了散点图与拟合的曲线图像,如图 7.3.9 所示。

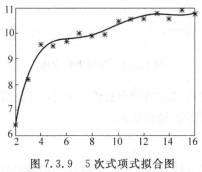

图 7.3.9   5 次式项式拟合图

7.4   用配书盘中应用程序(.exe 平台)进行曲线拟合分析

以例 7.1.1 为例。

1. 创建数据文件

创建数据文件的内容如下:

```
2
3
(略)
10.9
10.76
```

数据文件的前一部分是 x 的数据,后一部分是 y 的数据,两者的行数必须相等。把文件名保存为:"非线性回归 1. txt"。

2. 启动应用程序

启动"曲线拟合"应用程序后会生成两个窗口,后面的窗口如图 7.4.1 所示。

图 7.4.1 后面窗口

前面的窗口如图 7.4.2 所示。

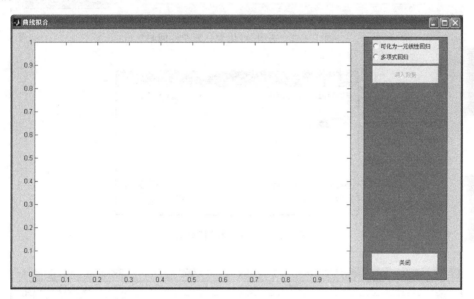

图 7.4.2 前面窗口

由于没有选定项目:"可化为一元线性回归"、"多项式回归"中的一项,"调入数据"按钮不可用。

3. 选定"可化为一元线性回归"

选择"可化为一元线性回归"单选按钮,"调入数据"按钮变为可用,如图 7.4.3 所示。

4. 调入数据

单击"调入数据"按钮,生成如下的"调入数据"对话框(图 7.4.4),找到并选中数据文件"非线性回归 1",单击"打开"按钮。

现在显示出"散点图"、"拟合图"、"方差分析表"、"统计信息"等各个按钮,如图 7.4.5 所示。可以根据具体问题操作各个按钮。

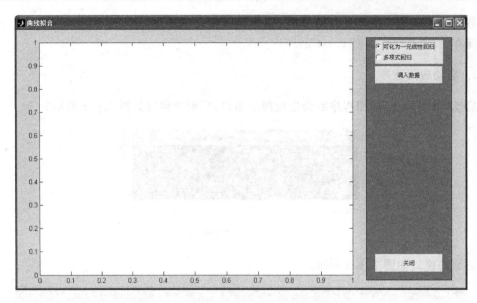

图 7.4.3　选中"可化为一元线性回归"

图 7.4.4　"调入数据"对话框

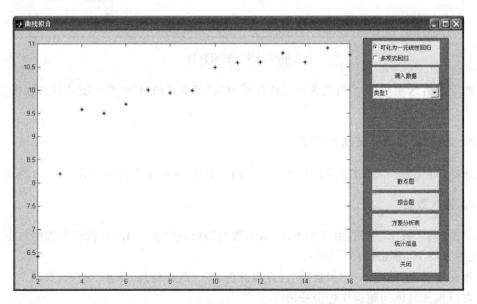

图 7.4.5　选中"可化为一元线性回归"拟合

5. 曲线拟合

根据散点图的形状,确定拟合类型。打开下拉式菜单,选择拟合类型,比如说"类型 5"
(图 7.4.6)。

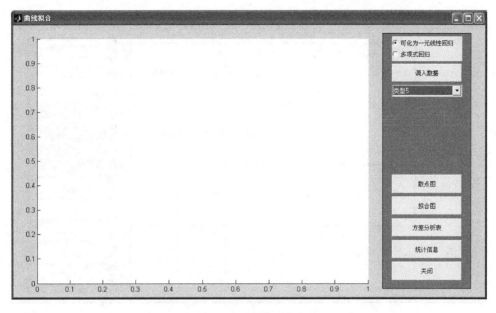

图 7.4.6　选中第 5 种类型

单击"拟合图"生成下面的拟合图像,如图 7.4.7 所示。

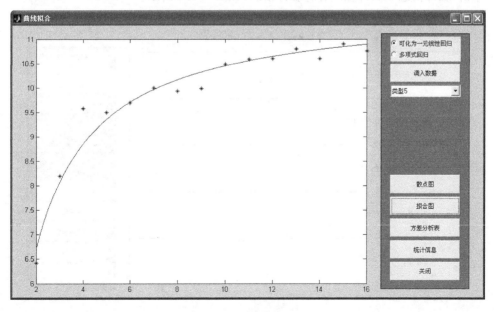

图 7.4.7　拟合图

6. 结果分析

选中"方差分析表"项,生成方差分析表(图 7.4.8),由此可以知道拟合曲线的方程和拟合效果的好坏。

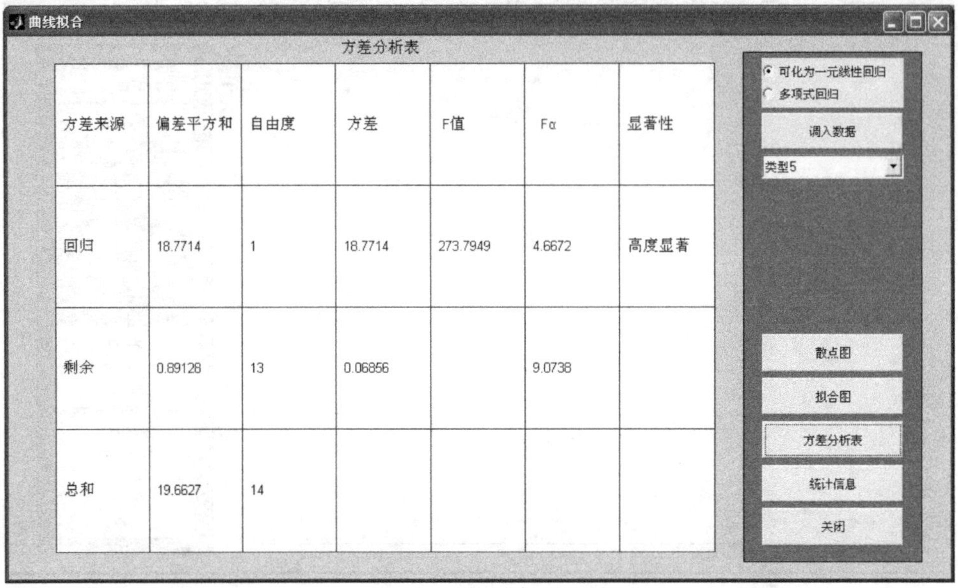

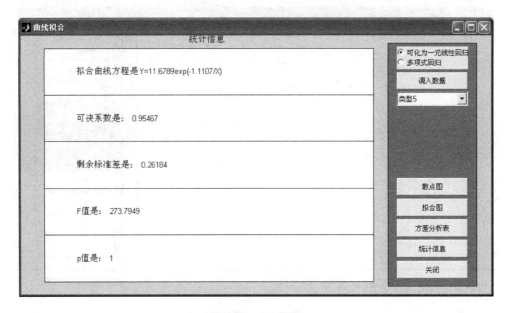

图 7.4.8　方差分析表

单击"统计信息"项,可生成各种统计信息,如图 7.4.9 所示。

图 7.4.9　统计信息

通过分析"剩余标准差"、"可决系数"和方差分析表,以确定用哪一种形式的拟合,效果最好。

若选定"多项式回归"按钮,方法同上。

如在"拟合多项式的幂次"下拉菜单中选定 5,并单击"拟合图"项,生成五次多项式拟合图像,如图 7.4.10 所示。

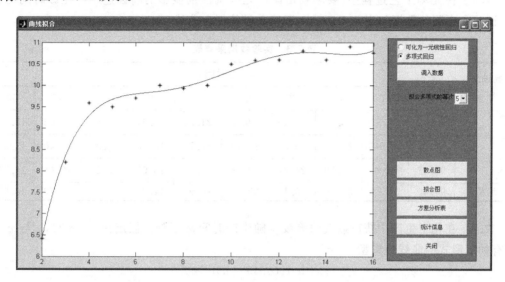

图 7.4.10　五次多项式拟合

用上面类型的步骤,可考察"方差分析表"以及其他统计信息。

习题 7

7.1　混凝土的抗压强度随养护时间的延长而增加。现将一批混凝土作成 12 个试块,记录了养护时间 x(天)及抗压强度 y(kg/cm^2)的数据如表 7.1 所示。按以往经验呈 $y=a\ln x+b$ 型曲线方程,试与其他曲线拟合作比较说明原因。

表 7.1　数据表

x/天	2	3	4	5	7	9	12	14	17	21	28	56
y/(kg/cm^2)	35	42	47	53	59	65	68	73	76	82	86	99

7.2　在彩色显像管中,根据以往经验,形成染料光学密度 y 与析出银的光学密度 x 之间有下面类型的关系式:

$$y = ae^{-b/x} + \varepsilon, \quad b > 0$$

现对 y 及 x 同时作 11 次观测,得 11 组数据 (x_i, y_i) 如表 7.2 所示。试求最佳回归曲线方程。

表 7.2 数据表

x	0.05	0.06	0.07	0.10	0.14	0.20	0.25	0.31	0.38	0.43	0.47
y	0.10	0.14	0.23	0.34	0.59	0.79	1.00	1.12	1.19	1.25	1.29

7.3 在光刻工艺过程中,要求找出国产光致抗蚀剂显影的腐蚀速率与显影时间的关系,试验中观测的数据如表 7.3 所示。试建立最佳拟合曲线。

表 7.3 实验数据采集表

腐蚀速率 y		显影时间 x									
		5	10	15	20	25	30	35	40	45	50
重复试验	y_1	98.05	51.21	28.91	28.16	19.3	21.94	16.61	16.52	14.02	12.56
	y_2	88.73	55.049	31.10	25.52	22.18	17.75	15.28	12.37	17.40	15.34
	y_3	96.42	58.0	32.39	24.62	19.36	20.18	13.09	15.21	12.68	13.81
均值		94.40	54.90	30.80	26.10	20.28	19.96	14.99	14.30	14.70	13.90

7.4 在化工生产中获得氯气的等级 y 随生产时间 x 下降。假定在 $x=8$ 时,y 与 x 之间有如下形式的非线性模型

$$y = a + (0.49 - a)e^{-b(x-8)}$$

现收集了 44 组数据,见表 7.4。要求利用该数据求 a, b 的值,以确定模型。

表 7.4 数据表

x	y	x	y	x	y	x	y
8	0.49	14	0.43	22	0.41	30	0.40
8	0.49	14	0.43	22	0.40	30	0.38
10	0.48	16	0.44	24	042	32	0.41
10	0.47	16	0.43	24	0.40	32	0.40
10	0.48	16	0.43	24	0.40	34	0.40
10	0.47	18	0.46	26	0.41	36	0.41
12	0.46	18	0.45	26	0.40	36	0.38
12	0.46	20	0.42	26	0.41	38	0.40
12	0.45	20	0.42	28	0.41	38	0.40
12	0.43	20	0.43	28	0.40	40	0.39
14	0.45	20	0.41	30	0.40	42	0.39

7.5 酶促反应问题:酶是一种高效生物催化剂,催化条件温和,经过酶催化的化学反应称为酶促反应。酶促反应中的反应速度主要取决于反应物(称为底物)的浓度,浓度较低时反应速度大致与底物浓度成正比(称为一级反应),浓度较高、渐进饱和时反应速度趋向于常数(称为零级反应),二者之间有一过渡。根据酶促反应的这种性质,描述反应速度与底物浓度关系的一类模型是 Michaelis-Menten 模型:

$$y = \frac{\beta_1 x}{\beta_2 + x}$$

其中 y 是反应速度，x 是底物浓度，β_1，β_2 为待定参数。容易知道，β_1 是饱和浓度下的速度，称为最终反应速度，而 β_2 是达到最终反应速度一半时的底物浓度，称为半速度点。实验数据见表 7.5。现对未经嘌呤霉素处理的酶促反应，利用表 7.5 的数据估计模型中的参数 β_1，β_2 进行结果分析。

表 7.5　酶促反应实验中反应速度与底物浓度数据

底物浓度	0.02		0.06		0.11		0.22		0.56		1.10	
反应速度	67	51	84	86	98	115	131	124	144	158	160	—

7.6　现评价坝肩岩体质量。对部分平硐进行 RMR 分级和 Q 分级以后，得到一系列的 RMR 值和 Q 值，见表 7.6。假定 RMR 和 Q 之间满足关系式 $RMR = e^{a+b\log(Q)}$，试确定其中的待定系数。

表 7.6　数据表

RMR	30	34	31	37	46	47	48	46	46	49	50	50	60	58	60	56	62	69	70
Q	1	1.5	2	1.8	5	4.5	4	5	5.5	5.5	7	7.5	10	9.5	12	14	20	24	24
RMR	72	72	75	76	72	73	78	76	80	80	78	78	81	81	78	86	88	88	
Q	27	30	29	30	31	31	32	34	73	75	40	39	41	45	46	49	57	65	

第 8 章　正交试验设计

试验设计是考虑如何安排多因素多水平的试验,能合理而高效地获得所要的分析数据,并用相应的方法分析这些数据,以确定哪些因素影响是主要的,各因素用什么水平搭配起来对试验的指标是最佳的。试验设计在改进产品分配、降低原料和能源的消耗、提高产品的产量和质量等方面具有广泛的应用。例如缩醛化工艺是维尼纶生产的最后一道化学工艺,目的是提高维尼纶纤维的耐热水性。根据生产经验知道,反应时间、反应温度、甲醛浓度、硫酸浓度和芒硝浓度是影响产品指标的五个主要因素。为了寻找最佳的配方及加工工艺,芒硝浓度由于影响较小只取 3 个水平外,其他因素都取 7 个水平,如果在不同水平的组合下作全面试验,则需要 $3 \times 7^4 = 7203$ 次,而用适当的试验设计方法安排试验,可以大大减少试验次数并找到最佳配方和加工工艺,及时地解决生产问题。

正交试验设计(orthogonal design)简称正交设计(orthoplan),它是利用正交表(orthogonal table)科学地安排与分析多因素试验的方法,是最常用的试验设计方法之一。

本章重点介绍如何用正交表安排试验,并对所得的试验数据作直观分析和方差分析。

8.1　正交表

正交表是正交试验设计的基本工具,在正交试验设计中,安排试验、对试验结果进行分析,均在正交表上进行,所以必须对正交表作一较深入的介绍。

8.1.1　"完全对"与"均衡搭配"

在讨论正交表的定义和性质之前,我们先介绍一下"完全对"与"均衡搭配"的概念。

设有两组元素 $a_1, a_2, \cdots, a_\alpha$ 与 $b_1, b_2, \cdots, b_\beta$,我们把 $\alpha\beta$ 个"元素对"

$$(a_1, b_1), (a_1, b_2), \cdots, (a_1, b_\beta)$$
$$(a_2, b_1), (a_2, b_2), \cdots, (a_2, b_\beta)$$
$$\vdots \qquad \vdots \qquad \qquad \vdots$$
$$(a_\alpha, b_1), (a_\alpha, b_2), \cdots, (a_\alpha, b_\beta)$$

叫做由元素 $a_1, a_2, \cdots, a_\alpha$ 与 $b_1, b_2, \cdots, b_\beta$ 所构成的"完全对"。当不至于发生混淆时,有时也省略元素对的括号,也就是说,将 $(a_i b_j)$ 简写成 $a_i b_j$。

以后常用到的"完全对"是由数码所构成的。例如,由数码 1,2,3 与 1,2,3,4 构成的"完全对"为

$$(1,1), (1,2), (1,3), (1,4)$$
$$(2,1), (2,2), (2,3), (2,4)$$
$$(3,1), (3,2), (3,3), (3,4)$$

如果一个矩阵的某两列中,同行元素所构成的元素对(以后简称这两列所构成的元素对)是一个"完全对",而且,每对出现的次数相同时,就说这两列"均衡搭配";否则称为"不均衡搭配"。

可见,所谓某两列不均衡搭配,就是说这两列所构成的元素对不是一个"完全对";或者虽然是一个"完全对",但并不是每个元素对出现的次数都一样。

例如,对矩阵

$$\begin{pmatrix} 1 & 1 & 2 \\ 1 & 1 & 2 \\ 1 & 2 & 1 \\ 1 & 2 & 2 \\ 2 & 1 & 2 \\ 2 & 1 & 2 \\ 2 & 2 & 2 \\ 2 & 2 & 2 \end{pmatrix}$$

来说,第 1,2 两列是均衡搭配的,因为这两列所构成的元素对是一个"完全对",而且每对出现的次数都一样,都是两次;但是,第 1,3 两列为不均衡搭配,因为这两列所构成的元素对根本就不是一个"完全对"(没有元素对(2,1));同样第 2,3 两列也为不均衡搭配,因为虽然这两列所构成的元素对是一个"完全对",但并不是每个元素对出现的次数都一样,例如,元素对(1,1)出现一次,而元素对(1,2)却出现三次。显然,如果一个矩阵的第 i 列与第 j 列均衡搭配时,那么,它的第 j 列与第 i 列也必然是均衡搭配的;反之亦然。因此,当我们考察了第 i,j 两列的元素对后,就不必再去考察第 j,i 两列的元素对了。

8.1.2　正交表的定义与格式

1. 正交表的定义

有了"均衡搭配"的概念,我们就可以给正交表下定义了。

设 A 是一个 $n \times k$ 矩阵,它的第 j 列的元素由数码 $1,2,\cdots,t_j (j=1,2,\cdots,k)$ 所构成,如果 A 的任意两列都均衡搭配,则称 A 是一个正交表。

例如,4×3 矩阵 A

$$A = \begin{pmatrix} 1 & 1 & 1 \\ 1 & 2 & 2 \\ 2 & 1 & 2 \\ 2 & 2 & 1 \end{pmatrix}$$

该矩阵中任意两列的同行元素所构成的"元素对"都包含有四个数字对:$(1,1)$、$(1,2)$、$(2,1)$、$(2,2)$。

这是一个"完全对",且每个数对都出现一次,因此矩阵 A 的任何两列搭配都是均衡的,所以 A 是一张正交表。

又如:8×5 矩阵 B

$$
B = \begin{bmatrix} 1 & 1 & 1 & 1 & 1 \\ 1 & 2 & 2 & 2 & 2 \\ 2 & 1 & 1 & 2 & 2 \\ 2 & 2 & 2 & 1 & 1 \\ 3 & 1 & 2 & 1 & 2 \\ 3 & 2 & 1 & 2 & 1 \\ 4 & 1 & 2 & 2 & 1 \\ 4 & 2 & 1 & 1 & 2 \end{bmatrix}
$$

该矩阵第 1 列与其余任意列所构成的"元素对"中,都有 8 个数字对:

$$(1,1),(1,2),(2,1),(2,2),(3,1),(3,2),(4,1),(4,2)$$

这是一个完全对,且每个数字均出现一次;而第 2、3、4、5 列间的任意两列所构成的"元素对"中,都含 4 个数字对:

$$(1,1),(1,2),(2,1),(2,2)$$

这是一个完全对,且每个数字均出现二次,所以,B 也是一张正交表。

2. 正交表的格式

在正交实验设计中,常把正交表写成表格的形式,并在其左旁写上行号(试验号),在其上方写上列号(因素号)。如上正交表 A 可表示为表 8.1.1 所示的格式,这是一张最简单的正交表,常用正交表见附表 5。

表 8.1.1　正交表 $L_4(2^3)$

列号 试验号	1	2	3
1	1	1	1
2	1	2	2
3	2	1	2
4	2	2	1

为了使用方便和便于记忆,正交表的名称一般简记为

$$L_n(m_1 \times m_2 \times \cdots \times m_k)$$

其中 L 为正交表代号($Latin$ 的第一个字母),n 代表正交表的行数或部分试验组合处理数,即用正交表安排试验时,应实施的试验次数。$m_1 \times m_2 \times \cdots \times m_k$ 表示正交表共有 k 列(最多可安排 k 个因素),每列水平数分别为 $m_1, m_2, \cdots, m_k$。

任何一个正交表 $L_n(m_1 \times m_2 \times \cdots \times m_k)$ 都有一个对应的具体表格。L_n 简明易记,表格则用于在上面安排试验方案和进行试验结果分析。

8.1.3　正交表的分类及特点

1. 等水平正交表

在正交表 $L_n(m_1 \times m_2 \times \cdots \times m_k)$ 中,若 $m_1 = m_2 = \cdots = m_k$,则称为等水平正交表,简记为

$L_n(m^k)$，式中 n 为试验次数，m 为因素的水平数，k 为正交表的列数，即最多可安排的因素数。如表 8.1.1 所示的正交表可见记为 $L_4(2^3)$。常用的等水平正交表如下：

二水平：$L_4(2^3)$，$L_8(2^7)$，$L_{16}(2^{15})$；

三水平：$L_9(3^4)$，$L_{27}(3^{13})$，$L_{81}(3^{40})$；

四水平：$L_{16}(4^5)$，$L_{64}(4^{21})$，$\cdots$；

五水平：$L_{25}(5^6)$，$L_{125}(5^{31})$，$\cdots$。

等水平正交表分为标准表和非标准表两类，上面列出的都是标准表，标准表具有以下特点：

（1）标准表的结构特点

$$\begin{cases} n_i = m^{1+i} \\ k_i = \dfrac{n_i-1}{m-1} = \dfrac{m^{1+i}-1}{m-1} \end{cases} \quad (i=1,2,\cdots)$$

（2）水平数相同的标准表，任意两个相邻表具有以下关系：

$$\begin{cases} n_{i+1} = mn_i \\ k_{i+1} = n_i + k_i \end{cases} \quad (i=1,2,\cdots)$$

显然，只要水平 m 确定了，第 i 张标准正交表就随之确定了。因此，m 是构造标准正交表的重要参数。对于任何水平的标准表，当 $i=1$ 时，都确定了最小号正交表。

（3）利用标准表可以考察因素间的交互作用

非标准正交表是为了缩小标准表试验号的间隔而提出来的。常用的非标准表如下：

二水平表：$L_{12}(2^{11})$，$L_{20}(2^{19})$，$L_{24}(2^{23})$，$\cdots$；

其他水平表：$L_{18}(3^7)$，$L_{32}(4^9)$，$L_{50}(5^{11})$，$\cdots$。

非标准表虽然为等水平表，但却不能考察因素间的交互作用。试验中如想考察因素间的交互作用，不能选用此类表安排试验。

2. 混合水平正交表

在正交表 $L_n(m_1 \times m_2 \times \cdots \times m_k)$ 中，如果 $m_1,m_2,\cdots,m_k$ 不完全相等，则称为混合水平正交表，其中最常用的是 $L_n(m_1^{k_1} \times m_2^{k_2})$ 混合正交表，式中 $m_1^{k_1}$ 表示水平数为 m_1 的有 k_1 列，$m_2^{k_2}$ 表示水平数为 m_2 的有 k_2 列。用这类正交表安排试验时，水平数为 m_1 的因素最多可安排 k_1 个，水平数为 m_2 的因素最多可安排 k_2 个。如前述 8×5 矩阵 $\boldsymbol{B}$ 就是一张混合型正交表，可简记为 $L_8(4 \times 2^4)$。此表可安排一个四水平因素和四个二水平因素。

常用混合型正交表如下：

$$L_8(4 \times 2^4)$$
$$L_{12}(3 \times 2^4), L_{12}(6 \times 2^2)$$
$$L_{16}(4 \times 2^{12}), L_{16}(4^2 \times 2^9)$$
$$L_{16}(4^3 \times 2^6), L_{16}(4^4 \times 2^3), \cdots$$

用混合型正交表一般不能考察交互作用，但由标准表通过并列法改造来的混合型正交表，例如，$L_8(4 \times 2^4)$ 由 $L_8(2^7)$ 并列得到；$L_{16}(4 \times 2^{12})$，$L_{16}(4^2 \times 2^9)$ 等由 $L_{16}(2^{15})$ 并列得到，可以考察交互作用，但必须回到原标准表上进行。

8.1.4 正交表的基本性质

由正交表的定义可得出正交表具有下列性质。

1. 正交性

正交表正交性的主要内容是：
(1) 在任一列中各水平都出现，且出现的次数相等。
(2) 任何两列之间各种不同水平的所有可能组合都出现，且出现的次数相等。

我们以 $L_8(2^7)$ 为例考察其正交性，由附表 5 中 $L_8(2^7)$ 可见，表中每列的不同水平 1,2 都出现了，且都重复出现四次；第 1,2 列间各水平所有可能组合为 11,12,21,22，它们都出现了，且都分别出现了两次，其他各列的情况也是如此。

上述两条是判断一个正交表是否具有正交性的必要条件

由正交表的正交性可以看出：
(1) 正交表的各列地位是平等的，表中各列之间可以相互置换，称为列间置换；
(2) 正交表各行之间也可相互置换，称为行间置换；
(3) 正交表的同一列的水平数也可以相互置换，称为水平置换。

上述三种置换称为正交表的三种初等变换。经过初等变换所得到的正交表，称为原正交表的等价表。实际应用时，可根据不同的试验要求，把一个正交表变换成与之等价的其他特殊形式的正交表。

2. 代表性

正交表的代表性有两方面的含义。一方面，由于正交表的正交性：①任一列的各水平都出现，使得部分试验中包含了所有因素的所有水平；②任意两列的所有水平都出现，使得对任意两个因素的所有水平信息及任意两因素间的所有组合信息无一遗漏。这样，虽然正交表安排的只是部分试验但却能了解到全面试验的情况，在这个意义上，部分试验可以代表全面试验。

另一方面，由于正交表的正交性，正交试验的试验点必然均衡地分布在全面试验点之中(参照图 8.1.1)，具有很强的代表性。因此，部分试验寻找的最优条件与全面试验所找的最优条件，应有一致的趋势。

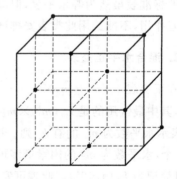

图 8.1.1　两种试验设计方法的试验点分布
(27 个交叉点为全面试验法的试验点分布位置
●表示正交试验法的试验点分布位置)

3. 综合可比性

由于正交表的正交性：①任一列各水平出现的次数相等；②任意两列间所有水平组合出现的次数相等，使得任意因素各水平的试验条件相同。这就保证了在每列因素各水平的效果中,最大限度地排除了其他因素的干扰,从而可以综合比较该因素不同水平对试验指标影响情况。这种性质称为综合可比性。

正交表的三个性质中,正交性是核心,是基础,代表性和综合可比性是正交性的必然结果,从而使正交表得以具体应用。

正交试验设计的基本程序包括实验方案设计及试验结果分析两大部分。

8.2　正交试验方案设计

8.2.1　试验方案设计步骤

1. 明确试验的目的,确定试验指标

任何一个试验都是为了解决某一个问题,或为了得到某些结论而进行的,所以任何一个正交试验都应该有一个明确的目的,这是正交试验设计的基础。

试验指标是表示试验结果特性的值,如产品的产量、产品的纯度等。可以用它来衡量或考核试验效果。

2. 选择试验因素,确定水平

影响试验指标的因素很多,但由于试验条件所限,不可能全面考察,所以应对实际问题进行具体分析,并根据试验目的,选出主要因素,略去次要因素,以减少要考察的因素数。如果对问题不够了解,可以适当多取一些因素。确定因素的水平数时,一般尽可能使因素的水平数相等,以方便试验数据处理。最后列出因素水平表。

以上两点主要靠专业知识和实践经验来确定,是正交试验设计能够顺利完成的关键。

3. 选择正交表,进行表头设计

根据因素数和水平数来选择一张合适的正交表。一般要求因素及所要考察的交互作用所占的列数小于等于正交表列数,因素水平数与正交表对应的水平数一致,选正交表的原则是:在能安排下试验因素和要考察的交互作用的前提下,尽可能选择用小号正交表,以减少试验次数。另外,为考察试验误差,所选正交表安排完试验因素及要考察的交互作用后,最好有 1 列空列,否则必须进行重复试验以考察试验误差。

表头设计就是将试验因素分别安排到所选正交表的各列中去的过程。如果因素间无交互作用,各因素可以任意安排到正交表的各列中去,如果要考察交互作用,各因素不能任意安排,应按所选正交表的交互作用表进行安排。把因素对号入座,分别安排在正交表的各列中后,列出表头设计。

4. 编制试验方案,进行试验,得到结果

在表头设计的基础上,将所选正交表中各列的水平数字换成对应因素的具体水平值,便形成了试验方案。它是实际进行试验方案的依据。

试验结束后,将试验结果直接填入试验指标栏内,用 $x_1, x_2, \cdots, x_n$ 表示。

8.2.2　无交互作用的正交试验方案设计

例 8.2.1　啤酒酵母最适自溶条件试验。

自溶酵母提取物是一种多用途食品配料。为探讨外加中型蛋白酶方法,需做啤酒酵母的最适自溶条件试验。拟通过正交试验寻找最优工艺条件。

解　本例试验目的是为了寻找啤酒酵母的最适自溶条件。自溶液中蛋白质含量(%)作为试验指标,蛋白含量越高越好。影响蛋白含量的因素很多,根据专业知识和有关资料,最后确定酶解温度、pH 值和加酶量三个因素,每个因素分别选取了三个水平进行,得因素水平表 8.2.1。

表 8.2.1　啤酒酵母最适自溶条件因素水平表

水平 \ 因素	温度 A/℃	pH 值 B	加酶量 C/%
1	50	6.5	2.0
2	55	7.0	2.4
3	58	7.5	2.8

因本例是三因素三水平的试验,且不考虑因素间的交互作用,故选用 $L_9(3^4)$ 正交表安排试验,将各因素(一般一个因素占有一列,不同因素占有不同的列)任意安排到正交表的各列中去,即得到表头设计(见表 8.2.2)。

表 8.2.2　表头设计

因素	A	B	C	空列
列号	1	2	3	4

在表头设计的基础上,将所选正交表中各列的水平数字 1、2、3 换成对应因素的具体水平值(表格中加括号的数值表示各因素的水平实际值),便形成了试验方案,试验结果放在表的最后一栏,见表 8.2.3。

表 8.2.3　啤酒酵母最适自溶条件试验方案及试验结果

表头设计　列号 \ 试验号	A 1		B 2		C 3		4	蛋白质含量 x_i/%
1	1	(50)	1	(6.5)	1	(2.0)	1	6.25
2	1		2	(7.0)	2	(2.4)	2	4.97
3	1		3	(7.5)	3	(2.8)	3	4.45
4	2	(55)	1		2		3	7.53
5	2		2		3		1	5.54
6	2		3		1		2	5.50
7	3	(58)	1		3		2	11.4
8	3		2		1		3	10.9
9	3		3		2		1	8.95

表 8.2.3 中每个试验号对应一个组合处理,例如:

第一号试验: A_1, B_1, C_1,即酶解温度 50℃,pH 值 6.5,加酶量 2.0%。

至此,试验方案设计就算完成了。随后就可以实施试验,在试验过程中,必须严格按照各号试验的组合处理进行,不能随意改动。试验因素必须严格控制,试验条件应尽量保持一致。另外,试验方案中的试验号并不意味着实际进行试验的顺序,为了加快试验,最好同时进行试验,同时取得试验结果。如果条件只允许一个一个进行试验,为了排除外界干扰,应使试验序列号随机化,即采用抽签、掷骰子或查随机数表的方法确定试验顺序,无论用什么顺序进行试验,一般都应进行重复试验,以减少随机误差对试验的影响。

由上分析我们可以看出,对于无交互作用的试验安排,选择正交表的规则是"一看水平,二看因素,三尽可能选择小号表",安排试验的方法是"因素顺序上列,水平对号入座"。

8.2.3　交互作用的正交试验处理原则

1. 交互作用的概念

实际上在许多试验中,不仅因素对指标有影响,而且因素之间还会联合搭配起来对指标产生影响。因素对试验的总效果是由每个因素对试验的单独作用再加上各因素之间的搭配作用决定的。这种因素间的联合搭配对试验指标产生的影响称为交互作用。

下面通过一个例子对交互作用的概念给予直观的解释。

例 8.2.2　茄汁鲭鱼罐头不脱水加工工艺比传统加工工艺有许多优点,但也存在产品固形物含量不稳定问题。为解决这一问题,今欲探讨杀菌温度和杀菌时间对成品固形物含量稳定性的影响,杀菌温度和时间各取二个水平。得到因素水平表,如表 8.2.4 所示。

表 8.2.4　因素水平表

水平 \ 因素	杀菌时间/min	杀菌温度/℃
1	55	116
2	65	121

试验后,在 A, B 各种搭配下成品固形物含量见表 8.2.5 和表 8.2.6。

表 8.2.5　试验数据(一)

B \ A	A_1	A_2
B_1	70.3	80.8
B_2	75.6	68.0

表 8.2.6　试验数据(二)

B \ A	A_1	A_2
B_1	70.0	80.0
B_2	65.0	75.0

由表 8.2.5 数据作图(图 8.2.1),由表 8.2.6 数据作图(图 8.2.2)。

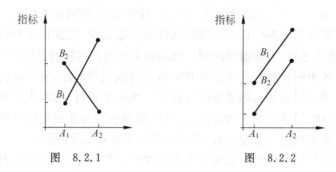

图　8.2.1　　　　　　　　图　8.2.2

由图 8.2.1 可见,在 B_1 水平下,A_2 比 A_1 固形物含量高,高出 10.5%;但在 B_2 条件下,A_2 比 A_1 的固形物含量低,低 8.6%。这就是说,A 因素的水平好坏(或好坏程度)受 B 因素水平的控制。这种情况就称为因素 A 与因素 B 有交互作用。

由图 8.2.2 可见,无论 B 取什么水平,A_2 水平下的成品固形物含量总比 A_1 水平下高 10%;同样,无论 A 取哪个水平,B_2 水平下成品固形物含量总比 B_1 水平下低 15%。也就是说,A 因素水平的好坏(或好坏程度)不受 B 因素水平的影响,反之亦然。这种情况称为因素 A 与因素 B 之间无交互作用。

本例所研究的问题属于第一种情况。

事实上,因素之间总是存在着交互作用的,这是客观存在的普遍现象,只不过交互作用的程度不同而已。一般地,当交互作用很小时就认为不存在交互作用。

在试验设计中,表示因素 A、B 间的交互作用记作 $A \times B$,称做一级交互作用;表示因素 A、B、C 之间的交互作用记做 $A \times B \times C$,称做二级交互作用;以此类推,还有三级、四级交互作用。二级和二级以上的交互作用叫做高级交互作用。

2. 交互作用的处理原则

在试验设计中,交互作用一律当作因素看待,这是处理交互作用问题的一条总的原则。作为因素,各级交互作用都可以安排在能考虑交互作用的正交表的交互列上,它们对试验指标的影响情况都可以分析清楚,而且计算非常简便。但交互作用又与因素不同,表现在:

(1) 用于考察交互作用的列不影响试验方案及其实施;

(2) 一个交互作用并不一定只占正交表的一列,而是占有 $(m-1)^p$ 列,即表头设计时,交互作用所占正交表的列数与因素的水平有关,与交互作用级数 p 有关。

显然,二水平因素的各级交互作用列均占一列;对于三水平因素,一级交互作用占两列,二级交互作用占四列,……,可见,m 和 p 越大交互作用所占列数就越多。

对于一个 2^5 因素试验,表头设计时,如果考虑所有各级交互作用,那么,连同因素本身总计应占正交表的列数为

$$C_5^1 + C_5^2 + C_5^3 + C_5^4 + C_5^5 = 5 + 10 + 10 + 5 + 1 = 31$$

可见非选 $L_{32}(2^{31})$ 正交表不可。而 2^5 因素试验的全面试验次数也正好等于 32。一般地,在多因素试验中,如果所有各级交互作用全考虑的话,所选正交表的试验号必然等于其全面试验的次数。这显然是不可能的。因此,为突出正交试验设计可以大量减少试验次数

的优点,必须在满足试验要求的条件下,忽略某些可以忽略的交互作用,有选择地、合理地考察某些交互作用。这需要综合考虑试验目的、专业知识、以往的经验及现有试验条件等多方面情况。一般的处理原则是:

1) 忽略高级交互作用

实际上高级交互作用一般都较小,可以忽略。对于上述 2^5 试验,如果忽略高级交互作用(略去后三项),则占有正交表的列数仅为

$$C_5^1 + C_5^2 = 5 + 10 = 15$$

2) 有选择地考察一级交互作用

试验设计时,因素间的一级交互作用也不必全面考虑。通常只考察那些作用效果较明显的,或试验要求必须考察的。上述 2^5 试验中,如果只考察 2 个一级交互作用,所占正交表的列数为 $5+2=7$,则选用 $L_8(2^7)$ 正交表即可,使试验次数只占全面试验次数的四分之一。可以说,正是忽略了可以忽略的交互作用,才使正交试验法具有减少试验次数的优点。

3) 试验因素尽量取两个水平

二水平因素的各级交互作用均只占一列;

对于三水平正交表,任何两列的交互作用列为另两列;

四水平正交表中任两列的交互作用列为另三列。

因此,因素选取两个水平时,可以减少交互作用所占列数。

8.2.4　考虑交互作用的正交试验方案设计

例 8.2.3　用石墨炉原子吸收分光光度试验

用石墨炉原子吸收分光光度法测定食品中的铅,为了提高测定灵敏度,希望吸光度越大越好,今欲研究影响吸光度的因素,确定最佳测定条件。

1. 确定试验指标

根据本试验的目的,吸收光度为试验指标。

2. 挑因素、选水平、制定因素水平表

根据专业知识,影响吸光度的因素主要有灰化温度、原子化温度、灯电流。现选这三个因素为试验因素,根据仪器性能,每个因素选取两个水平表,因素水平表如表 8.2.7 所示。

表 8.2.7　因素水平表

水平＼因素	灰化温度 A/℃	原子化温度 B/℃	灯电流 C/mA
1	300	1800	8
2	700	2400	10

3. 选正交表

选正交表时,一定要把交互作用看成因素,同试验因素一并加以考虑。所选正交表试验

号的大小,应能放下所有要考虑的因素及交互作用,并且最好有 1~2 列空列,用以评价试验误差。

本例根据试验经验知道,三个试验因素之间可能存在交互作用,为此要把 $A \times B$、$A \times C$、$B \times C$ 同试验因素一样加以考察。由于本例试验因素都是两个水平,因此 $A \times B$、$A \times C$ 和 $B \times C$ 都各占正交表一列,连同三个试验因素,总计需占正交表六列。显然,选正交表 $L_8(2^7)$ 最合适。

4. 表头设计

表头设计时,各因素及其交互作用不能任意安排,必须严格按交互作用列表进行安排。这是有交互作用的正交试验设计的一个重要特点,也是其试验方案设计的关键一步。

每张标准正交表都附有一张交互作用列表用来安排交互作用。交互作用列表如表 8.2.8 所示。

表 8.2.8　$L_8(2^7)$ 交互作用列表

试验号 ＼ 列号	1	2	3	4	5	6	7
1	(1)	3	2	5	4	7	6
2		(2)	1	6	7	4	5
3			(3)	7	6	5	4
4				(4)	1	2	3
5					(5)	3	2
6						(6)	1
7							(7)

表 8.2.8 中所有数字都是正交表的列号,括号内的数字表示各元素所占的列。任意两个带括号的数字:(i)、(j),且 $i < j$,则 (i) 所在"试验号"中的第 i 行与 (j) 所在的"列号"中的第 j 列纵横相交,在"交互作用列表"中得到数字 k。应把因素 (i) 和因素 (j) 的交互作用安排在第 k 列上。这样,可以把试验因素及所要考虑的交互作用安排在正交表的相应列上,进行表头设计。例如,若将某元素安排在第 2 列,另一因素安排在第 4 列,则这两个因素的交互作用当做一个因素安排在第 6 列上。

避免混杂是表头设计的一个重要因素。所谓混杂,是指在正交表的同列中,安排了两个或两个以上的因素或交互作用。这样,就无法区分同一列中的这些不同元素或交互作用对试验指标的影响效果。

在表头设计中,为了避免混杂,那些主要因素、重点要考察的因素和涉及交互作用较多的因素,应该优先安排,而一些次要因素、涉及交互作用少的因素和不涉及交互作用的因素,则可放在后面安排。例如,某试验要求用 $L_8(2^7)$ 考察 A, B, C, D 四个元素及交互作用 $B \times C$、$C \times D$,在表头设计时应如下进行:因为要考察 $B \times C$、$C \times D$,先将 B, C 分别放在 $L_8(2^7)$ 的第 1、2 列上,则根据交互作用表,$B \times C$ 应放在第 3 列。把 D 放在第四列,则 $C \times D$ 应放在第 6 列。A 没涉及交互作用,可最后安排,放在第 7 列。这样安排就可避免因素的混杂,表头设计结果见表 8.2.9。

表 8.2.9　表头设计

因素	B	C	B×C	D		C×D	A
列号	1	2	3	4	5	6	7

有时,为了满足试验的某些要求,或为了减少试验次数,可以允许次要因素与高级交互因素作用的混杂。但一般不允许因素与一级交互作用的混杂。

遵循上述原则,对例 8.2.3 的表头设计如下：先将因素 A、B 安排在第 1、2 列,再按照交互作用列表将 $A×B$ 放在第 3 列。然后把因素 C 放在第 4 列,则根据交互作用列表,$A×C$ 放在第 5 列,$B×C$ 放在第 6 列,第 7 列为空列。可用于估计试验误差。表头设计结果见表 8.2.10。

表 8.2.10　表头设计

因素	A	B	A×B	C	A×C	B×C	
列号	1	2	3	4	5	6	7

5. 编制试验方案

表头设计完后,将正交表安排有因素各列的水平数字,换成相应因素的具体水平值,即构成试验方案。安排交互作用的各列对试验方案及试验方案的具体实施不产生任何影响。

8.3　正交试验结果分析

由于正交试验毕竟做了部分试验,不能保证全面试验中的最优组合就在所做的部分试验中；另一方面；我们还希望利用这部分试验数据提供的信息,了解各因素对试验指标的影响重要程度及规律性,为此,必须对试验结果进行计算分析。

通过对试验的结果分析,可以解决以下几个问题：

（1）分清各因素及其交互作用的主次顺序,即分清哪个是主要因素,哪个是次要因素。

（2）判断因素对试验指标影响的显著程度。

（3）找出试验因素的优水平和试验范围内的最优组合,即试验因素各取什么水平时,试验指标最好。

（4）分析因素与试验指标的关系,即当因素变化时,试验指标是如何变化的；找出指标随因素变化的规律和趋势,为进一步试验指明方向。

（5）了解各因素之间的交互作用情况。

（6）估计试验误差的大小。

正交试验结果的分析方法有两种,即直观分析法（极差分析法）和方差分析法。

8.3.1　极差分析

极差分析法又称直观分析法。它具有计算简便、直观形象、简单易懂等优点,是正交试验结果分析最常用的方法。极差分析的方法简称 R 法。

例 8.3.1 续例 8.2.1。

若对表 8.2.3 中的试验结果不作处理,而进行"直接看",发现 7 号试验的蛋白含量最高,我们能否就此判断 7 号试验条件($A_3 B_1 C_3$)最好呢? 下面对表 8.2.3 中试验结果进行分析运算得到极差分析表 8.3.1。

表 8.3.1　啤酒酵母最适自溶条件试验结果运算分析表

因素	A		B		C		空列	试验结果
列号 试验号	1		2		3		4	蛋白质含量 $x_i/\%$
1	1	(50)	1	(6.5)	1	(2.0)	1	6.25
2	1		2	(7.0)	2	(2.4)	2	4.97
3	1		3	(7.5)	3	(2.8)	3	4.45
4	2	(55)	1		2		3	7.53
5	2		2		3		1	5.54
6	2		3		1		2	5.50
7	3	(58)	1		3		2	11.4
8	3		2		1		3	10.9
9	3		3		2		1	8.95
T_1	15.67		25.18		22.65		20.74	
T_2	18.57		21.41		21.45		21.87	$T=65.58$
T_3	31.25		18.9		21.39		22.88	
t_1	5.25		8.39		7.55		6.91	
t_2	6.19		7.14		7.15		7.29	
t_3	10.42		6.3		7.13		7.63	
优水平	A_3		B_1		C_1			
R	15.58		6.28		1.26			
主次顺序				ABC				

表中 T 是所有指标值的和,$T = \sum_{i=1}^{n} x_i$,本例中 $T = 65.58$。

T_i 表示任一列上水平号为 i(本例中 $i=1,2,3$)时所对应的试验指标和。例如,T_1 行 A 因素列的数据 15.76 是 A 因素 3 个 1 水平试验指标值的和,而 A 因素 3 个 1 水平分别在第 1,2,3 号试验,所以

A 因素 1 水平所对应的试验指标和为 $T_1 = x_1 + x_2 + x_3 = 6.25 + 4.97 + 4.45 = 15.67$;
同样得:

A 因素 2 水平所对应的试验指标和为 $T_2 = x_4 + x_5 + x_6 = 7.53 + 5.54 + 5.50 = 18.57$;

A 因素 3 水平所对应的试验指标和为 $T_3 = x_7 + x_8 + x_9 = 11.4 + 10.9 + 8.95 = 31.25$。
同理可以计算出其他列中的 T_i,结果见表 8.3.1。

t_i 是试验指标的平均值,$t_i = \dfrac{T_i}{r}$,其中 r 为任一列上各水平出现的次数。例如本例中,$r=3$,在 A 因素所在的第 1 列中 $t_1 = T_1/3 = 5.25$,$t_2 = 18.57/3 = 6.19$,$t_3 = 31.25/3 = 10.42$。同理可以计算出其他列中的 t_i,结果见表 8.3.1。

R 称为极差,是任一列上因素各水平的试验指标 T_i(或平均值 t_i)最大值与最小值之差,即 $R=\max(T_1,T_2,T_3)-\min(T_1,T_2,T_3)$ 或 $R=\max(t_1,t_2,t_3)-\min(t_1,t_2,t_3)$。例如,本例中第 1 列最大值的 T_i 为 $T_3=31.25$,最小的 T_i 为 $T_1=15.67$,所以 $R=31.25-15.677=15.58$,或 $R=t_3-t_1=10.42-5.25=5.17$。

由 T_i(或 t_i)的大小可以判断因素的优水平。各因素的优水平的确定与试验指标有关,若指标越大越好,则应选取使指标大的水平,即各列 T_i(或 t_i)中最大的那个值对应的水平;反之,若指标越小越好,则应选取使指标小的那个水平。本例中,试验指标是指溶液中蛋白质含量(%),指标越大越好,所以应挑选每个因素的 T_1,T_2,T_3(或 t_1,t_2,t_3)中最大的值对应的那个水平,由于 A 因素列 $T_1<T_2<T_3$,所以可以判断 A_3 为 A 因素的优水平。同理,可以计算并判断 B_1,C_1 分别为 B,C 因素的优水平。而 A,B,C 三个因素的优水平组合 $A_3B_1C_1$ 即为本试验的最优水平组合,即加酶自溶酵母提取蛋白含量的最优工艺条件为酶解温度为 58℃,pH 值 6.5,加酶量 2.0%。

R 反映了各列因素的水平变动时,试验指标的变动幅度。R 越大,说明该因素对试验指标的影响越大,因此也就越重要。于是依据极差 R 的大小,就可以判断因素的主次。本例中各列的极差,计算结果列于表 8.3.1 中,比较各 R 值可见,$R_A>R_B>R_C$,所以因素对试验指标影响的主→次顺序为 ABC。即酶解温度影响最大,其次是 pH 值,而加酶量的影响最小。

用优水平和主次顺序可以得到各因素的优水平组合,即最优组合,本例的最优组合为 $A_3B_1C_1$。

由此可知,极差分析法包括计算和判断两个步骤,其内容如图 8.3.1 所示。

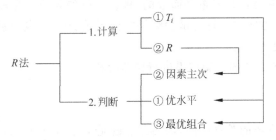

图 8.3.1　R 法示意图

为了更直观地反映因素对试验指标的影响规律和趋势,以因素水平为横坐标,以试验指标值(T_i)(或平均值 t_i)为纵坐标,绘制因素与指标趋势图又称关系图,如图 8.3.2 所示。

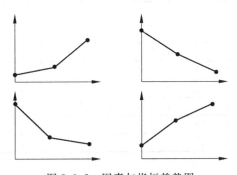

图 8.3.2　因素与指标趋势图

因素与指标趋势图可以更直观地说明指标随因素水平的变化而变化的趋势,可为进一步试验时选择因素水平指明方向。

这里需说明几点:

(1) 实际科研和生产中,最优组合的确定是灵活的,即对于主要因素,一定要最优水平;而对于次要因素,则应权衡利弊,综合考虑(如生产率、成本、劳动条件等)来选取水平,从而得到最符合生产实际的最优或较优的生产工艺条件。

(2) 例 8.2.1 的最优工艺条件 $A_3B_1C_1$ 并不在实施的 9 个试验之中。这表明优化结果不仅反映了已做的试验信息,而且反映了全面试验信息。因此,我们尽可放心地按正交表设计的试验方案进行部分实施,而没有必要进行全面试验。

(3) 例 8.2.1 得出的最优工艺条件,只有在试验所考察的范围内才有意义,超出了这个范围,情况就可能发生变化。欲扩大使用范围,必须再做扩大试验范围的试验,能否扩大其使用范围应由再次试验的结果分析决定。

(4) 为了考察最优条件的再现性,若条件允许,还应做验证性试验。其方法是把通过"直接看"从已做过的试验中找出最好水平的组合与通过数据分析得到的最优组合作对比试验,比较其优劣。对于例 8.2.1,将通过"直接"看找出的最好水平组合(即第 7 号试验)$A_3B_1C_3$ 与通过极差分析找出的最优水平组合 $A_3B_1C_1$ 做对比试验,从而进一步判断找出的生产工艺条件是否最优。

(5) 在试验研究中,有时通过一轮试验不一定能选出最优条件,特别是在缺乏有关资料的情况下,往往要探索多次。这时要充分利用因素与指标趋势图,确定下一步试验的研究方向。

(6) 表 8.3.1 是由表 8.2.3 拓展而成的,极差分析的各项计算都可以在表 8.2.3 上直接进行。这样,使试验方案的设计与试验结果的分析融于一表,使试验设计形成了一个统一的整体,简明、直观,便于分析。

例 8.3.2   对例 8.2.2 的试验结果进行极差分析。

解

(1) 计算 T, R 值

计算方法与前面介绍的基本相同,需要注意的是交互作用与因素一样看待,交互作用列也要计算出 T 和 R 值,计算结果见表 8.3.2。

表 8.3.2   (例 8.2.2)试验方案及试验结果分析

列号 试验号	A	B	$A\times B$	C	$A\times C$	$B\times C$		吸光度
	1	2	3	4	5	6	7	
1	1(300)	1(2000)	1	1 (8)	1	1	1	0.242
2	1	1	1	2 (10)	2	2	2	0.224
3	1	2(2400)	2	1	1	2	2	0.266
4	1	2	2	2	2	1	1	0.258
5	2(700)	1	2	1	2	1	2	0.236
6	2	1	2	2	1	2	1	0.240
7	2	2	1	1	2	2	1	0.279

续表

列号 试验号	A	B	$A\times B$	C	$A\times C$	$B\times C$	吸光度
	1	2	3	4	5	6	7	
8	2	2	1	2	1	1	2	0.276
T_1	0.99	0.942	1.021	1.023	1.024	1.012	1.019	
T_2	1.031	1.079	1.00	0.998	0.997	1.009	1.002	$T=2.021$
优水平	A_2	B_2		C_1				
R	0.041	0.137	0.021	0.025	0.027	0.003	0.017	
主次顺序	$B\ A\ A\times C\ C\ A\times B\ B\times C$							

（2）确定因素的主次顺序

根据计算出的 R 值大小，把因素和交互作用一起排主次顺序，$B\rightarrow A\rightarrow A\times C\rightarrow C\rightarrow A\times B\rightarrow B\times C$。

（3）确定各因素的优水平

根据各因素各水平下的 T 值，确定出各因素的优水平为 A_2,B_2,C_1。

（4）确定最优搭配和最优水平组合

在有交互作用的情况下，不能只根据各因素的单独作用，即各因素的优水平确定最优组合，还要考虑交互作用显著的因素的优搭配。综合考虑交互作用的优搭配和因素的优水平确定最优组合。

为了判断优搭配，需要计算交互作用显著的两个因素的不同搭配所对应的试验指标平均值（或指标和），列出二元表，本例中，B 是主要因素，且 $A\times B$ 和 $B\times C$ 的影响都较小，因此 B 可直接选取 B 的优水平 B_2，不必考虑搭配问题。因素 A 和交互作用 $A\times C$ 对试验影响较大，必须认真考虑其搭配问题，为此列出 $A\times C$ 的二元表，见表 8.3.3。

表 8.3.3　因素 $A\times C$ 的二元表

A \ C	C_1	C_2
A_1	$0.242+0.266=0.508$	$0.224+0.258=0.482$
A_2	$0.236+0.279=0.515$	$0.240+0.276=0.516$

由二元表可见，A_2C_2 试验指标值（吸光度）较高，为优搭配。另外，A 因素的优水平也是 A_2，与 $A\times C$ 优搭配不矛盾。综上所述，本例的最优水平组合为 $A_2B_2C_2$。即灰分温度 700℃，原子化温度 2400℃，灯电流为 10mA 时，吸光值为最大，测定灵敏度最高。

8.3.2　方差分析

正交试验设计的极差分析简单直观、计算量小等优点，便于普及及推广。但这种方法不能把试验中由于试验条件的改变引起的数据波动同试验误差引起的数据波动区分开来，也就是说，不能区分因素各水平间对应的试验结果的差异究竟是由于因素水平不同引起的，还是由于试验误差引起的，因此不能知道试验的精度。同时，直观分析法不能精确地估计各因素的试验结果影响的重要程度,特别是对于水平数大于等于 3 且要考虑交互作用的试验,直观分析法不便使用,为了弥补极差分析法的不足,对正交试验结果可采用方差分析法。

对于 $L_n(m^k)$ 正交表,把试验的数据按表 8.3.4 填写。

表 8.3.4　$L_n(m^k)$ 正交表

试验号 ＼ 因素	1	2	⋯	k	试验数据 x_i
1	1	⋯	⋯	⋯	x_1
2	1	⋯	⋯	⋯	x_2
⋮	⋮	⋮	⋮	⋮	⋮
n	m	⋯	⋯	⋯	x_n

方差分析的关键是偏差平方和的分解。

总偏差平方和与总自由度

$$SST = \sum_{i=1}^{n} (x_i - \overline{x})^2 = \sum_{i=1}^{n} x_i^2 - \frac{T^2}{n}, \quad f_T = n-1 \tag{8.3.1}$$

各列偏差平方和与自由度

$$SS_j = r\sum_{i=1}^{m} (t_i - \overline{x})^2 = \frac{1}{r}\sum_{i=1}^{m} T_i^2 - \frac{T^2}{n} \quad (j = 1,2,\cdots,k), \quad f_j = m-1 \tag{8.3.2}$$

这里的 $r = n/m$。

特别地,当 $m=2$,即二水平时,式(8.3.2)可表示成:

$$SS_j = \frac{1}{r}(T_1^2 + T_2^2) - \frac{T^2}{n} = \frac{2}{n}(T_1^2 + T_2^2) - \frac{1}{n}(T_1 + T_2)^2$$

$$= \frac{1}{n}(T_1 - T_2)^2 = \frac{R^2}{n} \tag{8.3.3}$$

式(8.3.1)表明,总偏差平方和 SST 等于正交表所有列的偏差平方和,等于所有试验因素、试验所考察的交互作用和空列的偏差平方和之和,其自由度 f_T 等于各列自由度之和,等于试验因素、试验所考察的交互作用和空列的自由度之和:

$$SST = \sum_{j=1}^{k} SS_j = \sum_{k_{因}} SS_j + \sum_{k_{交}} SS_j + \sum_{k_{空}} SS_j$$

$$f_T = \sum_{j=1}^{k} f_j = \sum_{k_{因}} f_j + \sum_{k_{交}} f_j + \sum_{k_{空}} f_j$$

式中,$k_{因}$,$k_{交}$,$k_{空}$ 分别为试验因素、试验考察的交互作用和空列在正交表中所占列数。且

$$k = k_{因} + k_{交} + k_{空}$$

式(8.3.2)中 SS_j 是第 j 列中各水平对应的试验数据平均值与总平均值的偏差平方和,它反映该列水平变动所引起的试验数据的波动,若该列安排的是因素,就称 SS_j 为该因素的偏差平方和;若该列安排的是交互作用,就称 SS_j 为该交互作用的偏差平方和;若该列为空列,则 SS_j 表示由于试验误差和未被考察的某些交互作用或某条件因素所引起的波动。在正交试验设计的方差分析中,通常把空列的偏差平方和作为试验误差的偏差平方和,虽然它属于模型误差,一般比试验误差大,但用它作为试验误差进行显著性检验,可使检验结果更

可靠些。

当某个交互作用占有正交表的某几列时,该交互作用的偏差平方和就等于所占各列偏差平方和之和,其自由度也等于所占各列的自由度之和。

正交表的所有空列的偏差平方和之和即为误差的偏差平方和,其自由度等于所有空列的自由度之和,即

$$SSE = \sum_{k_空} SS_j, \quad f_e = \sum_{k_空} f_j$$

于是得方差分析表 8.3.5。

表 8.3.5　方差分析表

方差来源	平方和	自由度	均方差	F 值	F_a	显著性
因素 1	SS_1	f_1	$MS_1 = SS_1/f_1$	$F_1 = MS_1/MSE$	查表	
因素 2	SS_2	f_2	$MS_2 = SS_2/f_2$	$F_2 = MS_2/MSE$		
⋮	⋮	⋮	⋮	⋮		
误差	SSE	f_e	$MSE = SSE/f_e$			
总和	SST	$n-1$				

对因素 j,给定显著性水平 α,查表求 F_α 值,就是求上 α 分位点。如果 F 值 $F_j > F_\alpha$,则认为因素 j 对试验结果的影响是显著的。也可以根据 F 值用逆累积分布函数 $finv$ 求出 p 值,如果 p 值大于 $1-\alpha$ 或 $1-p < \alpha$,则认为因素 j 对试验结果的影响是显著的。通常取 $\alpha = 0.05$ 时,试验结果是显著的,则在“显著性”一栏中标上“显著”; $\alpha = 0.01$ 时,试验结果是显著的,则在“显著性”一栏中标上“高度显著”。

尚需注意:

(1) 在试验中,误差是由空列计算出来的,为进行方差分析,选正交表时应留出一定空列。如果没有空列,又无历史资料,则应选取更大号的正交表以造成空列;或进行重复试验,以求得 SSE;或者用平方和最小的一个作为误差 SSE。

(2) 进行方差分析时,误差的自由度一般不应小于 2,f_e 很小,F 检验灵敏度很低,有时即使因素对试验指标有影响,用 F 检验也判断不出来。因此,在方差分析表中,有些因素的均方差很小,说明因素对试验结果的影响很小,这些小的均方差通常都加到误差中,作为误差处理。一般地,如果均方差

$$MS_j < 2MSE$$

就把因素 j 的平方和加到误差的平方和中,因素 j 的自由度也加到误差的自由度中。

(3) 在方差分析表中,把加入到误差中的因素用星号“*”表示出来。然后用

$$F = \frac{SS_因(或 SS_交)/f_因(或 f_交)}{SSE/f_e} \sim F[f_因(或 f_交), f_e]$$

对其他因素或交互作用进行检验。这样使误差的偏差平方和的自由度 f_e 增大,可提高 F 检验的灵敏度。

例 8.3.3　续例 8.3.1。即对例 8.2.1 进行方差分析。

根据式(8.3.1)和式(8.3.2)计算得: $SS_A = SS_1 = 45.77, SS_B = SS_2 = 6.6613, SS_C = SS_3 = 0.3368, SS_E = SS_4 = 0.7641$。 $n = 9, m = 3$,则有

$$f_A = f_B = f_C = f_e = 3 - 1 = 2, \quad f_T = 9 - 1 = 8$$

$$MSA = \frac{SSA}{f_A} = \frac{45.77}{2} = 22.885,$$

$$MSB = 3.3306, \quad MSC = 0.1684, \quad MSE = 0.27522$$

由此得例 8.3.1 的方差分析表 8.3.6。

表 8.3.6　啤酒酵母最适自溶条件试验的方差分析表

方差来源	偏差平方和	自由度	方差	F 值	F_a	显著性
因素 A	45.77	2	22.885	83.152	$F_{0.05}(2,4)=6.94$	高度显著
因素 B	6.6613	2	3.3306	12.102	$F_{0.01}(2,4)=18.0$	显著
因素 C*	0.3368	2	0.1684			
误差 e*	0.76407	2	0.38203			
误差 e	1.1009	4	0.27522			
总和	53.532	8				

由表 8.3.6 可见,因素 A 高度显著,因素 B 显著,因素 C 不显著,因素作用的主次顺序是 ABC。

例 8.3.4　续例 8.3.2。即对例 8.2.2 进行方差分析。

为便于计算,对表 8.3.2 试验数据作如下变换:$x_i' = 100 x_i$,变换后的试验数据见表 8.3.7。

表 8.3.7　(例 8.3.2)试验方案及试验结果分析

试验号 ＼ 列号	A	B	A×B	C	A×C	B×C		吸光度
	1	2	3	4	5	6	7	$100 x_i$
1	1(300)	1(2000)	1	1 (8)	1	1	1	24.2
2	1	1	1	2 (10)	2	2	2	22.4
3	1	2(2400)	2	1	1	2	2	26.6
4	1	2	2	2	2	1	1	25.8
5	2(700)	1	2	1	2	1	2	23.6
6	2	1	2	2	1	2	1	24.0
7	2	2	1	1	2	2	1	27.9
8	2	2	1	2	1	1	2	27.6
T_1	99	942	102.1	102.3	102.4	101.2	101.9	
T_2	103.1	107.9	100	99.8	99.7	100.9	100.2	
优水平	A_2	B_2		C_1				$T = 202.1$
R	4.1	13.7	2.1	2.5	2.7	0.3	1.7	
$SS_j = \dfrac{R^2}{n}$	2.1013	23.4613	0.55125	0.78125	0.91125	0.01125	0.36125	

由式(8.3.3)知 $SS_j = \dfrac{R^2}{n}$,计算值列入表 8.3.7 最后一行,由此得方差分析表 8.3.8。

表 8.3.8　（例 8.3.2）方差分析表

方差来源	偏差平方和	自由度	方差	F 值	F_α	显著性
A	2.11013	1	2.11013	6.8241	$F_{0.01}(1,3)=34.12$	
B	23.4613	1	23.4613	76.1935	$F_{0.05}(1,3)=10.13$	高度显著
$A \times B^*$	0.55125	1	0.55125			
C	0.78125	1	0.78125	2.5372		
$A \times C$	0.91125	1	0.91125	2.9594		
$B \times C^*$	0.01125	1	0.01125			
e^*	0.36125	1	0.36125			
e	0.92375	3	0.308			
总和	$S_T=28.1788$	7				

由表 8.3.6 可见，因素 B 高度显著，因素 B、C 及交互作用 $A \times B$、$A \times C$、$B \times C$ 均不显著。各因素对试验结果影响的主、次顺序是：B，A，$A \times C$，C，$A \times B$，$B \times C$。

由于交互作用 $A \times B$、$A \times C$、$B \times C$ 均不显著，所以确定因素的优水平时可不考虑交互作用的影响。对显著性因素 B，A，可由极差分析表（表 8.3.2）确定优水平为 B_2，A_2，因素 C 为次要因素，其水平选 C_1 和 C_2 应视具体情况而定。这样最优水平组合为 $A_2 B_2 C_1$ 或 $A_2 B_2 C_2$。

对本例的极差分析和方差分析进行比较，我们可以看出方差分析的优点：①可以分析出试验误差的大小，从而知道试验的精度；②不仅可给出各因素及交互作用对试验指标影响的主次顺序，而且可分析出哪些因素的影响显著，哪些因素的影响不显著。这样对显著因素，我们选取其最优水平并在试验中严格控制；对不显著因素，可视具体情况，综合考虑试验成本、操作的难易等方面确定其最适水平，而极差分析法虽然也可以判断出各因素的主次顺序，但由于主要因素不一定就是显著因素，次要因素也不一定就是不显著因素，所以极差法不能对各因素的主要程度给予精确的数量估计。

8.4　正交试验设计的 MATLAB 编程实现

8.4.1　正交试验结果分析的 MATLAB 编程实现

1. 极差分析 MATLAB 程序代码

```
function  [varargout] = opjs(A, varargin)
if (nargin > 1) & isnumeric(varargin{1})
    ymk = varargin{1};
else
    ymk = 1;
end
biaozhi = A(1,1:(end-1));
A = A(2:end, :);
[m,n] = size(A);
B = A(:,1:end-1);
```

```
mm = max(B(:));
K = zeros(mm,n-1);
for kh = 1:m
    for kl = 1:(n-1)
        kt = A(kh,kl);
        K(kt,kl) = K(kt,kl) + A(kh,end);
    end
end
tem = biaozhi;
if ymk == 0
    [tem,you] = min(K);
else
    [tem,you] = max(K);
end
YOU = ['优水平: ',num2str(you)];
R = max(K) - min(K);
tem = biaozhi;;
for k1 = 1:(length(tem)-1)
    for k2 = (k1+1):length(tem)
        if (tem(k1)>100)&(tem(k1) == tem(k2))&(tem(k1)>-1)
            R(k1) = (R(k1)+R(k2))/2;
            R(k2) = nan;
            tem(k2) = -10;
        end
    end
end
Rj = ['极差 R 值: ',num2str(R)];
[temp,cixu] = sort(R);
nal = sum(isnan(R));
cixu = cixu(1:(end-nal));
klen = length(cixu);
CX = [];
for k = klen:-1:1
    tem = cixu(k);
    if (biaozhi(tem)>0)&(biaozhi(tem)<100)
        CX = [CX,char('A'+ biaozhi(tem)-1),';   '];
    elseif (biaozhi(tem)>100)
        CX = [CX,char('A'+ floor(biaozhi(tem)/100)-1),...
            '×',char('A'+ mod(biaozhi(tem),100)-1),'; '];
    end
end
CX = ['主次顺序: ',CX];
if nargout == 0
    disp('T 值: ')
    disp(K)
    disp(YOU)
    disp(Rj)
    disp(CX)
end
if nargout >= 1
    varargout{1} = K;
```

```
end
if nargout > = 2
    varargout{2} = YOU;
end
if nargout > = 3
    varargout{3} = Rj;
end
if nargout > = 4
    varargout{4} = CX;
end
if nargout > 4
    return;
end
```

函数 opjs 用来进行正交试验的极差分析,其调用格式是:

(1) opjs(A):输入参数 A 是正交试验的数据矩阵,其第一行是标志行,因素 A 用 1 表示;因素 B 用 2 表示;依次类推。有交互作用时,交互作用 A×B 用 102 表示;交互作用 B×C 用 203 表示;依次类推。运行后依次显示 T 值、优水平、极差 R 值和主次次序。

(2) T=opjs(A):输出参数是 T 值,即各列因素水平所对应的试验指标之和。

(3) [T,YOU]=opjs(A):输出参数 YOU 是优水平,即各列因素的优水平。

(4) [T,YOU,R]=opjs(A):输出参数 R 是极差 R 值。

(5) [T,YOU,R,CX]=opjs(A):输出参数 CX 是对试验影响的主次顺序。

(6) [...]=opjs(A,ymk):输入参数 ymk 可取值 0 或 1。ymk=0,计算优水平时用最小值;ymk=1,计算优水平时用最大值。默认值是 ymk=1。

2. 趋势图 MATLAB 程序代码

```
function opqs(A)
biaozhi = A(1,1:(end - 1));
K = opjs(A);
[m,n] = size(K);
tSF = [K;ones(size(K))];
tem = biaozhi;
for k1 = n: - 1:2
    for k2 = (k1 - 1): - 1:1
        if (tem(k1) == tem(k2))
            tSF(:,k2) = tSF(:,k1) + tSF(:,k2);
            tSF(:,k1) = [];
            tem(k1) = [];
            break
        end
    end
end
Kt = tSF(1:m,:)./tSF((m + 1):end,:);
[tem,I] = sort(tem);
K = Kt(:,I);
while tem(1) == 0
    tem(1) = [];
    K(:,1) = [];
```

```
    end
[m,n] = size(K);
nk = ceil(sqrt(n));
mk = ceil(n/nk);
figure
for kk = 1:n
    subplot(mk,nk,kk)
    Ktm = K(:,kk);
    Ktm(Ktm == 0) = [];
    plot(Ktm,'.k - ')
    t = tem(kk);
    if (tem(kk)> 0)&(tem(kk)< 100)
        SS = ['因素',char('A' + tem(kk) - 1)];
    elseif tem(kk)> 100
        SS = ['因素',char('A' + floor(tem(kk)/100) - 1),'×',...
            char('A' + mod(tem(kk),100) - 1)];
    end
    title(SS)
end
```

函数 opqs 用来绘制趋势图,其调用格式是:

opqs(A):输入参数 A 是试验的数据矩阵(同 opjs),运行后生成趋势图。

3. 方差分析的 MATLAB 程序代码

```
function table = opfs(A)
biaozhi = A(1,1:end - 1);
tmp = A(1,1:end - 1);
A(1,:) = [];
z0 = find(tmp == 0);
x = A(:,end);
A(:,end) = [];
[n,k] = size(A);
if ～isempty(z0)
    z0 = z0(:);
end
mm = max(A(:));
K = zeros(mm,k);
for kk = 1:k
    tmp = A(:,kk);
    kmax = max(tmp);
    for kh = 1:kmax
        tind = find(tmp == kh);
        K(kh,kk) = sum(x(tind));
    end
end
alpha1 = 0.05;alpha2 = 0.01;
m = max(A);
r = n./m;
Km = K./r(ones(mm,1),:);
Kmm = (Km - mean(x)).*(Km - mean(x));
```

```
Kmm(K == 0) = 0;
SSj = sum(Kmm, 1). * r;
SST = sum(SSj);
fT = n - 1;
fy = max(A) - 1;
nz = nonzeros(biaozhi);
unz = unique(nz);
knz = length(unz);
linshi = [biaozhi', SSj', fy', zeros(k, 1)];
for kk = 1:knz
    ind = find(biaozhi == unz(kk));
    tsf(kk, :) = [unz(kk), sum(linshi(ind, [2:end]), 1)];
    linshi(ind, :) = zeros(length(ind), 4);
end
SSj = tsf(:, 2); fy = tsf(:, 3); lsui = length(fy);
if isempty(z0)
    [tem, z0] = min(SSj);
    Ve = SSj(z0)/fy(z0);
else
    tsf(end + 1, :) = sum(linshi, 1);
    Ve = tsf(end, 2)/tsf(end, 3);
    tsf(end, end) = 0;
end
V = tsf(:, 2)./tsf(:, 3);
Se = SST; fe = fT;
for kkk = 1:length(V)
    if (V(kkk) > 2 * Ve)
        Se = Se - tsf(kkk, 2);
        fe = fe - tsf(kkk, 3);
        tsf(kkk, 4) = 1;
    end
end
Ve = Se/fe;
Fb = V/Ve;
[ml, tem] = size(tsf);
table = cell(ml + 3, 7);
table(1, :) = {'方差来源', '平方和', '自由度', '均方差', 'F 值', 'Fα', '显著性'};
for kk = 1:ml
    if tsf(kk, 4) == 0
        table{kk + 1, 1} = ['因素', num2str(tsf(kk, 1)), ' * '];
    else
        table{kk + 1, 1} = ['因素', num2str(tsf(kk, 1))];
    end
end
if (tsf(ml, 4) == 0)&&(~isempty(z0))&&(ml > lsui)
    table{ml + 1, 1} = ['空列 * '];
end
M = [tsf(:, [2, 3]), V, Fb];
for kh = 2:(ml + 1)
    for kl = 2:5
        table{kh, kl} = M(kh - 1, kl - 1);
```

```
        end
    end
ntst = length(Fb);
for ktst = 1:ntst
    F = finv(1 - [alpha1;alpha2],tsf(ktst,3),fe);
    F1 = min(F);F2 = max(F);
    table{ktst + 1,6} = [num2str(F1),';',num2str(F2)];
    if Fb(ktst)> F2
        table{ktst + 1,7} = '高度显著';
    elseif (Fb(ktst)< = F2)&(Fb(ktst)> F1)
        table{ktst + 1,7} = '显著';
    end
end
table(end - 1,1:4) = {'误差',Se,fe,Ve};
table(end,1:3) = {'总和',SST,n - 1};
```

函数 opfs 用来对正交试验数据进行方差分析,其调用格式是:

table＝opfs(A):输入参数 A 是数据矩阵(同 opjs),输出参数是方差分析表。

4. 二元表的 MATLAB 程序代码

```
function [ varargout] = op2y(A)
biaozhi = A(1,1:(end - 1));
x = A(2:end,end);
[tem,I] = sort(biaozhi);
A = A(:,I);
while tem(1) == 0
    tem(1) = [];
    A(:,1) = [];
end
while tem(end)> 100
    tem(end) = [];
    A(:,end) = [];
end
tem = A(1,:);
B = A(2:end,:);
ub = unique(B(:));
[mb,nb] = size(B);
nry = nchoosek(nb,2);
ery = cell(nry,1);
C = zeros(length(ub));
kcell = 1;
for nh = 1:(nb - 1)
    for nl = (nh + 1):nb
        for k = 1:mb
            ch = B(k,nh);
            cl = B(k,nl);
            C(ch,cl) = C(ch,cl) + x(k);
        end
        pj = C;
        ery{kcell} = {[nh,nl],pj};
```

```
            kcell = kcell + 1;
            C = zeros(size(C));
        end
    end
    for kcll = 1:nry
        C = ery{kcll};
        AB = C{1};
        juzhen = C{2};
        [m,n] = size(juzhen);
        y = cell(m + 1,n + 1);
        A = char(['A' + AB(1) - 1]);
        B = char(['A' + AB(2) - 1]);
        y{1,1} = [A,'\',B];
        for k = 1:n
            y{1,k + 1} = [B,num2str(k)];
        end
        for k = 1:m
            y{k + 1,1} = [A,num2str(k)];
        end
        for kh = 1:m
            for kl = 1:n
                y{kh + 1,kl + 1} = juzhen(kh,kl);
            end
        end
        eyb{kcll,1} = ['因素',A,'、',B,'的二元表:'];
        eyb{kcll,2} = y;
    end
    if nargout == 0
        for kcll = 1:nry
            disp(eyb{kcll,1});
            disp(eyb{kcll,2});
            fprintf('\n')
        end
    end
    if nargout == 1
        varargout{1} = eyb;
    end
```

函数 op2y 用来生成二元表,其调用格式是:

(1) op2y(A):输入参数 A 是数据矩阵(同 opjs),运行后显示二元表。

(2) eryb＝op2y(A):输出参数 eryb 是二元表。

5. 整体分析 MATLAB 程序代码

```
function [varargout] = opss(A,varargin)
if (nargin > 1)& isnumeric(varargin{1})
    ymk = varargin{1};
else
    ymk = 1;
end
biaozhi = A(1,1:(end - 1));
```

```
if nargout == 0
    opjs(A,ymk)
    if any(biaozhi > 100)
        op2y(A);
    end
    opqs(A)
    table = opfs(A)
end
[T,YOU,Rj,CX] = opjs(A,ymk);
table = opfs(A);
if nargout > = 1
    varargout{1} = T;
end
if nargout > = 2
    varargout{2} = YOU;
end
if nargout > = 3
    varargout{3} = Rj;
end
if nargout > = 4
    varargout{4} = CX;
end
if nargout > = 5
    varargout{5} = table;
end
if nargout > = 6
    if any(A(1,1:end - 1) > 100)
        varargout{6} = op2y(A);
    else
        varargout{6} = [];
        return
    end
end
```

　　函数 opss 用来对正交试验的数据进行分析,其调用格式是:

　　(1) opss(A):输入参数 A 是正交试验的数据矩阵。矩阵 A 的第一行是标志行,用来标志出空列;如果是空列,则标志为 0,否则标志同 opjs,第一行的最后一个值可以任取。运行后,显示极差分析表、二元表、绘制趋势图和方差分析表。

　　(2) T＝opss(A):输出参数 T 是正交试验的 T 值。

　　(3) [T,YOU]＝opss(A):输出参数 YOU 是正交试验的优水平。

　　(4) [T,YOU,Rj]＝opss(A):输出参数 Rj 是正交试验的 R 值。

　　(5) [T,YOU,Rj,CX]＝opss(A):输出参数 CX 是主次顺序。

　　(6) [T,YOU,Rj,CX,table]＝opss(A):输出参数 table 是方差分析表。

　　(7) [T,YOU,Rj,CX,table,eryb]＝opss(A):输出参数 eryb 是二元表。

　　(8) [...]＝opjs(A,ymk):输入参数 ymk 可取值 0 或 1。ymk＝0,计算优水平时用最小值;ymk＝1,计算优水平时用最大值。默认值是 ymk＝1。

8.4.2　无交互作用正交试验设计的 MATLAB 分析

例 8.4.1　柠檬酸硬脂酸单甘酯是一种新型的食品乳化剂,它是柠檬酸与硬脂酸单甘酯在一定的真空度下,通过酯化反应制得,现对其合成工艺进行优化,以提高乳化剂的乳化能力。乳化能力测定方法:将产物加入油水混合物中,经充分地混合、静置分层后,将乳状液层所占的体积百分比作为乳化能力。根据探索性试验,确定的因素与水平如表 8.4.1 所示。

表 8.4.1　因素水平表

水平 \ 因素	温度 $A/℃$	酯化时间 B/h	催化剂种类 C
1	130	3	甲
2	120	2	乙
3	110	4	丙

对上面三因素三水平的试验,用 $L_9(3^4)$ 正交表安排试验,得试验方案及试验结果见表 8.4.2。

表 8.4.2　乳化剂的乳化能力试验结果

表头设计	A		B		C		空列	试验结果
试验号 \ 列号	1		2		3		4	x_i
1	1	(130)	1	(3)	1	(甲)	1	0.56
2	1		2	(2)	2	(乙)	2	0.74
3	1		3	(4)	3	(丙)	3	0.57
4	2	(120)	1		2		3	0.87
5	2		2		3		1	0.85
6	2		3		1		2	0.82
7	3	(110)	1		3		2	0.67
8	3		2		1		3	0.64
9	3		3		2		1	0.66

下面对例 8.4.1 进行极差分析、方差分析及观察因素水平与指标趋势图。

解　在命令窗口中输入:

```
>> A = [1 2 3 0    0
        1 1 1 1 0.56
        1 2 2 2 0.74
        1 3 3 3 0.57
        2 1 2 3 0.87
        2 2 3 1 0.85
        2 3 1 2 0.82
        3 1 3 2 0.67
        3 2 1 3 0.64
        3 3 2 1 0.66];
```

```
>> opss(A)
```

运行后在命令窗口中显示:

T 值:

1.8700	2.1000	2.0200	2.0700
2.5400	2.2300	2.2700	2.2300
1.9700	2.0500	2.0900	2.0800

优水平: 2　2　2　2
极差 R 值: 0.67　　　　0.18　　　　0.25　　　　0.16
主次顺序: A;　C;　B;
table =

'方差来源'	'平方和'	'自由度'	'均方差'	'F 值'	'F α'	'显著性'
'因素 1'	[0.0871]	[　2]	[0.0435]	[15.6760]	'6.9443;18'	'显著'
'因素 2*'	[0.0058]	[　2]	[0.0029]	[　1.0360]	'6.9443;18'	[]
'因素 3'	[0.0111]	[　2]	[0.0055]	[　1.9960]	'6.9443;18'	[]
'空列*'	[0.0054]	[　2]	[0.0027]	[　0.9640]	'6.9443;18'	[]
'误差'	[0.0111]	[　4]	[0.0028]	[]	[]	[]
'总和'	[0.1093]	[　8]	[]	[]	[]	[]

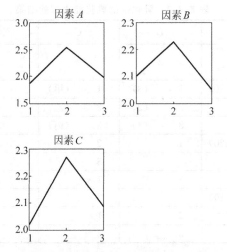

从运行的结果可以看出,因素 A 对试验的结果影响是"显著",也就是对试验的结果影响最大;因素 C 对试验的结果影响不显著;而因素 B 对试验的结果影响最小,且由于其均方差的值没有超过空列误差的 2 倍,所以把它的误差加到空列误差中,得到新的误差。最优组合是 $A_2 C_2 B_2$。

例 8.4.2　为提高山楂原料的利用率,某研究组研究了酶法液化工艺制造山楂清汁。拟通过正交试验寻找酶法液化工艺的最佳工艺条件。本例以液化率作为试验指标,来评价液化工艺的最佳工艺条件。液化率越高,山楂原料的利用率越高。根据专业技术人员的分析,影响液化率的因素很多,经过全面考虑,最后确定果肉加水量、加酶量、酶解温度和酶解时间为试验因素。每个因素分别取三个水平进行试验,得因素水平表见表 8.4.3。

表 8.4.3　因素水平表

因素 水平	加水量 A/(ml/100g)	加酶量 B/(ml/100g)	酶解温度 C/℃	酶解时间 D/h
1	10	1	20	1.5
2	50	4	35	2.5
3	90	7	50	3.5

三水平四因素进行正交试验，由于没有交互作用，用 $L_9(3^4)$ 正交表安排试验及试验结果见表 8.4.4。

表 8.4.4　试验方案及试验结果

因素 列号 试验号	A 1		B 2		C 3		D 4		试验结果 液化率/%
1	1	(10)	1	(1)	1	(20)	1	(1.5)	0
2	1		2	(4)	2	(35)	2	(2.5)	17
3	1		3	(7)	3	(50)	3	(3.5)	24
4	2	(50)	1		2		3		12
5	2		2		3		1		47
6	2		3		1		2		28
7	3	(90)	1		3		2		1
8	3		2		1		3		18
9	3		3		2		1		42

说明：对于无空列正交试验，要作方差分析时，我们在 MATLAB 计算程序中已编制成自动调整，对于偏差平方和较小者自动转换为空列处理，此时，可利用光盘中 MATLAB 程序库一次性实现实验结果分析。

解　在命令窗口中输入：

```
>> A = [1  2  3  4   0
        1  1  1  1   0
        1  2  2  2   17
        1  3  3  3   24
        2  1  2  3   12
        2  2  3  1   47
        2  3  1  2   28
        3  1  3  2   1
        3  2  1  3   18
        3  3  2  1   42];
>> opss(A)
```

运行后在命令窗口中显示：

T 值
```
   41    13    46    89
   87    82    71    46
```

```
        61    94    72    54
优水平:  2     3     3     1
极差 R 值: 46   81    26    43
主次顺序:B;  A;   D;   C;
table =
'方差来源'     '平方和'       '自由度'      '均方差'       'F 值'        'Fα'         '显著性'
'因素1'       [354.6667]     [    2]     [177.3333]   [2.4516]     '19;99'       []
'因素2'       [    1274]     [    2]     [    637]    [8.8065]     '19;99'       []
'因素3*'      [144.6667]     [    2]     [ 72.3333]   [1.0000]     '19;99'       []
'因素4'       [348.6667]     [    2]     [174.3333]   [2.4101]     '19;99'       []
'误差'        [144.6667]     [    2]     [ 72.3333]      []          []          []
'总和'        [    2122]     [    8]        []          []          []          []
```

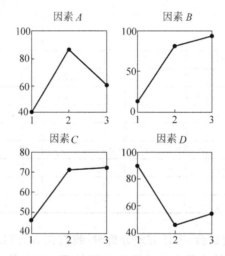

因素 A   因素 B
因素 C   因素 D

由运行结果看出,4 个因素对试验指标影响都不大,因素 C 的偏差平方和较小,自动转换为空列处理,最优组合是 $B_3A_2D_1C_3$。

8.4.3　二水平交互作用正交试验设计的 MATLAB 分析

例 8.4.3　某厂生产水泥花砖,其抗压强度取决于三个因素:A 水泥的含量、B 水分和 C 添加剂,每个因素都有两个水平,具体数值如表 8.4.5 所示。

表 8.4.5　因素水平表

水平＼因素	水泥含量 A	水分 B	添加剂 C
1	60	2.5	1.1：1
2	80	3.5	1.2：1

每两个因素之间都有交互作用,必须考虑。试验指标为抗压强度(kg/cm^2),越高越好。

解　选用正交表 $L_8(2^7)$ 安排试验得试验方案及试验结果见表 8.4.6。

表 8.4.6 试验方案及试验结果

列号 试验号	A 1	B 2	$A \times B$ 3	C 4	$A \times C$ 5	$B \times C$ 6	 7	抗压强度 /(kg/cm²)
1	1(60)	1(2.5)	1	1(11:1)	1	1	1	66.2
2	1	1	1	2 (12:1)	2	2	2	74.3
3	1	2(3.5)	2	1	1	2	2	73.0
4	1	2	2	2	2	1	1	76.4
5	2(80)	1	2	1	2	1	2	70.2
6	2	1	2	2	1	2	1	75.0
7	2	2	1	1	2	2	1	62.3
8	2	2	1	2	1	1	2	71.2

解 在命令窗口中输入：

```
>> A = [1   2   102   3   103   203   0        0
        1   1   1     1   1     1     1   66.2
        1   1   1     2   2     2     2   74.3
        1   2   2     1   1     2     2   73.0
        1   2   2     2   2     1     1   76.4
        2   1   2     1   2     1     2   70.2
        2   1   2     2   1     2     1   75.0
        2   2   1     1   2     2     1   62.3
        2   2   1     2   1     1     2   71.2];
>> opss(A)
```

运行后在命令窗口中显示：

T 值：

```
289.9000   285.7000   274.0000   271.7000   285.4000   284.0000   279.9000
278.7000   282.9000   294.6000 296.9000 283.2000   284.6000 288.7000
```

优水平：1 1 2 2 1 2 2
极差 R 值：11.2   2.8   20.6   25.2   2.2   0.6   8.8
主次顺序：C ； A×B ； A ； B ； A×C ； B×C ；
因素 A、B 的二元表

```
'A\B'    'B1'       'B2'
'A1'     [140.5]    [149.4]
'A2'     [145.2]    [133.5]
```

因素 A、C 的二元表

```
'A\C'    'C1'       'C2'
'A1'     [139.2]    [150.7]
'A2'     [132.5]    [146.2]
```

因素 B、C 的二元表

```
'B\C'    'C1'       'C2'
'B1'     [136.4]    [149.3]
```

```
'B2'        [135.3]      [147.6]
table =
```

'方差来源'	'平方和'	'自由度'	'均方差'	'F值'	'Fα'	'显著性'
'因素1*'	[15.6800]	[1]	[15.6800]	[2.9048]	'6.6079;16.2582'	[]
'因素2*'	[0.9800]	[1]	[0.9800]	[0.1815]	'6.6079;16.2582'	[]
'因素3'	[79.3800]	[1]	[79.3800]	[14.7054]	'6.6079;16.2582'	'显著'
'因素102'	[53.0450]	[1]	[53.0450]	[9.8268]	'6.6079;16.2582'	'显著'
'因素103*'	[0.6050]	[1]	[0.6050]	[0.1121]	'6.6079;16.2582'	[]
'因素203*'	[0.0450]	[1]	[0.0450]	[0.0083]	'6.6079;16.2582'	[]
'空列*'	[9.6800]	[1]	[9.6800]	[1.7933]	'6.6079;16.2582'	[]
'误差'	[26.9900]	[5]	[5.3980]	[]	[]	[]
'总和'	[159.4150]	[7]	[]	[]	[]	[]

由运算结果看出,各因素的优水平为 A_1, B_1, C_2。

在有交互作用的情况下,不能只根据各因素的单独作用,即各因素的优水平确定最优组合,还要考虑交互作用显著的因素的优搭配。综合考虑交互作用的优搭配和因素的优水平确定最优组合。

由二元表可见,A_1B_2 试验指标值较高,为优搭配。另外,A 因素的优水平也是 A_1,与 $A \times B$ 优搭配不矛盾。综上所述,本例的最优水平组合为 $A_1B_2C_2$。即水泥含量 60,水分 3.5,添加剂 12∶1 时,抗压强度最高。

由方差分析表可见,因素 C、交互作用 $A \times B$ 显著,其他均不显著。

例 8.4.4　棉纱降低成纱棉结杂质试验。

试验目的:在保证合理配棉的前提下,通过合理配置工艺参数,尽可能地减少新增棉结,充分除杂,从而达到降低成纱棉结杂质,改善成纱条干均匀度的目的。考察指标为结粒杂质实际粒数,要求越少越好。

因素和水平数:选如表 8.4.7 所示四因素二水平,经分析还需要考察因素 C 和其他三因素的交互作用。

表 8.4.7　棉纱结杂质试验的因素水平表

因素 水平	除尘刀高低 A/mm	除尘刀角度 B/(°)	刺辊速度 C/(r/min)	小漏底入口距离 D/mm
1	-3	85	1110	6
2	$+3$	95	1030	9

用 $L_8(2^7)$ 安排试验,试验结果如表 8.4.8 所示。

表 8.4.8　棉纱结杂质试验结果表

列号 试验号	A 1	B 2	$C \times D$ 3	C 4	$A \times C$ 5	$B \times C$ 6	D 7	结粒杂质的 实际粒数
1	1	1	1	1	1	1	1	88
2	1	1	1	2	2	2	2	87
3	1	2	2	1	1	2	2	68
4	1	2	2	2	2	1	1	88
5	2	1	2	1	2	1	2	81
6	2	1	2	2	1	2	1	96
7	2	2	1	1	2	2	1	83
8	2	2	1	2	1	1	2	214.8

说明：由于无空列，无重复试验，我们在 MATLAB 计算程序中已编制成自动调整，可将离差平方和最小的因素所在的列当成误差项 e 的列。此时，可利用光盘中 MATLAB 程序库一次性实现实验结果分析。

解　在命令窗口中输入：

```
>> A = [1   2   304  3   103  203  4        0
        1   1   1    1   1    1    1        88
        1   1   1    2   2    2    2        87
        1   2   2    1   1    2    2        68
        1   2   2    2   2    1    1        88
        2   1   2    1   2    1    2        81
        2   1   2    2   1    2    1        96
        2   2   1    1   2    2    1        83
        2   2   1    2   1    1    2     214.8];
>> opss(A,0)
```

运行后在命令窗口中显示：

T 值：

```
331.0000   352.0000   472.8000   320.0000   466.8000   471.8000   355.0000
474.8000   453.8000   333.0000   485.8000   339.0000   334.0000   450.8000
```

优水平：1　1　2　1　2　2　1

极差 R 值：143.8　101.8　　139.8　　165.8　　127.8　　137.8　　95.8

主次顺序：C、　A、　C×D、　B×C、　A×C、　B、　D

因素 A、B 的二元表

'A\B'	'B1'	'B2'
'A1'	[175]	[156]
'A2'	[177]	[297.8000]

因素 A、C 的二元表

'A\C'	'C1'	'C2'
'A1'	[156]	[175]
'A2'	[164]	[310.8000]

因素 A、D 的二元表

'A\D'	'D1'	'D2'
'A1'	[176]	[155]
'A2'	[179]	[295.8000]

因素 B、C 的二元表

'B\C'	'C1'	'C2'
'B1'	[169]	[183]
'B2'	[151]	[302.8000]

因素 B、D 的二元表

```
'B\D'        'D1'        'D2'
'B1'         [184]       [       168]
'B2'         [171]       [282.8000]
```

因素 C、D 的二元表

```
'C\D'        'D1'        'D2'
'C1'         [171]       [       149]
'C2'         [184]       [301.8000]
table =
' 方差来源'      ' 平方和'            ' 自由度'        ' 均方差'              'F值'            'F α'                        ' 显著性'
' 因素1'       [2.5848e+003]      [     1]      [2.5848e+003]      [1.7293]        '10.128;34.1162'            []
' 因素2*'      [1.2954e+003]      [     1]      [1.2954e+003]      [0.8666]        '10.128;34.1162'            []
' 因素3'       [3.4362e+003]      [     1]      [3.4362e+003]      [2.2989]        '10.128;34.1162'            []
' 因素4*'      [1.1472e+003]      [     1]      [1.1472e+003]      [0.7675]        '10.128;34.1162'            []
' 因素103*'    [2.0416e+003]      [     1]      [2.0416e+003]      [1.3659]        '10.128;34.1162'            []
' 因素203'     [2.3736e+003]      [     1]      [2.3736e+003]      [1.5880]        '10.128;34.1162'            []
' 因素304'     [2.4430e+003]      [     1]      [2.4430e+003]      [1.6344]        '10.128;34.1162'            []
' 误差'        [4.4842e+003]      [     3]      [1.4947e+003]      []              []                         []
' 总和'        [1.5322e+004]      [     7]      []                []              []                         []
```

由方差分析表知,因素 A、B、C、D 对试验指标影响都不大,从运算的 T 值看出,优水平分别为 A_1、B_1、C_1、D_2,再由二元表看出优水平不变,故最优组合是 $C_1 A_1 B_1 D_2$。

8.4.4 三水平交互作用正交试验设计的 MATLAB 分析

例 8.4.5 运动发酵单细胞菌试验。

运动发酵单细胞菌是一种酒精生产菌。为了确定其发酵培养基的最佳配方,进行了四因素三水平正交试验,试验指标为酒精浓度(g/ml)。试验因素水平表见表 8.4.9。要求考察交互作用 $A \times B$、$A \times C$、$A \times D$,试验方案及试验结果见表 8.4.10。

表 8.4.9 因素水平表

水平 \ 因素	葡萄糖浓度 $A/\%$	酵母膏浓度 $B/\%$	培养温度 $C/℃$	培养基 pH 值 D
1	5	0	25	5.0
2	15	0.5	30	6.0
3	25	1.0	35	7.0

试对试验结果进行分析。

表 8.4.10 试验方案及结果

| 表头设计 | A | B | $A \times B$ | C | $A \times C$ | | $A \times D$ | | D | | | | 试验结果 |
试验号 \ 列号	1	2	3	4	5	6	7	8	9	10	11	12	13	x_i
1	1	1	1	1	1	1	1	1	1	1	1	1	1	0.20
2	1	1	1	1	2	2	2	2	2	2	2	2	2	0.50
3	1	1	1	1	3	3	3	3	3	3	3	3	3	0.50
4	1	2	2	2	1	1	1	2	2	2	3	3	3	1.50
5	1	2	2	2	2	2	2	3	3	3	1	1	1	1.10

续表

表头设计 列号 试验号	A	B	A×B		C	A×C		A×D		D				试验结果 x_i
	1	2	3	4	5	6	7	8	9	10	11	12	13	
6	1	2	2	2	3	3	3	1	1	1	2	2	2	1.20
7	1	3	3	3	1	1	1	3	3	3	2	2	2	1.60
8	1	3	3	3	2	2	2	1	1	1	3	3	3	1.60
9	1	3	3	3	3	3	3	2	2	2	1	1	1	1.20
10	2	1	2	3	1	2	3	1	2	3	1	2	3	0.40
11	2	1	2	3	2	3	1	2	3	1	2	3	1	0.50
12	2	1	2	3	3	1	2	3	1	2	3	1	2	0.20
13	2	2	3	1	1	2	3	2	3	1	3	1	2	5.30
14	2	2	3	1	2	3	1	3	1	2	1	2	3	2.70
15	2	2	3	1	3	1	2	1	2	3	2	3	1	4.20
16	2	3	1	2	1	2	3	3	1	2	2	3	1	5.90
17	2	3	1	2	2	3	1	1	2	3	3	1	2	7.70
18	2	3	1	2	3	1	2	2	3	1	1	2	3	6.15
19	3	1	3	2	1	3	2	1	3	2	1	3	2	0.40
20	3	1	3	2	2	1	3	2	1	3	2	1	3	0.30
21	3	1	3	2	3	2	1	3	2	1	3	2	1	0.30
22	3	2	1	3	1	3	2	2	1	3	3	2	1	1.75
23	3	2	1	3	2	1	3	3	2	1	1	3	2	4.75
24	3	2	1	3	3	2	1	1	3	2	2	1	3	5.30
25	3	3	2	1	1	3	2	3	2	1	2	1	3	2.90
26	3	3	2	1	2	1	3	1	3	2	3	2	1	7.30
27	3	3	2	1	3	2	1	2	1	3	1	3	2	2.80

解　在命令窗口中输入：

```
>> A = [ 1  2  102  102  3  103  103  104  104  4  0  0  0  0
         1  1   1    1   1   1    1    1    1   1  1  1  1  0.20
         1  1   1    1   2   2    2    2    2   2  2  2  2  0.50
         1  1   1    1   3   3    3    3    3   3  3  3  3  0.50
         1  2   2    2   1   1    1    2    2   2  1  1  1  1.50
         1  2   2    2   2   2    2    3    3   3  1  1  1  1.10
         1  2   2    2   3   3    3    1    1   1  2  2  2  1.20
         1  3   3    3   1   1    1    3    3   2  2  2  2  1.60
         1  3   3    3   2   2    2    1    1   1  3  3  3  1.60
         1  3   3    3   3   3    3    2    2   1  1  1  1  1.20
         2  1   2    3   1   2    3    1    2   3  1  2  3  0.40
         2  1   2    3   2   3    1    2    3   1  2  3  1  0.50
         2  1   2    3   3   1    2    3    1   2  3  1  2  0.20
         2  2   3    1   1   2    3    2    3   1  3  1  2  5.30
         2  2   3    1   2   3    1    3    1   2  1  2  3  2.70
         2  2   3    1   3   1    2    1    2   3  2  3  1  4.20
         2  3   1    2   1   2    3    3    1   2  2  3  1  5.90
         2  3   1    2   2   3    1    1    2   3  3  1  2  7.70
```

```
            2  3   1   2  3   1   2   2   3  1  1  2  3     6.15
            3  1   3   2  1   3   2   1   3  2  1  3  2     0.40
            3  1   3   2  2   1   3   2   1  3  2  1  3     0.30
            3  1   3   2  3   2   1   3   2  1  3  2  1     0.30
            3  2   1   3  1   3   2   2   1  3  3  2  1     1.75
            3  2   1   3  3   2   1   1   3  2  2  1  3     4.75
            3  3   2   1  1   3   2   3   2  1  2  1  3     5.30
            3  3   2   1  2   1   3   1   3  2  3  2  1     2.90
            3  3   2   1  2   1   3   1   3  2  3  2  1     7.30
            3  3   2   1  3   2   1   2   1  3  1  3  2     2.80];
>> opss(A)
```

运行后在命令窗口中显示：

```
T 值
9.4 3.3  27.45  31.7  22.35  24.35  22.05  30.65  16.65  20.55  16.45  27.55 26.85
33.05  22.5  23.2  24.55  24.6  22.65  21.2  20  21.1  27.35  24.25  24.8  19.7
25.8  42.45  17.6  12  21.3  21.25  25  17.6  30.5  20.35  27.55  15.9 21.7
```

优水平：2　3　1　1　2　1　3　1　3　2　3　1　1

极差 R 值：

```
23.65  39.15  14.775 NaN 3.3  3.45 NaN 13.45 NaN 7  11.1  11.65  7.15
```

主次顺序：B；　A；　$A \times B$；　$A \times D$；　D；　$A \times C$；　C；

因素 A、B 的二元表

```
'A\B'    'B1'        'B2'         'B3'
'A1'     [1.2000]    [3.8000]     [4.4000]
'A2'     [1.1000]    [12.2000]    [19.7500]
'A3'     [     1]    [6.5000]     [18.3000]
```

因素 A、C 的二元表

```
'A\C'    'C1'         'C2'         'C3'
'A1'     [3.3000]     [3.2000]     [2.9000]
'A2'     [11.6000]    [10.9000]    [10.5500]
'A3'     [7.4500]     [10.5000]    [7.8500]
```

因素 A、D 的二元表

```
'A\D'    'D1'         'D2'         'D3'
'A1'     [     3]     [3.2000]     [3.2000]
'A2'     [11.9500]    [8.8000]     [12.3000]
'A3'     [5.6000]     [15.3500]    [4.8500]
```

因素 B、C 的二元表

```
'B\C'    'C1'         'C2'         'C3'
'B1'     [     1]     [1.3000]     [     1]
'B2'     [8.5500]     [3.8000]     [10.1500]
'B3'     [12.8000]    [19.5000]    [10.1500]
```

因素 B、D 的二元表

'B\D'	'D1'	'D2'	'D3'
'B1'	[1]	[1.1000]	[1.2000]
'B2'	[6.5000]	[8.9500]	[7.0500]
'B3'	[13.0500]	[17.3000]	[12.1000]

因素 C、D 的二元表

'C\D'	'D1'	'D2'	'D3'
'C1'	[10.8000]	[7.8000]	[3.7500]
'C2'	[2.1000]	[13.4000]	[9.1000]
'C3'	[7.6500]	[6.1500]	[7.5000]

table =

'方差来源'	'平方和'	'自由度'	'均方差'	'F值'	'Fα'	'显著性'
'因素1'	[32.6239]	[2]	[16.3119]	[6.3973]	'3.5546;6.0129'	'高度显著'
'因素2'	[85.1617]	[2]	[42.5808]	[16.6996]	'3.5546;6.0129'	'高度显著'
'因素3*'	[0.6317]	[2]	[0.3158]	[0.1239]	'3.5546;6.0129'	[]
'因素4*'	[3.5289]	[2]	[1.7644]	[0.6920]	'3.5546;6.0129'	[]
'因素102'	[27.5244]	[4]	[6.8811]	[2.6987]	'2.9277;4.579'	[]
'因素103*'	[1.4194]	[4]	[0.3549]	[0.1392]	'2.9277;4.579'	[]
'因素104*'	[21.8322]	[4]	[5.4581]	[2.1406]	'2.9277;4.579'	[]
'空列*'	[18.4844]	[6]	[3.0807]	[1.2082]	'2.6613;4.0146'	[]
'误差'	[45.8967]	[18]	[2.5498]	[]	[]	[]
'总和'	[191.2067]	[26]	[]	[]	[]	[]

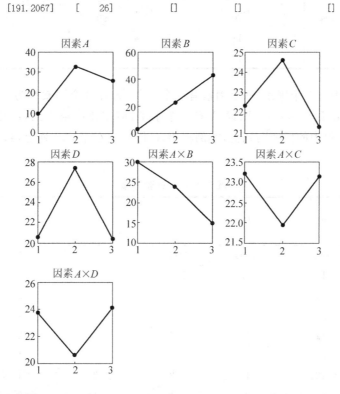

最优工艺条件确定：

因素 A、B 及其交互作用 $A \times B$ 都高度显著，但因在主次顺序中，$A \times B$ 排在 A、B 之后，因此应优先考虑 A、B 的优水平，A 和 B 的优水平确定了，其搭配也就随之确定了，不必再

通过 A、B 的二元表确定 A 与 B 的搭配了。通过比较 T_{1A}、T_{2A}、T_{3A} 可确定因素 A 的优水平为 A_2,同理可确定 B 的优水平 B_3。

因素 D 作用显著,但 D 与 A 的交互作用 $A \times D$ 不显著,故可不考虑交互作用,通过 T_{1D}、T_{2D}、T_{3D} 确定 D 的优水平为 D_3。

因素 C 的作用不显著,可从降低成本和方便操作等方面来考虑选取最优组合 $A_2B_3C_2D_3$,即最优工艺条件为葡萄糖浓度 15%,酵母膏浓度 1.0%,培养温度 30℃,培养基 pH 值 7。

8.4.5　利用混合正交表的试验设计的 MATLAB 分析

例 8.4.6　某人造板厂进行胶压板制造工艺的试验,以提高胶压板的性能,因素及水平如表 8.4.11 所示,胶压板的性能指标采用综合评分的方法,分数越高越好,忽略因素间的交互作用。

表 8.4.11　因素水平表

水平 ＼ 因素	压力 A/atm	温度 B/℃	时间 C/min
1	8	95	9
2	10	90	12
3	11		
4	12		

解　本问题中有 3 个因素,一个因素有 4 个水平,另外两个因素都为 2 个水平,可以选用混合水平正交表 $L_8(4 \times 2^4)$。因素 A 有 4 个水平,应安排在第 1 列,B 和 C 都为 2 个水平,可以放在后 4 列中的任何两列上,本例将 B,C 依次放在第 2,3 列上,4,5 列为空列。试验方案见表 8.4.12。

表 8.4.12　试验方案

试验号 ＼ 列号	A	B	C			得分
1	1(8)	1(95)	1(9)	1	1	2
2	1	2(90)	2(12)	2	2	6
3	2(10)	1	1	2	2	4
4	2	2	2	1	1	5
5	3(11)	1	2	1	2	6
6	3	2	1	2	1	8
7	4(12)	1	2	2	1	9
8	4	2	1	1	2	10

　　注意：利用混合水平正交表时由于不同列的水平数不同，所以不同列的有关计算会存在差别。

　　(1) 计算 t_1, t_2, t_3, t_4 时与等水平的正交表的正交设计不完全相同。如 A 因素有 4 个水平，每个水平出现两次，所以在计算 t_1, t_2, t_3, t_4 时，应当是相应的 T_1, T_2, T_3, T_4 分别除以 2 得到的；而对于因素 B, C，它们只有 2 个水平，每个水平出现四次，所以 t_1, t_2 应当是相应的 T_1, T_2 分别除以 4 得到。

　　(2) 计算极差时，应该是根据 t_i（i 表示水平号）来计算，即 $R = \max(t_i,) - \min(t_i)$，不能根据 T_i 计算极差。因为，对于 A 因素，T_1, T_2, T_3, T_4 分别是 2 个指标值之和，而对于 B, C 两因素，T_1, T_2 分别是 4 个指标值之和，所以应根据平均值 t_i 求出的极差才有可比性。

　　(3) 计算方差时，也有类同情况。A 因素有 4 个水平，其自由度为 $f = 4 - 1 = 3$，而因素 B, C 有 2 个水平，自由度为 $f = 2 - 1 = 1$。

　　在命令窗口中输入：

```
>> A = [1  2  3  0  0    0
        1  1  1  1  1    2
        1  2  2  2  2    6
        2  1  1  2  2    4
        2  2  2  1  1    5
        3  1  2  1  2    6
        3  2  1  2  1    8
        4  1  2  2  1    9
        4  2  1  1  2   10];
>> opss(A)
```

运行后显示：

T 值：

```
    8    21    24    23    24
    9    29    26    27    26
   14     0     0     0     0
   19     0     0     0     0
```

优水平：4　2　2　2

极差 R 值：11　29　26　27　26

主次顺序：B；　C；　A；

table =

'方差来源'	'平方和'	'自由度'	'均方差'	'F值'	'Fa'	'显著性'
'因素1'	[38.5000]	[3]	[12.8333]	[12.8333]	'9.2766;29.4567'	'显著'
'因素2'	[8]	[1]	[8]	[8]	'10.128;34.1162'	[]
'因素3*'	[0.5000]	[1]	[0.5000]	[0.5000]	'10.128;34.1162'	[]
'空列*'	[2.5000]	[2]	[1.2500]	[1.2500]	'9.5521;30.8165'	[]
'误差'	[3]	[3]	[1]	[]	[]	[]
'总和'	[49.5000]	[7]	[]	[]	[]	[]

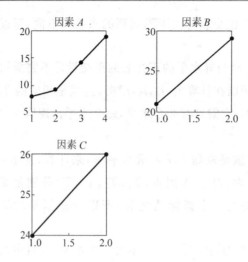

8.5　重复试验与重复抽样的方差分析

8.5.1　重复试验的方差分析

用正交表安排试验时,常会遇到以下情况:

正交表的各列都已排满因素或交互作用,没有空列,为了估计试验误差和进行方差分析,需要进行重复试验;虽然正交表的所有列并没有被因素或交互作用排满,但为了提高试验统计分析的精确性和可靠性,往往也要进行重复试验。所谓重复试验,就是在安排试验时,将同号试验重复若干次,从而得到同一条件下若干次试验的数据。

重复试验的方差分析与无重复试验的方差分析比较,有以下几点不同:

(1)假设每号试验重复数 s,在计算 T_1,T_2,…时,是以各号试验下"s 个试验数据之和"进行计算。

(2)重复试验时,总偏差平方和 SST 及其自由度 f_T 按下式计算

$$SST = \sum_{i=1}^{n} \sum_{t=1}^{s} x_{it}^2 - \frac{T^2}{ns}$$

$$f_T = ns - 1$$

式中,n 为试验条件数,即正交表试验号;s 为各号试验重复数;x_{it} 为第 i 号试验第 t 次重复试验数据($i=1,2,\cdots,n$;$t=1,2,\cdots,s$);T 为所有试验数据之和(包括重复试验),$T = \sum_{i=1}^{n} \sum_{t=1}^{s} x_{it}$。

(3)重复试验时,各列偏差平方和计算公式中的水平重复数改为"水平重复数乘以试验重复数",SS_j 的自由度 f_j 仍为水平数减 1:

$$SS_j = \frac{1}{rs} \sum_{j=1}^{m} T_{ij}^2 - \frac{T^2}{ns}, \quad f_j = m - 1$$

(4)重复试验时,总误差平方和包括空列误差 SSE_1 和重复试验误差 SSE_2,即

$$SSE = SSE_1 + SSE_2$$

其自由度 f_e 等于 SSE_1 的自由度 f_{e_1} 和 SSE_2 的自由度 f_{e_2} 之和,即

$$f_e = f_{e_1} + f_{e_2}$$

SSE_2 和 f_{e_2} 的计算公式如下:

$$SSE_2 = \sum_{i=1}^{n}\sum_{t=1}^{s} x_{it}^2 - \frac{1}{s}\sum_{i=1}^{n}\left(\sum_{t=1}^{s} x_{it}\right)^2, \quad f_{e_2} = n(s-1)$$

(5) 重复试验时,用 $MSE = SSE/f_e$ 检验各因素及其交互作用的显著性。当正交表的各列都已排满因素及交互作用而无空列时,用 $MSE_2 = SSE_2/f_{e_2}$ 来检验因素及交互作用的显著性。

例 8.5.1　在粒粒橙果汁饮料生产中,脱囊衣处理是关键工艺。为了寻找酸碱二步处理法的最优工艺条件,安排四因素四水平正交试验。试验水平表见表 8.5.1。为了提高试验的可靠性,每号试验重复三次。试验指标是脱囊衣质量,根据囊衣是否脱彻底、破坏率高低、汁胞饱满度等感官指标综合评分,满分为 10 分。试验方案及试验结果见表 8.5.2。

表 8.5.1　因素水平表

水平 ＼ 因素	NaOH $A/\%$	$Na_5P_3O_{10}$ $B/\%$	处理时间 $C/\min$	处理温度 $D/℃$
1	0.3	0.2	1	30
2	0.4	0.3	2	40
3	0.5	0.4	3	50
4	0.6	0.5	4	60

表 8.5.2　试验方案及试验结果计算表

表头设计 试验号 ＼ 列号	A 1	B 2	C 3	D 4	5	试验指标 Ⅰ	Ⅱ	Ⅲ	$\sum$
1	1	1	1	1	1	2	2	2	6
2	1	2	2	2	2	4	4.5	4	12.5
3	1	3	3	3	3	5.5	6	6	17.5
4	1	4	4	4	4	6	6.5	6.7	19.2
5	2	1	2	3	4	6.3	6.5	6.7	19.5
6	2	2	1	4	3	5.1	4.8	4.6	14.5
7	2	3	4	1	2	7	7.4	7.2	21.6
8	2	4	3	2	1	8	8.5	8.7	25.2
9	3	1	3	4	2	7	7.1	7.3	21.4
10	3	2	4	3	1	8.4	8.5	8.9	25.8
11	3	3	1	2	4	6.5	6.3	6.1	18.9
12	3	4	2	1	3	7	7.3	7.1	21.4
13	4	1	4	2	3	5	4.5	4.7	14.2
14	4	2	3	1	4	6	6.5	6.7	19.2
15	4	3	2	4	1	8.5	8.5	8.7	25.7
16	4	4	1	3	2	7	6.5	6.9	20.4
T_1	55.2	61.6	59.8	68.2	82.7				
T_2	80.8	72	79.1	70.8	75.9		$T=303$		
T_3	87.5	83.7	83.3	83.2	67.6				
T_4	79.5	86.2	80.8	80.8	76.8				

根据以上计算,进行显著性检验,列出方差分析表见表 8.5.3。

表 8.5.3 方差分析表

方差来源	偏差平方和	自由度	方差	F 值	F_α	显著性
A	49.99	3	16.66	50.48	$F_{0.05}(3,35)=2.58$	高度显著
B	33.42	3	11.14	33.76	$F_{0.01}(3,35)=4.40$	高度显著
C	29.01	3	9.67	29.30		高度显著
D	13.54	3	4.51	13.67		高度显著
误差 e_1	9.65	3				
误差 e_2	2.01	32				
误差 e	11.66	35	0.3332			
总和	137.62	47				

由表 8.5.3 可见,四个因素的作用都高度显著。因素作用的主次顺序为 A,B,C,D。通过比较 T_i 值,可确定各因素的最优水平为 A_3,B_4,C_3,D_3。

8.5.2 重复抽样的方差分析

重复试验虽然可以提高试验结果统计分析的可靠性,但同时也随试验次数的成倍增加而增加试验费用。在实际工作中,更常用的是对每一号试验同时抽取 n 个样品进行测试,这种方法叫重复取样。

重复取样可提高统计分析的可靠性,但它与重复试验又有区别。重复试验反映的是整个试验过程中的各种干扰引起的误差,是整体误差;重复取样仅反映了原材料的不均匀性及测定试验指标时的测量误差,不能反映整个试验过程中的干扰情况,属于局部误差。通常局部误差比试验误差要小些。原则上,不能用试样误差来检验各因素及其交互作用的显著性,否则,会得出几乎所有因素及其交互作用都是显著的不正确结论。但是,若符合下面两种情况,也可以把重复取样得到的试样误差当做试验误差进行检验。

(1) 正交表各列已排满,无空列提供一次误差 SSE_1。这时,为了少做试验而用重复取样误差作为试验误差检验各因素及其交互作用的显著性。若检验结果有一半左右的因素及其交互作用不显著,就可以认为这种检验是合理的。

(2) 若重复取样得到的误差 SSE_2 与整体误差 SSE_1 相差不大,就是说,要求两类误差的 F 值:

$$F = \frac{SSE_1/f_{e_1}}{SSE_2/f_{e_2}}$$

对于给定的置信度 α,有 $F < F_\alpha(f_{e_1}, f_{e_2})$,说明 S_{e_1} 和 S_{e_2} 的差别不显著。这时,就可以将 SSE_1 和 SSE_2 合并作为试验误差。即

$$SSE = SSE_1 + SSE_2$$

$$f_e = f_{e_1} + f_{e_2}$$

若 $F > F_\alpha(f_{e_1}, f_{e_2})$,则两类误差有显著差异,就不能合并使用。

在 SSE_1 和 SSE_2 可以合并的情况下,重复取样的方差分析的步骤及计算方法与前面介绍的重复试验的方差分析方法完全一致。

8.6　重复试验与重复抽样的 MATLAB 编程实现

8.6.1　重复试验的 MATLAB 程序代码与分析实例

```
function  [y1,y2,y3,y4] = opcf(A,varargin)
alpha1 = 0.05;alpha2 = 0.01;format short g
if nargin > 1
    ymk = varargin{1};
else
    ymk = 2;
end
biaozhi = A(1,:);
ind = find(biaozhi < 0);
X = A(2:end,ind);
biaozhi(ind) = [];
A(1,:) = [];
A(:,ind) = [];
T = sum(X(:));
[n,s] = size(X);
[n,k] = size(A);
Atm = X. * X;
Se2 = sum(Atm(:)) - sum(sum(X,2). * sum(X,2))/s;
fe2 = n * (s - 1);
CT = T * T/n/s;
SST = sum(Atm(:)) - CT;
fT = n * s - 1;
A = repmat(A,s,1);
ASX = [[biaozhi;A],[ - 1;X(:)]];
x = X(:);
mm = max(A(:));
K = zeros(mm,k);
for kk = 1:k
    tmp = A(:,kk);
    kmax = max(tmp);
    for kh = 1:kmax
        tind = find(tmp == kh);
        K(kh,kk) = sum(x(tind));
    end
end
m = max(A);
r = n. /m;
KK = K. * K;
SSj = sum(KK). /r/s - CT;
fy = m - 1;
nz = nonzeros(biaozhi);
```

```
unz = unique(nz);
knz = length(unz);
linshi = [biaozhi',SSj',fy',zeros(k,1)];
for kk = 1:knz
    ind = find(biaozhi == unz(kk));
    tsf(kk,:) = [unz(kk),sum(linshi(ind,[2:end]),1)];
    linshi(ind,:) = zeros(length(ind),4);
end
Se1 = 0;
fe1 = 0;
z0 = find(biaozhi == 0);
if ~isempty(z0)
    z0 = z0(:);
    TSe1 = sum(linshi(z0,:),1);
    Se1 = TSe1(2);
    fe1 = TSe1(3);
else
    Se1 = 0;
    fe1 = 0;
end
Se = Se1 + Se2;
fe = fe1 + fe2;
Ve = Se/fe;
V = tsf(:,2)./tsf(:,3);
for kkk = 1:length(V)
    if (V(kkk)> 2 * Ve)&&(tsf(kkk,2)> = Se1)
        tsf(kkk,4) = 1;
    else
        Se = Se + tsf(kkk,2);
        fe = fe + tsf(kkk,3);
        tsf(kkk,4) = 0;
    end
end
Ve = Se/fe;
Fb = V/Ve;
[ml,tem] = size(tsf);
table = cell(ml + 1,7);
table(1,:) = {'方差来源','平方和','自由度','均方差','F 值','Fα','显著性'};
for kk = 1:ml
    if tsf(kk,4) == 0
        table{kk + 1,1} = ['因素',num2str(tsf(kk,1)),' * '];
    else
        table{kk + 1,1} = ['因素',num2str(tsf(kk,1))];
    end
end
M = [tsf(:,[2,3]),V,Fb];
for kh = 2:(ml + 1)
    for kl = 2:5
```

```
            table{kh,kl} = M(kh - 1,kl - 1);
        end
    end
    ntst = length(Fb);Ksui = 0;
    for ktst = 1:ntst
        lian = finv(1 - [alpha1;alpha2],tsf(ktst,3),fe);
        F1 = min(lian);F2 = max(lian);
        table{ktst + 1,6} = [num2str(F1),';',num2str(F2)];
        if Fb(ktst) > F2
            table{ktst + 1,7} = '高度显著';Ksui = Ksui + 1;
        elseif (Fb(ktst) <= F2)&(Fb(ktst) > F1)
            table{ktst + 1,7} = '显著';Ksui = Ksui + 1;
        else
            table{ktst + 1,7} = '不显著';
        end
    end
    if (~isempty(z0))
        table(end + 1,1:3) = {'误差 e1',Se1,fe1};
    end
    table(end + 1,1:3) = {'误差 e2',Se2,fe2};
    table(end + 1,1:4) = {'误差',Se,fe,Ve};
    table(end + 1,1:3) = {'总和',SST,fT};
    if fe1 == 0
        Falpha = NaN;
    else
        Fsi = Se1/Se2 * fe2/fe1;
        Falpha = 1 - fcdf(Fsi,fe1,fe2);
    end
    psui = Ksui/ntst;
    stat = [psui,Falpha];
    if (ymk == 0)||(ymk == 1)
        [y1,y2,y3,y4] = opjs(ASX,ymk);
    else
        y1 = table;
        y2 = stat;
    end
```

函数 opcf 用来进行重复试验的方差分析,其调用格式是:

(1) table＝opcf(A):输入参数 A 是标志、正交表和试验数据组成的矩阵,其中第一行是标志,空列用 0 表示;用 -1 表示试验数据的列。输出参数是方差分析表。

(2) T＝opcf(A,ymk):输入参数 ymk 取值为 0 或 1,对 A 中数据进行极差分析。输出参数是 T 值。即各列因素水平所对应的试验指标之和。

(3) [T,YOU]＝opcf(A,ymk):输出参数 YOU 是优水平,即各列因素的优水平。ymk＝0,计算优水平时用最小值;ymk＝1,计算优水平时用最大值。默认值是 ymk＝1。

(4) [T,YOU,R]＝opcf(A,ymk):输出参数 R 是极差 R 值。

(5) [T,YOU,R,CX]＝opcf(A,ymk):输出参数 CX 是对试验影响的主次顺序。

例 8.6.1 续例 8.5.1。

解 在 MATLAB 命令窗口中输入:

```
>> A = [1   2   3   4   0   -1   -1     -1
        1   1   1   1   1    2    2      2
        1   2   2   2   2    4  4.5      4
        1   3   3   3   3  5.5    6      6
        1   4   4   4   4  6.5  6.7
        2   1   2   3   4  6.3  6.5    6.7
        2   2   1   4   3  5.1  4.8    4.6
        2   3   4   1   2    7  7.4    7.2
        2   4   3   2   1    8  8.5    8.7
        3   1   3   4   2    7  7.1    7.3
        3   2   4   3   1  8.4  8.5    8.9
        3   3   1   2   4  6.5  6.3    6.1
        3   4   2   1   3    7  7.3    7.1
        4   1   4   2   3    5  4.5    4.7
        4   2   3   1   4    6  6.5    6.7
        4   3   2   4   1  8.5  8.5    8.7
        4   4   1   3   2    7  6.5  6.9];
>> table = opcf(A)
```

运行后显示:

```
table =
```

'方差来源'	'平方和'	'自由度'	'均方差'	'F值'	'Fα'	'显著性'
'因素1'	[49.9942]	[3]	[16.6647]	[50.0192]	'2.8742;4.3957'	'高度显著'
'因素2'	[33.4242]	[3]	[11.1414]	[33.4409]	'2.8742;4.3957'	'高度显著'
'因素3'	[29.0108]	[3]	[9.6703]	[29.0253]	'2.8742;4.3957'	'高度显著'
'因素4'	[13.5425]	[3]	[4.5142]	[13.5493]	'2.8742;4.3957'	'高度显著'
'误差e1'	[9.6542]	[3]	[]	[]	[]	[]
'误差e2'	[2.0067]	[32]	[]	[]	[]	[]
'误差'	[11.6608]	[35]	[0.3332]	[]	[]	[]
'总和'	[137.6325]	[47]	[]	[]	[]	[]

例 8.6.2 在对中药赤芍提取工艺改进试验中,以提取率为试验指标,采用 $L_9(3^4)$ 正交表做重复试验。因素水平表见表 8.6.1。

表 8.6.1　因素水平表

水平 \ 因素	溶剂量 A/倍	提取时间 B/h	提取次数 C/次
1	8	0.5	1
2	10	1	2
3	12	1.5	3

正交表的第一列作为空白,3 个试验因素 A,B,C 分别安排在正交表的第 2,3,4 列上,试验结果见表 8.6.2。

表 8.6.2　试验安排与试验结果

试验号＼列号	空白	溶剂量 A	提取时间 B	提取次数 C	提取率 y/%	
					y_1	y_2
1	1	1	1	1	54.40	50.10
2	1	2	2	2	81.58	81.58
3	1	3	3	3	77.65	86.47
4	2	1	2	3	77.95	78.75
5	2	2	3	1	60.62	65.33
6	2	3	1	2	73.44	73.21
7	3	1	3	2	82.60	95.53
8	3	2	1	3	71.26	84.15
9	3	3	2	1	61.55	59.70

解　在命令窗口中输入：

```
>> A = [0   1   2   3     -1      -1
        1   1   1   1   54.4    50.1
        1   2   2   2   81.58   81.58
        1   3   3   3   77.65   86.47
        2   1   2   3   77.95   78.75
        2   2   3   1   60.62   65.33
        2   3   1   2   73.44   73.21
        3   1   3   2   82.6    95.53
        3   2   1   3   71.26   84.15
        3   3   2   1   61.55   59.7];
>> table = opcf(A)
```

运行后显示：

```
table =
   '方差来源'   '平方和'    '自由度'   '均方差'    'F值'       'Fα'              '显著性'
   '因素1*'    [13.146]   [   2]   [6.5728]  [0.27837]  '3.8056;6.701'   '不显著'
   '因素2'     [318.17]   [   2]   [159.09]  [ 6.7374]  '3.8056;6.701'   '高度显著'
   '因素3'     [1900.3]   [   2]   [950.17]  [ 40.241]  '3.8056;6.701'   '高度显著'
   '误差e1'    [65.853]   [   2]   []        []         []               []
   '误差e2'    [227.96]   [   9]   []        []         []               []
   '误差'      [306.96]   [  13]   [23.612]  []         []               []
   '总和'      [2525.5]   [  17]   []        []         []               []
```

8.6.2　重复抽样的 MATLAB 程序代码与分析实例

由于在 SSE_1 和 SSE_2 可以合并的情况下，重复取样的方差分析的步骤及计算方法与重复试验的方差分析方法完全一致，所以也可以用函数 opcf 来进行重复抽样的方差分析，只是在调用时，需检查显著因素的比例和两类误差的可合并率。重复抽样时 opcf 的调用格式：

[table, stat]＝opcf(A)：输入参数 A 是标志、正交表和试验数据组成的矩阵，其中第一

行是标志,空列用 0 表示;用 -1 表示试验数据的列。输出参数 table 是方差分析表。输出参数 stat 中有两个数值:stat(1)是显著因素的比例,即显著因素与所有因素的比例;stat(2)是两类误差的可合并率。如果给定置信度 α,则 stat(2)$>\alpha$ 时,可以合并使用 SSE_1 和 SSE_2;否则不可以。在无空列时,stat(2)$=$NaN。

也可以用函数 opcf 对重复抽样数据进行极差分析,其调用形式与重复试验时的调用形式相同。

例 8.6.3 用烟灰与煤矸石作原料制造烟灰砖的试验研究,指标是干坯扯断力(10^5 Pa),选取的因素及水平见表 8.6.3。

表 8.6.3 烟灰砖试验因素水平表

水平 \ 因素	成型水分 A/%	碾压时间 B/min	料重 C/(kg/盘)
1	9	8	330
2	10	10	360
3	11	12	400

试验选用 $L_9(3^4)$ 正交表,每次试验生产若干块干坯,每次取五块干坯测试,表头设计、试验方案、试验结果见表 8.6.4。

表 8.6.4 烟灰砖试验安排方案

试验号 \ 因素	A	B	C		试验结果				
	1	2	3	4	I	II	III	IV	V
1	1(9)	1(8)	1(330)	1	12.8	12.2	18.3	17.9	15.5
2	1	2(10)	2(360)	2	17	15.6	18.2	14.7	19.3
3	1	3(12)	3(400)	3	16.7	17.7	17.6	17.4	14.3
4	2(10)	1	2	3	18.2	21.3	18.6	18.8	12.1
5	2	2	3	1	24.5	21.0	27.2	24.7	21.0
6	2	3	1	2	17.1	18.4	20.9	20.6	18.1
7	3(11)	1	3	2	25.7	19.3	23.0	38.6	19.7
8	3	2	1	3	23.6	15.2	19.4	22.0	21.8
9	3	3	2	1	22.0	23.4	27.0	22.4	20.5

解 在命令窗口中输入:

```
>> A = [1   2    3    0    -1    -1    -1    -1    -1
        1   1    1    1   12.8  12.2  18.3  17.9  15.5
        1   2    2    2    17   15.6  18.2  14.7  19.3
        1   3    3    3   16.7  17.7  17.6  17.4  14.3
        2   1    2    3   18.2  21.3  18.6  18.8  12.1
        2   2    3    1   24.5   21   27.2  24.7   21
        2   3    1    2   17.1  18.4  20.9  20.6  18.1
        3   1    3    2   25.7  19.3   23   38.6  19.7
        3   2    1    3   23.6  15.2  19.4   22   21.8
        3   3    2    1    22   23.4   27   22.4  20.5];
```

```
>> [table, stat] = opcf(A)
```

运行后显示：

```
table =
    '方差来源'    '平方和'        '自由度'      '均方差'        'F值'          'Fα'              '显著性'
    '因素1'      [325.6680]     [    2]      [162.8340]    [12.6880]     '3.2317,5.1785'   '高度显著'
    '因素2*'     [  6.7080]     [    2]      [  3.3540]    [ 0.2613]     '3.2317,5.1785'   '不显著'
    '因素3'      [105.7720]     [    2]      [ 52.8860]    [ 4.1209]     '3.2317,5.1785'   '显著'
    '误差e1'     [ 50.7640]     [    2]      []            []            []                []
    '误差e2'     [455.8760]     [   36]      []            []            []                []
    '误差'       [513.3480]     [   40]      [ 12.8337]    []            []                []
    '总和'       [944.7880]     [   44]      []            []            []                []
stat =
        0.66667        0.1495
```

从运行结果可以看出，三个因素中有两个因素表现为显著，显著因素的比率是 0.66667，两类误差可合并率为 0.1495。

例 8.6.4　在研究墨曲霉 AS3.396 在液体培养基条件下生物合成果胶酶时，为寻找发酵培养基的最优配方，安排了三因素三水平正交试验，试验指标为果胶酶活力（单位/克原料）。试验因素水平表见表 8.6.5，试验方案见表 8.6.6。试验中每号试验得到的发酵液重复取样三次，测定果胶酶活力，试验结果见表 8.6.6。试对试验结果进行方差分析。

表 8.6.5　因素水平表

因素　水平	麸皮 $A/\%$	硫酸铵 $B/\%$	发酵时间 $C/$天
1	3	1	3
2	5	2	4
3	7	3	5

表 8.6.6　试验方案及试验结果计算表

因素　试验号	A 1	B 2	C 3	4	试验结果 Ⅰ	Ⅱ	Ⅲ
1	1(3)	1(1)	1(3)	1	83.4	75.3	69.3
2	1	2(2)	2(4)	2	116.7	109.2	122.7
3	1	3(3)	3(5)	3	84.9	78.9	91.2
4	2(5)	1	2	3	126	136.8	131.4
5	2	2	3	1	138	123.9	130.2
6	2	3	1	2	130.5	138	123
7	3(7)	1	3	2	66	57.3	73.2
8	3	2	1	3	57.6	68.1	71.4
9	3	3	2	1	69.3	78.3	88.5

解　在命令窗口中输入：

```
>> A = [1   2   3   0    -1     -1      -1
        1   1   1   1    83.4   75.3    69.3
        1   2   2   2    116.7  109.2   122.7
        1   3   3   3    84.9   78.9    91.2
        2   1   2   3    126    136.8   131.4
```

```
        2  2  3  1     138   123.9    130.2
        2  3  1  2   130.5    138      123
        3  1  3  2      66    57.3     73.2
        3  2  1  3    57.6    68.1     71.4
        3  3  2  1    69.3    78.3     88.5];
>> [table, stat] = opcf(A)
```

运行后显示:

```
table =
    '方差来源'     '平方和'      '自由度'    '均方差'     'F值'       'F α'              '显著性'
    '因素1'       [ 17075]     [    2]    [8537.6]    [113.98]   '3.4928;5.8489'   '高度显著'
    '因素2'       [789.45]     [    2]    [394.72]    [5.2695]   '3.4928;5.8489'   '显著'
    '因素3'       [1680.6]     [    2]    [ 840.3]    [11.218]   '3.4928;5.8489'   '高度显著'
    '误差e1'      [545.05]     [    2]    []          []         []                []
    '误差e2'      [ 953.1]     [   18]    []          []         []                []
    '误差'        [1498.1]     [   20]    [74.907]    []         []                []
    '总和'        [ 21043]     [   26]    []          []         []                []
stat =
     1        0.017071
```

从运行的结果可以看出,重复抽样试验的三个因素都为显著,两类错误的可合并率是 0.017071。

8.7　用配书盘中应用程序(.exe 平台)进行正交试验分析实例

例 8.7.1 石墨炉原子吸收分光光度试验。

用石墨炉原子吸收分光光度法测定食品中的铅,为了提高测定灵敏度,希望吸光度越大越好,今欲研究影响吸光度的因素,确定最佳测定条件,因素水平表见表 8.7.1。

表 8.7.1　因素水平表

因素 水平	灰化温度 $A/℃$	原子化温度 $B/℃$	灯电流 C/mA
1	300	1800	8
2	700	2400	10

表 8.7.2　试验方案及试验结果表

列号 试验号	A 1	B 2	$A \times B$ 3	C 4	$A \times C$ 5	$B \times C$ 6	7	吸光度
1	1(300)	1(2000)	1	1 (8)	1	1	1	0.242
2	1	1	1	2 (10)	2	2	2	0.224
3	1	2(2400)	2	1	1	2	2	0.266
4	1	2	2	2	2	1	1	0.258
5	2(700)	1	2	1	2	1	2	0.236
6	2	1	2	2	1	2	1	0.240
7	2	2	1	1	2	2	1	0.279
8	2	2	1	2	1	1	2	0.276

1. 创建数据矩阵文件

1	2	102	3	103	203	0	0
1	1	1	1	1	1	1	0.242
1	1	1	2	2	2	2	0.224
1	2	2	1	1	2	2	0.266
1	2	2	2	2	1	1	0.258
2	1	2	1	2	1	2	0.236
2	1	2	2	1	2	1	0.240
2	2	1	1	2	2	1	0.279
2	2	1	2	1	1	2	0.276

把文件存为文件名："正交试验 2. txt"。（文件名可以为任意合法文件名）

存放"应用程序"文件夹中。（存放路径也可以在任何位置）

注意：数据文件的第一行是用来表示各因素和空列的。1 表示因素 A；2 表示因素 B；3 表示因素 C；依次类推；102 表示 $A \times B$；103 表示 $A \times C$；203 表示 $B \times C$；依次类推。空列用 0 表示。最后一列是试验结果，第一行的最后一值可以取 0，也可以取 -1，不影响程序的运行。

2. 启动"正交试验设计"应用程序。

启动"正交试验设计"应用程序，生成两个窗口。后面的窗口形式如图 8.7.1 所示。

图 8.7.1　后面窗口

前面的窗口形式如图 8.7.2 所示。

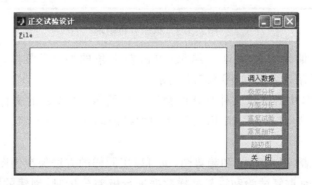

图 8.7.2　前面窗口

在没有调入数据之前，数据分析的五个按钮都不可用。

3. 调入数据

单击"调入数据"按钮,打开调入数据对话框,在查找范围中找到"应用程序",选中其中的"正交试验 2"文件(如图 8.7.3 所示),单击"打开"按钮调入数据。

图 8.7.3　调入数据对话框

现在窗口中的"极差分析"、"方差分析"和"趋势图"三个按钮都变为可用。

4. 得到分析结果

根据需要单击"极差分析"、"方差分析"和"趋势图"按钮,就会得到需要的结果。比如说要得到极差分析结果,就单击"极差分析"按钮,得到极差分析的结果,如图 8.7.4 所示。

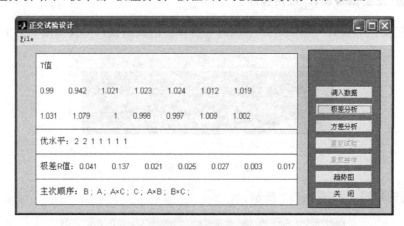

图 8.7.4　极差分析结果

如果想要在其他地方使用这一结果,单击左上角的"File"菜单,选择其中的"Save As…"按钮,打开保存对话框,如图 8.7.5 所示。

由于 MATLAB 中对图像文件默认的都存为扩展名为".fig"的文件,一般的看图程序不支持,可以把保存类型选为"All Files",文件的扩展名选为".bmp"。文件的存放路径可以任选。

对于方差分析表(图 8.7.6)和趋势图,也可以用同样的方法保存为图片形式。

使用应用程序对重复试验和重复抽样数据进行极差分析时,创建的数据文件其第一行的标志行中,对应试验数据标志取值可以为-1 或-2。如果取-1,进行极差分析时,优水平是用最大值;如果取-2,进行极差分析时,优水平用最小值。

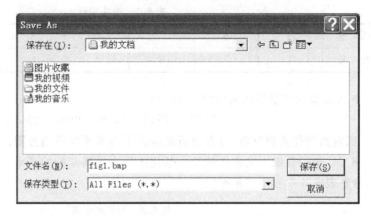

图 8.7.5　保存对话框

图 8.7.6　方差分析表

习题 8

8.1　某试验小组为了测定某农作物在不同因素的不同水平之下的最高产量,选取了对产量有影响的 4 个因素,每个因素取两个水平进行试验,以便确定生产方案。因素水平如表 8.1 所示。

表 8.1　因素水平表

水平 ＼ 因素	品种 A	施钾肥(K)量/(斤/亩) B	施氮肥(N)量/(斤/亩) C	插值密度/(寸×寸) D
1	A_1	40	15	5×5
2	A_2	24	10	5×4

用 $L_8(2^7)$ 安排试验,表头设计如表 8.2 所示。

表 8.2　表头设计

因　素	A	B		C			D
列　号	1	2	3	4	5	6	7

8 次试验的产量依次为(单位:斤/亩)

$$1125,1052,1077,1130,1100,950,1020,1050$$

试对数据作直观分析、方差分析及各因子的水平均值趋势图。

8.2 苯酚合成工艺条件试验。某化工厂为提高苯酚的产率,对其合成工艺条件进行研究,考察表 8.3 中五个二水平因子。

表 8.3　因子水平表

因素 水平	反应温度 $A/℃$	反应时间 B/min	压力 C(大气压)	催化剂种类 D	碱液用量 E/L
1	300	20	200	甲	80
2	320	30	250	乙	100

用 $L_8(2^7)$ 安排试验,试验方案及试验结果见表 8.4。试对试验结果进行极差分析、方差分析以确定最佳工艺条件。

表 8.4　试验方案及试验结果表

表头设计 试验号	A 1	B 2	3	C 4	D 5	E 6	7	试验 结果
1	1	1	1	1	1	1	1	83.4
2	1	1	1	2	2	2	2	84.0
3	1	2	2	1	1	2	2	87.3
4	1	2	2	2	2	1	1	84.8
5	2	1	2	1	2	1	2	87.3
6	2	1	2	2	1	2	1	88
7	2	2	1	1	2	2	1	92.3
8	2	2	1	2	1	1	2	90.4

8.3 双歧杆菌酸奶试验。在双歧杆菌酸奶研制中,为选择最佳发酵条件,用 $L_8(2^7)$ 正交表安排了正交试验,试验因素与水平表见表 8.5。用 $L_8(2^7)$ 安排试验,表头设计如表 8.6 所示。

表 8.5　试验因素水平表

因素 水平	葡萄糖 $A/\%$	生长 促进剂 $B/\%$	接种量 $C/\%$	厌氧 处理 D	基质 浓度 $E/\%$	生长 促进剂 $F/\%$	试验指标
1	2	1	3	充氮气	10	0.25	活菌数
2	0	0	5	不充气	12	0	的对数

表 8.6　表头设计

因　素	A	B	C		D	E	F
列　号	1	2	3	4	5	6	7

8 次试验的活菌数的对数依次为：$7.580, 2.477, 2.699, 7.568, 2.477, 7.531, 6.602,$ 2.000。试对数据作直观分析，指出因子的主次顺序，找出最佳的水平组合，并画出各因子的水平均值图。

8.4　烟灰砖折断力试验。试验目的：寻找用烟灰制造砖的最佳工艺条件，观察的指标是折断力，要求越大越好。

因素水平数：根据生产经验知应选如表 8.7 所示的三因素三水平，且知各因素间没有交互作用。

表 8.7　因素水平表

水平 \ 因素	成型水分/%　A	碾压时间/min　B	一次碾压料重/kg　C
1	8	7	340
2	10	10	370
3	12	13	400

试验安排：针对本问题无交互作用，选用 $L_9(3^4)$ 可使试验次数最少，表头设计如表 8.8 所示。

表 8.8　表头设计

因　素	A	B	C	
列　号	1	2	3	4

9 次试验的折断力依次为：

$$16.8, 18.9, 16.5, 18.8, 23.4, 20.2, 26.2, 21.9, 24.1$$

试对数据作直观分析、方差分析及各因子的水平均值趋势图。

8.5　结构胶对粘度的影响试验。混凝土结构产生裂纹是影响混凝土耐久性的主要原因之一。目前，采用结构胶进行裂纹修补是国内外较流行的做法。对结构胶而言，粘度是重要指标之一。粘度的影响因素有很多，主要有结构胶的组成成分和外界环境两方面。为了更好地了解不同因素对粘度影响的程度，筛选出关键因素进行下一步的研究试验，下面用正交试验法，研究渗透型结构胶三因素：固化剂、活性稀释剂和温度对粘度的影响。现选这三个因素为试验因素，每个因素选取三个水平表，因素水平表如表 8.9 所示。

表 8.9　因素水平表

水平 \ 因素	温度/℃　A	活性稀释剂/%　B	固化剂/%　C
1	10	0	40
2	20	10	50
3	30	20	60

试验指标：渗透型结构胶三因素对粘度的影响越低越好。现选 $L_9(3^4)$ 正交表安排试验，试验方案及试验结果见表 8.10。试用极差分析与方差分析综合分析，找出最佳工艺条件。

表 8.10　试验方案及试验结果

表头设计 试验号	A 1		B 2		C 3		4	粘度/ (mPa·s)
1	1	(10)	1	(0)	1	(40)	1	6815
2	1		2	(10)	2	(50)	2	1074
3	1		3	(20)	3	(60)	3	204.2
4	2	(20)	1		2		3	1968
5	2		2		3		1	505.1
6	2		3		1		2	1306
7	3	(30)	1		3		2	496.4
8	3		2		1		3	2370
9	3		3		2		1	456.8

8.6　交沙霉素片剂处方探索试验。交沙霉素片在 1991 年是一种新型抗菌素，对多种疾病有确切疗效且毒副作用小，但其原料很难溶于水，用常规辅料制成片很难崩解，以致药物不能正常释放，长期以来，国内没有片剂制剂。某药厂决定在片剂中很少用的表面活性剂吐温-80 和另外三个因素，采用如表 8.11 所示。

表 8.11　因素水平表

水平 \ 因素	吐温-80 A/mg	低取代 B/mg	淀粉 C/mg	硬脂酸镁 D /mg
1	0.5	9	4	0.8
2	0.8	6	10	1.5
3	1.0	12	7	2.5

三水平四因素进行正交试验，由于没有交互作用，用 $L_9(3^4)$ 正交表安排试验及试验结果见表 8.12。试用极差分析与方差分析综合分析，找出最佳试验方案。

表 8.12　试验方案及试验结果

试验号 \ 因素	A	B	C	D	崩解时间/min
1	1(0.5)	1(9)	1(4)	1(0.8)	19
2	1	2(6)	2(10)	2(1.5)	9
3	1	3(12)	3(7)	3(2.5)	7
4	2(0.8)	1	2	3	11
5	2	2	3	1	4.5
6	2	3	1	2	6
7	3(1.0)	1	3	2	13
8	3	2	1	3	9.5
9	3	3	2	1	5

8.7　某个四因素二水平试验,除考察因子 A,B,C,D 外,还需考察 $A×B,B×C$。今选用 $L_8(2^7)$,将 A,B,C,D 依次排在第 $1,2,4,5$ 列上,所得 8 个试验结果依次为

$$y_1 = 12.8, \quad y_2 = 28.2, \quad y_3 = 26.1, \quad y_4 = 35.3,$$
$$y_5 = 30.5, \quad y_6 = 4.3, \quad y_7 = 33.3, \quad y_8 = 4.0$$

试用极差分析指出因子的主次顺序及较优工艺条件。

8.8　某个四因素二水平试验,除考察因子 A,B,C,D 外,还要考察 $A×B,B×C$,今选用 $L_8(2^7)$ 将 A,B,C,D 依次安排在第 $1、2、4、7$ 列上,所得 8 个试验结果为

$$y_1 = 350, \quad y_2 = 325, \quad y_3 = 425, \quad y_4 = 425, \quad y_5 = 200,$$
$$y_6 = 250, \quad y_7 = 275, \quad y_8 = 375$$

试用方差分析法确定最优工艺条件。

8.9　磺化乙酰胺的化学反应试验。有一磺化乙酰胺的化学反应实验,其因素水平见表 8.13。

表 8.13　因素水平表

水平 \ 因素	反应温度/℃ A	反应时间/h B	硫酸浓度/% C	操作条件 D
1	50	1	17	搅拌
2	70	2	27	不搅拌

观察各因素水平以及反应温度和反应时间交互作用 $A×B$ 对反应产物的数量及转化率的影响。

用 $L_8(2^7)$ 正交表安排试验及试验结果见表 8.14。

表 8.14　磺化乙酰胺的化学反应试验方案及试验结果

列号 \ 因素列	A 1	B 2	$A×B$ 3	C 4	5	6	D 7	测试值 x_i/%
1	1	1	1	1	1	1	1	65
2	1	1	1	2	2	2	2	74
3	1	2	2	1	1	2	2	71
4	1	2	2	2	2	1	1	73
5	2	1	2	1	2	1	2	70
6	2	1	2	2	1	2	1	73
7	2	2	1	1	2	2	1	62
8	2	2	1	2	1	1	2	67

试对试验结果进行直观分析以及方差分析,确定最优方案。

8.10　降低柴油机耗油率试验。在降低柴油机耗油率($g/kW \cdot h$)的研究中,根据专业技术人员的分析,影响耗油率的 4 个主要因素和水平见表 8.15。

表 8.15　因素水平表

水平 \ 因素	喷嘴器的喷嘴形式 A(类型)	喷油泵柱塞 直径 B/mm	供油提前 角度 C/(°)	配气相位 D/(°)
1	Ⅰ	16	30	120
2	Ⅱ	14	33	140

每个因素分别取两个水平做试验，并且认为因素 A 与 B 之间可能存在交互作用 $A \times B$，因素 A 与 C 之间可能存在交互作用 $A \times C$。现在希望通过试验设计，找出好的因素水平搭配，降低柴油机的耗油率。

选用 $L_8(2^7)$ 安排试验，试验方案及试验结果见表 8.16。

表 8.16　降低柴油机耗油率试验结果表

列号 试验号	A 1	B 2	$A \times B$ 3	C 4	$A \times C$ 5	D 6	7	耗油率
1	1	1	1	1	1	1	1	228.6
2	1	1	1	2	2	2	2	225.8
3	1	2	2	1	1	2	2	230.2
4	1	2	2	2	2	1	1	218.0
5	2	1	2	1	2	1	2	220.8
6	2	1	2	2	1	2	1	215.8
7	2	2	1	1	2	2	1	228.5
8	2	2	1	2	1	1	2	214.8

8.11　喷洒"九二〇"增产试验。"九二〇"是一种植物生长调节剂，在经济作物生长期间，喷洒一定浓度的"九二〇"可获增产效果。某地用土法生产"九二〇"，存在产品效价低（效价是用来衡量产品中某微量物质含量大小的，单位为 10^{-5} g，一般在 $10000 \sim 15000$ 单位）、成本高等问题，为此，采用正交试验法进行试验，并采用表 8.17 所示的因素和水平。

表 8.17　因素水平表

因素 水平	微量元素的重量/% A	玉米粉/% B	白糖/% C	时间/天 D
1	0.6	13	3	20
2	0.35	17	4	25

根据以往经验，微量元素 A、玉米粉 B、白糖 C 之间可能存在着交互作用 $A \times B$，$B \times C$，$A \times C$，而时间与它们的交互作用可以忽略。希望用较少的试验，摸清这 4 个因子和 3 个交互作用。

试验方案及试验结果见表 8.18。

表 8.18　喷洒"九二〇"增产试验结果表

列号 试验号	A 1	B 2	$A \times B$ 3	C 4	$A \times C$ 5	$B \times C$ 6	D 7	指标效价
1	1	1	1	1	1	1	1	2.05
2	1	1	1	2	2	2	2	2.24
3	1	2	2	1	1	2	2	2.44
4	1	2	2	2	2	1	1	1.10
5	2	1	2	1	2	1	2	1.50
6	2	1	2	2	1	2	1	1.35
7	2	2	1	1	2	2	1	1.26
8	2	2	1	2	1	1	2	2.00

8.12　用木素作橡胶补强剂的试验。研究利用木素作橡胶补强剂的试验,因素、水平如表 8.19 所示。

表 8.19　因素水平表

水平 \ 因素	补强剂种类 A	促进剂种类 B	促进剂用量 C	补强剂用量 D	防老剂 E	软化剂 F
1	木素	M∶DM∶D	1.9	30	防老 A2.0	机油 5.0
2	天津高耐磨炭黑	M∶DM∶TT	2.4	40	防老$_{4010}$2.0	机油 3.5＋古马龙 3.5
3	四川互斯炭黑	M∶DM∶CZ	4.0	50	不加	松焦油 5.0

除上述因子外,还要考察 $A\times B, A\times C, B\times C$。现在希望通过试验设计,找出好的因素搭配,提高冲击弹性。

8.13　改进车刀切削操作试验。试验目的:某车间通过车刀研究改进切削操作,考察指标为有效切削动力越大越好。因素及水平见表 8.20。

表 8.20　因素水平表

水平 \ 因素	车刀种类(品) A	被削料 B	切削速度 C/(m/min)	吃刀深度 D/mm	进给 E/mm
1	JIS	SS34	65	0.3	0.3
2	新 SWC	SS41	90	0.42	0.42
3	旧 SWC	SS50	115	0.53	0.53

同时要考察 C, D, E 间的交互作用 $E\times C, E\times D, C\times D$。

用 $L_{27}(3^{13})$ 正交表,其表头设计见表 8.21。

表 8.21　表头设计

因素	E	C	E×C	E×C	D	E×D	E×D	C×D	A	B	C×D		
列号	1	2	3	4	5	6	7	8	9	10	11	12	13

其试验结果为:

0.9,0.9,1.2,0.9,1.3,2.2,1.3,1.8,2.1,0.8,1.1,1.9,1.1,2.4,1.8,1.8,2.5,2.6,0.9,1.9,2.0,1.7,2.0,2.6,1.8,2.6,4.8.

试对其试验结果作出分析,从而确定切削操作的最佳方案。

8.14　陶粒混凝土抗压强度试验。试验的因素与水平见表 8.22。

表 8.22　因素水平表

水平 \ 因素	水泥标号 A	水泥用量 B/kg	陶粒用量 C/kg	含砂率 D/%	养护方式 E	搅拌时间 F/min
1	300	180	150	38	空气	1
2	400	190	180	40	水	1.5
3	500	200	200	42	蒸汽	2

除上述因子外,还要考察 $A\times B, A\times C, B\times C$。现在希望通过试验设计,找出好的因素搭配,提高陶粒混凝土的抗压强度。

选用 $L_{27}(3^{13})$ 安排试验,试验方案及试验结果见表 8.23。

表 8.23　试验方案及试验结果表

表头设计	A	B	A×B	C	A×C		B×C		D		B×C	E	F	试验结果
列号 / 试验号	1	2	3	4	5	6	7	8	9	10	11	12	13	x_i
1	1	1	1	1	1	1	1	1	1	1	1	1	1	103
2	1	1	1	1	2	2	2	2	2	2	2	2	2	98
3	1	1	1	1	3	3	3	3	3	3	3	3	3	97
4	1	2	2	2	1	1	1	2	2	2	1	1	1	95
5	1	2	2	2	2	2	2	3	3	3	1	1	1	96
6	1	2	2	2	3	3	3	1	1	1	2	2	2	99
7	1	3	3	3	1	1	1	3	3	3	2	2	2	94
8	1	3	3	3	2	2	2	1	1	1	3	3	3	99
9	1	3	3	3	3	3	3	2	2	2	1	1	1	101
10	2	1	2	3	1	2	3	1	2	3	1	2	3	85
11	2	1	2	3	2	3	1	2	3	1	2	3	1	82
12	2	1	2	3	3	1	2	3	1	2	3	1	2	98
13	2	2	3	1	1	2	3	2	3	1	3	1	2	85
14	2	2	3	1	2	3	1	3	1	2	1	2	3	90
15	2	2	3	1	3	1	2	1	2	3	2	3	1	85
16	2	3	1	2	1	2	3	3	1	2	2	3	1	91
17	2	3	1	2	2	3	1	1	2	3	3	1	2	89
18	2	3	1	2	3	1	2	2	3	1	1	2	3	80
19	3	1	3	2	1	3	2	1	3	2	1	3	2	73
20	3	1	3	2	2	1	3	2	1	3	2	1	3	90
21	3	1	3	2	3	2	1	3	2	1	3	2	1	77
22	3	2	1	3	1	3	2	2	1	3	3	2	1	84
23	3	2	1	3	2	1	3	3	2	1	1	3	2	80
24	3	3	2	1	1	3	2	3	2	1	2	1	3	76
25	3	3	2	1	2	1	3	1	3	2	3	2	1	89
26	3	3	2	1	3	2	1	3	1	2	3	2	1	78
27	3	3	2	1	3	2	1	2	1	3	1	3	2	85

第9章 判别分析

本章主要讨论判别分析内容,着重介绍这些方法的实际应用及 MATLAB 编程实现。

9.1 概述

9.1.1 判别分析的基本思想及意义

在科学研究中,经常会遇到这样的问题:某研究对象以某种方式(如先前的结果或经验)已化分成若干类型,而每一类型都是用一些指标 $\boldsymbol{X}=(X_1,X_2,\cdots,X_p)^\mathrm{T}$ 来表征,即不同类型的 $\boldsymbol{X}$ 的观测值在某种意义上有一定的差异,当得到一个新样品(或个体)的关于指标 $\boldsymbol{X}$ 的观测值时,要判断该样品(或个体)属于这几个已知类型中的哪一个,这类问题通常称为判别分析,也就是说,判别分析是根据所研究个体的某些指标的观测值来推断该个体所属类型的一种统计方法。

判别分析的应用十分广泛,例如,在工业生产中,要根据某种产品的一些非破坏测试性测试指标判别产品的质量等级;在经济分析中,根据人均国民收入、人均农业产值、人均消费水平等指标判断一个国家的经济发展程度;在考古研究中,根据挖掘的古人头盖骨的容量、周长等判断此人的性别;在地质勘探中,根据某地的地质结构、化探和物探等各项指标来判断该地的矿化类型;在医学诊断中,医生要根据某病人的化验结果和病情征兆判断病人患哪一种疾病,等等。值得注意的是,作为一种统计方法,判别分析所处理的问题一般都是机理不甚清楚或者基本不了解的复杂问题,如果样品的某些观测指标和其所属类型有必然的逻辑关系,也就没有必要应用判别分析方法了。

用统计的语言来描述判别分析,就是已知有 g 个总体 $G_1,G_2,\cdots,G_g$(每个总体 G_i 可认为是属于 G_i 的指标 $\boldsymbol{X}=(X_1,X_2,\cdots,X_p)^\mathrm{T}$ 取值的全体),它们的分布函数 $F_1(\boldsymbol{x}),F_2(\boldsymbol{x}),\cdots,$ $F_g(\boldsymbol{x})$ 均为 p 维函数,对于任一给定的新样品关于指标 $\boldsymbol{X}$ 的观测值 $\boldsymbol{x}=(x_1,x_2,\cdots,x_p)^\mathrm{T}$,我们要判断该样品应属于这 g 个总体中的哪一个。

在实际应用中,通常由取自各总体的关于指标 $\boldsymbol{X}$ 的样本为该总体的代表,该样本称为训练样本,判别分析即取训练样本中各总体的信息以构造一定的准则来决定新样品的归属问题。训练样本往往是历史上对某现象长期观察或者使用昂贵的试验手段得到的,因此对当前的新样品,我们自然希望将其指标值中的信息同各总体训练样本中的信息作比较,便可在一定程度上判定新样品的所属类型。概括起来,下述几方面体现了判别分析的重要意义。

第一,为未来的决策和行动提供参考。例如,根据一些公司在破产前两年观测到的某些重要金融指标值,然后通过考察另一个同类型公司的这些指标的观测值,预测该公司两年后是否濒临破产的危险,这便是一种判别,其结论可以帮助该公司决策人员及早采取措施,防止将来可能破产的结局。

第二,避免产品的破坏。例如,一只灯泡的寿命只有将它用坏时才能得知;一种材料的强度只有将它压坏时才能获得。一般,我们希望根据一些非破坏性的测量指标,便可将产品分出质量等级,这也要用到判别分析。

第三,减少获得直接分类信息的昂贵代价。例如,在医学判断中,一些疾病可用代价昂贵的化验或手术得到确诊,但通常人们往往更希望通过便于观测(从而也可能导致错误)的一些外部症状来诊断,以避免过大的开支和对患者有不必要的损伤。

第四,在直接分类信息不能获得的情况下可用判别分析。例如,要判断某位署名的文学作品是否出自某已故作家之手,很显然,我们不能直接去问他。这时可以用这位已故作家的署名作品的写作特点(用一些变量描述)为训练样本,用判别分析方法在一定程度上判定该未署名作品是否由该作家所作。

从以上例子中也可以清楚地看出,如果不是利用直接明确的分类信息来判断某新样本的归属问题,难免会出现误判的情况。判别分析的任务是根据训练样本所提供的信息,建立在某种意义下最优(如误判概率最小,或误判损失最小等)的准则来判定一个新样品属于哪一个总体。这里我们主要介绍距离判别准则。

下面首先介绍一下多元正态总体的参数估计问题。

9.1.2 多元正态分布参数的估计

在工程实际中,多元正态分布 $N(\boldsymbol{\mu}, \boldsymbol{\Sigma})$ 的参数 $\boldsymbol{\mu}$ 和 $\boldsymbol{\Sigma}$ 常常是未知的,需要通过样本来估计。

设随机向量 $\boldsymbol{X}$ 服从 p 维正态分布 $N_p(\boldsymbol{\mu}, \boldsymbol{\Sigma})$,$(\boldsymbol{X}_1, \boldsymbol{X}_2, \cdots, \boldsymbol{X}_n)$ 为来自 $\boldsymbol{X}$ 的样本 $(n > p)$,在此每个 $\boldsymbol{X}_i$ 都为 p 维随机向量 $(i = 1, 2, \cdots, n)$,令

$$\bar{\boldsymbol{X}} = \frac{1}{n} \sum_{i=1}^{n} \boldsymbol{X}_i \tag{9.1.1}$$

$$\boldsymbol{S} = \sum_{k=1}^{n} (\boldsymbol{X}_k - \bar{\boldsymbol{X}})(\boldsymbol{X}_k - \bar{\boldsymbol{X}})^{\mathrm{T}} \tag{9.1.2}$$

称 $\bar{\boldsymbol{X}}$ 为样本均值向量,$\boldsymbol{S}$ 为样本离差阵。若令 $\boldsymbol{x}_i$ 为样品 $\boldsymbol{X}_i$ 的观测值 $(i = 1, 2, \cdots, n)$,则 $\bar{\boldsymbol{X}}$ 与 $\boldsymbol{S}$ 的观测值分别为

$$\bar{\boldsymbol{x}} = \frac{1}{n} \sum_{i=1}^{n} \boldsymbol{x}_i \quad \boldsymbol{S} = \sum_{k=1}^{n} (\boldsymbol{x}_k - \bar{\boldsymbol{x}})(\boldsymbol{x}_k - \bar{\boldsymbol{x}})^{\mathrm{T}}$$

定理 9.1.1 若 $(X_1, X_2, \cdots, X_n)$ 为来自总体 X 的样本,$X \sim N_p(\boldsymbol{\mu}, \boldsymbol{\Sigma})$,$\boldsymbol{\Sigma} > 0$,则

(1) $\bar{\boldsymbol{X}}$ 与 $\dfrac{\boldsymbol{S}}{n}$ 分别是 $\boldsymbol{\mu}$ 和 $\boldsymbol{\Sigma}$ 的最大似然估计量,即 $\hat{\boldsymbol{\mu}} = \bar{\boldsymbol{X}}$,$\hat{\boldsymbol{\Sigma}} = \dfrac{\boldsymbol{S}}{n}$。而 $\boldsymbol{\mu}$ 和 $\boldsymbol{\Sigma}$ 的最大似然估计值分别为 $\bar{\boldsymbol{x}} = \dfrac{1}{n} \sum_{i=1}^{n} x_i$ 与 $\dfrac{\boldsymbol{S}}{n} = \sum_{k=1}^{n} \dfrac{1}{n} (x_k - \bar{x})(x_k - \bar{x})^{\mathrm{T}}$;

(2) $\bar{\boldsymbol{X}}$ 与 $\dfrac{\boldsymbol{S}}{n-1}$ 分别是 $\boldsymbol{\mu}$ 和 $\boldsymbol{\Sigma}$ 的一致最小方差无偏估计,而 $\bar{\boldsymbol{x}}$ 与 $\dfrac{\boldsymbol{S}}{n-1}$ 分别是 $\boldsymbol{\mu}$ 和 $\boldsymbol{\Sigma}$ 的最小方差无偏估计值。

定理 9.1.2 若 $(X_1, X_2, \cdots, X_n)$ 为取自 p 维正态总体 $N_p(\boldsymbol{\mu}, \boldsymbol{\Sigma})$ 的样本,$\bar{\boldsymbol{X}}, \boldsymbol{S}$ 分别由式(9.1.1)和式(9.1.2)确定,则

(1) $\overline{X}$ 服从正态分布 $N_p\left(\boldsymbol{\mu}, \dfrac{1}{n}\boldsymbol{\Sigma}\right)$;

(2) 存在相互独立的 p 维正态变量 $\boldsymbol{Y}_1, \boldsymbol{Y}_2, \cdots, \boldsymbol{Y}_{n-1}, \boldsymbol{Y}_i \sim N(0, \boldsymbol{\Sigma}), i=1, 2, \cdots, n-1$, 使 $\boldsymbol{S}$ 可表示为

$$\boldsymbol{S} = \sum_{i=1}^{n-1} \boldsymbol{Y}_i \boldsymbol{Y}_i^{\mathrm{T}}$$

(3) $\overline{X}$ 与 $\boldsymbol{S}$ 相互独立。

例 9.1.1 假定青黄麻植株的重量 X_1 与干黄麻纤维的重量 X_2 服从二元正态分布，即

$$(X_1, X_2) \sim N(\mu, \boldsymbol{\Sigma})$$

今测试了 20 株黄麻，数据如表 9.1.1 所示。试估计均值向量 $\boldsymbol{\mu}$ 和协方差阵 $\boldsymbol{\Sigma}$ 的最小方差无偏估计值。

表 9.1.1　青黄麻植株与干黄麻纤维的重量

序号	1	2	3	4	5	6	7	8	9	10
x_1	68	63	70	6	65	9	10	12	20	30
x_2	971	892	1125	82	931	112	162	321	315	375
序号	11	12	13	14	15	16	17	18	19	20
x_1	33	27	21	5	14	27	17	53	62	65
x_2	462	352	305	34	229	332	185	703	872	740

解 由定理 9.1.1 知，$\boldsymbol{\mu}$ 的最小方差估计值 $\hat{\boldsymbol{\mu}}$ 为

$$\hat{\boldsymbol{\mu}} = \overline{X} = \frac{1}{20}\begin{pmatrix} 68+63+\cdots+65 \\ 971+892+\cdots+740 \end{pmatrix} = \begin{pmatrix} 33.85 \\ 475 \end{pmatrix} = \begin{pmatrix} \overline{x}_1 \\ \overline{x}_2 \end{pmatrix}$$

由于样本离差阵

$$\boldsymbol{S} = \sum_{k=1}^{20} (\boldsymbol{X}_k - \overline{X})(\boldsymbol{X}_k - \overline{X})^{\mathrm{T}} = \sum_{k=1}^{20} \left[\begin{pmatrix} x_{k1} \\ x_{k2} \end{pmatrix} - \begin{pmatrix} \overline{x}_1 \\ \overline{x}_2 \end{pmatrix}\right]\left[\begin{pmatrix} x_{k1} \\ x_{k2} \end{pmatrix} - \begin{pmatrix} \overline{x}_1 \\ \overline{x}_2 \end{pmatrix}\right]^{\mathrm{T}}$$

$$= \begin{pmatrix} \displaystyle\sum_{k=1}^{20} (x_{k1}-\overline{x}_1)^2 & \displaystyle\sum_{k=1}^{20} (x_{k1}-\overline{x}_1)(x_{k2}-\overline{x}_2) \\ \displaystyle\sum_{k=1}^{20} (x_{k2}-\overline{x}_2)(x_{k1}-\overline{x}_1) & \displaystyle\sum_{k=1}^{20} (x_{k2}-\overline{x}_2)^2 \end{pmatrix} = \begin{pmatrix} 10838.55 & 150499 \\ 150499 & 2217406 \end{pmatrix}$$

所以 $\boldsymbol{S}$ 的最小方差无偏估计值 $\hat{\boldsymbol{\Sigma}}$ 为

$$\hat{\boldsymbol{\Sigma}} = \frac{1}{20-1}\boldsymbol{S} = \begin{pmatrix} 570.45 & 7921 \\ 7921 & 114600.316 \end{pmatrix}$$

9.2　距离判别分析

距离判别是定义一个样品到某个总体的"距离"的概念，然后根据样品到各个总体的"距离"的远近来判断样品的归属。为此我们先介绍马氏距离的概念。

9.2.1　马氏距离

"距离"是最直观的一个概念,多元分析中的许多方法都可以用距离的观点来推导。通常是首先定义样本空间中两点之间的距离,然后定义一个点到一个总体的距离(一般定义为这个点到这个总体的均值点的距离)。但如何定义样本空间中两点之间的距离呢? n 维空间中欧氏距离是我们已经熟悉的距离概念,它是由两点间对应坐标值之差的平方和再开方,是 x, y 两点间的距离平方为

$$d^2(x, y) = (x_1 - y_1)^2 + (x_2 - y_2)^2 + \cdots + (x_n - y_n)^2 = (\boldsymbol{x} - \boldsymbol{y})^{\mathrm{T}}(\boldsymbol{x} - \boldsymbol{y})$$

但在判别分析中,直接采用欧氏距离不甚合适,其原因是没有考虑总体分布的分散性信息。为了克服这一不足,印度统计学家马哈拉诺必斯(Mahalanobis)于 1936 年提出"马氏距离",什么是"马氏距离",它比欧氏距离有什么优点呢? 我们用一个简单例子来说明这两种距离概念的差别。

设有两个正态总体 G_1:$N_1(\mu_1, s_1^2)$和 G_2:$N_1(\mu_2, s_2^2)$。今有一个样品,其值在 A 处,试问 A 点距离哪个总体近一些呢? 见图 9.2.1。设 G_1:$N_1(5, 1)$; G_2:$N_2(15, 2^2)$,样品 $A(9, 0)$。示意图中,两条正态分布密度曲线都绘制了 3σ。

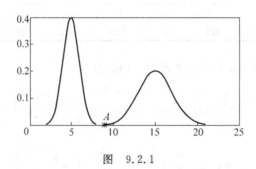

图　9.2.1

从欧氏距离来看,A 点与总体 G_1 的距离平方为$(A-5)^2$,显然小于 A 点与总体 G_2 的距离平方$(A-15)^2$,亦即 A 点离 G_1 要近一些,但从概率角度看,A 在 $\mu_1 = 5$ 右侧约 $4s_1$ 处,A 在 $\mu_2 = 15$ 的左侧约 $3s_2$ 处,根据"$3s$ 定律",A 点不能属于 G_1,而应属于 G_2。这时,若用各自的方差把"距离"标准化以后即有

$$\frac{(A - \mu_1)^2}{\sigma_1^2} = 16, \quad \frac{(A - \mu_2)^2}{\sigma_2^2} = 9$$

从而可判断 A 属于 G_2。推广到多维情况就是用协方差阵来把"距离"标准化后化为无量纲的量来作为样本空间中两点之间的距离,即定义

$$d^2(\boldsymbol{x}, \boldsymbol{y}) = (\boldsymbol{x} - \boldsymbol{y})^{\mathrm{T}} \boldsymbol{\Sigma}^{-1}(\boldsymbol{x} - \boldsymbol{y})$$

这就是马氏距离。

欧氏距离还有另一个缺点,这就是各个分量为不同性质的量时,"距离"的大小竟然与单位有关。例如,点(x_1, x_2)的第一个分量 x_1 表示质量(以 kg 为单位),第二个分量 x_2 表示长度(以 cm 为单位),今有 4 个点 $A(0, 5), B(10, 0), C(1, 0), D(0, 10)$,则 A 与 B,C 与 D 之间的欧式距离的平方和为

$$| AB |^2 = 10^2 + 5^2 = 125; \quad | CD |^2 = 1^2 + 10^2 = 101$$

因此 AB 要比 CD 长些。

如果将点的第二个分量 x_2 的单位改为 mm，那么，A 点的坐标就变为 $(0,50)$，D 点的坐标就变为 $(0,100)$，B，C 两点的坐标不变，这时 A 与 B，C 与 D 之间的欧式距离的平方和为

$$| AB |^2 = 10^2 + 50^2 = 2600; \quad | CD |^2 = 1^2 + 100^2 = 10001$$

于是 CD 反而比 AB 长了！这显然不够合理。若用马氏距离，则与各量所用单位完全无关，就不会出现这种矛盾现象。

下面我们给出同一总体下的两点间的距离和一点到一总体间的距离以及两总体间距离的马氏定义。

定义 9.2.1　设 x, y 是来自总体均值向量为 $\boldsymbol{\mu}$、协方差矩阵为 $\boldsymbol{\Sigma}$ 的总体的两个样品，则 x, y 两点之间的马氏平方距离定义为

$$d^2(\boldsymbol{x}, \boldsymbol{y}) = (\boldsymbol{x} - \boldsymbol{y})^{\mathrm{T}} \boldsymbol{\Sigma}^{-1} (\boldsymbol{x} - \boldsymbol{y})$$

定义 x 与总体 G 的马氏平方距离为

$$d^2(\boldsymbol{x}, G) = (\boldsymbol{x} - \boldsymbol{\mu})^{\mathrm{T}} \boldsymbol{\Sigma}^{-1} (\boldsymbol{x} - \boldsymbol{\mu})$$

这样，设 x, y 是来自均值向量为 $\boldsymbol{\mu}$、协方差矩阵为 $\boldsymbol{\Sigma}$ 的总体的两个样品，x 与 y 之间的马氏距离是

$$d(\boldsymbol{x}, \boldsymbol{y}) = \sqrt{(\boldsymbol{x} - \boldsymbol{y})^{\mathrm{T}} \boldsymbol{\Sigma}^{-1} (\boldsymbol{x} - \boldsymbol{y})}$$

x 至总体 G 的马氏距离是

$$d(\boldsymbol{x}, G) = \sqrt{(\boldsymbol{x} - \boldsymbol{\mu})^{\mathrm{T}} \boldsymbol{\Sigma}^{-1} (\boldsymbol{x} - \boldsymbol{\mu})}$$

定义 9.2.2　设有两个总体 G_1 和 G_2，其均值向量分别是 $\boldsymbol{\mu}_1$ 和 $\boldsymbol{\mu}_2$，G_1 和 G_2 的协方差矩阵相等，皆为 $\boldsymbol{\Sigma}$，则总体 G_1 和 G_2 的马氏平方距离为

$$d^2(G_1, G_2) = (\boldsymbol{\mu}_1 - \boldsymbol{\mu}_2)^{\mathrm{T}} \boldsymbol{\Sigma}^{-1} (\boldsymbol{\mu}_1 - \boldsymbol{\mu}_2) \tag{9.2.1}$$

可以证明，马氏距离符合通常距离的定义，即具有非负性、自反性且满足三角不等式。事实上，

$$
\begin{aligned}
d(\boldsymbol{x}, G) &= \sqrt{d^2(\boldsymbol{x}, \boldsymbol{y})} = \sqrt{(\boldsymbol{x} - \boldsymbol{y})^{\mathrm{T}} \boldsymbol{\Sigma}^{-1} (\boldsymbol{x} - \boldsymbol{y})} \\
&= \sqrt{(\boldsymbol{x} - \boldsymbol{y})^{\mathrm{T}} \boldsymbol{\Sigma}^{-\frac{1}{2}} \boldsymbol{\Sigma}^{-\frac{1}{2}} (\boldsymbol{x} - \boldsymbol{y})} \\
&= \sqrt{(\boldsymbol{\Sigma}^{-\frac{1}{2}} (\boldsymbol{x} - \boldsymbol{y}))^{\mathrm{T}} (\boldsymbol{\Sigma}^{-\frac{1}{2}} (\boldsymbol{x} - \boldsymbol{y}))} \geqslant 0
\end{aligned}
$$

仅当 $\boldsymbol{x} = \boldsymbol{y}$ 时，$d(\boldsymbol{x}, \boldsymbol{y}) = 0$。

而自反性：$d(\boldsymbol{x}, \boldsymbol{y}) = d(\boldsymbol{y}, \boldsymbol{x})$ 是很明显的。

下证三角不等式，设 x, y, z 为总体 G 的样品，为证明

$$d(\boldsymbol{x}, \boldsymbol{z}) = d(\boldsymbol{x}, \boldsymbol{y}) + d(\boldsymbol{y}, \boldsymbol{z})$$

令

$$
\begin{aligned}
\boldsymbol{w} &= \boldsymbol{\Sigma}^{-\frac{1}{2}} (\boldsymbol{x} - \boldsymbol{z}) = \boldsymbol{\Sigma}^{-\frac{1}{2}} (\boldsymbol{x} - \boldsymbol{y} + \boldsymbol{y} - \boldsymbol{z}) \\
&= \boldsymbol{\Sigma}^{-\frac{1}{2}} (\boldsymbol{x} - \boldsymbol{y}) + \boldsymbol{\Sigma}^{-\frac{1}{2}} (\boldsymbol{y} - \boldsymbol{z}) \overset{\text{def}}{=} \boldsymbol{u} + \boldsymbol{v}
\end{aligned}
$$

由 Minkowski 不等式得

$$d(\boldsymbol{x}, \boldsymbol{z}) = \sqrt{\boldsymbol{w}^{\mathrm{T}} \boldsymbol{w}} \leqslant \sqrt{\boldsymbol{u}^{\mathrm{T}} \boldsymbol{u}} + \sqrt{\boldsymbol{v}^{\mathrm{T}} \boldsymbol{v}} = d(\boldsymbol{x}, \boldsymbol{y}) + d(\boldsymbol{y}, \boldsymbol{z})$$

当 $\boldsymbol{\Sigma}$ 为单位矩阵时，马氏距离就化为通常的欧氏距离。

有了马氏距离的概念,就可以用"距离"这个尺度来判别样品的归属了。

9.2.2　两总体的距离判别

设 G_1,G_2 为两个不同的 p 维总体,数学期望分别为 $\boldsymbol{\mu}_1$ 和 $\boldsymbol{\mu}_2$,协方差矩阵分别为 $\boldsymbol{\Sigma}_1$ 和 $\boldsymbol{\Sigma}_2$。设 $\boldsymbol{x}$ 为一个待判样品(为方便计,以后我们将不区分样品和它的指标观测值),分别计算 $\boldsymbol{x}$ 到 G_1 和 G_2 的马氏距离 $d(\boldsymbol{x},G_1)$ 和 $d(\boldsymbol{x},G_2)$,哪个距离小,就判定 $\boldsymbol{x}$ 属于哪个总体。即判别准则如下:

$$\begin{cases} \boldsymbol{x} \in G_1, & d(\boldsymbol{x},G_1) \leqslant d(\boldsymbol{x},G_2) \\ \boldsymbol{x} \in G_2, & d(\boldsymbol{x},G_2) < d(\boldsymbol{x},G_1) \end{cases} \tag{9.2.2}$$

下面分别就两总体的协方差矩阵相等和不等两种情况进一步讨论该判别准则。

1. 设 $\boldsymbol{\Sigma}_1 = \boldsymbol{\Sigma}_2 = \boldsymbol{\Sigma}$

考虑样品 $\boldsymbol{x}$ 到两总体的马氏距离的平方差:

$$\begin{aligned} & d^2(\boldsymbol{x},G_2) - d^2(\boldsymbol{x},G_1) \\ =& (\boldsymbol{x}-\boldsymbol{\mu}_2)^{\mathrm{T}}\boldsymbol{\Sigma}^{-1}(\boldsymbol{x}-\boldsymbol{\mu}_2) - (\boldsymbol{x}-\boldsymbol{\mu}_1)^{\mathrm{T}}\boldsymbol{\Sigma}^{-1}(\boldsymbol{x}-\boldsymbol{\mu}_1) \\ =& \boldsymbol{x}^{\mathrm{T}}\boldsymbol{\Sigma}^{-1}\boldsymbol{x} - 2\boldsymbol{x}^{\mathrm{T}}\boldsymbol{\Sigma}^{-1}\boldsymbol{\mu}_2 + \boldsymbol{\mu}_2^{\mathrm{T}}\boldsymbol{\Sigma}^{-1}\boldsymbol{\mu}_2 - \boldsymbol{x}^{\mathrm{T}}\boldsymbol{\Sigma}^{-1}\boldsymbol{x} + 2\boldsymbol{x}^{\mathrm{T}}\boldsymbol{\Sigma}^{-1}\boldsymbol{\mu}_1 - \boldsymbol{\mu}_1^{\mathrm{T}}\boldsymbol{\Sigma}^{-1}\boldsymbol{\mu}_1 \\ =& 2\boldsymbol{x}^{\mathrm{T}}\boldsymbol{\Sigma}^{-1}(\boldsymbol{\mu}_1-\boldsymbol{\mu}_2) + \boldsymbol{\mu}_2^{\mathrm{T}}\boldsymbol{\Sigma}^{-1}\boldsymbol{\mu}_2 - \boldsymbol{\mu}_1^{\mathrm{T}}\boldsymbol{\Sigma}^{-1}\boldsymbol{\mu}_1 + \boldsymbol{\mu}_1^{\mathrm{T}}\boldsymbol{\Sigma}^{-1}\boldsymbol{\mu}_2 - \boldsymbol{\mu}_2^{\mathrm{T}}\boldsymbol{\Sigma}^{-1}\boldsymbol{\mu}_1 \\ =& 2\boldsymbol{x}^{\mathrm{T}}\boldsymbol{\Sigma}^{-1}(\boldsymbol{\mu}_1-\boldsymbol{\mu}_2) - (\boldsymbol{\mu}_1+\boldsymbol{\mu}_2)^{\mathrm{T}}\boldsymbol{\Sigma}^{-1}(\boldsymbol{\mu}_1-\boldsymbol{\mu}_2) \\ =& 2\left[\boldsymbol{x} - \frac{1}{2}(\boldsymbol{\mu}_1+\boldsymbol{\mu}_2)\right]^{\mathrm{T}}\boldsymbol{\Sigma}^{-1}(\boldsymbol{\mu}_1-\boldsymbol{\mu}_2) = 2(\boldsymbol{x}-\bar{\boldsymbol{\mu}})^{\mathrm{T}}\boldsymbol{\Sigma}^{-1}(\boldsymbol{\mu}_1-\boldsymbol{\mu}_2) \end{aligned}$$

其中 $\bar{\boldsymbol{\mu}} = \frac{1}{2}(\boldsymbol{\mu}_1+\boldsymbol{\mu}_2)$,令

$$W(\boldsymbol{x}) = (\boldsymbol{x}-\bar{\boldsymbol{\mu}})^{\mathrm{T}}\boldsymbol{\Sigma}^{-1}(\boldsymbol{\mu}_1-\boldsymbol{\mu}_2) \tag{9.2.3}$$

则判别准则(9.2.2)此时可简化为

$$\begin{cases} \boldsymbol{x} \in G_1, & W(\boldsymbol{x}) \geqslant 0 \\ \boldsymbol{x} \in G_2, & W(\boldsymbol{x}) < 0 \end{cases}$$

进一步,令 $\boldsymbol{a}^{\mathrm{T}} = (\boldsymbol{\mu}_1-\boldsymbol{\mu}_2)^{\mathrm{T}}\boldsymbol{\Sigma}^{-1}$,则式(9.2.3)中的 $W(\boldsymbol{x})$ 可表示为

$$W(\boldsymbol{x}) = \boldsymbol{a}^{\mathrm{T}}(\boldsymbol{x}-\bar{\boldsymbol{\mu}})$$

上式表明,当 $\boldsymbol{\mu}_1$,$\boldsymbol{\mu}_2$ 及 $\boldsymbol{\Sigma}$ 均已知时,用以判别的函数 $W(\boldsymbol{x})$ 此时为 $\boldsymbol{x}$ 的线性函数,即判别函数是线性的。线性判别函数因其使用方便而得到广泛的应用。

但在实际问题中,$\boldsymbol{\Sigma}$ 及 $\boldsymbol{\mu}_1$,$\boldsymbol{\mu}_2$ 通常是未知的,我们所具有的资料只是来自两个 p 维总体的样本观测值,称为训练样本。设 $\boldsymbol{x}_1^{(1)}, \boldsymbol{x}_2^{(1)}, \cdots, \boldsymbol{x}_{n_1}^{(1)}$ 为来自 G_1 的容量为 n_1 的训练样本;$\boldsymbol{x}_1^{(2)}, \boldsymbol{x}_2^{(2)}, \cdots, \boldsymbol{x}_{n_2}^{(2)}$ 为来自 G_2 的容量为 n_2 的训练样本,这时,可通过训练样本估计 $\boldsymbol{\mu}_1$,$\boldsymbol{\mu}_2$ 及 $\boldsymbol{\Sigma}$,记

$$\hat{\boldsymbol{\mu}}_1 = \frac{1}{n_1}\sum_{i=1}^{n_1}\boldsymbol{x}_i^{(1)} = \bar{\boldsymbol{x}}^{(1)}, \quad \hat{\boldsymbol{\mu}}_2 = \frac{1}{n_2}\sum_{i=1}^{n_2}\boldsymbol{x}_i^{(2)} = \bar{\boldsymbol{x}}^{(2)} \tag{9.2.4}$$

$$S_1 = \sum_{i=1}^{n_1}(x_i^{(1)} - \bar{x}^{(1)})(x_i^{(1)} - \bar{x}^{(1)})^{\mathrm{T}} \tag{9.2.5}$$

$$S_2 = \sum_{i=1}^{n_2}(x_i^{(2)} - \bar{x}^{(2)})(x_i^{(2)} - \bar{x}^{(2)})^{\mathrm{T}} \tag{9.2.6}$$

$$\hat{\boldsymbol{\Sigma}} \overset{\text{def}}{=} \frac{1}{n_1 + n_2 - 2}(S_1 + S_2) \tag{9.2.7}$$

$$\hat{\boldsymbol{\mu}} = \frac{1}{2}(\hat{\boldsymbol{\mu}}_1 + \hat{\boldsymbol{\mu}}_2) \tag{9.2.8}$$

这时,判别函数 $W(x)$ 的估计为

$$\hat{W}(x) = (x - \hat{\boldsymbol{\mu}})^{\mathrm{T}} \hat{\boldsymbol{\Sigma}}^{-1}(\hat{\boldsymbol{\mu}}_1 - \hat{\boldsymbol{\mu}}_2) \tag{9.2.9}$$

则两个总体的距离判别准则为

$$\begin{cases} x \in G_1, & \hat{W}(x) \geqslant 0 \\ x \in G_2, & \hat{W}(x) < 0 \end{cases} \tag{9.2.10}$$

2. 若 $\boldsymbol{\Sigma}_1 \neq \boldsymbol{\Sigma}_2$

这时可直接由样品到两个总体的马氏距离 $d^2(x, G_1)$ 和 $d^2(x, G_2)$ 的大小判定 x 属于哪个总体。其中

$$d^2(x, G_1) = (x - \boldsymbol{\mu}_1)^{\mathrm{T}} \boldsymbol{\Sigma}_1^{-1}(x - \boldsymbol{\mu}_1)$$
$$d^2(x, G_2) = (x - \boldsymbol{\mu}_2)^{\mathrm{T}} \boldsymbol{\Sigma}_2^{-1}(x - \boldsymbol{\mu}_2)$$

或令

$$\begin{aligned} W(x) &= d^2(x, G_2) - d^2(x, G_1) \\ &= (x - \boldsymbol{\mu}_2)^{\mathrm{T}} \boldsymbol{\Sigma}_1^{-1}(x - \boldsymbol{\mu}_2) - (x - \boldsymbol{\mu}_1)^{\mathrm{T}} \boldsymbol{\Sigma}_2^{-1}(x - \boldsymbol{\mu}_1) \end{aligned}$$

则判别准则(9.2.2)为

$$\begin{cases} x \in G_1, & W(x) \geqslant 0 \\ x \in G_2, & W(x) < 0 \end{cases}$$

这时,判别函数 $W(x)$ 为 x 的二次函数。

实际应用中,$\boldsymbol{\mu}_1, \boldsymbol{\mu}_2, \boldsymbol{\Sigma}_1, \boldsymbol{\Sigma}_2$ 都未知,可用各总体的训练样本作估计,从而得判别函数 $W(x)$ 的估计为

$$\hat{W}(x) = (x - \hat{\boldsymbol{\mu}}_2)^{\mathrm{T}} \hat{\boldsymbol{\Sigma}}_2^{-1}(x - \hat{\boldsymbol{\mu}}_2) - (x - \hat{\boldsymbol{\mu}}_1)^{\mathrm{T}} \hat{\boldsymbol{\Sigma}}_1^{-1}(x - \hat{\boldsymbol{\mu}}_1)$$

其中

$$\hat{\boldsymbol{\Sigma}}_1 = \frac{1}{n_1 - 1}S_1, \quad \hat{\boldsymbol{\Sigma}}_2 = \frac{1}{n_2 - 1}S_2$$

$\hat{\boldsymbol{\mu}}_1, \hat{\boldsymbol{\mu}}_2$ 和 S_1, S_2 由式(9.2.4)、式(9.2.5)和式(9.2.6)确定,则判别准则为

$$\begin{cases} x \in G_1, & \hat{W}(x) \geqslant 0 \\ x \in G_2, & \hat{W}(x) < 0 \end{cases}$$

例 9.2.1 某种职业的适应性资料是进行了两个指标的测验得到的,设"适应该职业"

为总体 G_1,"不适应该职业"为总体 G_2,且 G_1,G_2 分别服从正态分布 $N(\pmb{\mu}_1,\pmb{\Sigma})$,$N(\pmb{\mu}_2,\pmb{\Sigma})$,其中 $\pmb{\mu}_1$,$\pmb{\mu}_2$,$\pmb{\Sigma}$ 均未知。根据过去资料估计出

$$\hat{\pmb{\mu}}_1 = \begin{pmatrix} 2 \\ 6 \end{pmatrix}, \quad \hat{\pmb{\mu}}_2 = \begin{pmatrix} 4 \\ 2 \end{pmatrix}, \quad \hat{\pmb{\Sigma}} = \begin{pmatrix} 1 & 1 \\ 1 & 4 \end{pmatrix}$$

今对某一新人,想知道他是否适合这个职业。先对他进行测验,得成绩 $\pmb{x} = \begin{pmatrix} 3 \\ 5 \end{pmatrix}$,试计算 $\pmb{x}$ 到各总体的马氏距离,并用距离判别法判别 $\pmb{x}$ 的归属,请问此人适应这个职业么?

解 因为 $\pmb{\mu}_1$,$\pmb{\mu}_2$,$\pmb{\Sigma}$ 未知,且 $\pmb{\Sigma}_1 = \pmb{\Sigma}_2 = \pmb{\Sigma}$,故马氏判别准则由式(9.2.9)确定。

由于

$$\hat{\pmb{\mu}} = \frac{1}{2}(\hat{\pmb{\mu}}_1 + \hat{\pmb{\mu}}_2) = \begin{pmatrix} 3 \\ 4 \end{pmatrix}, \quad \hat{\pmb{\mu}}_1 - \hat{\pmb{\mu}}_2 = \begin{pmatrix} -2 \\ 4 \end{pmatrix}, \quad \pmb{\Sigma}^{-1} = \frac{1}{3}\begin{pmatrix} 4 & -1 \\ -1 & 1 \end{pmatrix},$$

所以

$$\begin{aligned}
\hat{W}(\pmb{x}) &= (\pmb{x} - \hat{\pmb{\mu}})^{\mathrm{T}} \pmb{\Sigma}^{-1}(\hat{\pmb{\mu}}_1 - \hat{\pmb{\mu}}_2) \\
&= (\pmb{x}_1 - 3, \pmb{x}_2 - 4)\frac{1}{3}\begin{pmatrix} 4 & -1 \\ -1 & 1 \end{pmatrix}\begin{pmatrix} -2 \\ 4 \end{pmatrix} \\
&= (\pmb{x}_1 - 3, \pmb{x}_2 - 4)\begin{pmatrix} -4 \\ 2 \end{pmatrix} = -4\pmb{x}_1 + 2\pmb{x}_2 + 4
\end{aligned}$$

从而马氏距离判别准则为

$$\begin{cases} 当 -4\pmb{x}_1 + 2\pmb{x}_2 + 4 \geqslant 0, & 判定 \pmb{x} \in G_1 \\ 当 -4\pmb{x}_1 + 2\pmb{x}_2 + 4 < 0, & 判定 \pmb{x} \in G_2 \end{cases}$$

当 $\pmb{x} = \begin{pmatrix} 3 \\ 5 \end{pmatrix}$ 时,$-4\pmb{x}_1 + 2\pmb{x}_2 + 4 = -12 + 10 + 4 = 2 > 0$,故判此人"适合这个职业"。

9.2.3 判别准则的评价

当一个判别准则提出以后,很自然的问题就是它们的优良性如何? 通常,我们用它的误判概率来衡量,即在一定判别准则下,将一个样品判错的概率称为该判别准则的误判概率,简称误判率。如两个总体 G_1 和 G_2,样品 x 属于 G_1 而判归 G_2 了。但只有当总体的分布完全已知时,才有可能精确计算误判概率。在实际应用中,这种情况是很少见的,因为在大多数情况下,我们可利用的资料只是来自各总体的训练样本,而总体的分布是未知的。下面以两个总体为例,介绍以训练样本为基础的评价判别准则的方法。

当利用各总体的训练样本构造出判断准则后,评估此准则优劣的一个可行的办法是通过对训练样本中的各样品逐个回判(即将各样品代入判别准则中进行再判别),利用回判的误判率来衡量判别准则的效果,具体方法如下:

设 G_1,G_2 为两个总体,$\pmb{x}_1^{(1)}$,$\pmb{x}_2^{(1)}$,$\cdots$,$\pmb{x}_{n_1}^{(1)}$ 与 $\pmb{x}_1^{(2)}$,$\pmb{x}_2^{(2)}$,$\cdots$,$\pmb{x}_{n_2}^{(2)}$ 为分别来自 G_1 和 G_2 的容量分别为 n_1 和 n_2 的训练样本,以全体训练样本作为 $n_1 + n_2$ 个新样本,逐个代入已建立的判别准则中判别其归属,这个过程称为回判。将回判结果连同其实际分类列成如下的四格,如表 9.2.1 所示。

表 9.2.1 两总体回判结果

实际归类 ＼ 回判情况	G_1	G_2	合计
G_1	n_{11}	n_{12}	n_1
G_2	n_{21}	n_{22}	n_2

其中,n_{11} 为属于 G_1 的样品被正确判归 G_1 的个数;n_{12} 为属于 G_1 的样品被错误判归 G_2 的个数;n_{21} 为属于 G_2 的样品被错误判归 G_1 的个数;n_{22} 为属于 G_2 的样品被正确判归 G_2 的个数。这里 $n_{11}+n_{12}=n_1, n_{21}+n_{22}=n_2, n_1+n_2$ 为两总体训练样品的总数,$n_{12}+n_{21}$ 为总的误判个数。

误判率的回代估计为

$$\hat{a} = \frac{n_{12}+n_{21}}{n_1+n_2} \tag{9.2.11}$$

$\hat{a}$ 在一定程度上反映了某判别准则的误判率且对任何判别准则都易于计算。但是,$\hat{a}$ 是由建立判别函数的数据反过来又用作评估准则优劣的数据而得到的,因此 $\hat{a}$ 作为真实误判率的估计是有偏的,往往要比真实的误判率来得小。但作为误判率的一种近似,当训练样本容量较大时,还是具有一定的参考价值。

例 9.2.2 为研究心肌梗塞的危险因素,考察两组人群,第一组 G_1 是心肌梗塞组,第二组 G_2 是正常组。考察两个血液指标:X_1:总胆固醇;X_2:高密度脂蛋白胆固醇。两组人群各取 23 名,测得指标 X_1 和 X_2 的取值如表 9.2.2 所示。在两总体协方差矩阵相等($\Sigma_1 = \Sigma_2 = \Sigma$)的假定下,建立距离判别准则,并对其中的 5 个待判样品作判别。

表 9.2.2 总胆固醇与高密度脂蛋白胆固醇观测数据

序号	x_1	x_2	序号	x_1	x_2	序号	x_1	x_2
\multicolumn{3}{c}{G_1:心肌梗塞组}						
1	245	38	1	174	47	1	213	22
2	236	40	2	106	52	2	285	39
3	238	38	3	173	53	3	193	42
4	233	31	4	178	43	4	200	58
5	240	35	5	198	53	5	171	52
6	235	40	6	180	48			
7	204	38	7	134	36			
8	200	43	8	204	63			
9	297	38	9	168	52			
10	200	43	10	180	59			
11	166	33	11	177	75			
12	144	28	12	172	51			
13	233	42	13	166	40			
14	143	24	14	210	42			
15	228	34	15	166	33			
16	264	41	16	223	73			

G_1：心肌梗塞组			G_2：正常组			待判样品		
序号	x_1	x_2	序号	x_1	x_2	序号	x_1	x_2
17	240	33	17	136	67			
18	180	27	18	156	45			
19	236	38	19	201	45			
20	168	36	20	134	60			
21	174	28	21	195	51			
22	215	38	22	262	62			
23	268	28	23	183	44			

解　在 $\boldsymbol{\Sigma}_1 = \boldsymbol{\Sigma}_2 = \boldsymbol{\Sigma}$ 的假设下，距离判别的线性判别函数由式(9.2.9)确定：

$$\hat{W}(\boldsymbol{x}) = (\boldsymbol{x} - \hat{\boldsymbol{\mu}})^{\mathrm{T}} \hat{\boldsymbol{\Sigma}}^{-1} (\hat{\boldsymbol{\mu}}_1 - \hat{\boldsymbol{\mu}}_2)$$

准则为(9.2.10)：

$$\begin{cases} \boldsymbol{x} \in G_1, & \hat{W}(\boldsymbol{x}) \geqslant 0 \\ \boldsymbol{x} \in G_2, & \hat{W}(\boldsymbol{x}) < 0 \end{cases}$$

由式(9.2.4)～式(9.2.8)计算得

$$\hat{\boldsymbol{\mu}}_1 = \overline{\boldsymbol{x}}^{(1)} = \begin{pmatrix} 216.83 \\ 35.391 \end{pmatrix}, \quad \hat{\boldsymbol{\mu}}_2 = \overline{\boldsymbol{x}}^{(2)} = \begin{pmatrix} 177.22 \\ 51.913 \end{pmatrix}, \quad \hat{\boldsymbol{\mu}} = \begin{pmatrix} 197.02 \\ 43.652 \end{pmatrix}$$

$$\boldsymbol{S}_1 = \begin{pmatrix} 34947. & 2204.6 \\ 2204.6 & 671.48 \end{pmatrix}, \quad \boldsymbol{S}_2 = \begin{pmatrix} 23788 & 1803.4 \\ 1803.4 & 2677.8 \end{pmatrix}$$

$$\hat{\boldsymbol{\Sigma}} = \begin{pmatrix} 1334.9 & 91.091 \\ 91.091 & 76.121 \end{pmatrix}, \quad \hat{\boldsymbol{\Sigma}}^{-1} = \begin{pmatrix} 0.00081574 & -0.00097616 \\ -0.00097616 & 0.014305 \end{pmatrix}$$

因此判别函数为

$$\hat{W}(\boldsymbol{x}) = 0.048438 x_1 - 0.27501 x_2 + 2.4615 \tag{9.2.12}$$

由式(9.2.1)得两总体的马氏距离是

$$\hat{d}(G_1, G_2) = 6.491$$

用回代法，将属于总体 G_2(正常组)的第 37 和 38 号样品误判为属于 G_1，其余样品均回判正确，由式(9.2.11)知误判率的回代估计为

$$\hat{\alpha} = \frac{2}{46} = 0.0435$$

将待判组中按序号对 5 个样品分别代入判别函数(9.2.12)得到的判别结果依次为：心肌梗塞组、心肌梗塞组、心肌梗塞组、正常组和正常组。

9.2.4　多总体的距离判别分析

设有 g 个 p 维总体 $G_1, G_2, \cdots, G_g$，均值向量分别为 $\boldsymbol{\mu}_1, \boldsymbol{\mu}_2, \cdots, \boldsymbol{\mu}_g$，协方差矩阵分别为 $\boldsymbol{\Sigma}_1$，$\boldsymbol{\Sigma}_2, \cdots, \boldsymbol{\Sigma}_g$。类似两总体距离判别方法，计算新样品 $\boldsymbol{x}$ 到各个总体的距离，比较这 g 个距离，

判定 x 属于其距离最短的总体(若最短距离不唯一,则可将 x 归于具有最短距离总体中的任一个,因此,不妨设最短距离唯一)。下面仍就各协方差相等和不等的情况予以详细讨论。

1. 若 $\Sigma_1 = \Sigma_2 = \cdots = \Sigma_g = \Sigma$

此时,由式(9.2.8)可知 x 到 G_j 和 G_i 的马氏距离的平方差为

$$d^2(x, G_j) - d^2(x, G_i) = 2\left[x - \frac{1}{2}(\mu_i + \mu_j)\right]^{\mathrm{T}} \sum{}^{-1} (\mu_i - \mu_j)$$

令

$$W_{ij}(x) = \left[x - \frac{1}{2}(\mu_i + \mu_j)\right]^{\mathrm{T}} \sum{}^{-1} (\mu_i - \mu_j) \tag{9.2.13}$$

则 x 到 G_i 的距离最小等价于对所有的 $j \neq i$,有 $W_{ij}(x) > 0$,从而判别标准为

$$x \in G_i,\text{若对一切 } j \neq i, \quad W_{ij}(x) > 0$$

当 $\mu_1, \mu_2, \cdots, \mu_g$ 和 Σ 未知时,可利用各总体的训练样本对其作估计。设 $x_1^{(k)}, x_2^{(k)}, \cdots,$ $x_{n_k}^{(k)}$ 为来自总体 G_k 的训练样本$(k=1,2,\cdots,g)$,令

$$\begin{cases} \hat{\mu}_k = \dfrac{1}{n_k} \sum_{i=1}^{n_k} x_i^{(k)} = \bar{x}^{(k)}, \quad k = 1, 2, \cdots, g \\ S_k = \displaystyle\sum_{i=1}^{n_k} (x_i^{(k)} - \bar{x}^{(k)})(x_i^{(k)} - \bar{x}^{(k)})^{\mathrm{T}}, \quad k = 1, 2, \cdots, g \end{cases} \tag{9.2.14}$$

利用 $S_k(k=1,2,\cdots,g)$ 对 Σ 的联合估计为

$$\hat{\Sigma} = \frac{1}{n-g}(S_1 + S_2 + \cdots S_g) \tag{9.2.15}$$

其中 $n = \sum_{i}^{g} n_i$。

以 $\hat{\mu}_k(k=1,2,\cdots,g)$ 和 $\hat{\Sigma}$ 代替式(9.2.13)中的 $\mu_k(k=1,2,\cdots,g)$ 及 Σ,便可得判别函数 $W_{ij}(x)$ 的估计为

$$\hat{W}_{ij}(x) = \left[x - \frac{1}{2}(\hat{\mu}_i + \hat{\mu}_j)\right]^{\mathrm{T}} \hat{\Sigma}^{-1} (\hat{\mu}_i - \hat{\mu}_j)$$

则判别准则为

$$x \in G_i,\text{若对一切 } j \neq i, \quad \hat{W}_{ij}(x) > 0$$

2. 若 $\Sigma_i(i=1,2,\cdots,g)$ 不全相同

这时,只需直接计算 x 到各总体 G_i 的马氏平方距离:

$$d^2(x, G_i) = (x - \mu_i)^{\mathrm{T}} \Sigma_i^{-1} (x - \mu_i), \quad i = 1, 2, \cdots, g$$

则判别准则为

$$\min_{1 \leqslant k \leqslant g} \{d^2(x, G_k)\} = d^2(x, G_i), \quad \text{则判别 } x \in G_i$$

同样,若 $\mu_i, \Sigma_i(i=1,2,\cdots,g)$ 未知,可用它们的估计量 $\hat{\mu}_i, \hat{\Sigma}_i$ 代替,得到二次判别函数 $d^2(x, G_i)$ 的估计为

$$\hat{d}^2(x, G_i) = (x - \hat{\mu}_i)^{\mathrm{T}} \hat{\Sigma}_i^{-1} (x - \hat{\mu}_i), \quad i = 1, 2, \cdots, g$$

其中 $\hat{\boldsymbol{\Sigma}}_i = \dfrac{1}{n_i-1}\boldsymbol{S}_i$。则判别准则为

$$\min_{1 \leqslant k \leqslant g}\{\hat{d}^2(\boldsymbol{x},G_k)\} = \hat{d}^2(\boldsymbol{x},G_i), \quad 则判别 \boldsymbol{x} \in G_i$$

例 9.2.3 假定三个正态总体的协差阵都是 $\boldsymbol{\Sigma}$,但均值向量与协方差阵均未知,已知 $k=3,p=3,n_1=n_2=4,n_3=3,n=n_1+n_2+n_3=11$,有关数据由表 9.2.3 给出,若令 G_i 表示第 i 个总体($i=1,2,3$),试判别 $\boldsymbol{X}_0=(5,5,5)^{\mathrm{T}}$ 属于哪个总体(令 x_j 表示样品的第 j 个分量,$j=1,2,3$)。

表 9.2.3

G_1	x_1	x_2	x_3	G_2	x_1	x_2	x_3	G_3	x_1	x_2	x_3
$\boldsymbol{x}_1^{(1)}$	10	9	3	$\boldsymbol{x}_1^{(2)}$	6	2	7	$\boldsymbol{x}_1^{(3)}$	4	1	10
$\boldsymbol{x}_2^{(1)}$	8	7	1	$\boldsymbol{x}_2^{(2)}$	4	4	5	$\boldsymbol{x}_2^{(3)}$	1	2	6
$\boldsymbol{x}_3^{(1)}$	8	4	4	$\boldsymbol{x}_3^{(2)}$	2	5	4	$\boldsymbol{x}_3^{(3)}$	1	0	11
$\boldsymbol{x}_4^{(1)}$	2	8	0	$\boldsymbol{x}_4^{(2)}$	3	1	4	$\overline{\boldsymbol{x}}^{(3)}$	2	1	9
$\overline{\boldsymbol{x}}^{(1)}$	7	7	2	$\overline{\boldsymbol{x}}^{(2)}$	3	3	5				

解 假设 $\boldsymbol{\Sigma}_1=\boldsymbol{\Sigma}_2=\boldsymbol{\Sigma}_3=\boldsymbol{\Sigma}$。此时距离判别的线性判别函数为

$$\hat{W}_{ij}(\boldsymbol{x}) = \left[\boldsymbol{x}-\frac{1}{2}(\hat{\boldsymbol{\mu}}_i+\hat{\boldsymbol{\mu}}_j)\right]^{\mathrm{T}}\hat{\boldsymbol{\Sigma}}^{-1}(\hat{\boldsymbol{\mu}}_i-\hat{\boldsymbol{\mu}}_j)$$

准则为: $\boldsymbol{x}\in G_i$,若对一切 $j \neq i, \hat{W}_{ij}(\boldsymbol{x})>0$。

首先计算出 $\overline{\boldsymbol{x}}^{(1)},\overline{\boldsymbol{x}}^{(2)},\overline{\boldsymbol{x}}^{(3)}$,见数据表每一列的末行,再由式(9.2.14)、式(9.2.15)计算得

$$S_1=\begin{bmatrix}36 & -2 & 14\\ -2 & 14 & -6\\ 14 & -6 & 10\end{bmatrix},\quad S_2=\begin{bmatrix}9.2 & -4 & 7\\ -4 & 10 & -2\\ 7 & -2 & 6\end{bmatrix},\quad S_3=\begin{bmatrix}6 & 0 & 3\\ 0 & 2 & -5\\ 3 & -5 & 14\end{bmatrix}$$

$$\hat{S}=\frac{1}{14-3}(S_1+S_2+S_3)=\frac{1}{11}\begin{bmatrix}51.2 & -6 & 24\\ -6 & 26 & -13\\ 24 & -13 & 30\end{bmatrix}$$

从而

$$\hat{\boldsymbol{\Sigma}}^{-1}=\begin{bmatrix}0.35427 & -0.076537 & -0.31659\\ -0.076537 & 0.55663 & 0.30244\\ -0.31659 & 0.30244 & 0.75099\end{bmatrix}$$

由此算得判别函数 $W_{ij}(\boldsymbol{x})=\left[\boldsymbol{x}-\dfrac{1}{2}(\boldsymbol{\mu}_i+\boldsymbol{\mu}_j)\right]^{\mathrm{T}}\hat{\boldsymbol{\Sigma}}^{-1}(\boldsymbol{\mu}_i-\boldsymbol{\mu}_j)$,则

$$W_{12}(\boldsymbol{x}_1,\boldsymbol{x}_2,\boldsymbol{x}_3)=-W_{21}(\boldsymbol{x}_1,\boldsymbol{x}_2,\boldsymbol{x}_3)=3.2602\boldsymbol{x}_1+0.26647\boldsymbol{x}_2-5.6457\boldsymbol{x}_3+1.1489$$

$$W_{13}(\boldsymbol{x}_1,\boldsymbol{x}_2,\boldsymbol{x}_3)=-W_{31}(\boldsymbol{x}_1,\boldsymbol{x}_2,\boldsymbol{x}_3)=2.2077\boldsymbol{x}_1+0.61648\boldsymbol{x}_2-3.3229\boldsymbol{x}_3+5.8754$$

$$W_{23}(\boldsymbol{x}_1,\boldsymbol{x}_2,\boldsymbol{x}_3)=-W_{32}(\boldsymbol{x}_1,\boldsymbol{x}_2,\boldsymbol{x}_3)=2.4986\boldsymbol{x}_1+0.57061\boldsymbol{x}_2-2.4496\boldsymbol{x}_3+9.0098$$

第一、二、三组的回判结果均正确,因此误判率为 $\hat{\alpha}=0$。又因为 $W_{21}(5,5,5)>0$,$W_{23}(5,5,5)>0$,所以 $\boldsymbol{X}_0=(5,5,5)^{\mathrm{T}}$ 属于 G_2。

9.3　距离判别分析的 MATLAB 编程实现

9.3.1　参数估计的 MATLAB 程序代码与分析实例

1. 多维正态总体参数估计的程序代码

```
function  [varargout] = musig(X)
[m,n] = size(X);
mu = mean(X);
X = X - repmat(mu,m,1);
S = X' * X;
sigma = S/(m - 1);
format short g
if nargout == 0
    disp('样本均值的估计值是：')
    disp(mu)
    disp('样本协方差矩阵的估计值是：')
    disp(sigma)
end
if nargout >= 1
    varargout{1} = mu;
end
if nargout >= 2
    varargout{2} = sigma;
end
if nargout >= 3
    varargout{3} = S;
end
```

函数 musig 的调用格式：

（1）[mu,sigma]＝musig(X)：根据样本输入值 X,估计多维正态总体的均值 mu 和最小方差无偏估计 sigma。输入参数 X 是一个矩阵,其第一列是第一个坐标、第二列是第二个坐标、……；X 的每一行是一个观测值。第一个输出参数 mu 是样本均值；第二个输出参数 sigma 是样本协方差矩阵。

（2）mu＝musig(X)：只算样本均值 mu。

（3）[mu,sigma,S]＝musig(X)：第三个输出参数是 S 值。

（4）musig(X)：如果没有输出参数则显示样本均值和样本方差的估计值。

2. 多个总体参数估计的程序代码

```
function  [varargout] = dsig(varargin)
if nargin == 0
    return
end
mn = 0;sig0 = 0;
nn = max(size(varargin));
```

```
for k = 1:nn
    G = varargin{k};
    [m,n] = size(G);
    mn = mn + m;
    [mu,stem,sig] = musig(G);
    sig0 = sig0 + sig;
end
SIGMA = sig0/(mn - nn);
SIGMA_1 = inv(SIGMA);
if nargout == 0
    disp('协方差矩阵是：')
    disp(SIGMA)
    disp('协方差矩阵的逆矩阵是：')
    disp(SIGMA_1)
end
if nargout >= 1
    varargout{1} = SIGMA;
end
if nargout >= 2
    varargout{2} = SIGMA_1;
end
```

函数 dsig 用来估计多个总体的协方差矩阵及其逆矩阵,其调用格式：

(1) [SIGMA,SIGMA_1]=dsig(G1,G2,G3,…)：输入参数是多个总体观测值矩阵。矩阵的每一列是一个指标：第一列是第一个指标；第二列是第二个指标；……。每一行是一个观测值。第一个输出参数 SIGMA 是样本协方差矩阵的估计值。第二个输出参数 SIGMA_1 是样本协方差矩阵的逆矩阵的估计值。

(2) SIGMA=dsig(G1,G2,G3,…)：只输出协方差矩阵的估计值。

(3) dsig(G1,G2,G3,…)：如果没有输出参数,则在命令窗口中显示协方差矩阵的估计值和协方差矩阵逆矩阵的估计值。

3. 分析实例

例 9.3.1　用 MATLAB 代码程序解例 9.1.1。

解　在命令窗口中输入：

```
>> X = [68        971
        63        892
        70       1125
         6         82
        65        931
         9        112
        10        162
        12        321
        20        315
        30        375
        33        462
        27        352
        21        305
```

```
        5           34
       14          229
       27          332
       17          185
       53          703
       62          872
       65          740];
>> musig(X)
```

运行后得到下面的结果:

样本均值的估计值是:
```
     33.85              475
```
样本协方差矩阵的估计值是:
```
    570.45              7921
     7921       1.146e + 005
```

其中 1.146e+005 表示 1.146×10^5。

9.3.2 总体协方差矩阵相等时 MATLAB 程序代码与分析实例

1. 总体协方差矩阵相等时,计算判别函数的程序代码

```
function   [P,S] = mseq(G1,G2)
[n1,p1] = size(G1);
[n2,p2] = size(G2);
if p1~ = p2
    error('输入参数列数不相等')
end
[SIGMA,SIGMA_1] = dsig(G1,G2);
a = (mean(G1) − mean(G2)) * SIGMA_1;
c = − a * (mean(G1) + mean(G2))'/2;
P = [c,a];
N = length(a);
S = num2str(c);
for k = 1:N
    tmp = a(k);
    if tmp > = 0
        mrk = ' + ';
    else
        mrk = ' − ';
    end
    S = [S,mrk,num2str(abs(tmp)),'x',num2str(k)];
end
```

函数 mseq 计算当两个总体协方差矩阵相等时的马氏距离判别函数,其调用格式是:

(1) P=mseq(G1,G2):输入参数 G1,G2 是两个总体的训练样本,其列数必须相同,行数可以不一样。输出参数 P 是行向量,是判别函数的系数:[常数项,x1 系数,x2 系数,...]

(2) [P,S]=mseq(G1,G2):输出马氏判别函数 S。

2. 总体协方差矩阵相等时，判别分析的函数程序代码

```
function   yout = maeqs(X, varargin)
if (nargin == 2)&&(iscell(varargin{1}))
    varargin = varargin{1};
end
n0 = max(size(varargin));
if n0 < 2
    error('至少要有三个输入矩阵');
end
[SIGMA, SIGMA_1] = dsig(varargin);
[n, p] = size(X);
ymahal = zeros(n, n0);
for k = 1:n0
    G = varargin{k};
    mu = mean(G);
    MU = repmat(mu, n, 1);
    d2 = (X - MU) * SIGMA_1 * (X - MU)';
    ymahal(:, k) = diag(d2);
end
[tem, yout] = min(ymahal, [], 2);
```

函数 maeqs 的调用格式：

yout＝maeqs(X, G1, G2, G3, ...)：总体协方差矩阵相等时进行判别分析。输入参数是列数相等的矩阵。X 是待判的样品。G1, G2, G3, ... 是训练样本，至少要两个。输出参数 yout 是判别结果，取值为 1 表示待判样品属于 G1；取值为 2 表示待判样品属于 G2；……依次类推。

3. 总体协方差矩阵相等时，计算误判率的函数程序代码

```
function   pout = pjeqs(varargin)
if (nargin == 1)&&(iscell(varargin{1}))
    varargin = varargin{1};
end
n0 = max(size(varargin));
if n0 < 2
    error('至少要有两个输入矩阵');
end
nn = 0; nall = 0;
for k = 1:n0
    X = varargin{k};
    yout = maeqs(X, varargin);
    nall = nall + length(yout);
    nn = nn + sum(yout ~= k);
end
pout = nn/nall;
```

pout＝pjeqs(G1, G2, G3, ...)：总体协方差矩阵相等时，计算误判率。输入参数是列数相等的矩阵。G1, G2, G3, ... 是训练样本，至少要两个。输出参数 pout 是误判率。

4. 总体协方差矩阵相等时，整体判断的函数程序代码

```
function zeqs(X, varargin)
while max(size(varargin)) == 1
    varargin = varargin{1};
end
nn = max(size(varargin));
for kk = 1:nn
    G = varargin{kk};
    [mu, sigma, S] = musig(G);
    disp(['第', num2str(kk), '个总体均值的估计值是：']);
    disp(mu);
    disp(['第', num2str(kk), '个总体的协方差矩阵估计值是：']);
    disp(sigma);
    disp(['第', num2str(kk), '个总体的 S 值是：']);
    disp(S);
end
[SIGMA, SIGMA_1] = dsig(varargin);
disp('总体的协方差矩阵的估计值是：');
disp(SIGMA);
disp('总体的协方差逆矩阵的估计值是：');
disp(SIGMA_1)
for kk = 1:nn
    disp(['第', num2str(kk), '个训练样本的回判结果'])
    G = varargin{kk};
    yout = maeqs(G, varargin);
    disp(yout);
end
disp('判别的误判率是：');
pout = pjeqs(varargin);
disp(pout);
if (~isempty(X))
    disp('待判样品的判断结果是：')
    yout = maeqs(X, varargin);
    disp(yout);
end
```

当多个总体协方差矩阵相等时，用函数 zeqs 进行整体判断，其调用格式是：

zeqs(X, G1, G2, ...)：输入参数 X 为待判的样品观测值。输入参数 G1, G2, ... 分别为多个总体的训练样本。函数没有输出参数，只是在命令窗口显示：多个总体的均值 mu、协方差矩阵估计值和 S 值；总体协方差矩阵和协方差逆矩阵；显示回判结果。如果没有待判样品，则取 X=[]。

5. 总体协方差矩阵相等时的判别分析实例

例 9.3.2　用 MATLAB 代码程序解例 9.2.2。

解　在命令窗口中输入：

```
>> G1 = [245      38
         236      40
         238      38
         233      31
         240      35
         235      40
         204      38
         200      43
         297      38
         200      43
         166      33
         144      28
         233      42
         143      24
         228      34
         264      41
         240      33
         180      27
         236      38
         168      36
         174      28
         215      38
         268      28
>> G2 = [174      47
         106      52
         173      53
         178      43
         198      53
         180      48
         134      36
         204      63
         168      52
         180      59
         177      75
         172      51
         166      40
         210      42
         166      33
         223      73
         136      67
         156      45
         201      45
         134      60
         195      51
         262      62
         183      44];
>> X = [213       22
        285       39
        193       42
        200       58
        171       52];
>> zeqs(X, G1, G2)
```

运行后显示：

第 1 个总体均值的估计值是：

　　　216.83　　　35.391

第 1 个总体的协方差矩阵估计值是：

　　　1588.5　　　100.21

　　　100.21　　　30.522

第 1 个总体的 S 值是：

　　　34947　　　2204.6

　　　2204.6　　　671.48

第 2 个总体均值的估计值是：

　　　177.22　　　51.913

第 2 个总体的协方差矩阵估计值是：

　　　1081.3　　　81.974

　　　81.974　　　121.72

第 2 个总体的 S 值是：

　　　23788　　　1803.4

　　　1803.4　　　2677.8

总体的协方差矩阵的估计值是：

　　　1334.9　　　91.091

　　　91.091　　　76.121

总体的协方差逆矩阵的估计值是：

　0.00081574　－0.00097616

－0.00097616　　0.014305

第 1 个训练样本的回判结果

1　　1　　1　　1　　1　　1　　1　　1　　1　　1　　1　　1　　1　　1　　1　　1　　1

1　　1　　1　　1　　1　　1

第 2 个训练样本的回判结果

2　　2　　2　　2　　2　　2　　2　　2　　2　　2　　2　　2　　2　　1　　1　　2　　2

2　　2　　2　　2　　2　　2

判别的误判率是：

　　　0.043478

待判样品的判断结果是：

　　　1

　　　1

　　　1

　　　2

　　　2

从运行结果可以看出，待判组中按序号对 5 个样品的判别结果依次为：心肌梗塞组、心肌梗塞组、心肌梗塞组、正常组和正常组。

例 9.3.3　在研究地震预报中，遇到砂基液化的问题，选择了有关的 7 个因素：

x_1：震级；x_2：震中距离(km)；x_3：水深(m)；x_4：土深(m)；x_5：贯入值；x_6：最大地面加速度(g)；x_7：地震持续时间(s)。

今从已液化和未液化的地层中分别抽取 12 个与 23 个样品，其数据见表 9.3.1。

其中 I 组是已液化的，II 组是未液化的，试根据此表数据，评价判别砂基是否液化的准则，并对其优良性作评价。

表 9.3.1   砂基液化数据

编号	组别	x_1	x_2	x_3	x_4	x_5	x_6	x_7
1	I	6.6	39	1.0	6.0	6	0.12	20
2	I	6.6	39	1.0	6.0	12	0.12	20
3	I	6.1	47	1.0	6.0	6	0.08	12
4	I	6.1	47	1.0	6.0	12	0.08	12
5	I	8.4	32	2.0	7.5	19	0.35	75
6	I	7.2	6	1.0	7.0	28	0.30	30
7	I	8.4	113	3.5	6.0	18	0.15	75
8	I	7.5	52	1.0	6.0	12	0.16	40
9	I	7.5	52	3.5	7.5	6	0.16	40
10	I	8.3	113	0.0	7.5	35	0.12	180
11	I	7.8	172	1.0	3.5	14	0.21	45
12	I	7.8	172	1.5	3.0	15	0.21	45
13	II	8.4	32	1.0	5.0	4	0.35	75
14	II	8.4	32	2.0	9.0	10	0.35	75
15	II	8.4	32	2.5	4.0	10	0.35	75
16	II	6.3	11	4.5	7.5	3	0.20	15
17	II	7.0	8	4.5	4.5	9	0.25	30
18	II	7.0	8	6.0	7.5	4	0.25	30
19	II	7.0	8	1.5	6.0	1	0.25	30
20	II	8.3	161	1.5	4.0	4	0.08	70
21	II	8.3	161	0.5	2.5	1	0.08	70
22	II	7.2	6	3.5	4.0	12	0.30	30
23	II	7.2	6	1.0	3.0	3	0.30	30
24	II	7.2	6	1.0	6.0	5	0.30	30
25	II	5.5	6	2.5	3.0	7	0.18	18
26	II	8.4	113	3.5	4.5	6	0.15	75
27	II	8.4	113	3.5	4.5	8	0.15	75
28	II	7.5	52	1.0	6.0	6	0.16	40
29	II	7.5	52	1.0	7.5	8	0.16	40
30	II	8.3	97	1.0	6.0	5	0.15	180
31	II	8.3	97	2.5	6.0	5	0.15	180
32	II	8.3	89	0.0	6.0	10	0.16	180
33	II	8.3	56	1.5	6.0	13	0.25	180
34	II	7.8	172	1.0	3.5	6	0.21	45
35	II	7.8	283	1.0	4.5	6	0.18	45

解   假设 $\Sigma_1 = \Sigma_2 = \Sigma$,在命令窗口中输入:

```
>> G1 = [6.6    39     1     6     6   0.12    20
          6.6    39     1     6    12   0.12    20
          6.1    47     1     6     6   0.08    12
          6.1    47     1     6    12   0.08    12
          8.4    32     2    7.5   19   0.35    75
          7.2    6      1     7    28   0.3     30
          8.4   113    3.5    6    18   0.15    75
          7.5    52     1     6    12   0.16    40
          7.5    52    3.5   7.5    6   0.16    40
```

```
                  8.3   113    0    7.5    35   0.12   180
                  7.8   172    1    3.5    14   0.21    45
                  7.8   172   1.5    3    15   0.21    45];
>> G2 = [8.4    32    1     5     4   0.35    75
         8.4    32    2     9    10   0.35    75
         8.4    32   2.5    4    10   0.35    75
         6.3    11   4.5   7.5    3   0.2     15
          7     8    4.5   4.5    9   0.25    30
          7     8     6    7.5    4   0.25    30
          7     8    1.5    6     1   0.25    30
         8.3   161   1.5    4     4   0.08    70
         8.3   161   0.5   2.5    1   0.08    70
         7.2    6    3.5    4    12   0.3     30
         7.2    6     1     3     3   0.3     30
         7.2    6     1     6     5   0.3     30
         5.5    6    2.5    3     7   0.18    18
         8.4   113   3.5   4.5    6   0.15    75
         8.4   113   3.5   4.5    8   0.15    75
         7.5    52    1     6     6   0.16    40
         7.5    52    1    7.5    8   0.16    40
         8.3    97    0     6     5   0.15   180
         8.3    97   2.5    6     5   0.15   180
         8.3    89    0     6    10   0.16   180
         8.3    56   1.5    6    13   0.25   180
         7.8   172    1    3.5    6   0.21    45
         7.8   283    1    4.5    6   0.18    45];
>> zeqs([ ],G1,G2)
```

运行后显示：

第 1 个总体均值的估计值是：

```
7.3583   73.667   1.4583    6    15.25   0.17167   49.5
```

第 1 个总体的协方差矩阵估计值是：

```
  0.71174      22.339     0.29811    0.054545     4.1932    0.039439    28.323
   22.339      3046.6      1.1212    -58.591      68.727   -0.22576    905.91
  0.29811      1.1212      1.1117     0.20455    -2.9432    0.015076   -6.1136
  0.054545    -58.591     0.20455     2.0909      3.4545   0.0081818   20.455
   4.1932      68.727     -2.9432     3.4545     78.568     0.28227    314.32
  0.039439    -0.22576    0.015076   0.0081818   0.28227   0.0069788   0.41364
   28.323      905.91     -6.1136     20.455     314.32     0.41364     2135
```

第 1 个总体的 S 值是：

```
  7.8292      245.73     3.2792       0.6      46.125    0.43383    311.55
  245.73      33513      12.333     -644.5       756     -2.4833     9965
  3.2792      12.333     12.229       2.25     -32.375   0.16583    -67.25
    0.6       -644.5      2.25        23         38        0.09       225
  46.125       756      -32.375       38       864.25     3.105      3457.5
  0.43383     -2.4833    0.16583      0.09      3.105    0.076767     4.55
  311.55       9965      -67.25       225      3457.5      4.55       23485
```

第 2 个总体均值的估计值是：

7.687　　69.609　　2.0435　　5.2391　　6.3478　　0.21565　　70.348

第 2 个总体的协方差矩阵估计值是：

0.62391	27.872	-0.46304	0.030534	0.46838	-0.0065593	28.364
27.872	5201	-41.073	-37.016	-29.767	-3.4672	965.96
-0.46304	-41.073	2.4526	0.43231	0.50692	0.020879	-31.879
0.030534	-37.016	0.43231	2.7698	0.7085	0.026769	14.527
0.46838	-29.767	0.50692	0.7085	10.51	0.07749	52.737
-0.0065593	-3.4672	0.020879	0.026769	0.07749	0.006653	-1.0266
28.364	965.96	-31.879	14.527	52.737	-1.0266	3041

第 2 个总体的 S 值是：

13.726	613.18	-10.187	0.67174	10.304	-0.1443	624
613.18	1.1442e+005	-903.61	-814.35	-654.87	-76.279	21251
-10.187	-903.61	53.957	9.5109	11.152	0.45935	-701.35
0.67174	-814.35	9.5109	60.935	15.587	0.58891	319.59
10.304	-654.87	11.152	15.587	231.22	1.7048	1160.2
-0.1443	-76.279	0.45935	0.58891	1.7048	0.14637	-22.585
624	21251	-701.35	319.59	1160.2	-22.585	66901

总体的协方差矩阵的估计值是：

0.65319	26.028	-0.20933	0.038538	1.71	0.0087736	28.35
26.028	4482.9	-27.008	-44.208	3.0646	-2.3867	945.94
-0.20933	-27.008	2.0056	0.35639	-0.64312	0.018945	-23.291
0.038538	-44.208	0.35639	2.5435	1.6238	0.020573	16.503
1.71	3.0646	-0.64312	1.6238	33.196	0.14575	139.93
0.0087736	-2.3867	0.018945	0.020573	0.14575	0.0067616	-0.54652
28.35	945.94	-23.291	16.503	139.93	-0.54652	2739

总体的协方差逆矩阵的估计值是：

5.2274	-0.035421	-0.24588	-0.18018	0.051229	-23.205	-0.050126
-0.035421	0.00061786	0.0030964	0.0077012	-0.00061902	0.26285	0.00021725
-0.24588	0.0030964	0.60808	-0.078369	-0.0073904	0.7236	0.0076406
-0.18018	0.0077012	-0.078369	0.56256	-0.0087939	1.3151	-0.004139
0.051229	-0.00061902	-0.0073904	-0.0087939	0.04723	-1.5012	-0.0030388
-23.205	0.26285	0.7236	1.3151	-1.5012	320.42	0.28826
-0.050126	0.00021725	0.0076406	-0.004139	-0.0030388	0.28826	0.0011116

第 1 个训练样本的回判结果

　　　1　　1　　1　　1　　1　　1　　1　　1　　2　　1　　1　　1

第 2 个训练样本的回判结果

　　　2　　2　　2　　2　　2　　2　　2　　2　　2　　2　　2　　2　　2　　2　　2　　2　　1　　1
2　　2　　2　　2　　2　　2

判别的误判率是：

0.085714

由此得误判率为 $\hat{\alpha} = \dfrac{3}{35} = 0.0857$。

9.3.3 总体协方差矩阵不等时 MATLAB 程序代码与分析实例

1. 总体协方差矩阵不等时，判别分析的函数程序代码

```matlab
function   yout = manes(X,varargin)
if (nargin == 2)&&(iscell(varargin{1}))
    varargin = varargin{1};
end
n0 = max(size(varargin));
if n0 < 2
    error('至少要有三个输入矩阵');
end
if n0 < 2
    error('至少要有三个输入矩阵');
end
[n,p] = size(X);
ymahal = zeros(n,n0);
for k = 1:n0
    G = varargin{k};
    ymahal(:,k) = mahal(X,G);
end
[tem,yout] = min(ymahal,[],2);
```

函数 manes 的调用格式：

yout＝manes(X,G1,G2,G3,…)：总体协方差矩阵不等时进行判别分析。输入参数是列数相等的矩阵；X 是待判的样品；G1,G2,G3,…是训练样本，至少要两个；输出参数 yout 是判别结果，取值为 1 表示待判样品属于 G1；取值为 2 表示待判样品属于 G2；……依次类推。

2. 总体协方差矩阵不等时，计算误判率的函数程序代码

```matlab
function   pout = pjnes(varargin)
if (nargin == 1)&&(iscell(varargin{1}))
    varargin = varargin{1};
end
n0 = max(size(varargin));
if n0 < 2
    error('至少要有两个输入矩阵');
end
nn = 0;nall = 0;
for k = 1:n0
    X = varargin{k};
    yout = manes(X,varargin);
```

```
        nall = nall + length(yout);
        nn = nn + sum(yout~ = k);
    end
    pout = nn/nall;
```

pout＝pjnes(G1,G2,G3,…)：总体协方差矩阵不等时,计算误判率。输入参数是列数相等的矩阵。G1,G2,G3,…是训练样本,至少要两个。输出参数 pout 是误判率。

3. 总体协方差矩阵不等时,整体判断的函数程序代码

```
function  znes(X,varargin)
while max(size(varargin)) == 1
    varargin = varargin{1};
end
nn = max(size(varargin));
for kk = 1:nn
    G = varargin{kk};
    [mu,sigma,S] = musig(G);
    disp(['第',num2str(kk),'个总体均值的估计值是：']);
    disp(mu);
    disp(['第',num2str(kk),'个总体的协方差矩阵估计值是：']);
    disp(sigma);
    disp(['第',num2str(kk),'个总体的 S 值是：']);
    disp(S);
end
for kk = 1:nn
    disp(['第',num2str(kk),'个训练样本的回判结果'])
    G = varargin{kk};
    yout = manes(G,varargin);
    disp(yout);
end
disp('判别的误判率是：');
pout = pjnes(varargin);
disp(pout);
if (~isempty(X))
    disp('待判样品的判断结果是:')
    yout = manes(X,varargin);
    disp(yout);
end
```

当多个总体协方差矩阵不等时,用函数 znes 进行整体判断,其调用格式是：

znes(X,G1,G2,…)：输入参数 X 为待判的样品观测值。输入参数 G1,G2,…分别为多个总体的训练样本。函数没有输出参数,只是在命令窗口显示：多个总体的均值 mu、协方差矩阵的估计值和 S 值；总体协方差矩阵和协方差逆矩阵；显示回判结果。如果没有待判样品,则取 X＝[]。

4. 总体协方差矩阵不等时的判别分析实例

例 9.3.4   续例 9.3.3,当两总体协方差矩阵$\Sigma_1 \neq \Sigma_2$ 时,用 MATLAB 程序代码计算。

解   假设$\Sigma_1 \neq \Sigma_2$,在命令窗口中输入：

```
>> G1 = [6.6      39      1      6       6    0.12      20
         6.6      39      1      6      12    0.12      20
         6.1      47      1      6       6    0.08      12
         6.1      47      1      6      12    0.08      12
         8.4      32      2    7.5      19    0.35      75
         7.2       6      1      7      28     0.3      30
         8.4     113    3.5      6      18    0.15      75
         7.5      52      1      6      12    0.16      40
         7.5      52    3.5    7.5       6    0.16      40
         8.3     113      0    7.5      35    0.12     180
         7.8     172      1    3.5      14    0.21      45
         7.8     172    1.5      3      15    0.21      45];
>> G2 = [8.4      32      1      5       4    0.35      75
         8.4      32      2      9      10    0.35      75
         8.4      32    2.5      4      10    0.35      75
         6.3      11    4.5    7.5       3     0.2      15
           7       8    4.5    4.5       9    0.25      30
           7       8      6    7.5       4    0.25      30
           7       8    1.5      6       1    0.25      30
         8.3     161    1.5      4       4    0.08      70
         8.3     161    0.5    2.5       1    0.08      70
         7.2       6    3.5      4      12     0.3      30
         7.2       6      1      3       3     0.3      30
         7.2       6      1      6       5     0.3      30
         5.5       6    2.5      3       7    0.18      18
         8.4     113    3.5    4.5       6    0.15      75
         8.4     113    3.5    4.5       8    0.15      75
         7.5      52      1      6       6    0.16      40
         7.5      52      1    7.5       8    0.16      40
         8.3      97      0      6       5    0.15     180
         8.3      97    2.5      6       5    0.15     180
         8.3      89      0      6      10    0.16     180
         8.3      56    1.5      6      13    0.25     180
         7.8     172      1    3.5       6    0.21      45
         7.8     283      1    4.5       6    0.18      45];
>> znes(G1,G2)
```

运行后显示：

第 1 个总体均值的估计值是：

```
7.3583    73.667    1.4583      6    15.25    0.17167    49.5
```

第 1 个总体的协方差矩阵估计值是：

0.71174	22.339	0.29811	0.054545	4.1932	0.039439	28.323
22.339	3046.6	1.1212	−58.591	68.727	−0.22576	905.91
0.29811	1.1212	1.1117	0.20455	−2.9432	0.015076	−6.1136
0.054545	−58.591	0.20455	2.0909	3.4545	0.0081818	20.455
4.1932	68.727	−2.9432	3.4545	78.568	0.28227	314.32
0.039439	−0.22576	0.015076	0.0081818	0.28227	0.0069788	0.41364
28.323	905.91	−6.1136	20.455	314.32	0.41364	2135

第 1 个总体的 S 值是：

7.8292	245.73	3.2792	0.6	46.125	0.43383	311.55
245.73	33513	12.333	-644.5	756	-2.4833	9965
3.2792	12.333	12.229	2.25	-32.375	0.16583	-67.25
0.6	-644.5	2.25	23	38	0.09	225
46.125	756	-32.375	38	864.25	3.105	3457.5
0.43383	-2.4833	0.16583	0.09	3.105	0.076767	4.55
311.55	9965	-67.25	225	3457.5	4.55	23485

第 2 个总体均值的估计值是：

7.687　　69.609　　2.0435　　5.2391　　6.3478　　0.21565　　70.348

第 2 个总体的协方差矩阵估计值是：

0.62391	27.872	-0.46304	0.030534	0.46838	-0.0065593	28.364
27.872	5201	-41.073	-37.016	-29.767	-3.4672	965.96
-0.46304	-41.073	2.4526	0.43231	0.50692	0.020879	-31.879
0.030534	-37.016	0.43231	2.7698	0.7085	0.026769	14.527
0.46838	-29.767	0.50692	0.7085	10.51	0.07749	52.737
-0.0065593	-3.4672	0.020879	0.026769	0.07749	0.006653	-1.0266
28.364	965.96	-31.879	14.527	52.737	-1.0266	3041

第 2 个总体的 S 值是：

13.726	613.18	-10.187	0.67174	10.304	-0.1443	624
613.18	1.1442e+005	-903.61	-814.35	-654.87	-76.279	21251
-10.187	-903.61	53.957	9.5109	11.152	0.45935	-701.35
0.67174	-814.35	9.5109	60.935	15.587	0.58891	319.59
10.304	-654.87	11.152	15.587	231.22	1.7048	1160.2
-0.1443	-76.279	0.45935	0.58891	1.7048	0.14637	-22.585
624	21251	-701.35	319.59	1160.2	-22.585	66901

第 1 个训练样本的回判结果

1　1　1　1　1　1　1　1　1　2　1　1　1　1

第 2 个训练样本的回判结果

2　2　2　2　2　2　2　2　2　2　2　2　2　2　2　2　2　2　2　2　2　2　2　2　2　2

判别的误判率是：

0.028571

此时误判率 $\hat{\alpha}=0.028571$。

例 9.3.5 续例 9.2.3，用 MATLAB 程序代码计算。

解 在命令窗口中输入：

```
>> G1 = [10    9    3
          8    7    1
          8    4    4
          2    8    0
          7    7    2];
```

```
>> G2 = [6      2      7
         4      4      5
         2      5      4
         3      1      4
         3      3      5];
>> G3 = [4      1     10
         1      2      6
         1      0     11
         2      1      9];
>> zeqs([],G1,G2,G3)
```

运行后显示：

第 1 个总体均值的估计值是：

7   7   2

第 1 个总体的协方差矩阵估计值是：

```
   9    -0.5    3.5
-0.5     3.5   -1.5
 3.5    -1.5    2.5
```

第 1 个总体的 S 值是：

```
 36   -2   14
 -2   14   -6
 14   -6   10
```

第 2 个总体均值的估计值是：

3.6   3   5

第 2 个总体的协方差矩阵估计值是：

```
 2.3     -1    1.75
  -1     2.5   -0.5
1.75    -0.5    1.5
```

第 2 个总体的 S 值是：

```
9.2   -4    7
 -4   10   -2
  7   -2    6
```

第 3 个总体均值的估计值是：

2   1   9

第 3 个总体的协方差矩阵估计值是：

```
2         0          1
0    0.66667    -1.6667
1   -1.6667     4.6667
```

第 3 个总体的 S 值是:

```
6    0    3
0    2   -5
3   -5   14
```

总体的协方差矩阵的估计值是:

```
  4.6545      -0.54545      2.1818
-0.54545       2.3636      -1.1818
  2.1818      -1.1818       2.7273
```

总体的协方差逆矩阵的估计值是:

```
  0.35427     -0.076537     -0.31659
-0.076537      0.55663       0.30244
-0.31659       0.30244       0.75099
```

第 1 个训练样本的回判结果

```
1    1    1    1    1
```

第 2 个训练样本的回判结果

```
2    2    2    2    2
```

第 3 个训练样本的回判结果

```
3    3    3    3
```

判别的误判率是:

```
0
```

待判样品的判断结果是:

```
2
```

由此知误判率为 $\hat{\alpha}=0$。$\boldsymbol{X}_0=(5,5,5)^{\mathrm{T}}$ 属于第 2 个总体。

例 9.3.6 从健康人群(G_1)、硬化症患者(G_2)和冠心病患者(G_3)中分别随机选取 10,6 和 4 人考察了各自心电图的 5 个不同指标(用 $x_1 \sim x_5$ 表示),如表 9.3.2 所示。假定各总体的协方差矩阵均相等,由此训练样本建立距离判别准则,并对其中的两个待判样品作判断。

假定各总体的协方差矩阵均相等,即 $\boldsymbol{\Sigma}_1=\boldsymbol{\Sigma}_2=\boldsymbol{\Sigma}_3=\boldsymbol{\Sigma}$。

表 9.3.2　心电图 5 个指标的观测数据

序号	类型	x_1	x_2	x_3	x_4	x_5
1	1	8.11	261.01	13.23	5.46	7.36
2	1	9.36	185.39	9.02	5.66	5.99
3	1	9.85	249.58	15.61	6.06	6.11
4	1	2.55	137.13	9.21	6.11	4.35
5	1	6.01	231.34	14.27	5.21	8.79
6	1	9.46	231.38	13.03	4.88	8.53

序号	类型	x_1	x_2	x_3	x_4	x_5
7	1	4.11	260.25	14.72	5.36	10.02
8	1	8.90	259.51	14.16	4.91	9.79
9	1	7.71	273.84	16.01	5.15	8.79
10	1	7.51	303.59	19.14	5.70	8.53
11	2	6.80	308.90	15.11	5.52	8.49
12	2	8.68	258.69	14.02	4.79	7.16
13	2	5.67	355.54	15.13	4.97	9.43
14	2	8.10	476.69	7.38	5.32	11.32
15	2	3.71	316.12	17.12	6.04	8.17
16	2	5.37	274.57	16.75	4.98	9.67
17	3	5.22	330.34	18.19	4.96	9.61
18	3	4.71	331.47	21.26	4.30	13.72
19	3	4.71	352.50	20.79	5.07	11.00
20	3	3.36	347.31	17.90	4.65	11.19
1	待判	8.06	231.03	14.41	5.72	6.15
2	待判	9.89	409.42	19.47	5.19	10.49

解　在 $\boldsymbol{\Sigma}_1 = \boldsymbol{\Sigma}_2 = \boldsymbol{\Sigma}_3 = \boldsymbol{\Sigma}$ 的假设下,在 MATLAB 命令窗口中输入:

```
>> G1 = [    8.11      261.01       13.23        5.46         7.36
             9.36      185.39        9.02        5.66         5.99
             9.85      249.58       15.61        6.06         6.11
             2.55      137.13        9.21        6.11         4.35
             6.01      231.34       14.27        5.21         8.79
             9.46      231.38       13.03        4.88         8.53
             4.11      260.25       14.72        5.36        10.02
             8.9       259.51       14.16        4.91         9.79
             7.71      273.84       16.01        5.15         8.79
             7.51      303.59       19.14        5.7          8.53];
>> G2 = [    6.8       308.9        15.11        5.52         8.49
             8.68      258.69       14.02        4.79         7.16
             5.67      355.54       15.13        4.97         9.43
             8.1       476.69        7.38        5.32        11.32
             3.71      316.12       17.12        6.04         8.17
             5.37      274.57       16.75        4.98         9.67];
>> G3 = [    5.22      330.34       18.19        4.96         9.61
             4.71      331.47       21.26        4.3         13.72
             4.71      352.5        20.79        5.07        11
             3.36      347.31       17.9         4.65        11.19];
>> X = [     8.06      231.03       14.41        5.72         6.15
             9.89      409.42       19.47        5.19        10.49];
>> zeqs(X,G1,G2,G3)
```

运行后显示：

第 1 个总体均值的估计值是：

| 7.357 | 239.3 | 13.84 | 5.45 | 7.826 |

第 1 个总体的协方差矩阵估计值是：

5.9122	44.931	1.4984	− 0.30087	0.54881
44.931	2246.8	131.27	− 8.1032	64.148
1.4984	131.27	9.1879	− 0.24599	3.3797
− 0.30087	− 8.1032	− 0.24599	0.1874	− 0.63722
0.54881	64.148	3.3797	− 0.63722	3.3484

第 1 个总体的 S 值是：

53.21	404.38	13.486	− 2.7078	4.9393
404.38	20222	1181.4	− 72.929	577.33
13.486	1181.4	82.691	− 2.2139	30.417
− 2.7078	− 72.929	− 2.2139	1.6866	− 5.735
4.9393	577.33	30.417	− 5.735	30.136

第 2 个总体均值的估计值是：

| 6.3883 | 331.75 | 14.252 | 5.27 | 9.04 |

第 2 个总体的协方差矩阵估计值是：

3.4155	30.851	− 4.5594	− 0.4926	0.15526
30.851	6189.5	− 233.09	6.8027	93.447
− 4.5594	− 233.09	12.65	0.24056	− 3.2566
− 0.4926	6.8027	0.24056	0.21248	− 0.01814
0.15526	93.447	− 3.2566	− 0.01814	2.0682

第 2 个总体的 S 值是：

17.077	154.25	− 22.797	− 2.463	0.7763
154.25	30947	− 1165.5	34.013	467.24
− 22.797	− 1165.5	63.251	1.2028	− 16.283
− 2.463	34.013	1.2028	1.0624	− 0.0907
0.7763	467.24	− 16.283	− 0.0907	10.341

第 3 个总体均值的估计值是：

| 4.5 | 340.4 | 19.535 | 4.745 | 11.38 |

第 3 个总体的协方差矩阵估计值是：

0.6354	− 4.8183	0.5071	0.0793	− 0.2154
− 4.8183	125.04	0.67137	1.6957	− 3.0003
0.5071	0.67137	3.011	− 0.16453	2.0836
0.0793	1.6957	− 0.16453	0.11963	− 0.5091
− 0.2154	− 3.0003	2.0836	− 0.5091	2.9297

第 3 个总体的 S 值是：

$$
\begin{array}{rrrrr}
1.9062 & -14.455 & 1.5213 & 0.2379 & -0.6462 \\
-14.455 & 375.11 & 2.0141 & 5.087 & -9.0009 \\
1.5213 & 2.0141 & 9.0329 & -0.4936 & 6.2509 \\
0.2379 & 5.087 & -0.4936 & 0.3589 & -1.5273 \\
-0.6462 & -9.0009 & 6.2509 & -1.5273 & 8.789
\end{array}
$$

总体的协方差矩阵的估计值是：

$$
\begin{array}{rrrrr}
4.2467 & 32.011 & -0.45822 & -0.29017 & 0.2982 \\
32.011 & 3032 & 1.058 & -1.9899 & 60.916 \\
-0.45822 & 1.058 & 9.1162 & -0.088512 & 1.1991 \\
-0.29017 & -1.9899 & -0.088512 & 0.18282 & -0.43253 \\
0.2982 & 60.916 & 1.1991 & -0.43253 & 2.898
\end{array}
$$

总体的协方差逆矩阵的估计值是：

$$
\begin{array}{rrrrr}
0.41064 & -0.013142 & -0.026553 & 1.6625 & 0.4931 \\
-0.013142 & 0.0012384 & 0.0036787 & -0.10448 & -0.041794 \\
-0.026553 & 0.0036787 & 0.12845 & -0.37432 & -0.18361 \\
1.6625 & -0.10448 & -0.37432 & 18.47 & 4.9365 \\
0.4931 & -0.041794 & -0.18361 & 4.9365 & 1.9856
\end{array}
$$

第 1 个训练样本的回判结果

1　1　1　1　1　1　1　1　1

第 2 个训练样本的回判结果

2　2　2　2　2　2

第 3 个训练样本的回判结果

3　3　3　3

判别的误判率是：

0

待判样品的判断结果是：

1
2

从运行结果可以看出，第一个待判样品来自健康人群；第二个待判样品来自硬化症患者。

习题 9

9.1　已知 $X=(x_1,x_2)^T$ 服从二维正态分布 $N\left[\begin{pmatrix}0\\0\end{pmatrix},\begin{pmatrix}1 & 0.9\\0.9 & 1\end{pmatrix}\right]$，试分别求点 $A=(1,1)^T$ 和 $B=(1,-1)^T$ 到总体均值的马氏距离和欧氏距离，并论述马氏距离的合理性。

9.2 设协方差阵相同的两个二元正态总体中,各自取 $n_1 = 30, n_2 = 5$ 个样品,算得

$$\hat{\boldsymbol{\mu}}_1 = \overline{\boldsymbol{x}}^{(1)} = \begin{pmatrix} 7.2 \\ 2.3 \end{pmatrix}, \quad \hat{\boldsymbol{\mu}}_2 = \overline{\boldsymbol{x}}^{(2)} = \begin{pmatrix} 6.0 \\ 3.1 \end{pmatrix}, \quad \hat{\boldsymbol{\Sigma}} = \begin{pmatrix} 1.04 & 0.68 \\ 0.68 & 0.58 \end{pmatrix}$$

(1) 求判别函数 $W(\boldsymbol{x})$。

(2) 设一样本 $\boldsymbol{x} = (6.4, 2.9)$,试判断其归属。

9.3 设 G_1, G_2 为两个二维总体,从中分别抽取容量为 3 的训练样本如下:

	x_1	x_2		x_1	x_2
	3	7		6	9
G_1	2	4	G_2	5	7
	4	7		4	8

求:(1) 求两总体的样本均值向量 $\overline{\boldsymbol{x}}^{(1)}, \overline{\boldsymbol{x}}^{(2)}$ 和样本协方差矩阵 S_1, S_2。

(2) 假定两总体协方差矩阵相等,记为 $\boldsymbol{\Sigma}$,用 S_1, S_2 联合估计 $\boldsymbol{\Sigma}$。

(3) 建立距离判别法的判别准则。

(4) 设有一样品 $\boldsymbol{x}_0 = (x_1, x_2)^{\mathrm{T}} = (2, 7)^{\mathrm{T}}$,利用(3)中的判别准则判定它属于 $G_1 =$ 和 G_2 中的哪一个。

9.4 根据某医院 256 名精神病患者的诊断结果将他们分成六类 $G_1, G_2, \cdots, G_6$,假定 G_i 服从三维正态分布 $N(\boldsymbol{\mu}_i, \boldsymbol{\Sigma}), i = 1, 2, \cdots, 6$,对每个病人的诊断,依据所测得的三个指标 $(x_1, x_2, x_3)^{\mathrm{T}}$ 的资料表,求得均值向量 $\boldsymbol{\mu}_i$ 的估计值 $\overline{\boldsymbol{X}}_i (i = 1, 2, 3)$ 和协方差矩阵 $\boldsymbol{\Sigma}$ 的估计分别为

$$G_1(焦虑状态): \hat{\boldsymbol{\mu}}_1 = (2.9298 \quad 1.6670 \quad 0.7281)^{\mathrm{T}}$$

$$G_2(癔病): \hat{\boldsymbol{\mu}}_2 = (3.0303 \quad 1.2424 \quad 0.5455)^{\mathrm{T}}$$

$$G_3(精神病态): \hat{\boldsymbol{\mu}}_3 = (3.8125 \quad 1.8438 \quad 0.8125)^{\mathrm{T}}$$

$$G_4(强迫观念): \hat{\boldsymbol{\mu}}_4 = (4.7059 \quad 1.5882 \quad 1.1176)^{\mathrm{T}}$$

$$G_5(变态人格): \hat{\boldsymbol{\mu}}_5 = (1.4000 \quad 0.2000 \quad 0.0000)^{\mathrm{T}}$$

$$G_6(正常): \hat{\boldsymbol{\mu}}_6 = (0.6000 \quad 0.1455 \quad 0.2182)^{\mathrm{T}}$$

$$\hat{\boldsymbol{\Sigma}} = \begin{bmatrix} 2.3009 & 0.2516 & 0.4742 \\ 0.2516 & 0.6075 & 0.0358 \\ 0.4742 & 0.0358 & 0.5951 \end{bmatrix}$$

样本大小依次为 $n_1 = 114, n_2 = 33, n_3 = 32, n_4 = 17, n_5 = 5, n_6 = 55$. 现有一个疑似精神病患者前来就医,测得他的三项指标为 $x_1 = 2.0000, x_2 = 1.0000, x_3 = 1.0000$,试用距离判别法判断此患者病情属于哪一类?

附录1　习题答案

第1章　概率论与数理统计初基础

1.1　(1) $P(2<X\leqslant 5)=0.5328, P(-4<X\leqslant 10)=0.9996, P(|X|>2)=0.6977$, $P(X>3)=0.5$; (2) $c=3$; (3) $d\leqslant 0.436$。

1.2　(1) $P\{X\leqslant 105\}=0.3384, P\{100<X\leqslant 120\}=0.5952$; (2) 129.74。

1.3　$\sigma=31.25$。

1.4　188。

1.5　$u_{\frac{1-a}{2}}$。

1.6　$\mu=4$。

1.7　0.9876。

第2章　描述性统计分析

2.12　0.134。

2.13　0.1。

2.14　$E\overline{X}=n, D\overline{X}=2$。

2.16　(1) 提示: 利用 $\dfrac{\sum\limits_{i=1}^{n}(X_i-\overline{X})^2}{\sigma}\sim\chi^2(n-1)$; (2) $k=n-1$。

2.17　(1) 0.99; (2) $DS^2=\dfrac{2\sigma^4}{n-1}$。

2.18　0.674。

第3章　参数估计

3.1　1143.75, 96.0562。

3.2　2.680。

3.3　$\hat{n}=\dfrac{\overline{X}}{\overline{X}-S_n^2}$; $\hat{p}=\dfrac{\overline{X}-S_n^2}{\overline{X}}$。

3.4　(1) $\hat{a}_m=\dfrac{\sqrt{\pi}}{2}\overline{X}$; $\hat{a}_L=\sqrt{\dfrac{2}{3n}\sum X_i^2}$。

(2) $\hat{\theta}_m=\left(\dfrac{\overline{X}}{1-\overline{X}}\right)^2$; $\hat{\theta}_L=\dfrac{n^2}{\left(\sum\limits_{i=1}^{n}\ln X_i\right)^2}$。

(3) $\hat{\boldsymbol{\mu}}_m=\overline{X}-S_n$; $\hat{\theta}_m=S_n$; $\hat{\boldsymbol{\mu}}_L=X_1^*=\min\limits_{1\leqslant i\leqslant n}X_i$, $\hat{\theta}_L=\overline{X}-X_1^*$。

(4) $\hat{a}_m=\dfrac{1-2\overline{X}}{\overline{X}-1}$; $\hat{a}_L=-\left[1+\dfrac{n}{\sum\limits_{i=1}^{n}\ln X_i}\right]$。

3.5　μ_3。

3.7　$\bar{x}^2 - \dfrac{\bar{x}}{n}$；

3.8　$\hat{\sigma}_1^2$。

3.9　$[312.75, 337.25]$。

3.10　(1) $[7.736, 9.664]$；　(2) $[1.6213, 6.1535]$。

3.11　$[2.10, 2.42]$。

3.12　$[575.625, 1036.37]$。

3.13　$[3.39, 6.99]$。

3.14　(1) $[-0.002, 0.006]$；(2) -0.0008。

3.15　28.298。

3.16　$[0.222, 3.601]$。

3.17　$[1.6087, 10.5978]$。

3.18　$[0.3923, 0.5883]$。

3.19　$[0.504, 0.696]$。

第 4 章　假设检验

4.1　(1) 0.0036；(2) 0.0368。

4.3　拒绝 H_0，不是。

4.4　接受 H_0。

4.5　$\alpha = 0.001$ 下，没有；$\alpha = 0.01$ 下，有。

4.6　拒绝 H_0，这批枪弹的初速度有显著降低。

4.7　不合格。

4.8　显著偏大。

4.9　合格。

4.10　溶液不符合标准。

4.11　(1) 能；(2) 能；$H_0: \mu \leqslant 21, H_1: \mu > 21$。

4.12　可以认为产品质量有提高。

4.13　无显著差异。

4.14　是。

4.15　是同一批生产的。

4.16　可以认为第一种配方生产的材料强度低于第二种配方生产的材料强度。

4.17　没有变化。

4.18　可采用。

4.19　低于 1600h，不符合实际。

4.20　拒绝 H_0，即可以认为故障频数不服从均匀与分布。

4.21　接受 H_0，即可以认为每个数字出现的概率相同。

4.22　接受 H_0，可以认为五个工厂生产水平无显著性差别。

4.23　接受 H_0，服从泊松分布。

4.24 接受 H_0，即可以认为尺寸偏差服从正态分布。

4.25 拒绝 H_0，即色盲与性别有关。

4.26 拒绝 H_0，即认为慢性气管炎的患病率与吸烟有关。

4.27 拒绝 H_0，即可以认为被害人肤色不同会影响对被告的死刑判决。

第 5 章 方差分析

5.1 拒绝 H_0，即认为四个实验室生产的纸张的光滑度有显著差异。

5.2 拒绝 H_0，即销售方式对销售量有显著性差异。

5.3 拒绝 H_0，有显著影响；四种仪器的型号对测量结果有显著影响。

5.4 拒绝 H_0，即可以认为伏特计之间有显著差异。

5.5 拒绝 H_0，即不同的饲料增肥效果有显著差异。

5.6 接受 H_0，即三个地区人的血液中胆固醇含量无显著差异。

5.7 拒绝 H_0，即三种菌型的平均存活日数有显著差异。

5.8 因素 A 影响显著，因素 B 影响不显著。

5.9 接受 H_0，即化验员的技术水平无显著差异；拒绝 H_0，即产品颗粒百分率有显著差异。

5.10 肥料与苗床对苗高生长均无显著影响。

5.11 碳与钛的含量对合金钢的强度都有显著影响。

5.12 因素 A 对实验结果有显著影响；因素 B 及交互作用 $A \times B$ 对试验不显著。

5.13 催化剂和温度对转化率的影响均显著。

5.14 固化温度、固化时间及其交互作用对粘接强度都有显著影响。

第 6 章 线性回归分析

6.1 (1) $y=9.121+0.2230x$；(2) 显著；(3) $\hat{y}_0=18.488, (17.522, 19.454)$。

6.2 $y=13.9584+12.5503x$，高度显著。

6.3 $y=-460.5282+0.98396x$，高度显著。

6.4 $y=-0.84583+0.017708x$，高度显著。

6.5 $y=9.3572+0.78739x$，高度显著。

6.6 $y=0.667+1.317x_1-8.000x_2, \hat{y}_0=6.428$。

6.7 $y=17.8469+1.103x_1+0.3215x_2+1.2889x_3, y_0$ 的 95% 的置信区间为 $(35.3420, 43.0236)$。

6.8 $y=43.65+1.78x_1-0.08x_2+0.16x_3$，显著。

6.9 $y=3.44573+0.49597x_1+0.00920x_2$，高度显著。

6.10 $y=3194.7384+246.51996x_1-5.2167828x_2$，高度显著。

第 7 章 曲线拟合分析

7.1 $y=21.0058+19.5285\log(x)$。

7.2 $y=1.73e^{-\frac{0.146}{x}}$。

7.3 $y=3.4077+\dfrac{461.3452}{x}$。

7.4 $y=0.3896+(0.49-0.3896)e^{-0.1011(x-8)}$。

7.5 $y=\dfrac{143.43x}{0.0308+x}$。

7.6 $RMR=e^{3.4711+0.2380\log(Q)}$。

第 8 章　正交试验设计

8.1 主次顺序 A,C,D,B；最佳工艺条件 $A_1B_2C_1D_2$。

8.2 主次顺序 A,B,E,C,D；最佳工艺条件 $A_2B_2C_1D_1E_2$。

8.3 主次顺序 $FACBDE$；最优组合 $A_1B_1C_2D_1E_1F_1$。

8.4 主次顺序 A,C,B；最佳工艺条件 $A_3B_2C_3$。

8.5 主次顺序：C,B,A；最优组合 $A_1B_1C_1$。

8.6 主次顺序：B,A,C,D；最优组合 $A_1B_1C_1D_1$。

8.7 主次顺序 $D,C,A,B,A\times B,B\times C$；最优工艺条件 $A_1B_{12}C_1D_2$。

8.8 主次顺序 $A,B,C,B\times C,D A\times B$；最优工艺条件 $A_1B_2C_2D_2$。

8.9 主次顺序：$C,A\times B,A,D,B$；最优方案 $A_1B_1C_2D_2$。

8.10 主次顺序 $C,A,D,A\times B,A\times C,B$；优水平组合 $A_2B_1C_2D_1$。

8.11 主次顺序：$D,A\times C,A,A\times B,B\times C,C,B$；最优方案 $A_1B_1C_1D_2$。

8.12 主次顺序 $A,D,E,B\times C,B,A\times B,A\times C$；优水平组合 $A_1B_1C_3D_1E_1F_1$。

8.13 主次顺序 D,C,E,A,B；最佳方案为 $A_1B_3C_3D_3E_3$。

8.14 主次顺序 $A,D,E,B\times C,A\times B,B,A\times C,C,F$；最优工艺条件 $A_1B_3C_1D_1E_1F_1$。

附录 2　常用数理统计表

附表 1　标准正态分布表

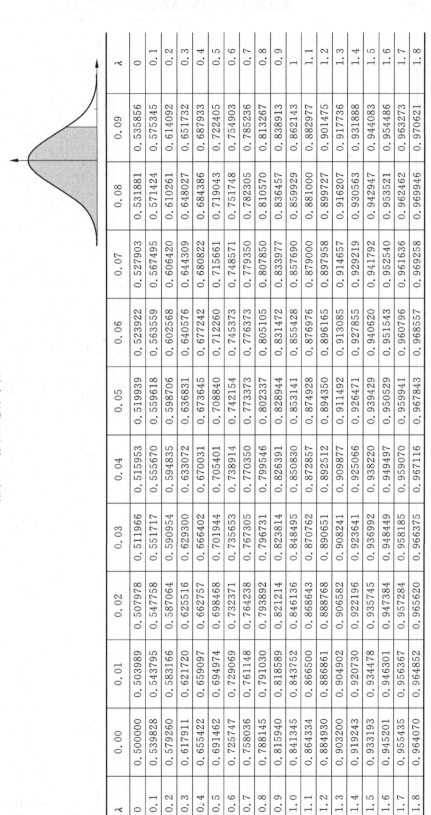

λ	0.00	0.01	0.02	0.03	0.04	0.05	0.06	0.07	0.08	0.09	λ
0	0.500000	0.503989	0.507978	0.511966	0.515953	0.519939	0.523922	0.527903	0.531881	0.535856	0
0.1	0.539828	0.543795	0.547758	0.551717	0.555670	0.559618	0.563559	0.567495	0.571424	0.575345	0.1
0.2	0.579260	0.583166	0.587064	0.590954	0.594835	0.598706	0.602568	0.606420	0.610261	0.614092	0.2
0.3	0.617911	0.621720	0.625516	0.629300	0.633072	0.636831	0.640576	0.644309	0.648027	0.651732	0.3
0.4	0.655422	0.659097	0.662757	0.666402	0.670031	0.673645	0.677242	0.680822	0.684386	0.687933	0.4
0.5	0.691462	0.694974	0.698468	0.701944	0.705401	0.708840	0.712260	0.715661	0.719043	0.722405	0.5
0.6	0.725747	0.729069	0.732371	0.735653	0.738914	0.742154	0.745373	0.748571	0.751748	0.754903	0.6
0.7	0.758036	0.761148	0.764238	0.767305	0.770350	0.773373	0.776373	0.779350	0.782305	0.785236	0.7
0.8	0.788145	0.791030	0.793892	0.796731	0.799546	0.802337	0.805105	0.807850	0.810570	0.813267	0.8
0.9	0.815940	0.818589	0.821214	0.823814	0.826391	0.828944	0.831472	0.833977	0.836457	0.838913	0.9
1.0	0.841345	0.843752	0.846136	0.848495	0.850830	0.853141	0.855428	0.857690	0.859929	0.862143	1
1.1	0.864334	0.866500	0.868643	0.870762	0.872857	0.874928	0.876976	0.879000	0.881000	0.882977	1.1
1.2	0.884930	0.886861	0.888768	0.890651	0.892512	0.894350	0.896165	0.897958	0.899727	0.901475	1.2
1.3	0.903200	0.904902	0.906582	0.908241	0.909877	0.911492	0.913085	0.914657	0.916207	0.917736	1.3
1.4	0.919243	0.920730	0.922196	0.923641	0.925066	0.926471	0.927855	0.929219	0.930563	0.931888	1.4
1.5	0.933193	0.934478	0.935745	0.936992	0.938220	0.939429	0.940620	0.941792	0.942947	0.944083	1.5
1.6	0.945201	0.946301	0.947384	0.948449	0.949497	0.950529	0.951543	0.952540	0.953521	0.954486	1.6
1.7	0.955435	0.956367	0.957284	0.958185	0.959070	0.959941	0.960796	0.961636	0.962462	0.963273	1.7
1.8	0.964070	0.964852	0.965620	0.966375	0.967116	0.967843	0.968557	0.969258	0.969946	0.970621	1.8

续表

λ	0.00	0.01	0.02	0.03	0.04	0.05	0.06	0.07	0.08	0.09	λ
1.9	0.971283	0.971933	0.972571	0.973197	0.973810	0.974412	0.975002	0.975581	0.976148	0.976705	1.9
2	0.977250	0.977784	0.978308	0.978822	0.979325	0.979818	0.980301	0.980774	0.981237	0.981691	2
2.1	0.982136	0.982571	0.982997	0.983414	0.983823	0.984222	0.984614	0.984997	0.985371	0.985738	2.1
2.2	0.986097	0.986447	0.986791	0.987126	0.987455	0.987776	0.988089	0.988396	0.988696	0.988989	2.2
2.3	0.989275	0.989555	0.989829	$0.9^2 0097$	$0.9^2 0358$	$0.9^2 0613$	$0.9^2 0863$	$0.9^2 1106$	$0.9^2 1344$	$0.9^2 1576$	2.3
2.4	$0.9^2 1802$	$0.9^2 2024$	$0.9^2 2240$	$0.9^2 2451$	$0.9^2 2656$	$0.9^2 2857$	$0.9^2 3053$	$0.9^2 3244$	$0.9^2 3431$	$0.9^2 3613$	2.4
2.5	$0.9^2 3790$	$0.9^2 3963$	$0.9^2 4132$	$0.9^2 4297$	$0.9^2 4457$	$0.9^2 4614$	$0.9^2 4766$	$0.9^2 4915$	$0.9^2 5060$	$0.9^2 5201$	2.5
2.6	$0.9^2 5339$	$0.9^2 5473$	$0.9^2 5604$	$0.9^2 5731$	$0.9^2 5855$	$0.9^2 5975$	$0.9^2 6093$	$0.9^2 6207$	$0.9^2 6319$	$0.9^2 6427$	2.6
2.7	$0.9^2 6533$	$0.9^2 6636$	$0.9^2 6736$	$0.9^2 6833$	$0.9^2 6928$	$0.9^2 7020$	$0.9^2 7110$	$0.9^2 7197$	$0.9^2 7282$	$0.9^2 7365$	2.7
2.8	$0.9^2 7445$	$0.9^2 7523$	$0.9^2 7599$	$0.9^2 7673$	$0.9^2 7744$	$0.9^2 7814$	$0.9^2 7882$	$0.9^2 7948$	$0.9^2 8012$	$0.9^2 8074$	2.8
2.9	$0.9^2 8134$	$0.9^2 8193$	$0.9^2 8250$	$0.9^2 8305$	$0.9^2 8359$	$0.9^2 8411$	$0.9^2 8462$	$0.9^2 8511$	$0.9^2 8559$	$0.9^2 8605$	2.9
3	$0.9^2 8650$	$0.9^2 8694$	$0.9^2 8736$	$0.9^2 8777$	$0.9^2 8817$	$0.9^2 8856$	$0.9^2 8893$	$0.9^2 8930$	$0.9^2 8965$	$0.9^2 8999$	3
3.1	$0.9^3 0324$	$0.9^3 0646$	$0.9^3 0957$	$0.9^3 1260$	$0.9^3 1553$	$0.9^3 1836$	$0.9^3 2112$	$0.9^3 2378$	$0.9^3 2636$	$0.9^3 2886$	3.1
3.2	$0.9^3 3129$	$0.9^3 3363$	$0.9^3 3590$	$0.9^3 3810$	$0.9^3 4024$	$0.9^3 4230$	$0.9^3 4429$	$0.9^3 4623$	$0.9^3 4810$	$0.9^3 4991$	3.2
3.3	$0.9^3 5166$	$0.9^3 5335$	$0.9^3 5499$	$0.9^3 5658$	$0.9^3 5811$	$0.9^3 5959$	$0.9^3 6103$	$0.9^3 6242$	$0.9^3 6376$	$0.9^3 6505$	3.3
3.4	$0.9^3 6631$	$0.9^3 6752$	$0.9^3 6869$	$0.9^3 6982$	$0.9^3 7091$	$0.9^3 7197$	$0.9^3 7299$	$0.9^3 7398$	$0.9^3 7493$	$0.9^3 7585$	3.4
3.5	$0.9^3 7674$	$0.9^3 7759$	$0.9^3 7842$	$0.9^3 7922$	$0.9^3 7999$	$0.9^3 8074$	$0.9^3 8146$	$0.9^3 8215$	$0.9^3 8282$	$0.9^3 8347$	3.5
3.6	$0.9^3 8409$	$0.9^3 8469$	$0.9^3 8527$	$0.9^3 8583$	$0.9^3 8637$	$0.9^3 8689$	$0.9^3 8739$	$0.9^3 8787$	$0.9^3 8834$	$0.9^3 8879$	3.6
3.7	$0.9^3 8922$	$0.9^3 8964$	$0.9^4 0039$	$0.9^4 0426$	$0.9^4 0799$	$0.9^4 1158$	$0.9^4 1504$	$0.9^4 1838$	$0.9^4 2159$	$0.9^4 2468$	3.7
3.8	$0.9^4 2765$	$0.9^4 3052$	$0.9^4 3327$	$0.9^4 3593$	$0.9^4 3848$	$0.9^4 4094$	$0.9^4 4331$	$0.9^4 4558$	$0.9^4 4777$	$0.9^4 4988$	3.8
3.9	$0.9^4 5190$	$0.9^4 5385$	$0.9^4 5573$	$0.9^4 5753$	$0.9^4 5926$	$0.9^4 6092$	$0.9^4 6253$	$0.9^4 6406$	$0.9^4 6554$	$0.9^4 6696$	3.9
4	$0.9^4 6833$	$0.9^4 6964$	$0.9^4 7090$	$0.9^4 7211$	$0.9^4 7327$	$0.9^4 7439$	$0.9^4 7546$	$0.9^4 7649$	$0.9^4 7748$	$0.9^4 7843$	4
4.1	$0.9^4 7934$	$0.9^4 8022$	$0.9^4 8106$	$0.9^4 8186$	$0.9^4 8263$	$0.9^4 8338$	$0.9^4 8409$	$0.9^4 8477$	$0.9^4 8542$	$0.9^4 8605$	4.1
4.2	$0.9^4 8665$	$0.9^4 8723$	$0.9^4 8778$	$0.9^4 8832$	$0.9^4 8882$	$0.9^4 8931$	$0.9^4 8978$	$0.9^5 0226$	$0.9^5 0655$	$0.9^5 1066$	4.2
4.3	$0.9^5 1460$	$0.9^5 1837$	$0.9^5 2199$	$0.9^5 2545$	$0.9^5 2876$	$0.9^5 3193$	$0.9^5 3497$	$0.9^5 3788$	$0.9^5 4066$	$0.9^5 4332$	4.3
4.4	$0.9^5 4587$	$0.9^5 4831$	$0.9^5 5065$	$0.9^5 5288$	$0.9^5 5502$	$0.9^5 5706$	$0.9^5 5902$	$0.9^5 6089$	$0.9^5 6268$	$0.9^5 6439$	4.4
4.5	$0.9^5 6602$	$0.9^5 6759$	$0.9^5 6908$	$0.9^5 7051$	$0.9^5 7187$	$0.9^5 7318$	$0.9^5 7442$	$0.9^5 7561$	$0.9^5 7675$	$0.9^5 7784$	4.5
4.6	$0.9^5 7888$	$0.9^5 7987$	$0.9^5 8081$	$0.9^5 8172$	$0.9^5 8258$	$0.9^5 8340$	$0.9^5 8419$	$0.9^5 8494$	$0.9^5 8566$	$0.9^5 8634$	4.6
4.7	$0.9^5 8699$	$0.9^5 8761$	$0.9^5 8821$	$0.9^5 8877$	$0.9^5 8931$	$0.9^5 8983$	$0.9^6 0320$	$0.9^6 0789$	$0.9^6 1235$	$0.9^6 1661$	4.7
4.8	$0.9^6 2067$	$0.9^6 2453$	$0.9^6 2822$	$0.9^6 3173$	$0.9^6 3508$	$0.9^6 3827$	$0.9^6 4131$	$0.9^6 4420$	$0.9^6 4696$	$0.9^6 4958$	4.8
4.9	$0.9^6 5208$	$0.9^6 5446$	$0.9^6 5673$	$0.9^6 5889$	$0.9^6 6094$	$0.9^6 6289$	$0.9^6 6475$	$0.9^6 6652$	$0.9^6 6821$	$0.9^6 6981$	4.9

附表 2　*t* 分布表

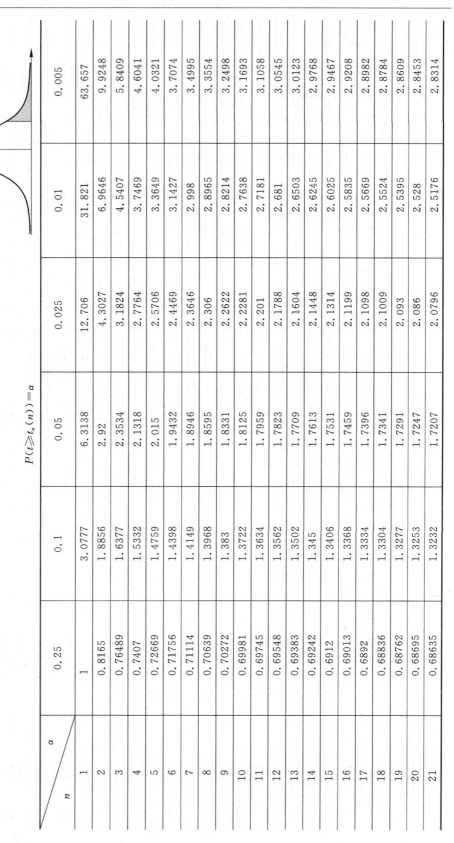

$$P(t \geqslant t_\alpha(n)) = \alpha$$

n \ α	0.25	0.1	0.05	0.025	0.01	0.005
1	1	3.0777	6.3138	12.706	31.821	63.657
2	0.8165	1.8856	2.92	4.3027	6.9646	9.9248
3	0.76489	1.6377	2.3534	3.1824	4.5407	5.8409
4	0.7407	1.5332	2.1318	2.7764	3.7469	4.6041
5	0.72669	1.4759	2.015	2.5706	3.3649	4.0321
6	0.71756	1.4398	1.9432	2.4469	3.1427	3.7074
7	0.71114	1.4149	1.8946	2.3646	2.998	3.4995
8	0.70639	1.3968	1.8595	2.306	2.8965	3.3554
9	0.70272	1.383	1.8331	2.2622	2.8214	3.2498
10	0.69981	1.3722	1.8125	2.2281	2.7638	3.1693
11	0.69745	1.3634	1.7959	2.201	2.7181	3.1058
12	0.69548	1.3562	1.7823	2.1788	2.681	3.0545
13	0.69383	1.3502	1.7709	2.1604	2.6503	3.0123
14	0.69242	1.345	1.7613	2.1448	2.6245	2.9768
15	0.6912	1.3406	1.7531	2.1314	2.6025	2.9467
16	0.69013	1.3368	1.7459	2.1199	2.5835	2.9208
17	0.6892	1.3334	1.7396	2.1098	2.5669	2.8982
18	0.68836	1.3304	1.7341	2.1009	2.5524	2.8784
19	0.68762	1.3277	1.7291	2.093	2.5395	2.8609
20	0.68695	1.3253	1.7247	2.086	2.528	2.8453
21	0.68635	1.3232	1.7207	2.0796	2.5176	2.8314

续表

α n	0.25	0.1	0.05	0.025	0.01	0.005
22	0.68581	1.3212	1.7171	2.0739	2.5083	2.8188
23	0.68531	1.3195	1.7139	2.0687	2.4999	2.8073
24	0.68485	1.3178	1.7109	2.0639	2.4922	2.7969
25	0.68443	1.3163	1.7081	2.0595	2.4851	2.7874
26	0.68404	1.315	1.7056	2.0555	2.4786	2.7787
27	0.68368	1.3137	1.7033	2.0518	2.4727	2.7707
28	0.68335	1.3125	1.7011	2.0484	2.4671	2.7633
29	0.68304	1.3114	1.6991	2.0452	2.462	2.7564
30	0.68276	1.3104	1.6973	2.0423	2.4573	2.75
31	0.68249	1.3095	1.6955	2.0395	2.4528	2.744
32	0.68223	1.3086	1.6939	2.0369	2.4487	2.7385
33	0.682	1.3077	1.6924	2.0345	2.4448	2.7333
34	0.68177	1.307	1.6909	2.0322	2.4411	2.7284
35	0.68156	1.3062	1.6896	2.0301	2.4377	2.7238
36	0.68137	1.3055	1.6883	2.0281	2.4345	2.7195
37	0.68118	1.3049	1.6871	2.0262	2.4314	2.7154
38	0.681	1.3042	1.686	2.0244	2.4286	2.7116
39	0.68083	1.3036	1.6849	2.0227	2.4258	2.7079
40	0.68067	1.3031	1.6839	2.0211	2.4233	2.7045
41	0.68052	1.3025	1.6829	2.0195	2.4208	2.7012
42	0.68038	1.302	1.682	2.0181	2.4185	2.6981
43	0.68024	1.3016	1.6811	2.0167	2.4163	2.6951
44	0.68011	1.3011	1.6802	2.0154	2.4141	2.6923
45	0.67998	1.3006	1.6794	2.0141	2.4121	2.6896

附表 3　χ² 分布表

$$P(\chi^2 \geqslant \chi_\alpha^2(n)) = \alpha$$

n＼α	0.995	0.99	0.975	0.95	0.9	0.75	0.5	0.25	0.1	0.05	0.025	0.0258	0.01	0.005
1	0.0⁴393	0.0³1571	0.0³9821	0.0²393	0.015791	0.10153	0.45494	1.3233	2.7055	3.8415	5.0239	4.9694	6.6349	7.8794
2	0.010025	0.020101	0.050636	0.10259	0.21072	0.57536	1.3863	2.7726	4.6052	5.9915	7.3778	7.3148	9.2103	10.597
3	0.071722	0.11483	0.2158	0.35185	0.58437	1.2125	2.366	4.1083	6.2514	7.8147	9.3484	9.2792	11.345	12.838
4	0.20699	0.29711	0.48442	0.71072	1.0636	1.9226	3.3567	5.3853	7.7794	9.4877	11.143	11.069	13.277	14.86
5	0.41174	0.5543	0.83121	1.1455	1.6103	2.6746	4.3515	6.6257	9.2364	11.07	12.833	12.754	15.086	16.75
6	0.67573	0.87209	1.2373	1.6354	2.2041	3.4546	5.3481	7.8408	10.645	12.592	14.449	14.366	16.812	18.548
7	0.98926	1.239	1.6899	2.1673	2.8331	4.2549	6.3458	9.0371	12.017	14.067	16.013	15.926	18.475	20.278
8	1.3444	1.6465	2.1797	2.7326	3.4895	5.0706	7.3441	10.219	13.362	15.507	17.535	17.444	20.09	21.955
9	1.7349	2.0879	2.7004	3.3251	4.1682	5.8988	8.3428	11.389	14.684	16.919	19.023	18.929	21.666	23.589
10	2.1559	2.5582	3.247	3.9403	4.8652	6.7372	9.3418	12.549	15.987	18.307	20.483	20.387	23.209	25.188
11	2.6032	3.0535	3.8157	4.5748	5.5778	7.5841	10.341	13.701	17.275	19.675	21.92	21.821	24.725	26.757
12	3.0738	3.5706	4.4038	5.226	6.3038	8.4384	11.34	14.845	18.549	21.026	23.337	23.234	26.217	28.3
13	3.565	4.1069	5.0088	5.8919	7.0415	9.2991	12.34	15.984	19.812	22.362	24.736	24.631	27.688	29.819
14	4.0747	4.6604	5.6287	6.5706	7.7895	10.165	13.339	17.117	21.064	23.685	26.119	26.011	29.141	31.319
15	4.6009	5.2293	6.2621	7.2609	8.5468	11.037	14.339	18.245	22.307	24.996	27.488	27.378	30.578	32.801
16	5.1422	5.8122	6.9077	7.9616	9.3122	11.912	15.338	19.369	23.542	26.296	28.845	28.733	32	34.267
17	5.6972	6.4078	7.5642	8.6718	10.085	12.792	16.338	20.489	24.769	27.587	30.191	30.076	33.409	35.718

续表

n	0.005	0.01	0.0258	0.025	0.05	0.1	0.25	0.5	0.75	0.9	0.95	0.975	0.99	0.995	n
18	37.156	34.805	31.409	31.526	28.869	25.989	21.605	17.338	13.675	10.865	9.3905	8.2307	7.0149	6.2648	18
19	38.582	36.191	32.733	32.852	30.144	27.204	22.718	18.338	14.562	11.651	10.117	8.9065	7.6327	6.844	19
20	39.997	37.566	34.048	34.17	31.41	28.412	23.828	19.337	15.452	12.443	10.851	9.5908	8.2604	7.4338	20
21	41.401	38.932	35.355	35.479	32.671	29.615	24.935	20.337	16.344	13.24	11.591	10.283	8.8972	8.0337	21
22	42.796	40.289	36.655	36.781	33.924	30.813	26.039	21.337	17.24	14.041	12.338	10.982	9.5425	8.6427	22
23	44.181	41.638	37.948	38.076	35.172	32.007	27.141	22.337	18.137	14.848	13.091	11.689	10.196	9.2604	23
24	45.559	42.98	39.235	39.364	36.415	33.196	28.241	23.337	19.037	15.659	13.848	12.401	10.856	9.8862	24
25	46.928	44.314	40.515	40.646	37.652	34.382	29.339	24.337	19.939	16.473	14.611	13.12	11.524	10.52	25
26	48.29	45.642	41.79	41.923	38.885	35.563	30.435	25.336	20.843	17.292	15.379	13.844	12.198	11.16	26
27	49.645	46.963	43.059	43.195	40.113	36.741	31.528	26.336	21.749	18.114	16.151	14.573	12.879	11.808	27
28	50.993	48.278	44.324	44.461	41.337	37.916	32.62	27.336	22.657	18.939	16.928	15.308	13.565	12.461	28
29	52.336	49.588	45.584	45.722	42.557	39.087	33.711	28.336	23.567	19.768	17.708	16.047	14.256	13.121	29
30	53.672	50.892	46.839	46.979	43.773	40.256	34.8	29.336	24.478	20.599	18.493	16.791	14.953	13.787	30
31	55.003	52.191	48.09	48.232	44.985	41.422	35.887	30.336	25.39	21.434	19.281	17.539	15.655	14.458	31
32	56.328	53.486	49.337	49.48	46.194	42.585	36.973	31.336	26.304	22.271	20.072	18.291	16.362	15.134	32
33	57.648	54.776	50.58	50.725	47.4	43.745	38.058	32.336	27.219	23.11	20.867	19.047	17.074	15.815	33
34	58.964	56.061	51.819	51.966	48.602	44.903	39.141	33.336	28.136	23.952	21.664	19.806	17.789	16.501	34
35	60.275	57.342	53.055	53.203	49.802	46.059	40.223	34.336	29.054	24.797	22.465	20.569	18.509	17.192	35
36	61.581	58.619	54.287	54.437	50.998	47.212	41.304	35.336	29.973	25.643	23.269	21.336	19.233	17.887	36
37	62.883	59.893	55.516	55.668	52.192	48.363	42.383	36.336	30.893	26.492	24.075	22.106	19.96	18.586	37
38	64.181	61.162	56.742	56.896	53.384	49.513	43.462	37.335	31.815	27.343	24.884	22.878	20.691	19.289	38
39	65.476	62.428	57.965	58.12	54.572	50.66	44.539	38.335	32.737	28.196	25.695	23.654	21.426	19.996	39
40	66.766	63.691	59.185	59.342	55.758	51.805	45.616	39.335	33.66	29.051	26.509	24.433	22.164	20.707	40
41	68.053	64.95	60.403	60.561	56.942	52.949	46.692	40.335	34.585	29.907	27.326	25.215	22.906	21.421	41

续表

α \ n	0.005	0.01	0.0258	0.025	0.05	0.1	0.25	0.5	0.75	0.9	0.95	0.975	0.99	0.995
42	69.336	66.206	61.617	61.777	58.124	54.09	47.766	41.335	35.51	30.765	28.144	25.999	23.65	22.138
43	70.616	67.459	62.829	62.99	59.304	55.23	48.84	42.335	36.436	31.625	28.965	26.785	24.398	22.859
44	71.893	68.71	64.039	64.201	60.481	56.369	49.913	43.335	37.363	32.487	29.787	27.575	25.148	23.584
45	73.166	69.957	65.246	65.41	61.656	57.505	50.985	44.335	38.291	33.35	30.612	28.366	25.901	24.311
46	74.437	71.201	66.451	66.617	62.83	58.641	52.056	45.335	39.22	34.215	31.439	29.16	26.657	25.041
47	75.704	72.443	67.654	67.821	64.001	59.774	53.127	46.335	40.149	35.081	32.268	29.956	27.416	25.775
48	76.969	73.683	68.855	69.023	65.171	60.907	54.196	47.335	41.079	35.949	33.098	30.755	28.177	26.511
49	78.231	74.919	70.053	70.222	66.339	62.038	55.265	48.335	42.01	36.818	33.93	31.555	28.941	27.249
50	79.49	76.154	71.249	71.42	67.505	63.167	56.334	49.335	42.942	37.689	34.764	32.357	29.707	27.991
51	80.747	77.386	72.444	72.616	68.669	64.295	57.401	50.335	43.874	38.56	35.6	33.162	30.475	28.735
52	82.001	78.616	73.636	73.81	69.832	65.422	58.468	51.335	44.808	39.433	36.437	33.968	31.246	29.481
53	83.253	79.843	74.827	75.002	70.993	66.548	59.534	52.335	45.741	40.308	37.276	34.776	32.018	30.23
54	84.502	81.069	76.016	76.192	72.153	67.673	60.6	53.335	46.676	41.183	38.116	35.586	32.793	30.981
55	85.749	82.292	77.203	77.38	73.311	68.796	61.665	54.335	47.61	42.06	38.958	36.398	33.57	31.735
56	86.994	83.513	78.389	78.567	74.468	69.919	62.729	55.335	48.546	42.937	39.801	37.212	34.35	32.49
57	88.236	84.733	79.572	79.752	75.624	71.04	63.793	56.335	49.482	43.816	40.646	38.027	35.131	33.248
58	89.477	85.95	80.754	80.936	76.778	72.16	64.857	57.335	50.419	44.696	41.492	38.844	35.913	34.008
59	90.715	87.166	81.935	82.117	77.931	73.279	65.919	58.335	51.356	45.577	42.339	39.662	36.698	34.77
60	91.952	88.379	83.114	83.298	79.082	74.397	66.981	59.335	52.294	46.459	43.188	40.482	37.485	35.534

附表 4　F 分布表

$$P(F \geqslant F_\alpha(n_1, n_2)) = \alpha$$

$\alpha = 0.01$

n_2 \ n_1	1	2	3	4	5	6	7	8	9	10	12	14	16	18	20
1	4052.2	4999.5	5403.4	5624.6	5763.6	5859	5928.4	5981.1	6022.5	6055.8	6106.3	6142.7	6170.1	6191.5	6208.7
2	98.503	99.000	99.166	99.249	99.299	99.333	99.356	99.374	99.388	99.399	99.416	99.428	99.437	99.444	99.449
3	34.116	30.817	29.457	28.71	28.237	27.911	27.672	27.489	27.345	27.229	27.052	26.924	26.827	26.751	26.69
4	21.198	18.000	16.694	15.977	15.522	15.207	14.976	14.799	14.659	14.546	14.374	14.249	14.154	14.08	14.02
5	16.258	13.274	12.06	11.392	10.967	10.672	10.456	10.289	10.158	10.051	9.8883	9.7700	9.6802	9.6096	9.5526
6	13.745	10.925	9.7795	9.1483	8.7459	8.4661	8.2600	8.1017	7.9761	7.8741	7.7183	7.6049	7.5186	7.4507	7.3958
7	12.246	9.5466	8.4513	7.8466	7.4604	7.1914	6.9928	6.84	6.7188	6.6201	6.4691	6.359	6.275	6.2089	6.1554
8	11.259	8.6491	7.591	7.0061	6.6318	6.3707	6.1776	6.0289	5.9106	5.8143	5.6667	5.5589	5.4766	5.4116	5.3591
9	10.561	8.0215	6.9919	6.4221	6.0569	5.8018	5.6129	5.4671	5.3511	5.2565	5.1114	5.0052	4.924	4.8599	4.808
10	10.044	7.5594	6.5523	5.9943	5.6363	5.3858	5.2001	5.0567	4.9424	4.8491	4.7059	4.6008	4.5204	4.4569	4.4054
11	9.646	7.2057	6.2167	5.6683	5.316	5.0692	4.8861	4.7445	4.6315	4.5393	4.3974	4.2932	4.2134	4.1503	4.099
12	9.3302	6.9266	5.9525	5.412	5.0643	4.8206	4.6395	4.4994	4.3875	4.2961	4.1553	4.0518	3.9724	3.9095	3.8584
13	9.0738	6.7010	5.7394	5.2053	4.8616	4.6204	4.4410	4.3021	4.1911	4.1003	3.9603	3.8573	3.7783	3.7156	3.6646
14	8.8616	6.5149	5.5639	5.0354	4.695	4.4558	4.2779	4.1399	4.0297	3.9394	3.8001	3.6975	3.6187	3.5561	3.5052
15	8.6831	6.3589	5.4170	4.8932	4.5556	4.3183	4.1415	4.0045	3.8948	3.8049	3.6662	3.5639	3.4852	3.4228	3.3719
16	8.5310	6.2262	5.2922	4.7726	4.4374	4.2016	4.0259	3.8896	3.7804	3.6909	3.5527	3.4506	3.372	3.3096	3.2587
17	8.3997	6.1121	5.1850	4.6690	4.3359	4.1015	3.9267	3.7910	3.6822	3.5931	3.4552	3.3533	3.2748	3.2124	3.1615
18	8.2854	6.0129	5.0919	4.5790	4.2479	4.0146	3.8406	3.7054	3.5971	3.5082	3.3706	3.2689	3.1904	3.128	3.0771
19	8.1849	5.9259	5.0103	4.5003	4.1708	3.9386	3.7653	3.6305	3.5225	3.4338	3.2965	3.1949	3.1165	3.0541	3.0031
20	8.096	5.8489	4.9382	4.4307	4.1027	3.8714	3.6987	3.5644	3.4567	3.3682	3.2311	3.1296	3.0512	2.9887	2.9377
21	8.0166	5.7804	4.8740	4.3688	4.0421	3.8117	3.6396	3.5056	3.3981	3.3098	3.173	3.0715	2.9931	2.9306	2.8796

续表

n_2 \ n_1	1	2	3	4	5	6	7	8	9	10	12	14	16	18	20
22	7.9454	5.719	4.8166	4.3134	3.988	3.7583	3.5867	3.453	3.3458	3.2576	3.1209	3.0195	2.9411	2.8786	2.8274
23	7.8811	5.6637	4.7649	4.2636	3.9392	3.7102	3.539	3.4057	3.2986	3.2106	3.074	2.9727	2.8943	2.8317	2.7805
24	7.8229	5.6136	4.7181	4.2184	3.8951	3.6667	3.4959	3.3629	3.256	3.1681	3.0316	2.9303	2.8519	2.7892	2.738
25	7.7698	5.5680	4.6755	4.1774	3.855	3.6272	3.4568	3.3239	3.2172	3.1294	2.9931	2.8917	2.8133	2.7506	2.6993
26	7.7213	5.5263	4.6366	4.1400	3.8183	3.5911	3.421	3.2884	3.1818	3.0941	2.9578	2.8566	2.7781	2.7153	2.664
27	7.6767	5.4881	4.6009	4.1056	3.7848	3.558	3.3882	3.2558	3.1494	3.0618	2.9256	2.8243	2.7458	2.683	2.6316
28	7.6356	5.4529	4.5681	4.074	3.7539	3.5276	3.3581	3.2259	3.1195	3.032	2.8959	2.7946	2.716	2.6532	2.6017
29	7.5977	5.4204	4.5378	4.0449	3.7254	3.4995	3.3303	3.1982	3.092	3.0045	2.8685	2.7672	2.6886	2.6257	2.5742
30	7.5625	5.3903	4.5097	4.0179	3.699	3.4735	3.3045	3.1726	3.0665	2.9791	2.8431	2.7418	2.6632	2.6003	2.5487
32	7.4993	5.3363	4.4594	3.9695	3.6517	3.4269	3.2583	3.1267	3.0208	2.9335	2.7976	2.6963	2.6176	2.5546	2.5029
34	7.4441	5.2893	4.4156	3.9273	3.6106	3.3863	3.2182	3.0868	2.981	2.8938	2.758	2.6566	2.5779	2.5147	2.4629
36	7.3956	5.2479	4.3771	3.8903	3.5744	3.3507	3.1829	3.0517	2.9461	2.8589	2.7232	2.6218	2.543	2.4797	2.4278
38	7.3525	5.2112	4.343	3.8575	3.5424	3.3191	3.1516	3.0207	2.9151	2.8281	2.6923	2.5909	2.512	2.4487	2.3967
40	7.3141	5.1785	4.3126	3.8283	3.5138	3.291	3.1238	2.993	2.8876	2.8005	2.6648	2.5634	2.4844	2.421	2.3689
42	7.2796	5.1491	4.2853	3.8021	3.4882	3.2658	3.0988	2.9681	2.8628	2.7758	2.6402	2.5387	2.4596	2.3962	2.3439
44	7.2484	5.1226	4.2606	3.7784	3.4651	3.243	3.0762	2.9457	2.8405	2.7536	2.6179	2.5164	2.4373	2.3737	2.3214
46	7.22	5.0986	4.2383	3.757	3.4442	3.2224	3.0558	2.9254	2.8203	2.7334	2.5977	2.4962	2.417	2.3533	2.3009
48	7.1942	5.0767	4.218	3.7374	3.4251	3.2036	3.0372	2.9069	2.8018	2.715	2.5793	2.4777	2.3985	2.3348	2.2823
50	7.1706	5.0566	4.1993	3.7195	3.4077	3.1864	3.0202	2.89	2.785	2.6981	2.5625	2.4609	2.3816	2.3178	2.2652
60	7.0771	4.9774	4.1259	3.649	3.3389	3.1187	2.953	2.8233	2.7185	2.6318	2.4961	2.3943	2.3148	2.2507	2.1978
80	6.9627	4.8807	4.0363	3.5631	3.255	3.0361	2.8713	2.742	2.6374	2.5508	2.4151	2.3131	2.2332	2.1686	2.1153
100	6.8953	4.8239	3.9837	3.5127	3.2059	2.9877	2.8233	2.6943	2.5898	2.5033	2.3676	2.2654	2.1852	2.1203	2.0666
125	6.8421	4.7791	3.9422	3.4729	3.1671	2.9495	2.7855	2.6567	2.5524	2.4659	2.3301	2.2277	2.1473	2.0822	2.0282
150	6.8069	4.7495	3.9149	3.4467	3.1416	2.9244	2.7606	2.6319	2.5277	2.4412	2.3053	2.2028	2.1223	2.057	2.0028
200	6.7633	4.7129	3.881	3.4143	3.11	2.8933	2.7298	2.6012	2.4971	2.4106	2.2747	2.1721	2.0913	2.0257	1.9713
300	6.7201	4.6766	3.8475	3.3823	3.0787	2.8625	2.6993	2.5709	2.4668	2.3804	2.2444	2.1416	2.0606	1.9948	1.9401
500	6.6858	4.6478	3.821	3.3569	3.054	2.8381	2.6751	2.5469	2.4429	2.3565	2.2204	2.1174	2.0362	1.9702	1.9152
1000	6.6603	4.6264	3.8012	3.338	3.0355	2.82	2.6572	2.529	2.425	2.3386	2.2025	2.0994	2.018	1.9519	1.8967
∞	6.6349	4.6052	3.7816	3.3192	3.0173	2.802	2.6393	2.5113	2.4074	2.3209	2.1848	2.0815	2.000	1.9336	1.8783

续表

n_2 \ n_1	22	24	26	28	30	35	40	45	50	60	80	100	200	500	∞
1	6222.8	6234.6	6244.6	6253.2	6260.6	6275.6	6286.8	6295.5	6302.5	6313	6326.2	6334.1	6350	6359.5	6365.9
2	99.454	99.458	99.461	99.463	99.466	99.471	99.474	99.477	99.479	99.482	99.487	99.489	99.494	99.497	99.499
3	26.64	26.598	26.562	26.531	26.505	26.451	26.411	26.379	26.354	26.316	26.269	26.24	26.183	26.148	26.125
4	13.97	13.929	13.894	13.864	13.838	13.785	13.745	13.714	13.69	13.652	13.605	13.577	13.52	13.486	13.463
5	9.5058	9.4665	9.4331	9.4043	9.3793	9.3291	9.2912	9.2616	9.2378	9.202	9.157	9.1299	9.0754	9.0424	9.0204
6	7.3506	7.3127	7.2805	7.2527	7.2285	7.1799	7.1432	7.1145	7.0915	7.0567	7.013	6.9867	6.9336	6.9015	6.88
7	6.1113	6.0743	6.0428	6.0157	5.992	5.9444	5.9084	5.8803	5.8577	5.8236	5.7806	5.7547	5.7024	5.6707	5.6495
8	5.3157	5.2793	5.2482	5.2214	5.1981	5.1512	5.1156	5.0878	5.0654	5.0316	4.989	4.9633	4.9114	4.8799	4.8588
9	4.7651	4.729	4.6982	4.6717	4.6486	4.602	4.5666	4.539	4.5167	4.4831	4.4407	4.415	4.3631	4.3317	4.3106
10	4.3628	4.3269	4.2963	4.27	4.2469	4.2005	4.1653	4.1377	4.1155	4.0819	4.0394	4.0137	3.9617	3.9302	3.909
11	4.0566	4.0209	3.9904	3.9641	3.9411	3.8948	3.8596	3.832	3.8097	3.7761	3.7335	3.7077	3.6555	3.6238	3.6025
12	3.8161	3.7805	3.75	3.7237	3.7008	3.6544	3.6192	3.5915	3.5692	3.5355	3.4928	3.4668	3.4143	3.3823	3.3608
13	3.6224	3.5868	3.5563	3.53	3.507	3.4606	3.4253	3.3976	3.3752	3.3413	3.2984	3.2723	3.2194	3.1871	3.1654
14	3.463	3.4274	3.3969	3.3706	3.3476	3.301	3.2656	3.2378	3.2153	3.1813	3.1381	3.1118	3.0585	3.026	3.004
15	3.3297	3.294	3.2635	3.2372	3.2141	3.1674	3.1319	3.1039	3.0814	3.0471	3.0037	2.9772	2.9235	2.8906	2.8684
16	3.2165	3.1808	3.1503	3.1238	3.1007	3.0539	3.0182	2.9902	2.9675	2.933	2.8893	2.8627	2.8084	2.7752	2.7528
17	3.1192	3.0835	3.0529	3.0264	3.0032	2.9563	2.9205	2.8922	2.8694	2.8348	2.7908	2.7639	2.7092	2.6757	2.653
18	3.0348	2.999	2.9683	2.9418	2.9185	2.8714	2.8354	2.8071	2.7841	2.7493	2.705	2.6779	2.6227	2.5889	2.566
19	2.9607	2.9249	2.8941	2.8675	2.8442	2.7969	2.7608	2.7323	2.7093	2.6742	2.6296	2.6023	2.5467	2.5124	2.4893
20	2.8953	2.8594	2.8286	2.8019	2.7785	2.731	2.6947	2.6661	2.643	2.6077	2.5628	2.5353	2.4792	2.4446	2.4212
21	2.837	2.801	2.7702	2.7434	2.72	2.6723	2.6359	2.6071	2.5838	2.5484	2.5032	2.4755	2.4189	2.384	2.3603
22	2.7849	2.7488	2.7179	2.691	2.6675	2.6197	2.5831	2.5542	2.5308	2.4951	2.4496	2.4217	2.3646	2.3294	2.3055
23	2.7378	2.7017	2.6707	2.6438	2.6202	2.5722	2.5355	2.5065	2.4829	2.4471	2.4013	2.3732	2.3156	2.28	2.2559
24	2.6953	2.6591	2.628	2.601	2.5773	2.5292	2.4923	2.4632	2.4395	2.4035	2.3573	2.3291	2.271	2.2351	2.2107
25	2.6565	2.6203	2.5891	2.562	2.5383	2.49	2.453	2.4237	2.3999	2.3637	2.3173	2.2888	2.2303	2.1941	2.1694
26	2.6211	2.5848	2.5536	2.5264	2.5026	2.4542	2.417	2.3876	2.3637	2.3273	2.2806	2.2519	2.193	2.1564	2.1315
27	2.5887	2.5522	2.5209	2.4937	2.4699	2.4213	2.384	2.3544	2.3304	2.2938	2.2469	2.218	2.1586	2.1217	2.0965

续表

n_1 \ n_2	22	24	26	28	30	35	40	45	50	60	80	100	200	500	∞
28	2.5587	2.5223	2.4909	2.4636	2.4397	2.3909	2.3535	2.3238	2.2997	2.2629	2.2157	2.1867	2.1268	2.0896	2.0642
29	2.5311	2.4946	2.4631	2.4358	2.4118	2.3629	2.3253	2.2956	2.2714	2.2344	2.1869	2.1577	2.0974	2.0598	2.0342
30	2.5055	2.4689	2.4374	2.41	2.386	2.3369	2.2992	2.2693	2.245	2.2079	2.1601	2.1307	2.07	2.0321	2.0062
32	2.4596	2.4229	2.3912	2.3637	2.3395	2.2902	2.2523	2.2221	2.1976	2.1601	2.1119	2.0821	2.0206	1.9821	1.9557
34	2.4195	2.3827	2.3509	2.3233	2.299	2.2494	2.2112	2.1809	2.1562	2.1184	2.0697	2.0396	1.9772	1.9381	1.9113
36	2.3843	2.3473	2.3155	2.2877	2.2633	2.2135	2.1751	2.1445	2.1197	2.0815	2.0324	2.0019	1.9387	1.8991	1.8718
38	2.3531	2.316	2.284	2.2562	2.2317	2.1816	2.143	2.1122	2.0872	2.0488	1.9991	1.9684	1.9045	1.8642	1.8365
40	2.3252	2.288	2.2559	2.228	2.2034	2.1531	2.1142	2.0833	2.0581	2.0194	1.9694	1.9383	1.8737	1.8329	1.8047
42	2.3001	2.2629	2.2307	2.2026	2.178	2.1274	2.0884	2.0573	2.0319	1.993	1.9425	1.9112	1.8458	1.8045	1.7759
44	2.2775	2.2401	2.2079	2.1797	2.155	2.1042	2.065	2.0338	2.0083	1.969	1.9182	1.8866	1.8205	1.7786	1.7497
46	2.257	2.2195	2.1872	2.159	2.1341	2.0832	2.0438	2.0124	1.9867	1.9472	1.896	1.8642	1.7974	1.755	1.7256
48	2.2383	2.2007	2.1683	2.14	2.115	2.0639	2.0244	1.9928	1.967	1.9273	1.8757	1.8436	1.7762	1.7333	1.7035
50	2.2211	2.1835	2.151	2.1226	2.0976	2.0463	2.0066	1.9749	1.949	1.909	1.8571	1.8248	1.7567	1.7133	1.6831
60	2.1533	2.1154	2.0825	2.0538	2.0285	1.9764	1.936	1.9037	1.8772	1.8363	1.7828	1.7493	1.6784	1.6327	1.6007
80	2.0703	2.0318	1.9985	1.9693	1.9435	1.8904	1.8489	1.8157	1.7883	1.7459	1.6901	1.6548	1.5792	1.5296	1.4942
100	2.0214	1.9826	1.9489	1.9194	1.8933	1.8393	1.7972	1.7633	1.7353	1.6918	1.6342	1.5977	1.5184	1.4656	1.4273
125	1.9826	1.9435	1.9096	1.8798	1.8534	1.7988	1.756	1.7215	1.693	1.6485	1.5893	1.5515	1.4687	1.4125	1.3709
150	1.957	1.9177	1.8836	1.8536	1.827	1.7719	1.7286	1.6937	1.6648	1.6195	1.5592	1.5204	1.4347	1.3757	1.3314
200	1.9252	1.8857	1.8512	1.821	1.7941	1.7383	1.6945	1.659	1.6295	1.5833	1.5212	1.4811	1.3912	1.3277	1.2785
300	1.8937	1.8538	1.8191	1.7885	1.7614	1.7049	1.6604	1.6242	1.5942	1.5468	1.4828	1.441	1.3459	1.2764	1.2197
500	1.8686	1.8285	1.7936	1.7627	1.7353	1.6783	1.6332	1.5964	1.5658	1.5174	1.4517	1.4084	1.3081	1.2317	1.1645
1000	1.85	1.8096	1.7745	1.7435	1.7158	1.6583	1.6127	1.5755	1.5445	1.4953	1.428	1.3835	1.2784	1.1947	1.1125
∞	1.8314	1.7908	1.7555	1.7242	1.6964	1.6384	1.5923	1.5546	1.5231	1.473	1.4041	1.3581	1.2473	1.153	1.0047

续表

$\alpha=0.025$

n_2＼n_1	1	2	3	4	5	6	7	8	9	10	12	15	20	24	30	40	60	120	∞
1	648	799	864	899	922	937	948	957	963	969	977	985	993	997	1001	1006	1010	1014	1018
2	38.5	39.0	39.2	39.3	39.3	39.3	39.4	39.4	39.4	39.4	39.4	39.4	39.4	39.5	39.47	39.47	39.48	39.49	39.50
3	17.4	16.0	15.4	15.1	14.9	14.8	14.6	14.5	14.5	14.4	14.3	14.3	14.2	14.1	14.08	14.04	13.99	13.95	13.90
4	12.2	10.7	9.98	9.60	9.36	9.20	9.07	8.98	8.90	8.84	8.75	8.66	8.56	8.51	8.46	8.41	8.36	8.31	8.26
5	10.0	8.43	7.76	7.39	7.15	6.98	6.85	6.76	6.68	6.62	6.52	6.43	6.33	6.28	6.23	6.18	6.12	6.07	6.02
6	8.81	7.26	6.60	6.23	5.99	5.82	5.70	5.60	5.52	5.46	5.37	5.27	5.17	5.12	5.07	5.01	4.96	4.90	4.85
7	8.07	6.54	5.89	5.52	5.29	5.12	4.99	4.90	4.82	4.76	4.67	4.57	4.47	4.42	4.36	4.31	4.25	4.20	4.14
8	7.57	6.06	5.42	5.05	4.82	4.65	4.53	4.43	4.36	4.30	4.20	4.10	4.00	3.95	3.89	3.84	3.78	3.73	3.67
9	7.21	5.71	5.08	4.72	4.48	4.32	4.20	4.10	4.03	3.96	3.87	3.77	3.67	3.61	3.56	3.51	3.45	3.39	3.33
10	6.94	5.46	4.83	4.47	4.24	4.07	3.95	3.85	3.78	3.72	3.62	3.52	3.42	3.37	3.31	3.26	3.20	3.14	3.08
11	6.72	5.26	4.63	4.28	4.04	3.88	3.76	3.66	3.59	3.53	3.43	3.33	3.23	3.17	3.12	3.06	3.00	2.94	2.88
12	6.55	5.10	4.47	4.12	3.89	3.73	3.61	3.51	3.44	3.37	3.28	3.18	3.07	3.02	2.96	2.91	2.85	2.79	2.72
13	6.41	4.97	4.35	4.00	3.77	3.60	3.48	3.39	3.31	3.25	3.15	3.05	2.95	2.89	2.84	2.78	2.72	2.66	2.60
14	6.30	4.86	4.24	3.89	3.66	3.50	3.38	3.29	3.21	3.15	3.05	2.95	2.84	2.79	2.73	2.67	2.61	2.55	2.49
15	6.20	4.77	4.15	3.80	3.58	3.41	3.29	3.20	3.12	3.06	2.96	2.86	2.76	2.70	2.64	2.59	2.52	2.46	2.40
16	6.12	4.69	4.08	3.73	3.50	3.34	3.22	3.12	3.05	2.99	2.89	2.79	2.68	2.63	2.57	2.51	2.45	2.38	2.32
17	6.04	4.62	4.01	3.66	3.44	3.28	3.16	3.06	2.98	2.92	2.82	2.72	2.62	2.56	2.50	2.44	2.38	2.32	2.25
18	5.98	4.56	3.95	3.61	3.38	3.22	3.10	3.01	2.93	2.87	2.77	2.67	2.56	2.50	2.44	2.38	2.32	2.26	2.19
19	5.92	4.51	3.90	3.56	3.33	3.17	3.05	2.96	2.88	2.82	2.72	2.62	2.51	2.45	2.39	2.33	2.27	2.20	2.13
20	5.87	4.46	3.86	3.51	3.29	3.13	3.01	2.91	2.84	2.77	2.68	2.57	2.46	2.41	2.35	2.29	2.22	2.16	2.09
21	5.83	4.42	3.82	3.48	3.25	3.09	2.97	2.87	2.80	2.73	2.64	2.53	2.42	2.37	2.31	2.25	2.18	2.11	2.04
22	5.79	4.38	3.78	3.44	3.22	3.05	2.93	2.84	2.76	2.70	2.60	2.50	2.39	2.33	2.27	2.21	2.14	2.08	2.00
23	5.75	4.35	3.75	3.41	3.18	3.02	2.90	2.81	2.73	2.67	2.57	2.47	2.36	2.30	2.24	2.18	2.11	2.04	1.97
24	5.72	4.32	3.72	3.38	3.15	2.99	2.87	2.78	2.70	2.64	2.54	2.44	2.33	2.27	2.21	2.15	2.08	2.01	1.94
25	5.69	4.29	3.69	3.35	3.13	2.97	2.85	2.75	2.68	2.61	2.51	2.41	2.30	2.24	2.18	2.12	2.05	1.98	1.91
26	5.66	4.27	3.67	3.33	3.10	2.94	2.82	2.73	2.65	2.59	2.49	2.39	2.28	2.22	2.16	2.09	2.03	1.95	1.88
27	5.63	4.24	3.65	3.31	3.08	2.92	2.80	2.71	2.63	2.57	2.47	2.36	2.25	2.19	2.13	2.07	2.00	1.93	1.85

续表

n_1 / n_2	∞	120	60	40	30	24	20	15	12	10	9	8	7	6	5	4	3	2	1
28	1.83	1.91	1.98	2.05	2.11	2.17	2.23	2.34	2.45	2.55	2.61	2.69	2.78	2.90	3.06	3.29	3.63	4.22	5.61
29	1.81	1.89	1.96	2.03	2.09	2.15	2.21	2.32	2.43	2.53	2.59	2.67	2.76	2.88	3.04	3.27	3.61	4.20	5.59
30	1.79	1.87	1.94	2.01	2.07	2.14	2.20	2.31	2.41	2.51	2.57	2.65	2.75	2.87	3.03	3.25	3.59	4.18	5.57
40	1.64	1.72	1.80	1.88	1.94	2.01	2.07	2.18	2.29	2.39	2.45	2.53	2.62	2.74	2.90	3.13	3.46	4.05	5.42
60	1.48	1.58	1.67	1.74	1.82	1.88	1.94	2.06	2.17	2.27	2.33	2.41	2.51	2.63	2.79	3.01	3.34	3.93	5.29
120	1.31	1.43	1.53	1.61	1.69	1.76	1.82	1.95	2.05	2.16	2.22	2.30	2.39	2.52	2.67	2.89	3.23	3.80	5.15
∞	1.00	1.27	1.39	1.48	1.57	1.64	1.71	1.83	1.94	2.05	2.11	2.19	2.29	2.41	2.57	2.79	3.12	3.69	5.02

$\alpha = 0.1$

n_1 / n_2	∞	500	200	100	50	30	20	15	10	9	8	7	6	5	4	3	2	1
1	63.33	63.26	63.17	63.01	62.69	62.27	61.74	61.22	60.20	59.86	59.44	58.91	58.20	57.24	55.83	53.59	49.50	39.86
2	9.49	9.49	9.49	9.48	9.47	9.46	9.44	9.42	9.39	9.38	9.37	9.35	9.33	9.29	9.24	9.16	9.00	8.53
3	5.13	5.14	5.14	5.14	5.15	5.17	5.18	5.20	5.23	5.24	5.25	5.27	5.28	5.31	5.34	5.39	5.46	5.54
4	3.76	3.76	3.77	3.78	3.80	3.82	3.84	3.87	3.92	3.94	3.95	3.98	4.01	4.05	4.11	4.19	4.32	4.54
5	3.11	3.11	3.12	3.13	3.15	3.17	3.21	3.24	3.30	3.32	3.34	3.37	3.40	3.45	3.52	3.62	3.78	4.06
6	2.72	2.73	2.73	2.75	2.77	2.80	2.84	2.87	2.94	2.96	2.98	3.01	3.05	3.11	3.18	3.29	3.46	3.78
7	2.47	2.48	2.48	2.50	2.52	2.56	2.59	2.63	2.70	2.72	2.75	2.78	2.83	2.88	2.96	3.07	3.26	3.59
8	2.29	2.30	2.31	2.32	2.35	2.38	2.42	2.46	2.54	2.56	2.59	2.62	2.67	2.73	2.81	2.92	3.11	3.46
9	2.16	2.17	2.17	2.19	2.22	2.25	2.30	2.34	2.42	2.44	2.47	2.51	2.55	2.61	2.69	2.81	3.01	3.36
10	2.06	2.06	2.07	2.09	2.12	2.16	2.20	2.24	2.32	2.35	2.38	2.41	2.46	2.52	2.61	2.73	2.92	3.29
11	1.97	1.98	1.99	2.01	2.04	2.08	2.12	2.17	2.25	2.27	2.30	2.34	2.39	2.45	2.54	2.66	2.86	3.23
12	1.90	1.91	1.92	1.94	1.97	2.01	2.06	2.10	2.19	2.21	2.24	2.28	2.33	2.39	2.48	2.61	2.81	3.18
13	1.85	1.85	1.86	1.88	1.92	1.96	2.01	2.05	2.14	2.16	2.20	2.23	2.28	2.35	2.43	2.56	2.76	3.14
14	1.80	1.80	1.82	1.83	1.87	1.91	1.96	2.01	2.10	2.12	2.15	2.19	2.24	2.31	2.39	2.52	2.73	3.10
15	1.76	1.76	1.77	1.79	1.83	1.87	1.92	1.97	2.06	2.09	2.12	2.16	2.21	2.27	2.36	2.49	2.70	3.07
16	1.72	1.73	1.74	1.76	1.79	1.84	1.89	1.94	2.03	2.06	2.09	2.13	2.18	2.24	2.33	2.46	2.67	3.05

续表

n_2 \ n_1	1	2	3	4	5	6	7	8	9	10	15	20	30	50	100	200	500	∞
17	3.03	2.64	2.44	2.31	2.22	2.15	2.10	2.06	2.03	2.00	1.91	1.86	1.81	1.76	1.73	1.71	1.69	1.69
18	3.01	2.62	2.42	2.29	2.20	2.13	2.08	2.04	2.00	1.98	1.89	1.84	1.78	1.74	1.70	1.68	1.67	1.66
19	2.99	2.61	2.40	2.27	2.18	2.11	2.06	2.02	1.98	1.96	1.86	1.81	1.76	1.71	1.67	1.65	1.64	1.63
20	2.97	2.59	2.38	2.25	2.16	2.09	2.04	2.00	1.96	1.94	1.84	1.79	1.74	1.69	1.65	1.63	1.62	1.61
22	2.95	2.56	2.35	2.22	2.13	2.06	2.01	1.97	1.93	1.90	1.81	1.76	1.70	1.65	1.61	1.59	1.58	1.57
24	2.93	2.54	2.33	2.19	2.10	2.04	1.98	1.94	1.91	1.88	1.78	1.73	1.67	1.62	1.58	1.56	1.54	1.53
26	2.91	2.52	2.31	2.17	2.08	2.01	1.96	1.92	1.88	1.86	1.76	1.71	1.65	1.59	1.55	1.53	1.51	1.50
28	2.89	2.50	2.29	2.16	2.06	2.00	1.94	1.90	1.87	1.84	1.74	1.69	1.63	1.57	1.53	1.50	1.49	1.48
30	2.88	2.49	2.28	2.14	2.05	1.98	1.93	1.88	1.85	1.82	1.72	1.67	1.61	1.55	1.51	1.48	1.47	1.46
40	2.84	2.44	2.23	2.09	2.00	1.93	1.87	1.83	1.79	1.76	1.66	1.61	1.54	1.48	1.43	1.41	1.39	1.38
50	2.81	2.41	2.20	2.06	1.97	1.90	1.84	1.80	1.76	1.73	1.63	1.57	1.50	1.44	1.39	1.36	1.34	1.33
60	2.79	2.39	2.18	2.04	1.95	1.87	1.82	1.77	1.74	1.71	1.60	1.54	1.48	1.41	1.36	1.33	1.31	1.29
80	2.77	2.37	2.15	2.02	1.92	1.85	1.79	1.75	1.71	1.68	1.57	1.51	1.44	1.38	1.32	1.28	1.26	1.24
100	2.76	2.36	2.14	2.00	1.91	1.83	1.78	1.73	1.69	1.66	1.56	1.49	1.42	1.35	1.29	1.26	1.23	1.21
200	2.73	2.33	2.11	1.97	1.88	1.80	1.75	1.70	1.66	1.63	1.52	1.46	1.38	1.31	1.24	1.20	1.17	1.14
500	2.72	2.31	2.09	1.96	1.86	1.79	1.73	1.68	1.64	1.61	1.50	1.44	1.36	1.28	1.21	1.16	1.12	1.09
∞	2.71	2.30	2.08	1.94	1.85	1.77	1.72	1.67	1.63	1.60	1.49	1.42	1.34	1.26	1.19	1.13	1.08	1.00

$\alpha = 0.05$

n_2 \ n_1	1	2	3	4	5	6	7	8	9	10	12	14	16	18	20
1	161.45	199.50	215.71	224.58	230.16	233.99	236.77	238.88	240.54	241.88	243.91	245.36	246.46	247.32	248.01
2	18.51	19.00	19.16	19.25	19.30	19.33	19.35	19.37	19.39	19.40	19.41	19.42	19.43	19.44	19.45
3	10.13	9.55	9.28	9.12	9.01	8.94	8.89	8.85	8.81	8.79	8.74	8.71	8.69	8.67	8.66
4	7.71	6.94	6.59	6.39	6.26	6.16	6.09	6.04	6.00	5.96	5.91	5.87	5.84	5.82	5.80
5	6.61	5.79	5.41	5.19	5.05	4.95	4.88	4.82	4.77	4.74	4.68	4.64	4.60	4.58	4.56
6	5.99	5.14	4.76	4.53	4.39	4.28	4.21	4.15	4.10	4.06	4.00	3.96	3.92	3.90	3.87

续表

$n_2 \backslash n_1$	1	2	3	4	5	6	7	8	9	10	12	14	16	18	20
7	5.59	4.74	4.35	4.12	3.97	3.87	3.79	3.73	3.68	3.64	3.57	3.53	3.49	3.47	3.44
8	5.32	4.46	4.07	3.84	3.69	3.58	3.50	3.44	3.39	3.35	3.28	3.24	3.20	3.17	3.15
9	5.12	4.26	3.86	3.63	3.48	3.37	3.29	3.23	3.18	3.14	3.07	3.03	2.99	2.96	2.94
10	4.96	4.10	3.71	3.48	3.33	3.22	3.14	3.07	3.02	2.98	2.91	2.86	2.83	2.80	2.77
11	4.84	3.98	3.59	3.36	3.20	3.09	3.01	2.95	2.90	2.85	2.79	2.74	2.70	2.67	2.65
12	4.75	3.89	3.49	3.26	3.11	3.00	2.91	2.85	2.80	2.75	2.69	2.64	2.60	2.57	2.54
13	4.67	3.81	3.41	3.18	3.03	2.92	2.83	2.77	2.71	2.67	2.60	2.55	2.51	2.48	2.46
14	4.60	3.74	3.34	3.11	2.96	2.85	2.76	2.70	2.65	2.60	2.53	2.48	2.44	2.41	2.39
15	4.54	3.68	3.29	3.06	2.90	2.79	2.71	2.64	2.59	2.54	2.48	2.42	2.38	2.35	2.33
16	4.49	3.63	3.24	3.01	2.85	2.74	2.66	2.59	2.54	2.49	2.42	2.37	2.33	2.30	2.28
17	4.45	3.59	3.20	2.96	2.81	2.70	2.61	2.55	2.49	2.45	2.38	2.33	2.29	2.26	2.23
18	4.41	3.55	3.16	2.93	2.77	2.66	2.58	2.51	2.46	2.41	2.34	2.29	2.25	2.22	2.19
19	4.38	3.52	3.13	2.90	2.74	2.63	2.54	2.48	2.42	2.38	2.31	2.26	2.21	2.18	2.16
20	4.35	3.49	3.10	2.87	2.71	2.60	2.51	2.45	2.39	2.35	2.28	2.23	2.18	2.15	2.12
21	4.32	3.47	3.07	2.84	2.68	2.57	2.49	2.42	2.37	2.32	2.25	2.20	2.16	2.12	2.10
22	4.30	3.44	3.05	2.82	2.66	2.55	2.46	2.40	2.34	2.30	2.23	2.17	2.13	2.10	2.07
23	4.28	3.42	3.03	2.80	2.64	2.53	2.44	2.37	2.32	2.27	2.20	2.15	2.11	2.08	2.05
24	4.26	3.40	3.01	2.78	2.62	2.51	2.42	2.36	2.30	2.25	2.18	2.13	2.09	2.05	2.03
25	4.24	3.39	2.99	2.76	2.60	2.49	2.40	2.34	2.28	2.24	2.16	2.11	2.07	2.04	2.01
26	4.23	3.37	2.98	2.74	2.59	2.47	2.39	2.32	2.27	2.22	2.15	2.09	2.05	2.02	1.99
27	4.21	3.35	2.96	2.73	2.57	2.46	2.37	2.31	2.25	2.20	2.13	2.08	2.04	2.00	1.97
28	4.20	3.34	2.95	2.71	2.56	2.45	2.36	2.29	2.24	2.19	2.12	2.06	2.02	1.99	1.96
29	4.18	3.33	2.93	2.70	2.55	2.43	2.35	2.28	2.22	2.18	2.10	2.05	2.01	1.97	1.94
30	4.17	3.32	2.92	2.69	2.53	2.42	2.33	2.27	2.21	2.16	2.09	2.04	1.99	1.96	1.93
32	4.15	3.29	2.90	2.67	2.51	2.40	2.31	2.24	2.19	2.14	2.07	2.01	1.97	1.94	1.91
34	4.13	3.28	2.88	2.65	2.49	2.38	2.29	2.23	2.17	2.12	2.05	1.99	1.95	1.92	1.89
36	4.11	3.26	2.87	2.63	2.48	2.36	2.28	2.21	2.15	2.11	2.03	1.98	1.93	1.90	1.87

续表

n_2 \ n_1	20	18	16	14	12	10	9	8	7	6	5	4	3	2	1
38	1.85	1.88	1.92	1.96	2.02	2.09	2.14	2.19	2.26	2.35	2.46	2.62	2.85	3.24	4.10
40	1.84	1.87	1.90	1.95	2.00	2.08	2.12	2.18	2.25	2.34	2.45	2.61	2.84	3.23	4.08
42	1.83	1.86	1.89	1.94	1.99	2.07	2.11	2.17	2.24	2.32	2.44	2.59	2.83	3.22	4.07
44	1.81	1.84	1.88	1.92	1.98	2.05	2.10	2.16	2.23	2.31	2.43	2.58	2.82	3.21	4.06
46	1.80	1.83	1.87	1.91	1.97	2.04	2.09	2.15	2.22	2.30	2.42	2.57	2.81	3.20	4.05
48	1.79	1.82	1.86	1.90	1.96	2.03	2.08	2.14	2.21	2.29	2.41	2.57	2.80	3.19	4.04
50	1.78	1.81	1.85	1.89	1.95	2.03	2.07	2.13	2.20	2.29	2.40	2.56	2.79	3.18	4.03
60	1.75	1.78	1.82	1.86	1.92	1.99	2.04	2.10	2.17	2.25	2.37	2.53	2.76	3.15	4.00
80	1.70	1.73	1.77	1.82	1.88	1.95	2.00	2.06	2.13	2.21	2.33	2.49	2.72	3.11	3.96
100	1.68	1.71	1.75	1.79	1.85	1.93	1.97	2.03	2.10	2.19	2.31	2.46	2.70	3.09	3.94
125	1.66	1.69	1.73	1.77	1.83	1.91	1.96	2.01	2.08	2.17	2.29	2.44	2.68	3.07	3.92
150	1.64	1.67	1.71	1.76	1.82	1.89	1.94	2.00	2.07	2.16	2.27	2.43	2.66	3.06	3.90
200	1.62	1.66	1.69	1.74	1.80	1.88	1.93	1.98	2.06	2.14	2.26	2.42	2.65	3.04	3.89
300	1.61	1.64	1.68	1.72	1.78	1.86	1.91	1.97	2.04	2.13	2.24	2.40	2.63	3.03	3.87
500	1.59	1.62	1.66	1.71	1.77	1.85	1.90	1.96	2.03	2.12	2.23	2.39	2.62	3.01	3.86
1000	1.58	1.61	1.65	1.70	1.76	1.84	1.89	1.95	2.02	2.11	2.22	2.38	2.61	3.00	3.85
∞	1.57	1.60	1.64	1.69	1.75	1.83	1.88	1.94	2.01	2.10	2.21	2.37	2.60	3.00	3.84

n_2 \ n_1	∞	500	200	100	80	60	55	50	45	40	35	30	28	26	24	22
1	254.31	254.06	253.68	253.04	252.72	252.20	252.00	251.77	251.49	251.14	250.69	250.10	249.80	249.45	249.05	248.58
2	19.50	19.49	19.49	19.49	19.48	19.48	19.48	19.48	19.47	19.47	19.47	19.46	19.46	19.46	19.45	19.45
3	8.53	8.53	8.54	8.55	8.56	8.57	8.58	8.58	8.59	8.59	8.60	8.62	8.62	8.63	8.64	8.65
4	5.63	5.64	5.65	5.66	5.67	5.69	5.69	5.70	5.71	5.72	5.73	5.75	5.75	5.76	5.77	5.79
5	4.37	4.37	4.39	4.41	4.42	4.43	4.44	4.44	4.45	4.46	4.48	4.50	4.50	4.52	4.53	4.54
6	3.67	3.68	3.69	3.71	3.72	3.74	3.75	3.75	3.76	3.77	3.79	3.81	3.82	3.83	3.84	3.86
7	3.23	3.24	3.25	3.27	3.29	3.30	3.31	3.32	3.33	3.34	3.36	3.38	3.39	3.40	3.41	3.43
8	2.93	2.94	2.95	2.97	2.99	3.01	3.01	3.02	3.03	3.04	3.06	3.08	3.09	3.10	3.12	3.13

续表

n_1 / n_2	∞	500	200	100	80	60	55	50	45	40	35	30	28	26	24	22
9	2.71	2.72	2.73	2.76	2.77	2.79	2.79	2.80	2.81	2.83	2.84	2.86	2.87	2.89	2.90	2.92
10	2.54	2.55	2.56	2.59	2.60	2.62	2.63	2.64	2.65	2.66	2.68	2.70	2.71	2.72	2.74	2.75
11	2.40	2.42	2.43	2.46	2.47	2.49	2.50	2.51	2.52	2.53	2.55	2.57	2.58	2.59	2.61	2.63
12	2.30	2.31	2.32	2.35	2.36	2.38	2.39	2.40	2.41	2.43	2.44	2.47	2.48	2.49	2.51	2.52
13	2.21	2.22	2.23	2.26	2.27	2.30	2.30	2.31	2.33	2.34	2.36	2.38	2.39	2.41	2.42	2.44
14	2.13	2.14	2.16	2.19	2.20	2.22	2.23	2.24	2.25	2.27	2.28	2.31	2.32	2.33	2.35	2.37
15	2.07	2.08	2.10	2.12	2.14	2.16	2.17	2.18	2.19	2.20	2.22	2.25	2.26	2.27	2.29	2.31
16	2.01	2.02	2.04	2.07	2.08	2.11	2.11	2.12	2.14	2.15	2.17	2.19	2.21	2.22	2.24	2.25
17	1.96	1.97	1.99	2.02	2.03	2.06	2.07	2.08	2.09	2.10	2.12	2.15	2.16	2.17	2.19	2.21
18	1.92	1.93	1.95	1.98	1.99	2.02	2.03	2.04	2.05	2.06	2.08	2.11	2.12	2.13	2.15	2.17
19	1.88	1.89	1.91	1.94	1.96	1.98	1.99	2.00	2.01	2.03	2.05	2.07	2.08	2.10	2.11	2.13
20	1.84	1.86	1.88	1.91	1.92	1.95	1.96	1.97	1.98	1.99	2.01	2.04	2.05	2.07	2.08	2.10
21	1.81	1.83	1.84	1.88	1.89	1.92	1.93	1.94	1.95	1.96	1.98	2.01	2.02	2.04	2.05	2.07
22	1.78	1.80	1.82	1.85	1.86	1.89	1.90	1.91	1.92	1.94	1.96	1.98	2.00	2.01	2.03	2.05
23	1.76	1.77	1.79	1.82	1.84	1.86	1.87	1.88	1.90	1.91	1.93	1.96	1.97	1.99	2.01	2.02
24	1.73	1.75	1.77	1.80	1.82	1.84	1.85	1.86	1.88	1.89	1.91	1.94	1.95	1.97	1.98	2.00
25	1.71	1.73	1.75	1.78	1.80	1.82	1.83	1.84	1.86	1.87	1.89	1.92	1.93	1.95	1.96	1.98
26	1.69	1.71	1.73	1.76	1.78	1.80	1.81	1.82	1.84	1.85	1.87	1.90	1.91	1.93	1.95	1.97
27	1.67	1.69	1.71	1.74	1.76	1.79	1.79	1.81	1.82	1.84	1.86	1.88	1.90	1.91	1.93	1.95
28	1.65	1.67	1.69	1.73	1.74	1.77	1.78	1.79	1.80	1.82	1.84	1.87	1.88	1.90	1.91	1.93
29	1.64	1.65	1.67	1.71	1.73	1.75	1.76	1.77	1.79	1.81	1.83	1.85	1.87	1.88	1.90	1.92
30	1.62	1.64	1.66	1.70	1.71	1.74	1.75	1.76	1.77	1.79	1.81	1.84	1.85	1.87	1.89	1.91
32	1.59	1.61	1.63	1.67	1.69	1.71	1.72	1.74	1.75	1.77	1.79	1.82	1.83	1.85	1.86	1.88
34	1.57	1.59	1.61	1.65	1.66	1.69	1.70	1.71	1.73	1.75	1.77	1.80	1.81	1.82	1.84	1.86
36	1.55	1.56	1.59	1.62	1.64	1.67	1.68	1.69	1.71	1.73	1.75	1.78	1.79	1.81	1.82	1.85
38	1.53	1.54	1.57	1.61	1.62	1.65	1.66	1.68	1.69	1.71	1.73	1.76	1.77	1.79	1.81	1.83
40	1.51	1.53	1.55	1.59	1.61	1.64	1.65	1.66	1.67	1.69	1.72	1.74	1.76	1.77	1.79	1.81

续表

n_2 \ n_1	22	24	26	28	30	35	40	45	50	55	60	80	100	200	500	∞
42	1.80	1.78	1.76	1.75	1.73	1.70	1.68	1.66	1.65	1.63	1.62	1.59	1.57	1.53	1.51	1.49
44	1.79	1.77	1.75	1.73	1.72	1.69	1.67	1.65	1.63	1.62	1.61	1.58	1.56	1.52	1.49	1.48
46	1.78	1.76	1.74	1.72	1.71	1.68	1.65	1.64	1.62	1.61	1.60	1.57	1.55	1.51	1.48	1.46
48	1.77	1.75	1.73	1.71	1.70	1.67	1.64	1.62	1.61	1.60	1.59	1.56	1.54	1.49	1.47	1.45
50	1.76	1.74	1.72	1.70	1.69	1.66	1.63	1.61	1.60	1.59	1.58	1.54	1.52	1.48	1.46	1.44
60	1.72	1.70	1.68	1.66	1.65	1.62	1.59	1.57	1.56	1.55	1.53	1.50	1.48	1.44	1.41	1.39
80	1.68	1.65	1.63	1.62	1.60	1.57	1.54	1.52	1.51	1.49	1.48	1.45	1.43	1.38	1.35	1.32
100	1.65	1.63	1.61	1.59	1.57	1.54	1.52	1.49	1.48	1.46	1.45	1.41	1.39	1.34	1.31	1.28
125	1.63	1.60	1.58	1.57	1.55	1.52	1.49	1.47	1.45	1.44	1.42	1.39	1.36	1.31	1.27	1.25
150	1.61	1.59	1.57	1.55	1.54	1.50	1.48	1.45	1.44	1.42	1.41	1.37	1.34	1.29	1.25	1.22
200	1.60	1.57	1.55	1.53	1.52	1.48	1.46	1.43	1.41	1.40	1.39	1.35	1.32	1.26	1.22	1.19
300	1.58	1.55	1.53	1.51	1.50	1.46	1.43	1.41	1.39	1.38	1.36	1.32	1.30	1.23	1.19	1.15
500	1.56	1.54	1.52	1.50	1.48	1.45	1.42	1.40	1.38	1.36	1.35	1.30	1.28	1.21	1.16	1.11
1000	1.55	1.53	1.51	1.49	1.47	1.43	1.41	1.38	1.36	1.35	1.33	1.29	1.26	1.19	1.13	1.08
∞	1.54	1.52	1.50	1.48	1.46	1.42	1.39	1.37	1.35	1.33	1.32	1.27	1.24	1.17	1.11	1.00

附表 5　正交表

$L_4(2^3)$ 正交表

试验号＼列号	1	2	3
1	1	1	1
2	1	2	2
3	2	1	2
4	2	2	1
组	1 组	2 组	

$L_4(2^3)$ 交互作用

试验号＼列号	1	2	3
1	(1)	3	2
2		(2)	1
3			(3)

$L_8(2^7)$ 正交表

试验号＼列号	1	2	3	4	5	6	7
1	1	1	1	1	1	1	1
2	1	1	1	2	2	2	2
3	1	2	2	1	1	2	2
4	1	2	2	2	2	1	1
5	2	1	2	1	2	1	2
6	2	1	2	2	1	2	1
7	2	2	1	1	2	2	1
8	2	2	1	2	1	1	2
组	1 组	2 组		3 组			

$L_8(2^7)$ 交互作用表

列号	1	2	3	4	5	6	7
1	(1)	3	2	5	4	7	6
2		(2)	1	6	7	4	5
3			(3)	7	6	5	4
4				(4)	1	2	3
5					(5)	3	2
6						(6)	1
7							(7)

$L_{16}(2^{15})$正交表

列号 试验号	1	2	3	4	5	6	7	8	9	10	11	12	13	14	15
1	1	1	1	1	1	1	1	1	1	1	1	1	1	1	1
2	1	1	1	1	1	1	1	2	2	2	2	2	2	2	2
3	1	1	1	2	2	2	2	1	1	1	1	2	2	2	2
4	1	1	1	2	2	2	2	2	2	2	2	1	1	1	1
5	1	2	2	1	1	2	2	1	1	2	2	1	1	2	2
6	1	2	2	1	1	2	2	2	2	1	1	2	2	1	1
7	1	2	2	2	2	1	1	1	1	2	2	2	2	1	1
8	1	2	2	2	2	1	1	2	2	1	1	1	1	2	2
9	2	1	2	1	2	1	2	1	2	1	2	1	2	1	2
10	2	1	2	1	2	1	2	2	1	2	1	2	1	2	1
11	2	1	2	2	1	2	1	1	2	1	2	2	1	2	1
12	2	1	2	2	1	2	1	2	1	2	1	1	2	1	2
13	2	2	1	1	2	2	1	1	2	2	1	1	2	2	1
14	2	2	1	1	2	2	1	2	1	1	2	2	1	1	2
15	2	2	1	2	1	1	2	1	2	2	1	2	1	1	2
16	2	2	1	2	1	1	2	2	1	1	2	1	2	2	1
组	1组	2组		3组				4组							

$L_{16}(2^{15})$交互作用表

列号	1	2	3	4	5	6	7	8	9	10	11	12	13	14	15
1	(1)	3	2	5	4	7	6	9	8	11	10	13	12	15	14
2		(2)	1	6	7	4	5	10	11	8	9	14	15	12	13
3			(3)	7	6	5	4	11	10	9	8	15	14	13	12
4				(4)	1	2	3	12	13	14	15	8	9	10	11
5					(5)	3	2	13	12	15	14	9	8	11	10
6						(6)	1	14	15	12	13	10	11	8	9
7							(7)	15	14	13	12	11	10	9	8
8								(8)	1	2	3	4	5	6	7
9									(9)	3	2	5	4	7	6
10										(10)	1	6	7	4	5
11											(11)	7	6	5	4
12												(12)	1	2	3
13													(13)	3	2
14														(14)	1
15															(15)

$L_9(3^4)$

列号\试验号	1	2	3	4
1	1	1	1	1
2	1	2	2	2
3	1	3	3	3
4	2	1	2	3
5	2	2	3	1
6	2	3	1	2
7	3	1	3	2
8	3	2	1	3
9	3	3	2	1
组	1组	2组		

注：任意两列间的交互作用列为另外两列。

$L_{27}(3^{13})$

列号\试验号	1	2	3	4	5	6	7	8	9	10	11	12	13
1	1	1	1	1	1	1	1	1	1	1	1	1	1
2	1	1	1	1	2	2	2	2	2	2	2	2	2
3	1	1	1	1	3	3	3	3	3	3	3	3	3
4	1	2	2	2	1	1	1	2	2	2	3	3	3
5	1	2	2	2	2	2	2	3	3	3	1	1	1
6	1	2	2	2	3	3	3	1	1	1	2	2	2
7	1	3	3	3	1	1	1	3	3	3	2	2	2
8	1	3	3	3	2	2	2	1	1	1	3	3	3
9	1	3	3	3	3	3	3	2	2	2	1	1	1
10	2	1	2	3	1	2	3	1	2	3	1	2	3
11	2	1	2	3	2	3	1	2	3	1	2	3	1
12	2	1	2	3	3	1	2	3	1	2	3	1	2
13	2	2	3	1	1	2	3	2	3	1	3	1	2
14	2	2	3	1	2	3	1	3	1	2	1	2	3
15	2	2	3	1	3	1	2	1	2	3	2	3	1
16	2	3	1	2	1	2	3	3	1	2	2	3	1
17	2	3	1	2	2	3	1	1	2	3	3	1	2
18	2	3	1	2	3	1	2	2	3	1	1	2	3

续表

$L_{27}(3^{13})$

试验号 \ 列号	1	2	3	4	5	6	7	8	9	10	11	12	13
19	3	1	3	2	1	3	2	1	3	2	1	3	2
20	3	1	3	2	2	1	3	2	1	3	2	1	3
21	3	1	3	2	3	2	1	3	2	1	3	2	1
22	3	2	1	3	1	3	2	2	1	3	3	2	1
23	3	2	1	3	2	1	3	3	2	1	1	3	2
24	3	2	1	3	3	2	1	1	3	2	2	1	3
25	3	3	2	1	1	3	2	3	2	1	2	1	3
26	3	3	2	1	2	1	3	1	3	2	3	2	1
27	3	3	2	1	3	2	1	2	1	3	1	3	2
组	1组	2组			3组								

$L_{27}(3^{13})$

列号	1	2	3	4	5	6	7	8	9	10	11	12	13
	(1)	3	2	2	6	5	5	9	8	9	12	11	11
		4	4	3	7	7	6	10	10	9	13	13	12
		(2)	1	1	8	9	10	5	6	7	5	6	7
			4	3	11	12	13	11	12	13	8	9	10
			(3)	1	9	10	8	7	5	6	6	7	5
				2	13	11	12	12	13	11	10	8	9
				(4)	10	8	9	6	7	5	7	5	6
					12	13	11	13	11	12	9	10	8
					(5)	1	1	2	3	4	2	4	3
						7	6	11	13	12	8	10	9
						(6)	1	4	2	3	3	2	4
							5	13	12	11	10	9	6
							(7)	3	4	2	4	3	2
								12	11	13	9	8	10
								(8)	1	1	2	3	4
									10	9	5	7	6
									(9)	1	4	2	3
										8	7	6	5
										(10)	3	4	2
											6	5	7
											(11)	1	1
												13	12
												(12)	1
													11

参 考 文 献

[1] 王岩,隋思涟.数理统计与 MATLAB 工程数据分析[M].北京:清华大学出版社,2007.

[2] 王岩,隋思涟.试验设计与 MATLAB 数据分析[M].北京:清华大学出版社,2012.

[3] 隋思涟,王岩.MATLAB 语言与工程数据分析[M].北京:清华大学出版社,2009.

[4] 茆诗松,程依明,濮晓龙.概率论与数理统计教程[M].北京:高等教育出版社,2008.

[5] 梅常林,周家良.实用统计方法[M].北京:科学出版社,2002.

[6] 赵选民,等.数理统计[M].北京:科学出版社,2002.

[7] 奥特 R L,朗格内克 M.统计学方法与数据分析引论[M].北京:科学出版社,2003.

[8] 孙荣桓.应用数理统计[M].北京:科学出版社.2003.

[9] 陈桂明,戚红雨,潘伟.MATELAB 数理统计[M].6 版.北京:科学出版社,2002.

[10] 张智星.MATLAB 程序设计与应用[M].北京:清华大学出版社,2002.

[11] 何强,何英.MATLAB 扩展编程[M].北京:清华大学出版社,2002.

[12] 林维宣.实验设计方法[M].大连:大连海事大学出版社,1995.

[13] 韩於羹.应用数理统计[M].北京:北京航天大学出版社,2002.

[14] 王式安.数理统计[M].北京:北京理工大学出版社,1999.

[15] 洪伟,吴承祯.试验设计与分析[M].北京:中国林业出版社,2004.

[16] 倪加勋,等.应用统计学[M].北京:中国人民大学出版社,1998.

[17] 弗莱明 M C,等.商务统计[M].北京:中信出版社,1999.